研究生教学用书

教育部学位管理与研究生教育司推荐

非电量电测技术

（第3版）

The Electric Measurement Technigues
of Non-electric Quantities

（Third edition）

吴道悌 主编

吴道悌 刘晓辉 郑 明 编著

西安交通大学出版社

XI'AN JIAOTONG UNIVERSITY PRESS

内容提要

本书根据工科非电类专业硕士研究生对测试技术的培养要求,系统地阐述了非电量的电测技术。主要内容包括:测量的基本知识和误差;常用传感器的工作原理、特性、测量电路和应用实例;信号的放大、滤波、转换等调理电路;信号的分析和处理基础;测量系统与计算机的接口及虚拟仪器。本书在撰写和内容选取上力求针对工科非电类专业研究生的特点,侧重于应用,并注意反映近年来该领域中的新器件、新技术和发展趋势。

本书也可作为工科高等院校师生及从事检测技术和自动化工作的工程技术人员的教材或参考书。

图书在版编目(CIP)数据

非电量电测技术(第 3 版)/ 吴道悌主编 . 刘晓辉,郑明编著.
—西安:西安交通大学出版社,2004.10(2020.8 重印)
ISBN 978 - 7 - 5605 - 1425 - 3

Ⅰ. 非… Ⅱ. ①吴… ②刘… ③郑… Ⅲ. 非电量测量
Ⅳ. TM938.8

中国版本图书馆 CIP 数据核字(2001)第 061851 号

书　　名	非电量电测技术(第 3 版)	
主　　编	吴道悌	
编　　著	吴道悌　刘晓辉　郑明	
出版发行	西安交通大学出版社	
地　　址	西安市兴庆南路 1 号　(邮政编码:710048)	
电　　话	(029)82668315(总编办)	
	(029)82668357　82667874(发行中心)	
印　　刷	西安日报社印务中心	
字　　数	555 千字	
开　　本	727 mm×960 mm　1/16	
印　　张	30	
版　　次	2004 年 10 月第 3 版　2020 年 8 月第 8 次印刷	
书　　号	ISBN 978 - 7 - 5605 - 1425 - 3	
定　　价	49.00 元	

前　　言

　　《非电量电测技术》教材第一版于 1990 年由西安交通大学出版社出版,到 20 世纪 90 年代后期,已先后印刷三次。本书主要针对工科非电类专业硕士研究生的特点及其在测试技术方面的培养要求,同时也兼顾其他人员的需要而编写。

　　当今人类已进入信息时代,传感和测试技术的重要性已越来越被人们所认识和广泛采用。随着微电子技术和计算机技术的迅速发展,传感和测试技术也有了很大进展,因此本书第一版内容急需修改、充实和更新,第二版就是在此背景下于 2001 年 9 月问世的。

　　本书第二版仍保持第一版覆盖面较广,内容较为系统全面,侧重于原理和应用,不涉及设计制造方面的内容,以及尽量避免一些对介绍原理无关的数学推导等特点。增加了测量系统和计算机的接口、虚拟仪器、动态信号的分析和处理;并在不削弱传统传感器基本内容的前提下,增加了光纤传感器、CCD 图像传感器、光敏集成器件、集成霍尔器件、集成化测温器件及智能传感器等反映近代传感技术的新内容;又根据近 10 年的教学使用情况,对原教材内容也作了不少修改和增删。但限于篇幅和学时,有些内容如核辐射、化学、生物等传感器,仪表的抗干扰和测量结果的显示与记录等在第二版中仍未能介绍。

　　2004 年上半年本书第二版入选教育部学位管理与研究生教育司 2003～2004 年度推荐的研究生教学用书,并将于 2004 年出版第三版。第三版除对计算机与测量系统的接口和虚拟仪器方面稍作修改和增补新的内容外,其它内容均与第二版相同。

　　本教材共 16 章,分成三大部分。第一部分(1,2 章)为测量的基本知识和测量误差,介绍测量仪表的静态、动态特性,测量误差的基本理论。第二部分(3～10 章)介绍各种传感器的工作原理、特性、测量电路和应用举例。第三部分(11～16 章)介绍信号的放大、滤波、转换等调理电路、传感器特性的线性化及温度补偿、信号的分析和处理基础、测量系统与计算机的接口及虚拟仪器等内容。

　　本书第 1～10 章由西安交通大学吴道悌编写,第 11～15 章由西安交通大学刘晓晖编写,西安交通大学郑明编写第 16 章和光纤传感器、CCD 图像传感器。全书由吴道悌任主编。

　　本书也可作为高等学校工科非电类专业本科生和有关的电类专业本

科生的教材或参考书,对从事检测技术和自动化工作的工程技术人员也有参考价值。

　　本书第二版由上海交通大学朱承高教授担任主审,对全书作了仔细的审阅,提出了许多宝贵意见;西安交通大学葛文运教授对全书进行了认真的初审,对本书的编写给予了很大的帮助;在编写过程中还得到西安交通大学王采堂教授的支持,在此一并表示衷心的感谢。本书部分内容参考了许多校、院、所等编写的教材及文献资料,在此也致以谢意。

　　由于本书涉及的学科众多,而作者学识有限,书中定有疏漏和不妥之处,敬请读者批评指正。

编　者

2004 年 9 月

目　　录

绪　论

第 1 章　测量的基本知识
1.1　测量方法及其分类 ………………………………………（6）
　1.1.1　概　述 ………………………………………………（6）
　1.1.2　直接测量、间接测量与组合测量 ……………………（6）
　1.1.3　偏差式测量法、零位式测量法与微差式测量法………（7）
1.2　测量仪表的基本性能 ……………………………………（9）
　1.2.1　精确度 ………………………………………………（9）
　1.2.2　稳定性 ………………………………………………（10）
　1.2.3　仪表的输出-输入特性 ………………………………（11）
1.3　传感器的分类和性能指标 ………………………………（19）
　1.3.1　传感器的分类 ………………………………………（19）
　1.3.2　传感器的性能指标 …………………………………（21）

第 2 章　测量误差
2.1　误差定义及分类 …………………………………………（22）
　2.1.1　误差定义 ……………………………………………（22）
　2.1.2　误差的分类与来源 …………………………………（24）
　2.1.3　系差和随差的表达式 ………………………………（26）
2.2　随机误差 …………………………………………………（26）
　2.2.1　正态分布 ……………………………………………（26）
　2.2.2　方均根误差 …………………………………………（28）
　2.2.3　误差概率的计算 ……………………………………（30）
　2.2.4　最佳值的确定 ………………………………………（31）
　2.2.5　算术平均值 $\bar{x}$ 的方均根误差 $\hat{\sigma}_x$ …………………（32）
2.3　系统误差 …………………………………………………（33）
　2.3.1　发现系统误差的方法 ………………………………（34）
　2.3.2　削弱和消除系统误差的基本方法 …………………（35）
2.4　粗　差 ……………………………………………………（38）
　2.4.1　拉依达准则 …………………………………………（38）

  2.4.2 格罗布斯准则 ……………………………………… (40)

 2.5 测量结果的数据处理实例 ……………………………… (41)

 2.6 间接测量中误差的传递 ………………………………… (43)

  2.6.1 绝对误差和相对误差的传递 ………………………… (43)

  2.6.2 标准差(方均根误差)的传递 ……………………… (45)

  2.6.3 误差传递公式在间接测量中的应用 ………………… (45)

第3章 电阻式传感器

 3.1 线绕电位器式电阻传感器 ……………………………… (48)

  3.1.1 工作原理 ……………………………………………… (48)

  3.1.2 非线性误差 …………………………………………… (49)

  3.1.3 线绕电位器的结构和分辨力 ………………………… (50)

 3.2 应变式电阻传感器 ……………………………………… (51)

  3.2.1 应变效应和灵敏系数 ………………………………… (51)

  3.2.2 电阻应变片的种类 …………………………………… (53)

  3.2.3 测量电路 ……………………………………………… (55)

  3.2.4 电阻应变片的温度误差及其补偿 …………………… (65)

  3.2.5 电阻应变仪 …………………………………………… (67)

 3.3 电阻式传感器应用举例 ………………………………… (69)

  3.3.1 电位器式压力传感器 ………………………………… (69)

  3.3.2 半导体力敏应变片在电子皮带秤上的应用 ………… (69)

第4章 电感式传感器

 4.1 变气隙式自感传感器 …………………………………… (71)

  4.1.1 工作原理 ……………………………………………… (71)

  4.1.2 等效电路 ……………………………………………… (73)

  4.1.3 特 性 ………………………………………………… (73)

 4.2 差动式自感传感器 ……………………………………… (75)

  4.2.1 结构和工作原理 ……………………………………… (75)

  4.2.2 输出特性 ……………………………………………… (76)

  4.2.3 测量电路 ……………………………………………… (77)

 4.3 差动变压器(互感式电感传感器) ……………………… (78)

  4.3.1 结构与工作原理 ……………………………………… (78)

  4.3.2 等效电路 ……………………………………………… (79)

　　4.3.3　测量电路 ································· (80)

　4.4　应用举例 ·································· (83)

　　4.4.1　JGH 型电感测厚仪 ······················ (83)

　　4.4.2　差压计 ······························· (84)

　　4.4.3　远传浮子液位测量 ····················· (85)

　4.5　电涡流式传感器 ·························· (86)

　　4.5.1　基本原理 ····························· (86)

　　4.5.2　等效电路 ····························· (87)

　　4.5.3　测量电路 ····························· (87)

　　4.5.4　应用举例 ····························· (88)

第 5 章　电容式传感器

　5.1　工作原理与结构形式 ····················· (91)

　　5.1.1　基本工作原理 ························· (91)

　　5.1.2　结构形式 ····························· (92)

　5.2　输出特性 ································· (93)

　　5.2.1　变间隙式 ····························· (93)

　　5.2.2　变面积式 ····························· (95)

　　5.2.3　变介电常数式 ························· (95)

　5.3　测量电路 ································· (96)

　　5.3.1　桥式电路 ····························· (96)

　　5.3.2　二极管不平衡环形电路 ················· (99)

　　5.3.3　差动脉冲宽度调制电路 ················ (100)

　　5.3.4　运算放大器式电路 ···················· (102)

　　5.3.5　调频电路 ···························· (103)

　5.4　应用举例 ································ (104)

　　5.4.1　电容式差压传感器 ···················· (104)

　　5.4.2　电容式液位计 ························ (105)

　　5.4.3　电容测厚仪 ·························· (105)

　　5.4.4　利用电容量变化效应的温度传感器 ······ (106)

第 6 章　电动势式传感器

　6.1　磁电式传感器 ···························· (108)

　　6.1.1　工作原理及结构 ······················ (108)

      6.1.2　传感器的灵敏度和温度补偿 ……………………………(109)

      6.1.3　测量电路 …………………………………………………(111)

      6.1.4　应用举例 …………………………………………………(111)

  6.2　压电晶体传感器 …………………………………………………(114)

      6.2.1　压电效应 …………………………………………………(114)

      6.2.2　压电材料简介 ……………………………………………(116)

      6.2.3　压电传感器及其等效电路 ………………………………(118)

      6.2.4　压电传感器的测量电路 …………………………………(121)

      6.2.5　应用举例 …………………………………………………(125)

  6.3　霍尔传感器 ………………………………………………………(129)

      6.3.1　霍尔元件的基本工作原理 ………………………………(129)

      6.3.2　霍尔元件的测量误差及其补偿 …………………………(131)

      6.3.3　霍尔元件的使用 …………………………………………(134)

      6.3.4　集成霍尔器件 ……………………………………………(136)

      6.3.5　霍尔元件在非电量电测技术中的应用举例 ……………(137)

第 7 章　热电传感器

  7.1　热电偶 ……………………………………………………………(141)

      7.1.1　热电偶测温原理 …………………………………………(141)

      7.1.2　热电偶的结构与种类 ……………………………………(150)

      7.1.3　热电偶的冷端温度补偿 …………………………………(153)

      7.1.4　热电偶实用测温电路 ……………………………………(156)

  7.2　热电阻 ……………………………………………………………(159)

      7.2.1　常用热电阻 ………………………………………………(159)

      7.2.2　热电阻的测量电路与应用举例 …………………………(162)

  7.3　热敏电阻 …………………………………………………………(163)

      7.3.1　热敏电阻的电阻-温度特性 ……………………………(164)

      7.3.2　主要技术参数 ……………………………………………(166)

      7.3.3　热敏电阻的应用举例 ……………………………………(167)

  7.4　PN 结型和集成温度传感器 ……………………………………(173)

      7.4.1　分立元件 PN 结型温度传感器 …………………………(173)

      7.4.2　集成温度传感器 …………………………………………(176)

第 8 章　光传感器

  8.1　外光电效应和光电管、光电倍增管………………………………(181)

4

　8.1.1　光电管 ……………………………………………… (181)

　8.1.2　光电倍增管 ………………………………………… (184)

8.2　内光电效应及相应的器件 …………………………………… (187)

　8.2.1　光导效应及光敏电阻 ……………………………… (187)

　8.2.2　光生伏特效应及光电池、光敏二极管、光敏三极管 … (190)

8.3　光电传感器的类型及应用举例 ……………………………… (196)

　8.3.1　类　　型 …………………………………………… (196)

　8.3.2　应用举例 …………………………………………… (197)

8.4　光敏集成器件 ………………………………………………… (200)

　8.4.1　达林顿光敏管 ……………………………………… (200)

　8.4.2　光电耦合器件 ……………………………………… (201)

8.5　光纤传感器 …………………………………………………… (203)

　8.5.1　光纤的结构和传光原理 …………………………… (204)

　8.5.2　光纤的性能 ………………………………………… (205)

　8.5.3　光纤传感器的工作原理及其组成 ………………… (206)

　8.5.4　光纤传感器的应用举例 …………………………… (208)

8.6　CCD 图像传感器 …………………………………………… (211)

　8.6.1　CCD 的基本结构和工作原理 …………………… (211)

　8.6.2　电荷的注入和输出 ………………………………… (214)

　8.6.3　线型和面型 CCD 图像传感器 …………………… (215)

　8.6.4　CCD 的主要参数 ………………………………… (218)

　8.6.5　CCD 输出信号的特点及应用举例 ……………… (221)

第 9 章　气敏及湿敏传感器

9.1　气敏传感器 …………………………………………………… (224)

　9.1.1　电阻型半导体气敏传感器的结构 ………………… (225)

　9.1.2　半导体气敏材料的气敏机理概述 ………………… (227)

　9.1.3　SnO_2 系列气敏器件 …………………………… (228)

　9.1.4　应用举例 …………………………………………… (230)

9.2　湿敏传感器 …………………………………………………… (233)

　9.2.1　湿敏器件的特性参数 ……………………………… (234)

　9.2.2　湿敏器件的种类 …………………………………… (235)

　9.2.3　典型器件介绍 ……………………………………… (238)

　9.2.4　应用举例 …………………………………………… (245)

第 10 章　数字式传感器

10.1　编码器 ··· (247)

　　10.1.1　码盘式编码器 ····························· (247)

　　10.1.2　脉冲盘式编码器 ························· (252)

10.2　感应同步器 ····································· (254)

　　10.2.1　直线式感应同步器的结构 ··········· (254)

　　10.2.2　感应同步器的工作原理 ··············· (255)

　　10.2.3　感应同步器输出信号的检测 ········· (257)

　　10.2.4　感应同步器位移数字显示装置(鉴相型检测系统) ········

　　··· (258)

10.3　计量光栅 ··· (261)

　　10.3.1　黑白透射型长光栅的结构和工作原理 ········· (261)

　　10.3.2　光电转换 ································ (264)

　　10.3.3　辨向与细分原理 ························· (266)

10.4　频率式数字传感器 ····························· (267)

　　10.4.1　改变力学系统固有频率的频率传感器 ········· (267)

　　10.4.2　振荡器式频率传感器 ··················· (271)

　　10.4.3　压控振荡器式频率传感器 ············· (272)

　　10.4.4　频率式传感器的基本测量电路 ········· (273)

10.5　智能传感器简介 ································· (274)

　　10.5.1　智能传感器的功能和特点 ············· (274)

　　10.5.2　智能传感器实现的技术途径 ··········· (275)

　　10.5.3　智能传感器举例 ························· (275)

第 11 章　信号的放大和调理电路

11.1　信号放大电路 ··································· (278)

　　11.1.1　理想运算放大器及其应用 ············· (278)

　　11.1.2　实际运算放大器存在的问题 ··········· (284)

　　11.1.3　仪器放大器(测量放大器) ············· (287)

　　11.1.4　程控增益放大器 ························· (289)

　　11.1.5　隔离放大器 ····························· (291)

　　11.1.6　调制型直流放大器 ····················· (293)

11.2　模拟滤波器 ····································· (298)

    11.2.1　一阶无源滤波器 ………………………………… (298)

    11.2.2　二阶有源滤波器 ………………………………… (301)

    11.2.3　开关电容滤波器 ………………………………… (303)

    11.2.4　集成电路滤波器 ………………………………… (305)

  11.3　信号处理电路 ……………………………………… (308)

    11.3.1　绝对值转换电路 ………………………………… (308)

    11.3.2　有效值转换电路 ………………………………… (311)

    11.3.3　峰值保持电路(峰值检波器) ……………………… (317)

第 12 章　信号的转换

  12.1　D/A 转换电路 …………………………………… (321)

    12.1.1　D/A 转换电路的工作原理 ……………………… (322)

    12.1.2　D/A 转换电路的主要参数 ……………………… (324)

    12.1.3　D/A 集成芯片 …………………………………… (324)

  12.2　A/D 转换电路 …………………………………… (328)

    12.2.1　转换原理 ………………………………………… (329)

    12.2.2　A/D 转换电路的主要参数 ……………………… (332)

    12.2.3　A/D 集成芯片 …………………………………… (335)

  12.3　A/D 转换器的外围电路 ………………………… (341)

    12.3.1　采样/保持电路 ………………………………… (341)

    12.3.2　多路模拟开关 …………………………………… (345)

  12.4　U/F 转换电路 …………………………………… (348)

    12.4.1　U/F 转换电路的工作原理 ……………………… (348)

    12.4.2　集成 U/F 转换器 ………………………………… (350)

第 13 章　传感器特性的线性化及温度补偿

  13.1　传感器非线性特性的线性化 ……………………… (352)

    13.1.1　模拟线性化 ……………………………………… (352)

    13.1.2　数字线性化 ……………………………………… (362)

  13.2　温度补偿 …………………………………………… (366)

    13.2.1　温度补偿原理 …………………………………… (366)

    13.2.2　温度补偿方法 …………………………………… (368)

第 14 章　信号分析和处理基础

  14.1　信号概述 …………………………………………… (372)

　14.1.1　周期信号…………………………………………………（373）

　14.1.2　非周期性信号的频谱……………………………………（376）

　14.1.3　随机信号…………………………………………………（380）

14.2　测试系统特性……………………………………………………（383）

　14.2.1　测试系统特性的频域描述和频率响应函数…………（384）

　14.2.2　线性系统的脉冲响应…………………………………（386）

14.3　信号的采样和窗函数…………………………………………（387）

　14.3.1　采样定理与抗混迭滤波………………………………（387）

　14.3.2　窗口函数…………………………………………………（391）

14.4　数字滤波…………………………………………………………（394）

　14.4.1　数字滤波器的分类……………………………………（395）

　14.4.2　数字滤波器的算法结构………………………………（396）

14.5　相关检测…………………………………………………………（398）

　14.5.1　自相关检测………………………………………………（399）

　14.5.2　互相关检测………………………………………………（400）

　14.5.3　锁定放大器………………………………………………（401）

第15章　计算机与测量系统的接口

15.1　微型计算机系统的基本结构…………………………………（403）

15.2　PC机总线………………………………………………………（405）

　15.2.1　PC/XT总线………………………………………………（405）

　15.2.2　ISA总线……………………………………………………（406）

　15.2.3　PCI局部总线………………………………………………（408）

15.3　GPIB通用接口总线……………………………………………（410）

　15.3.1　GPIB总线的结构…………………………………………（411）

　15.3.2　三线挂钩原理……………………………………………（415）

15.4　串行接口…………………………………………………………（416）

　15.4.1　串行通信的一般概念……………………………………（416）

　15.4.2　串行通信的接口电路……………………………………（418）

　15.4.3　RS—232C接口……………………………………………（419）

　15.4.4　USB接口……………………………………………………（422）

15.5　现场总线…………………………………………………………（424）

　15.5.1　现场总线的特点…………………………………………（424）

　15.5.2　现场总线协议模型………………………………………（425）

   15.5.3　PROFIBUS 总线 ……………………………………（427）

   15.5.4　基金会现场总线(FF) …………………………（429）

   15.5.5　LONWORKS 总线 …………………………………（431）

15.6　数据采集接口………………………………………………（433）

   15.6.1　数字信号的采集…………………………………（433）

   15.6.2　模拟信号的采集…………………………………（436）

   15.6.3　地址译码电路……………………………………（437）

第 16 章　虚拟仪器

16.1　虚拟仪器的产生……………………………………………（440）

16.2　虚拟仪器的结构及特点……………………………………（441）

   16.2.1　虚拟仪器的结构…………………………………（441）

   16.2.2　虚拟仪器的特点…………………………………（442）

   16.2.3　虚拟仪器技术优势………………………………（442）

16.3　虚拟仪器的分类……………………………………………（443）

   16.3.1　PC 总线–插卡式虚拟仪器………………………（444）

   16.3.2　并行口式虚拟仪器………………………………（444）

   16.3.3　GPIB 总线方式的虚拟仪器………………………（444）

   16.3.4　VXI 总线方式的虚拟仪器………………………（444）

   16.3.5　PXI 总线方式的虚拟仪器………………………（445）

16.4　虚拟仪器的系统组成………………………………………（445）

   16.4.1　GPIB 总线 …………………………………………（446）

   16.4.2　VXI 总线 …………………………………………（447）

   16.4.3　PXI 总线 …………………………………………（451）

16.5　虚拟仪器软件开发平台……………………………………（453）

   16.5.1　Lab VIEW 软件开发平台…………………………（453）

   16.5.2　Lab Windows/CVI 软件开发平台 ………………（458）

16.6　虚拟仪器技术的应用………………………………………（459）

   16.6.1　工程应用现状……………………………………（459）

   16.6.2　基于 Lab VIEW 的应用实例 ……………………（461）

主要参考文献………………………………………………………（464）

绪　论

在工农业生产、科学研究、国防建设及国民经济的各部门中,经常需要检测各种参数和物理量,获取被测对象的定量信息,以便进行监视和控制,使设备或系统处于最佳运行状态,并保证生产的安全、经济及高质量。在现代科学研究和新产品设计中,为了掌握事物的规律性,人们必须测试许多有关参数,用以检验是否符合预期要求和事物的客观规律性。

在被测物理量中,非电量占了绝大部分,例如压力、温度、湿度、流量、液位、力、应变、位移、速度、加速度、振幅等等,虽然对它们的测量可以用机械、气动等方法,但是电测技术具有一系列明显优点,尤其随着微电子技术和计算机技术的飞速发展,更显示出其突出的优势,所以许多非电量的测量广泛应用电测技术。

电测技术具有下列主要优点:

·测量的准确度和灵敏度高,测量范围广。

·由于电磁仪表和电子装置的惯性小,测量的反应速度快,具有比较宽的频率范围,不仅适用于静态测量,亦适用于动态测量。

·能自动连续地进行测量,便于自动记录,并能根据测量结果,配合调节装置,进行自动调节和自动控制。

·采用微处理器组成智能化仪器,可与微型计算机一起构成测量系统,实现数据处理、误差校正、自监视和仪器校准等功能。

·可以进行远距离测量,从而能实现集中控制和遥远控制。

·从被测对象取用功率小,甚至完全不取用功率,并可以进行无接触测量,减少对被测对象的影响,提高测量精度。

1. 非电量电测系统的组成

非电量电测技术的任务,就是把待测的非电量,通过一种器件或装置,把非电量变换成与它有关的电信号(电压、电流、频率等等),然后利用电气测量的方法,对该电信号进行测量,从而确定被测非电量的值。

非电量电测系统的结构框图如图 0-1 所示。它由传感器、信号调理、信号分析与处理或微计算机等环节组成,或经信号调理环节后,直接显示和记录。

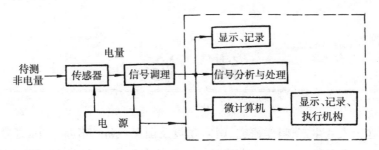

图 0-1　非电量电测系统结构框图

　　传感器是将外界信息按一定规律转换成电量的装置,它是实现自动检测和自动控制的首要环节。目前除利用传统的结构型传感器外,大量物性型传感器被广泛采用。结构型传感器是以物体(如金属膜片)的变形或位移来检测被测量的;物性型传感器是利用材料固有特性来实现对外界信息的检测,它有半导体类、陶瓷类、光纤类及其它新型材料等。

　　信号调理环节是对传感器输出的电信号进行加工,如将信号放大、调制与解调、阻抗变换、线性化、将电阻抗变换为电压或电流等等,原始信号经这个环节处理后,就转换成符合要求、便于输送、显示、记录、转换以及可作进一步后续处理的中间信号。这个环节常用的模拟电路是电桥电路、相敏电路、测量放大器、振荡器等;常用的数字电路有门电路、各种触发器、A/D 和 D/A 转换器等。信号调理环节有时可能是许多仪器的组合,有时也可能仅有一个电路,甚至仅是一根导线。

　　对于动态信号的测量,即动态测试,在现代测试中已占了很大的比重。它常常需要对测得的信号进行分析、计算和处理,从原始的测试信号中提取表征被测对象某一方面本质信息的特征量,以利于对动态过程作更深入的了解。这个领域中采用的仪器有频谱分析仪、波形分析仪、实时信号分析仪、快速傅里叶变换仪等,但计算机技术在信号处理中已被广泛应用。

　　整个测试系统中还必须包括电源,在一些便携式仪器中,一般采用电池供电。

　　图 0-1 所示的测量系统是目前常用的。图 0-2(a)所示的是由两块芯片组成的测试系统,一块芯片是传感器件与信号调理电路为一体的集成敏感器件,另一块芯片是带 A/D 转换的微处理器。图 0-2(b)是包括上述全部功能的单一芯片测试系统,这是今后的发展方向。

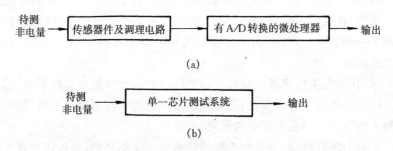

图 0-2　由芯片构成的测试系统示意图

2. 传感器的发展趋势

在非电量电测系统中,如果没有传感器对原始信息进行精确、可靠的捕获和转换,则一切测量和控制都是不可能实现的。当前与计算机处理信息的能力相比,传感器检测信息的能力,无论在数量、质量和功能上都远不适应社会多方面发展的需要。因此,传感器技术的发展,目前正处在方兴未艾状态,世界上先进国家都把传感器技术列为核心技术。传感器发展的趋势有以下几方面:

(1)研究开发新原理、新材料。测量领域不断扩大,测量对象不断增加,如空间技术、海洋开发、环境保护、生命科学等,原有的传感器已远不能适应这种需要,因此需研究开发新原理、新材料的新型物性型传感器。例如利用约瑟夫逊效应的热噪声温度传感器,可测量 10^{-6} K 的超低温;利用光子滞后效应,出现了响应速度极快的红外传感器。硅材料及其它派生物是目前最成熟和应用研究最广的材料,许多微型传感器都是基于硅材料上形成的;其它陶瓷材料、高分子材料也对新传感器的研究和开发起了很大的推动作用。

(2)集成化和多功能化。传感器集成化即是将多个相同传感器配置在同一平面上,形成一维、二维或三维阵列,甚至能加上时序,变单一信息检测为多信息检测。

传感器的多功能化是指一个传感器可检测两种或两种以上的参数,或者将传感器件与调理、补偿等电路集成一体化,意味着传感器自身不仅有检测功能,还具有信号处理和其它功能。近年来,已研制多种能检测两个以上不同物理量的传感器,例如利用特殊陶瓷能分别检测湿度和气体、温度和湿度的多功能传感器也已经迈向实用化。

(3)智能化。传感器与微处理器集成在同一芯片上,组成智能传感器,不仅具有信号检测、转换功能,同时还具有记忆、存储、解析、统计处理和自诊断、自校准、自适应等功能。虽然目前尚处于研究开发阶段,但已出现了一些实用的产品,如美国霍尼韦尔公司生产的 ST—3000 系列智能变送器等。

(4)开发仿生传感器。现代工业生产已进入计算机自动控制时代,各种各样的机器人大量问世,而作为感官器官的传感器进展比较慢,使电脑机器人的使用受到很大程度的限制。

生物的感官性能,是当今传感器技术所望尘莫及的,所以研究许多生物活性物质的机理,开发仿生传感器也是发展方向之一。

3. 智能仪器的发展

自从 1971 年世界上出现了第一种微处理器以来,电子计算机从过去的庞然大物缩小到可以置于测量仪器之中,所以发展了智能仪器。智能仪器是计算机技术与测量仪器相结合的产物,它具有对数据的存储、运算、逻辑判断及自动化操作等智能作用,对于传统仪器的改进和开辟新的应用领域都取得了巨大的成就。

20 世纪 80 年代个人计算机仪器(PCI)问世,它是给个人计算机(PC)配上不同的模拟通道,使之符合测量仪器的要求。PCI 的优点是可方便地利用 PC 机已有的磁盘、打印机及绘图仪等获得硬拷贝,其数据处理功能强,内存容量较大,因而可以用于复杂的、高性能的信息处理,还可以利用 PC 机本身已有的各种软件包,将仪器的面板及各种操作按钮的图形生成在 CRT 上,得到"软面板",在软面板上可以用鼠标或触摸屏操作 PCI。

一个以 PC 机为基础的仪器,采用不同的软件,可以做成不同功能的测量仪器,并用软面板去适应不同仪器的要求。这种灵活多样的虚拟仪器技术,只是在 PCI 之后才真正得以实现。它使用户可以根据自己的需要去设计或组合自己的专用仪器(或系统),从而得到传统仪器无法比拟的效果。

近几年来,以 PCI 为硬件平台的虚拟仪器已受到各方面的关注,但设计及使用虚拟仪器,软件是关键。为了节省仪器的开发时间,提高工作效率,不少公司为自己的虚拟仪器提供了图形编程语言,如 NI 的 Lab-VIEW,HP 的 VEE 等,为测试技术开辟了一个崭新的局面。

4. 本书的特点与要求

测试技术是一门边缘的信息学科,它所涉及的学科范围较广,而且发展极为迅速。新的传感技术、新的测试方法、新的信号分析和处理理论、功能更为完善的信号调理电路、新的测试仪器等层出不穷,编者只能在有限的篇幅中介绍这一学科主要的、有代表性的方面及其发展方向,形成系统的内容,为读者学习本学科的更广泛和更新内容打下一定的基础,培养一种开拓创新能力。

理工科院校非电类专业的硕士研究生在学习本课程后,能提出合理的测试方案,选择合适的传感器,掌握信号调理电路的原理和接口技术;并能正确选用和组合这些环节构成一个测试系统。学会测试系统的误差和静态、动态特性的分析方法,以及对所测信号的基本分析和处理方法。

本课程的实践性很强,所以学习过程中应尽可能提供相应的实验,以利于提高学生测试技术的能力和掌握常用仪器、仪表和现代先进测试仪器的使用方法。

与本课程直接有关的基础课程有:物理学、电工技术、电子技术、微机原理与应用等。

第1章 测量的基本知识

1.1 测量方法及其分类

1.1.1 概　述

　　测量是在有关理论的指导下,用专门的仪器或设备,通过实验和必要的数据处理,求得被测量的值。在工业生产中,测量的目的是为了在限定时间内,尽可能准确地收集被测对象的未知信息,以便掌握被测对象的参数,进而控制生产过程,例如在电厂中对锅炉水位的检测;钢厂中对热风炉风温的检测等。

　　测量方法的正确与否是十分重要的,它直接关系到测量工作是否能正常进行,能否符合规定的技术要求。因此,必须根据不同的测量任务要求,找出切实可行的测量方法,然后根据测量方法选择合适的测量工具,组成测量装置,进行实际测量。如果测量方法不合理,即使有高级精密的测量仪器或设备,也不能得到理想的测量结果。

　　测量方法的分类有多种多样,例如,根据在测量过程中,被测量是否随时间变化,分为静态测量和动态测量;按测量手续分类,可分为直接测量、间接测量和组合测量;按测量方式分类,可分为偏差式测量法、零位式测量法和微差式测量法等。除了上述分类外,还有另外一些分类方法,例如按测量敏感元件是否与被测介质接触,可分为接触式测量与非接触式测量;按测量系统是否向被测对象施加能量,可分为主动式测量和被动式测量;按被测量性质,可分为时域测量、频域测量、数据域测量和随机测量等。

1.1.2 直接测量、间接测量与组合测量

1. 直接测量

用按已知标准标定好的测量仪器,对某一未知量直接进行测量,得出

未知量的数值,这类测量称直接测量。例如,用弹簧管压力表测量压力,用磁电式电表测量电压或电流等。

直接测量并不意味着就是用直读式仪表进行测量,许多比较式仪器例如电桥、电位差计等,虽然不一定能直接从仪器度盘上获得被测量的值,但因参与测量的对象就是被测量本身,所以仍属于直接测量。

直接测量的优点是测量过程简单而迅速,是工程技术中采用得比较广泛的测量方法。

2. 间接测量

对几个与被测量有确切函数关系的物理量进行直接测量,然后通过已知函数关系的公式、曲线或表格,求出该未知量,这类测量称为间接测量。例如,在直流电路中,直接测出负载的电流 I 和电压 U,根据功率 $P = IU$ 的函数关系,便可求得负载消耗的电功率。

间接测量方法手续较烦,花费时间也较多,一般在直接测量很不方便、误差较大及缺乏直接测量的仪器等情况下才采用。这类方法大多数用在实验室,但工程中有时也用。

3. 组合测量

在测量中,使各个未知量以不同的组合形式出现(或改变测量条件来获得这种不同的组合),根据直接测量和间接测量所得到的数据,通过解一组联立方程而求出未知量的数值,这类测量称组合测量,又称联立测量。组合测量中,未知量与被测量存在已知的函数关系(表现为方程组)。

例如,为了测量电阻的温度系数,可利用电阻值与温度间的关系公式

$$R_t = R_{20} + \alpha(t - 20) + \beta(t - 20)^2$$

式中　α, β——电阻的温度系数;

　　　R_{20}——电阻在 20℃时的阻值;

　　　t——测试时的温度。

为了测出电阻的 α 与 β 值,采用改变测试温度的办法,在三种温度 t_1, t_2 及 t_3 下,分别测得对应的电阻值 R_{t1}, R_{t2} 及 R_{t3},然后代入上述公式,得到一组联立方程,解此方程组后,便可求得 α, β 和 R_{20}。

组合测量的测量过程比较复杂,花时较多,但易达到较高精度,因此被认为是一种特殊的精密测量方法,一般适用于科学实验或特殊场合。

1.1.3　偏差式测量法、零位式测量法与微差式测量法

1. 偏差式测量法

在测量过程中,用仪表指针相对于刻度线的位移(偏差)来直接表示

被测量,这种方法称为偏差式测量法,它的测量过程比较简单、迅速,但测量的精确度较低,被广泛用于工程测量。

图1-1所示的压力表就是偏差式测量仪表。由于被测介质压力的作用使弹簧变形,产生一个弹性反作用力,当被测介质压力产生的作用力与弹簧变形反作用力相平衡时,活塞达到平衡,这时指针偏移在标尺上对应的刻度值,就表示被测介质压力值。显然,压力表的指示精度取决于弹簧质量及刻度校准情况,由于弹簧变形力不是力的标准量,必须用标准重量校准弹簧,因此这类仪表一般精确度不高于0.5%。

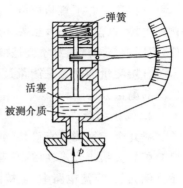

图1-1　压力表

2. 零位式测量法

零位式测量法(又称补偿式或平衡式测量法)是在测量过程中,用指零仪表的零位指示来检测测量系统是否处于平衡状态,当测量系统达到平衡时,用已知的基准量决定被测未知量的量值。例如用电位差计测量待测电势。

图1-2是直流电位差计简化等效电路。测量前先将被测电路开断,在电势 E 的作用下,调节电位器 RP_1,校准回路的工作电流 I,从而在电阻 RP 上可得某一基准电压 U_k。测量时调整 RP 的活动触点,使检流计 G(作为零示器)回零($I_g=0$),则 $U_k=U_x$,这样,基准电压 U_k 的值就表示被测未知电压值 U_x。

只要零示器的灵敏度足够高,零位式测量法可以获得较高的测量精度,因为它主要取决于标准量的精度。但此法在测量过程中要进行平衡操作,费时

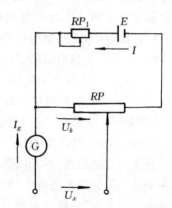

图1-2　直流电位差计原理电路图

较多,所以不适宜测量变化迅速的信号,只适用于测量变化较缓慢的信号。它在工程实践和实验室中应用很普遍。

3. 微差式测量法

微差式测量法是综合了偏差式测量法与零位式测量法的优点而提出

的一种测量方法,它将被测的未知量与已知的标准量进行比较,并取得差值,然后用偏差式测量法求得此偏差值。

　　设 N 为标准量,x 为被测量,令 Δ 为两者之差,$\Delta = x - N$,经移项后得 $x = N + \Delta$,即被测量是标准量与偏差值之和。因为 N 是标准量,故误差很小,由于 $\Delta \ll N$,因此可选用高灵敏度的偏差式仪表进行测量,即使 Δ 的测量准确度较低,但因 $\Delta \ll x$,所以总的测量准确度仍然可以很高。

　　图 1-3 所示为利用高灵敏度电压表和电位差计,采用微差法测量稳压电源当负载变动时,输出电压的微小变动值。在图 1-3中,r 和 E 表示稳压电源的等效内阻和电势,R_L 表示稳压电源的负载电阻;RP,RP_1 和 E_1 组成电位差计,G 和 R_m 为高灵敏度电压表的表头和内阻。在测量之前,应预先调整 RP_1 值,使电位差计工作电流 I_1 为基准值。然后,使稳压电源的负

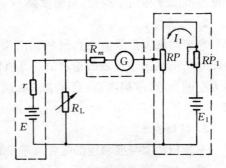

图 1-3　微差法测量稳压电源
输出电压的微小变化

载电阻 R_L 为额定值,进而调整 RP 的活动触点位置,使高灵敏度电压表指零。增加或减小 R_L 值,这时高灵敏度电压表的偏差示值,即是负载变动时所引起的稳压电源输出电压的微小波动值。注意,在这种电路中,要求高灵敏度电压表的内阻 R_m 足够大,即要求 $R_m \gg RP, RP_1, R_L$ 及 r,否则测量误差会较大。

　　微差式测量法的优点是反应快,不需进行反复的平衡操作和测量精度高,所以在工程测量中已获得越来越广泛的应用。

1.2　测量仪表的基本性能

　　评价仪表品质的指标是多方面的,但作为衡量仪表基本性能的主要指标有下列几个方面。

1.2.1　精确度
　　说明精确度的指标有三个:精密度、准确度和精确度(以下简称精度)。

1. 精密度 δ

它表明仪表指示值的分散性,即对某一稳定的被测量,由同一个测量者,用同一个仪表,在相当短的时间内,连续重复测量多次,其测量结果(指示值)的分散程度。δ愈小,说明测量愈精密。例如,某温度仪表的精密度$\delta=0.5℃$,即表示多次测量结果的分散程度不大于$0.5℃$。精密度是随机误差大小的标志,精密度高,意味着随机误差小。但必须注意,精密度与准确度是两个概念,精密度高不一定准确。

2. 准确度 ε

它表明仪表指示值与真值的偏离程度。例如,某流量表的准确度$\varepsilon=0.3m^3/s$,表示该仪表的指示值与真值偏离$0.3m^3/s$。准确度是系统误差大小的标志,准确度高,意味着系统误差小。同样,准确度高不一定精密。

3. 精确度 τ

它是精密度与准确度的综合反映,精确度高,表示精密度和准确度都比较高。在最简单的情况下,可取两者的代数和,即$\tau=\delta+\varepsilon$。精确度常以测量误差的相对值表示。

图1-4表示的射击打靶例子有助于加深对精密度、准确度和精确度三个概念的理解。图1-4(a)表示准确度高而精密度低;(b)表示准确度低而精密度高;(c)表示精确度高。在测量中,我们希望得到精确度高的结果。

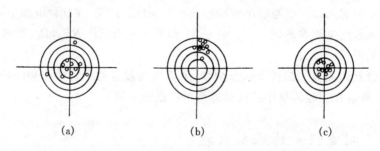

(a)　　　　　　　　　(b)　　　　　　　　　(c)

图1-4　射击举例

1.2.2　稳定性

仪表的稳定性有两个指标,一是仪表指示值在一段时间中的变化,以稳定度表示;二是仪表外部环境和工作条件变化引起指示值的不稳定,用影响量表示。

1. 稳定度

指在规定时间内,测量条件不变的情况下,由于仪表自身随机性变动、周期性变动、漂移等引起指示值的变化。一般以仪表精密度数值和时间长短一起表示。例如,某仪表电压指示值每小时变化 1.3mV,则稳定度可表示为 1.3mV/h。

2. 影响量

测量仪表由外界环境变化引起指示值变化的量,称为影响量。它是由温度、湿度、气压、振动、电源电压及电源频率等一些外界环境影响所引起的。说明影响量时,必须将影响因素与指示值偏差同时表示。例如,某仪表由于电源电压变化 10％而引起其指示值变化 0.02mA,则应写成 0.02mA/$U \pm 10\%$。

1.2.3　仪表的输出-输入特性

仪表的输出-输入特性有静态特性和动态特性两大类。

1. 静态特性

静态特性是指输入的被测参数不随时间变化或随时间变化很缓慢时,测量仪表的输出量与输入量的关系。它的主要性能是线性度、灵敏度、滞环和重复性等。

(1)线性度。我们希望仪表的输出-输入关系具有直线特性。这样可使仪表刻度均匀,在整个测量范围内具有相同的灵敏度,并且不必采用线性化措施,从而简化了测量环节。但实际上许多测量仪表,尤其是传感器的输出-输入特性总是具有不同程度的非线性。

线性度(又称非线性误差)说明输出量与输入量的实际关系曲线偏离其拟合直线的程度,用下式表示:

$$\varepsilon_l = \frac{|\Delta_{max}|}{y_{max}} \times 100\% \qquad (1-1)$$

式中　ε_l——线性度;

Δ_{max}——输出量与输入量实际关系曲线与拟合直线之间的最大偏差值;

y_{max}——仪表的输出满刻度。

显然,选定的拟合直线不同,计算所得的线性度数值也就不同。拟合直线的选取方法很多,最简单的是端基线的拟合直线,只要校正仪表的零点和对应于最大输入量 x_{max} 的最大指示值 y_{max} 点,连接这两点便得。此法简单方便,但精度不高。根据误差理论,采用最小二乘法来确定拟合直线,其拟合精度最高。

令输出量 y 与输入量 x 满足下述关系式:

$$y = a + bx \qquad (1-2)$$

式中 a 和 b 值应当使实际测量值 y_i 和由方程(1-2)给出的值 y 之间的偏差为极小。最好的方法就是使 $y_i - y$ 的平方和为最小的拟合,称为最小二乘拟合。这里关键是如何确定方程(1-2)中的系数 a 和 b。

设 Z^2 是各数据点与计算的拟合直线的偏差平方和

$$Z^2 = \sum_{i=1}^{n} (y_i - a - bx_i)^2$$

Z^2 的极小值是使每一个系数的偏导数都等于零的值,即

$$\frac{\partial}{\partial a}(Z^2) = 0 \quad \text{和} \quad \frac{\partial}{\partial b}(Z^2) = 0$$

由此可以推得式 $y=a+bx$ 中的系数 a 和 b 应满足:

$$a = \frac{1}{\Delta} \begin{vmatrix} \sum_{i=1}^{n} y_i & \sum_{i=1}^{n} x_i \\ \sum_{i=1}^{n} x_i y_i & \sum_{i=1}^{n} x_i^2 \end{vmatrix}$$

$$= \frac{1}{\Delta} \left(\sum_{i=1}^{n} x_i^2 \sum_{i=1}^{n} y_i - \sum_{i=1}^{n} x_i \sum_{i=1}^{n} x_i y_i \right) \qquad (1-3)$$

$$b = \frac{1}{\Delta} \begin{vmatrix} n & \sum_{i=1}^{n} y_i \\ \sum_{i=1}^{n} x_i & \sum_{i=1}^{n} x_i y_i \end{vmatrix}$$

$$= \frac{1}{\Delta} \left(n \sum_{i=1}^{n} x_i y_i - \sum_{i=1}^{n} x_i \sum_{i=1}^{n} y_i \right) \qquad (1-4)$$

$$\Delta = \begin{vmatrix} n & \sum_{i=1}^{n} x_i \\ \sum_{i=1}^{n} x_i & \sum_{i=1}^{n} x_i^2 \end{vmatrix} = n \sum_{i=1}^{n} x_i^2 - \left(\sum_{i=1}^{n} x_i \right)^2 \qquad (1-5)$$

(2)灵敏度

①灵敏度 S。表示仪表在稳态下输出量增量 Δy 与输入量增量 Δx 之间的函数关系。更确切地说,灵敏度 S 等于测量仪表的指示值增量与

被测量增量之比,它是仪表在稳态下输出-输入特性曲线上各点的斜率,可用下式表示:

$$S = \frac{dy}{dx} = \frac{df(x)}{dx} = f'(x) \qquad (1-6)$$

灵敏度表示单位被测量的变化所引起的仪表输出指示值的变化量。显然,灵敏度 S 值越高,仪表越灵敏。

图 1-5 表示测量仪表灵敏度的三种情况:(a)在整个测量范围,灵敏度 S 保持为常数;(b)灵敏度 S 随被测输入量增加而增加;(c)灵敏度 S 随被测输入量增加而减小。

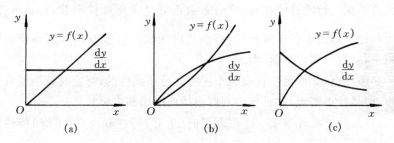

图 1-5 测量仪表的灵敏度

从灵敏度的定义可知,灵敏度是刻度特性的导数,因此它是一个有量纲的量。当我们讨论某一测量仪表的灵敏度时,必须确切地说明它的量纲。例如对电压表,其电压灵敏度 S_v 的量纲是 mm/V,即每伏输入引起多少毫米的指针偏转;对于电阻应变仪,其应变灵敏度 S 的量纲是 mA/$\mu\varepsilon$,即每一微应变将引起多少毫安电流输出。

②灵敏度阈与分辨力。灵敏度阈是指测量仪表所能够区别的最小读数变化量。对于数字式仪表,灵敏度阈常用分辨力表示,就是指仪表所能区分的被测量的最小变化量。当被测量的变化量小于分辨力时,数字式仪表的最后一位数将不改变,仍指示原值。例如,某数字电压表分辨力为 1μV,表示该电压表显示器上最末位跳变 1 个字时,对应的输入电压变化量为 1μV,亦即这个电压表能区分出最小为 1μV 的电压变化。

灵敏度阈或分辨力都是有量纲的量,它的量纲与被测量的量纲相同,例如某电桥的灵敏度阈是 0.000 3Ω,某数字电压表的分辨力是 10μV 等。

对于一般测量仪表的要求是:灵敏度应该大而灵敏度阈应该小。但也不是灵敏度阈越小越好,因为灵敏度阈越小,干扰的影响越显著,给测量的调整过程造成困难,而且费时、费钱。因此,选择灵敏度阈只要小于允许测量绝对误差的 1/3 即可。

从物理含义上看,灵敏度是广义的增益,而灵敏度阈则是死区或不灵敏度。

③标定与仪表常数。标定就是在正式使用前对测量仪表输入标准量 x_N,测得相应的仪表输出指示值 y,从而确定仪表常数 C 或仪表的刻度曲线。

仪表常数 C 可用下式表示:

$$C = \frac{x_N}{y} \tag{1-7}$$

当仪表的刻度特性是线性时,仪表常数正好是灵敏度的倒数,即 $S = \frac{1}{C}$。

当通过标定知道了仪表常数后,将测量时的仪表读数或指示值与仪表常数相乘,就可得到被测值,即 $x = Cy$。

必须注意,如果测量仪表的刻度特性是非线性的,标定时就不能只标一点,而是标很多点,并且作出刻度曲线或画出刻度标尺。

(3)滞环。滞环表明一个仪表正向(上升)特性和反向(下降)特性的不一致程度。

如图 1-6 所示,被测量 x 连续增加过程中,对应某一被测量所读得的输出 y_c,与被测量连续减小过程中,对应于同样被测量所读得的输出 y_d 之间的差值叫滞环误差,用 ε_h 表示,即

$$\varepsilon_h = |y_d - y_c|$$

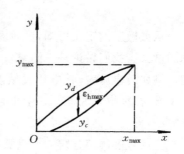

图 1-6 滞环示意图

在整个测量范围内产生的最大滞环误差以 ε_{hmax} 表示,它与最大的被测示值 y_{max} 的比值称最大滞环率 E_{hmax},即

$$E_{hmax} = \frac{\varepsilon_{hmax}}{y_{max}} = \frac{|y_d - y_c|_{max}}{y_{max}} \tag{1-8}$$

一般 E_{hmax} 用百分数表示。

(4)重复性。重复性是指在同一工作条件下,输入量按同一方向作全量程多次变动时,所得各条特性曲线间的一致程度。重复性误差反映的是数据的离散程度,属随机误差,因此应根据标准差计算,用 E_R 表示,

$$E_R = \pm \frac{\alpha \sigma_{max}}{y_{max}} \times 100\% \tag{1-9}$$

式中 $\sigma_{\max}$ 为各校准点正行程与反行程输出值的最大标准差，α 为置信系数，通常取 2 或 3，当 $\alpha=2$ 时，置信概率为 95.4％，$\alpha=3$ 时，置信概率为 99.73％。（关于随机误差的分析，见第 2 章 2.2。）

2. 动态特性

仪表的动态特性是一种衡量仪表动态响应的性能指标，它表示被测对象参数随时间迅速变化时，测量仪表的输出指示值能否及时、准确地随被测量物理量的变化而变化。由于绝大多数的检测仪表都存在机械惯性和电惯性，因此在测量时，仪表的输出指示值与其输入被测物理量之间，往往存在延时和失真，这就形成动态测量误差，所以需要研究动态特性。

仪表的动态特性可以从时域和频域两方面来分析。为了便于求解和易于实现，工程上通常采用输入典型信号的方法来进行分析。本节将分别讨论仪表对阶跃输入的响应和对正弦输入的响应，前者侧重时域特性分析，后者则以频率特性分析。

（1）阶跃响应特性。研究动态特性时，为避免数学上的困难，一般忽略测量仪表的非线性和随机变化等复杂因素，把测量仪表作为线性定常系统考虑。大部分模拟式仪表的动态特性可以用线性常系数微分方程式完整地描述。其时域响应通常采用过渡函数 $h(t)$ 表示，它是指当输入 $x(t)$ 为单位阶跃变化，初始条件为零时，仪表输出量 y 随时间变化的曲线。

现以动圈式仪表为例，对动态特性的分析作简要介绍。动圈式仪表是一种应用较广泛的仪表，主要用于测量直流电流，若配以适当的传感器，如热电偶或霍尔传感器等等，就可以作为温度、压力等参数的指示仪表。动圈式仪表的原理图如图 1-7 所示，它主要由磁钢、柱状铁芯、动圈、游丝弹簧、指针和标尺等组成。当动圈中有电流流过时，在电磁力作用下，动圈带动指针

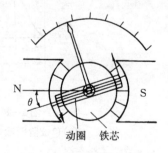

图 1-7　动圈式仪表原理图

偏转一定角度 θ，指针的角位移可以在已经校准过的标尺刻度上读出，在外加阶跃直流电压作用下，动圈式仪表的运动方程可简化如下：

$$J \frac{\mathrm{d}^2\theta}{\mathrm{d}t^2} + D \frac{\mathrm{d}\theta}{\mathrm{d}t} + K_\theta\theta = \frac{K_\theta}{k}I \qquad (1-10)$$

式中　$J \dfrac{\mathrm{d}^2\theta}{\mathrm{d}t^2}$——仪表运动部件的惯性力矩；

$D \dfrac{\mathrm{d}\theta}{\mathrm{d}t}$——仪表的阻尼力矩；

$K_\theta \theta$——仪表游丝变形的反作用力矩；

$\dfrac{K_\theta}{k} I$——直流电流 I 产生的电磁力矩。

这是一个二阶微分方程式,故这种仪表称为二阶系统(或二阶环节)。

上例中,当输入 $x(t)$ 为单位阶跃变化时(见图 1-8(a)),其输出的响应 $y(t)$,如图 1-8(b)所示,二阶系统的瞬态响应,往往表现为阻尼振荡过程。衡量阶跃响应的指标一般有：

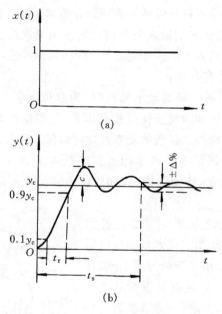

图 1-8　二阶系统的阶跃响应

(a)单位阶跃输入 $x(t)$；(b)阶跃响应输出 $y(t)$

①上升时间 t_r　指仪表的指示值从稳态值 y_c 的 10% 上升到 90% 所需的时间；

②响应时间 t_s　指从加入输入量开始,输出值达到允许误差范围 $\pm\Delta\%$ 所需的时间。一般允许误差范围与响应时间一起写出,例如 $t_s = 0.6\mathrm{s}(\pm 5\%)$；

③过冲量(或超调量)c 指输出最大振幅与稳态值之间的差值,即 $c = y_{\max} - y_c$,或用相对值 $c = \dfrac{y_{\max} - y_c}{y_c} \times 100\%$ 表示。

显然,仪表动态特性好坏与这几个参量有关,例如,仪表的响应时间 t_s 愈短,表明仪表的惯性愈小;过冲量 c 小,则表明仪表的动态超调小。

用微分方程来描述仪表动态特性的好处是,通过求解微分方程容易分清暂态响应和稳态响应;但缺点是求解微分方程很麻烦,尤其当阶次高或需要增减环节来改变仪表的性能时,显得很不方便。如果运用拉氏变换将时域的微分方程转换成复数域(s 域)的传递函数,上述缺点便可克服。

传递函数是指初始条件为零时,输出函数的拉氏变换式与输入函数的拉氏变换式的比值。对式(1-10)两边取拉氏变换,在零初始条件下,经整理可得动圈式仪表的传递函数:

$$G(s) = \frac{\theta(s)}{I(s)} = \frac{K_\theta/k}{Js^2 + Ds + K_\theta} \qquad (1-11)$$

通常上式可写成二阶系统的标准形式:

$$G_s(s) = \frac{\frac{1}{k}\omega_n^2}{s^2 + 2\zeta\omega_n s + \omega_n^2} \qquad (1-12)$$

式中 $\zeta = \dfrac{D}{2\sqrt{JK_\theta}}$ 为阻尼系数, $\omega_n = \sqrt{\dfrac{K_\theta}{J}}$ 为系统的无阻尼自然频率。在本例中,这两个参量是由仪表参数 J, D, K_θ 等所决定,对于确定的 ζ 和 ω_n 值,经拉氏反变换或查曲线图表,可以求得仪表输出的阶跃响应。

如果仪表的阶跃响应近似为指数函数时,则其动态特性可以用一个时间常数(表示仪表的输出值从零上升到稳态值的 63.2% 所需的时间)为 τ 的一阶微分方程式来描述,称为一阶系统(或一阶环节),它的一般形式为

$$a_1 \frac{\mathrm{d}y}{\mathrm{d}x} + a_0 y = b_0 x \qquad (1-13)$$

也可写成下列形式:

$$\tau \frac{\mathrm{d}y}{\mathrm{d}x} + y = Kx \qquad (1-14)$$

式中　τ——时间常数($\tau = \dfrac{a_1}{a_0}$);

　　K——静态灵敏度($K = \dfrac{b_0}{a_0}$)。

对式(1-14)两边取拉氏变换,则式(1-14)变成

$$(\tau s + 1)y = Kx$$

其传递函数为

$$G(s) = \frac{y(s)}{x(s)} = \frac{K}{\tau s + 1} \qquad (1-15)$$

一阶系统的动态响应特性主要取决于时间常数 τ，τ 小，阶跃响应迅速。τ 的大小表示惯性的大小，所以一阶系统又称惯性环节。

有的仪表其输出和输入成正比，这种系统称零阶系统（或比例环节），其方程式为

$$a_0 y = b_0 x$$

$$y = \frac{b_0}{a_0} x = Kx \tag{1-16}$$

式中 K 为静态灵敏度。对于比例环节而言，其动态特性是瞬时响应的，不存在延时和失真，只有极少数仪表可近似为零阶系统。

（2）频率响应特性。系统对正弦信号的稳态响应称为频率响应。线性定常系统（一般测量仪表和传感器等多简化为线性定常系统）在正弦信号作用下，其稳态输出仍是与输入同频率的正弦信号，但输出量的幅值与相角通常不等于输入量的幅值和相角，输出量与输入量之比值为一个复数量。在不同频率的正弦信号作用下，系统的稳态输出与输入间的幅值比、相角与角频率之间的关系称为频率响应特性，简称频率特性，它表示仪表或传感器在不同频率下传递正弦信号的性能，记为 $G(j\omega)$。

$$G(j\omega) = \frac{Y(j\omega)}{X(j\omega)} = A(\omega) e^{j\varphi(\omega)} \tag{1-17}$$

频率特性 $G(j\omega)$ 是稳态正弦输出与输入之比，其中

$$A(\omega) = |G(j\omega)| \tag{1-18}$$

表示正弦输出对正弦输入的幅值比，它随 ω 而变化，$A(\omega) \sim \omega$ 称为幅频特性。

$$\varphi(\omega) = \angle G(j\omega) = \arctan \left\{ \frac{\mathrm{Im}[G(j\omega)]}{\mathrm{Re}[G(j\omega)]} \right\} \tag{1-19}$$

$\mathrm{Im}[G(j\omega)]$ 和 $\mathrm{Re}[G(j\omega)]$ 分别表示复数量 $G(j\omega)$ 的虚部和实部，式（1-19）表示正弦输出对正弦输入的相移，它也随 ω 而变化，$\varphi(\omega) \sim \omega$ 称为相频特性。幅频特性与相频特性之间具有一定的内在关系，一般只在分析系统的动态稳定性能等情况时，需要研究相频特性外，常单独用幅频特性表示测量仪表或传感器的频域性能指标。

为分析方便起见，系统的频率特性常用对数坐标图表示，又称伯德（Bode）图，它由对数幅频特性和对数相频特性两张图组成。对数幅频特性表示为 $G(j\omega)$ 的对数值 $20\lg A(\omega)$ 和频率 ω 的关系曲线，通常画在半对数纸上，其中 ω 采用对数分度，$20\lg A(\omega)$ 采用线性分度；而对数相频特性仍为 $\varphi(\omega)$ 和 ω 的关系曲线，其中仅 ω 采用对数分度。

对数幅频特性上的频带是一个描述动态特性的主要性能指标。工程

上通常将输入信号的频率变化使增益变化不超过 ±3dB,所对应的频率范围称为频响范围或通频带,简称频带。例如某仪表在输入信号从 80Hz 到 1 500 Hz 内增益变化刚达到(不超过) ±3dB,则该仪表的频带可写成 $\Delta f = (80 \sim 1\,500)\,\mathrm{Hz}(\pm 3\mathrm{dB})$。频带与响应快慢有直接关系,频带宽则响应快。一般测量静态量和缓慢变化量的仪表,要求其频带为 $0 \sim 2\,\mathrm{Hz}$,测动态量时,仪表一般应有频带为 $10 \sim 10^4\,\mathrm{Hz}$。

1.3　传感器的分类和性能指标

在非电量电测技术中,首先遇到的是将各种非电量变换为电量,能完成这种变换功能的装置称为传感器。

传感器是实现自动检测和自动控制的首要环节,如果没有传感器对原始参数进行可靠的测量,那么无论是信号转换或信息处理,或者最佳数据的显示与控制都是不可能实现的。

传感器可以做得很简单,也可以做得很复杂,可以是带反馈的闭环系统,也可以是不带反馈的开环系统。因此,传感器的组成将随不同情况而有所差异。

1.3.1　传感器的分类

传感器的种类很多,其分类方法见表 1-1。

表 1-1　传感器的分类

分类法	型　　式	说　　明
按基本效应	物理型、化学型、生物型等	分别以转换中的物理效应、化学效应等命名
按构成原理	结构型	以转换元件结构参数变化实现信号转换
	物性型	以转换元件物理特性变化实现信号转换
按输入量	位移、压力、温度、流量、加速度等	以被测量命名(即按用途分类)
按工作原理	电阻式、热电式、光电式等	以传感器转换信号的工作原理命名
按能量关系	能量转换型(自源型)	传感器输出量直接由被测量能量转换而得
	能量控制型(外源型)	传感器输出量能量由外源供给,但受被测输入量控制
按输出信号形式	模拟式	输出为模拟信号
	数字式	输出为数字信号

　　按输入量的分类方法,似乎种类很多,但从本质上来讲,可分为基本量和派生量两类,例如长度、厚度、位置、磨损、应变及振幅等物理量,都可以认为是从基本物理量位移中派生出来的,当需要测量上列物理量时,只要采用测量位移的传感器就可以了。所以了解基本量与派生量的关系,将有助于充分发挥传感器的效能。

　　表1-2是经常遇到的一些基本量与派生量。

表1-2　基本物理量与派生物理量

基本物理量		派生物理量
位　移	线 位 移	长度、厚度、应变、振幅等
	角 位 移	旋转角、偏转角、角振幅等
速　度	线 速 度	速度、动量、振动等
	角 速 度	转速、角振动等
加速度	线 加 速 度	振动、冲击、质量等
	角 加 速 度	角振动、扭矩、转动惯量等
力	压　力	重量、应力、力矩等
时　间	频　率	计数、统计分布等
温　度		热容量、气体速度等
光		光通量与密度、光谱分布等

　　按输入量分类方法的优点是比较明确地表达了传感器的用途,便于使用者根据用途选用,但名目繁多,对建立传感器的一些基本概念,掌握基本原理及分析方法是不利的。

　　根据工作原理分类的优点是对于传感器的工作原理比较清楚,有利于触类旁通,且划分类别少。本书传感器部分就是以工作原理为分类依据进行编写的。表1-3列出了部分按工作原理分类的传感器。

表1-3　部分按工作原理分类的传感器

工作原理	传感器举例
电阻式	电位器式、应变式、压阻式等
电感式	差动电感、差动变压器、电涡流式等
热电式	热电偶、热电阻、热敏电阻等
电势式	电磁感应式、压电元件、霍尔元件等

在不少场合,常把用途和原理结合起来命名某种传感器,如电感式位移传感器,压电式加速度传感器、光纤温度传感器等。

1.3.2　传感器的性能指标

传感器质量的好坏,和测量仪表相同,也是通过若干性能指标来表示。

1. 量程和范围

量程是指测量上限和下限的代数差;范围是指仪表能按规定精确度进行测量的上限和下限的区间。例如一个位移传感器的测量下限是 $-5mm$,测量上限是 $+5mm$,则这个传感器的量程为 $5-(-5)=10mm$,测量范围为 $-5mm\sim+5mm$。

2. 线性度

传感器的输出-输入关系曲线与其选定的拟合直线之间的偏差。

3. 重复性

传感器在同一工作条件下,输入量按同一方向作全量程连续多次测试时,所得特性曲线间的一致程度。

4. 滞环

传感器在正向(输入量增大)和反向(输入量减小)行程过程中,其输出-输入特性的不重合程度。

5. 灵敏度

传感器输出的变化值与相应的被测量的变化值之比。

6. 分辨力

传感器在规定测量范围内,可能检测出的被测信号的最小增量。

7. 静态误差

传感器在满量程内,任一点输出值相对理论值的偏离程度。

8. 稳定性

传感器在室温条件下,经过规定的时间间隔后,其输出与起始标定时的输出之间的差异。

9. 漂　移

在一定时间间隔内,传感器在外界干扰下,输出量发生与输入量无关的、不需要的变化。漂移包括零点漂移和灵敏度漂移。

由于传感器所测量的非电量有不随时间变化或变化很缓慢的,也有随时变化较快的,所以传感器的性能指标除上面介绍的静态特性所包含的各项指标外,还有动态特性,它可以从阶跃响应和频率响应两方面来分析,分析方法与第1.2节中测量仪表的方法相同,在此不再重复。

第 2 章　测量误差

　　对自然界所发生的量变现象的研究,常常要借助于各式各样的实验与测量来完成。在实际测量中,由于测量仪器的不准确,测量方法的不完善,以及测量环境、测量人员本身等造成各种因素的影响,会使实验中测得的值和它的真实值之间造成差异,即产生测量误差。随着科学技术的日益发展和人们认识水平的不断提高,虽可将误差控制得愈来愈小,但始终不能完全消除它。为了得到要求的测试精度和可靠的测试结果,需要认识测量误差的规律,以便消除和减小误差。

2.1　误差定义及分类

2.1.1　误差定义

1. 绝对误差

　　绝对误差是某量值的给出值与其真值之差。设真值(指在一定的时间和空间范围内被测量的真实大小)为 A_0,给出值(包括测量值、示值、标称值、近似值等)为 x,则绝对误差 Δx 为:

$$\Delta x = x - A_0 \tag{2-1}$$

例如,真值为 $30.2\mu A$ 的电流,测得为 $30.4\mu A$,则微安表的示值 $30.4\mu A$ 的绝对误差为 $0.2\mu A$;当 π 的近似值取 3.14 时,其绝对误差约为 -0.0016。

　　由于真值 A_0 一般来说是未知的,所以在实际应用时,常用实际值 A 来代表真值 A_0,并采用高一级标准仪器的示值作为实际值,即通常用

$$\Delta x = x - A \tag{2-2}$$

来代表绝对误差。

　　在实际测量中,还经常用到修正值这个名称,它的绝对值与 Δx 相等,但符号相反,用符号 c 表示:

$$c = -\Delta x = A - x \tag{2-3}$$

对高准确度的仪器仪表,常给出修正值,利用修正值可求出被测量的准确

的实际值

$$A = x + c \qquad\qquad (2-4)$$

修正值给出的方式,不一定是具体的数值,也可以是一条曲线、公式或数表。某些智能化仪器中,修正值预先被编制成相关程序,贮存于仪器中,所得测量结果已自动对误差进行了修正。

2. 相对误差

绝对误差的表示方法有不足之处,因为它不能确切地反映出测量的准确程度。例如,测量两个电阻,其中 $R_1 = 10\Omega$,误差 $\Delta R_1 = 0.1\Omega$;$R_2 = 1\,000\Omega$,误差 $\Delta R_2 = 1\Omega$,尽管 $\Delta R_1 < \Delta R_2$,但不能由此得出测量电阻 R_1 比测量电阻 R_2 的准确度要高的结论,因 $\Delta R_1 = 0.1\Omega$,相对于 10Ω 来讲是 1%,而 $\Delta R_2 = 1\Omega$,相对于 $1\,000\Omega$ 来讲是 0.1%,所以结论是 R_2 的测量比 R_1 的测量更准,因此,需要引出相对误差的概念。相对误差 γ 是绝对误差与真值之比,因测得值与真值接近,所以也可近似用绝对误差与测得值之比作为相对误差,通常用百分比表示:

$$\gamma = \frac{\Delta x}{A} \times 100\% \approx \frac{\Delta x}{x} \times 100\% \qquad\qquad (2-5)$$

由于绝对误差可能为正值或负值,所以相对误差也可能出现正或负值。相对误差通常用于衡量测量的准确度。

3. 引用误差

引用误差是一种简化和实用方便的相对误差,常在多档和连续刻度的仪器仪表中应用。这类仪器仪表可测范围不是一个点,而是一个量程,这时若按式(2-5)计算,由于分母是变量,随被测量的变化而改变,所以计算很烦。为了计算和划分准确度等级的方便,通常采用引用误差,它是从相对误差演变过来的,其分母为常数,取仪器仪表中的满刻度值,因此引用误差 γ_m 为

$$\gamma_m = \frac{\Delta x}{x_m} \times 100\% \qquad\qquad (2-6)$$

式中 x_m 为仪器仪表的满刻度值。

对于多档仪器仪表,其满刻度值应和量程范围相对应,即

$$\gamma_m = \frac{kx - A}{kx_m} \times 100\%$$

式中 k 为不同量程时的比例系数。

例如,满刻度为 5mA 的电流表,在示值为 4mA 时的实际值为 4.02mA,此电流表在这一点的引用误差为 -0.4%。

由引用误差的定义可知,对于某一确定的仪器仪表,它的最大引用误

差值也是确定的,这就为仪器仪表划分准确度等级提供方便。电工仪表就是按引用误差 γ_m 之值进行分级的。我国电工仪表共分七级:0.1,0.2,0.5,1.0,1.5,2.5 及 5.0。如果仪表为 S 级,则说明该仪表的最大引用误差不超过 S%,即 $|\gamma_m| \leqslant S\%$,但不能认为它在各刻度上的示值误差都具有 S% 的准确度。结合式(2-5)和式(2-6)可以看出,如果某电表为 S 级,满刻度值为 x_m,测量点为 x,则电表在该测量点的最大相对误差 γ 可表示为

$$\gamma = \frac{x_m}{x} S\% \qquad (2-7)$$

因 $x \leqslant x_m$,故当 x 越接近于 x_m 时,其测量准确度越高。在使用这类仪表测量时,应选择使指针尽可能接近于满度值的量程,一般最好能工作在不小于满度值 2/3 以上的区域。

　　例:某待测电流约为 100mA,现有 0.5 级量程为 0~300mA 和 1.5 级量程为 0~100mA 的两个电流表,问用哪一个电流表测量较好?

　　解:用 0.5 级量程为 0~300mA 电流表测 100mA 时,最大相对误差为

$$\gamma_1 = \frac{x_m}{x} S\% = \frac{300}{100} \times 5\% = 1.5\%$$

用 1.5 级量程为 0~100mA 电流表测量 100mA 时的最大相对误差为

$$\gamma_2 = \frac{x_m}{x} S\% = \frac{100}{100} \times 1.5\% = 1.5\%$$

上例说明,如果选择合适的量程,即使用 1.5 级仪表进行测量,也可能与 0.5 级仪表同样准确。因此,在选用仪表时,应根据被测量的大小,兼顾仪表的级别和测量上限,合理地选择,不要单纯追求高等级的仪表。

2.1.2　误差的分类与来源

根据误差的性质可分为系统误差、随机误差和粗差三类。

1. 系统误差

在相同条件下,多次测量同一量时,所出现误差的绝对值和符号保持恒定,或在条件改变时,与某一个或几个因素成函数关系的有规律的误差,称为系统误差,简称系差。例如仪表的刻度误差和零位误差,应变片电阻值随温度的变化等等都属于系统误差,它产生的主要原因是仪器仪表制造、安装或使用方法不正确,也可能是测量人员一些不良的读数习惯等。

系统误差表明了一个测量结果偏离真值或实际值的程度。系差越

小,测量就越准确。所以经常用来表征测量准确度的高低。

2. 随机误差

服从统计规律的误差称随机误差,简称随差,又称偶然误差。只要测试系统的灵敏度足够高,在相同条件下,重复测量某一量时,每次测量的数据或大或小,或正或负,不能预知。虽然单次测量的随差没有规律,但多次测量的总体却服从统计规律,通过对测量数据的统计处理,能在理论上估计随差对测量结果的影响。

随机误差是由很多复杂因素,如电磁场的微变,零件的摩擦、间隙,热起伏,空气扰动,气压及湿度的变化,测量人员感觉器官的生理变化等,对测量值的综合影响所造成的。它不能用修正或采取某种技术措施的办法来消除。

随机误差表明了测量结果的分散性,经常用来表征测量精密度的高低。随差愈小,精密度愈高。如果一个测量结果的随差和系差都很小,则表明测量既精密又准确,简称精确。为了帮助理解,我们仍可参看第 1 章的图 1-4,其中(a)表示系统误差小而随机误差大;(b)表示系统误差大而随机误差小;(c)表示系统误差和随机误差都小。

应该指出,在任何一次测量中,系统误差与随机误差一般都是同时存在的,而且两者之间并不存在绝对的界限。随着人们对误差来源及其变化规律认识的加深,就有可能把以往认识不到而归为随差的某项误差明确为系差;反之,当认识不足,测试条件有限时,也常把系差当作随差,并在数据上进行统计分析处理。

3. 粗　差

粗差是一种显然与实际值不符的误差,又称粗大误差。如测错、读错、记错以及实验条件未达到预定的要求而匆忙实验等,都会引起粗差。含有粗差的测量值称为坏值或异常值,在处理数据时,应剔除掉。这样,测量中要估计的误差就只有系统误差和随机误差两类。

误差的来源是多方面的,例如测量用的工具(仪器、量具等)不完善(称工具误差);测试的设备和电路的安装、布置、调整不完善(称装置误差);测量方法本身的理论根据不完善(称方法误差);测量环境如温度、湿度、气压、电磁场等的变化(称环境误差);甚至测量人员生理上的最小分辨力、反应速度(称人员误差)等。在测量中,有时是几种误差来源共同起作用的,并且一个具体的误差,往往既可归入这一类,也可归入另一类。

2.1.3 系差和随差的表达式

设对某被测量进行了等精度、独立的 n 次测量,得值 $x_1,x_2,\cdots,x_n$,则测得值的算术平均值 $\bar{x}$ 为

$$\bar{x} = \frac{x_1 + x_2 + \cdots + x_n}{n} = \frac{1}{n}\sum_{i=1}^{n} x_i \qquad (2-8)$$

式中 $\bar{x}$ 又可称为取样平均值。

当测量次数 n 趋于无穷大 $(n \rightarrow \infty)$ 时,取样平均值的极限称为测得值的总体平均值,用符号 a_x 表示

$$a_x = \lim_{n\to\infty} \bar{x} = \lim_{n\to\infty} \frac{1}{n}\sum_{i=1}^{n} x_i \qquad (2-9)$$

测得值的总体平均值 a_x 与测得值真值 A_0 之差被定义为系统误差,用符号 ε 表示

$$\varepsilon = a_x - A_0 \qquad (2-10)$$

n 次测量中,各次测得值 $x_i(i=1\sim n)$ 与其总体平均值 a_x 之差被定义为随机误差,用符号 δ_i 表示

$$\delta_i = x_i - a_x \quad (i = 1 \sim n) \qquad (2-11)$$

将式(2-10)和(2-11)等号两边分别相加,得

$$\varepsilon + \delta_i = (a_x - A_0) + (x_i - a_x) = x_i - A_0 = \Delta x_i \qquad (2-12)$$
$$(i = 1 \sim n)$$

式中 Δx_i 为各次测得值的绝对误差。式(2-12)表明,各次测得值的绝对误差等于系统误差 ε 和随机误差 δ_i 的代数和。

2.2 随机误差

本节讨论随机误差是在认为系统误差已消除的前提下来进行的,此时随差 $\delta_i = \Delta x_i = x_i - A_0$。

2.2.1 正态分布

随机误差的分布规律,可以在大量重复测量数据的基础上总结出来,它符合统计学上的规律性。

例如用同一个量具对某一轴的直径进行测量。假设已知其真值为 14.36mm,进行 $N=50$ 次的重复测量,将其测得值 x_i 按大小分为若干组(区间),这里取分组间隔为 0.01mm,统计每组内测得的 x_i 出现的次数

n_i，并求得频率(试验时该事件出现的次数与总试验次数之比)$f_i = n_i / N$
及频率密度(每个区间为单位长度时的频率)$y_i = f_i / \Delta\delta_i$，列于表 2-1。

如果以随差 δ_i 为横坐标，以频率密度 $y_i = f_i / \Delta\delta_i$ 为纵坐标作图，把
表 2-1 中所列数据，按随差由 0 到 $\pm\delta_i$ 的大小次序，分别画出各区间对
应的频率密度组成的矩形块，就可以得到图 2-1，称为统计直方图。根
据多次测量实践的统计分析发现，多数随机误差的经验分布曲线大致如
此。

表 2-1　统计数据

区　间序　号	中心值 x_i(mm)	误　差 δ_i(mm)	出现次数 n_i	出现频率 $f_i = n_i / N$	频率密度 $y_i = f_i / \Delta\delta_i$ ($\Delta\delta_i = 0.01$)
1	14.32	-0.04	1	0.02	2
2	14.33	-0.03	3	0.06	6
3	14.34	-0.02	6	0.12	12
4	14.35	-0.01	9	0.18	18
5	14.36	0	11	0.22	22
6	14.37	$+0.01$	10	0.20	20
7	14.38	$+0.02$	6	0.12	12
8	14.39	$+0.03$	2	0.04	4
9	14.40	$+0.04$	1	0.02	2
10	14.41	$+0.05$	1	0.02	2
			$N = \sum n_i = 50$	$\sum f_i = 1$	

图 2-1 中为许多矩形，其宽各为 $\Delta\delta_i$，高为频率密度 y_i，每个矩形面
积为 $\Delta\delta_i \cdot y_i = f_i$，即矩形面积恰好等于误差落在 $\Delta\delta_i$ 中的频率，各长方
形面积总和 $\sum f_i = 1$。

如果将误差间隔区域划分得越来越小，意味着测量次数大大地增加，
即 $n \to \infty$，$\Delta\delta_i \to 0$，则统计直方图就会变成一条光滑连续曲线(见图 2-1
中的 $y = f(\delta)$)，称为误差正态分布曲线(或高斯分布曲线)，它的数学表
达式为

$$y = f(\delta) = \frac{1}{\sigma\sqrt{2\pi}} \mathrm{e}^{-\frac{\delta^2}{2\sigma^2}} \qquad (2-13)$$

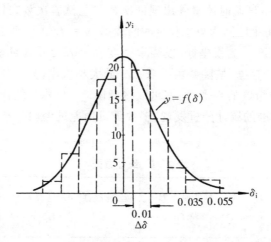

图 2-1　随机误差的统计直方图和正态分布曲线

式中　δ——随机误差；

　　　　σ——方均根误差。

分析图 2-1，可以看到随机误差分布规律具有如下特点：

①单峰性。绝对值小的误差出现的机会比绝对值大的误差出现的机会多，即随机误差的分布具有"两头小，中间大"的单峰性。

②对称性。绝对值相等的正误差与负误差出现的机会大致相等，这一特性称为对称性。

③有界性。绝对值很大的误差出现的机会极少，表 2-1 中最大负误差为 -0.04，最大正误差为 $+0.05$，因此在一定条件下，随机误差的绝对值不会超过一定的界限，我们称为有界性。

④抵偿性。从对称性可以推论出，当测量次数趋于无穷多时，随机误差的平均值的极限将趋近于零，即 $\lim\limits_{n \to \infty} \sum\limits_{i=1}^{n} \dfrac{\delta_i}{n} = 0$。

抵偿性是随机误差的一个重要特性，凡是具有抵偿性的误差，原则上都可以按随机误差来处理。

2.2.2　方均根误差

方均根误差又称标准差，是在测量技术中应用较普遍的、作为评定测量精密度用的指标。设对被测量 A_0 进行了 n 次（$n \to \infty$）无系差的测量，得值 $x_1, x_2, \cdots, x_n$，其随差为 $\delta_1, \delta_2, \cdots, \delta_n$，用方均根误差 σ 来评定随机误差，它能较灵敏地反映出大误差。

1. 方均根误差 σ 的计算

方均根误差 σ 可由下式表示

$$\sigma = \sqrt{\frac{\delta_1^2 + \delta_2^2 + \cdots + \delta_n^2}{n}} = \sqrt{\frac{\sum_{i=1}^{n} \delta_i^2}{n}} \qquad (2-14)$$

式中　δ_i——各测得值的随差，即测得值与被测量的真值之差；

　　　n——测量次数（应充分大）。

实际工作中，一般真值 A_0 不可能得到，真正的随机误差无法求得，因此用残差（又称剩余误差）来近似代替随机误差求方均根误差。所谓残差，是指测得值与被测量的算术平均值之差（即以各测得值的算术平均值代替被测量的真值），用 v_i 表示，则

$$v_i = x_i - \bar{x} \quad (i = 1 \sim n) \qquad (2-15)$$

此时方均根误差 σ 可用其估计值 $\hat{\sigma}$ 代替，即

$$\hat{\sigma} = \sqrt{\frac{v_1^2 + v_2^2 + \cdots + v_n^2}{n-1}} = \sqrt{\frac{\sum_{i=1}^{n} v_i^2}{n-1}} \qquad (2-16)$$

式（2-16）称为贝塞尔（Bessel）公式，由式（2-16）可见，当 $n=1$ 时，$\hat{\sigma}$ 不定，所以一次测量数据是不可靠的。

2. 正态分布与方均根误差的关系

由于随机误差符合正态分布曲线，因此它的出现概率就是该曲线下所包围的面积，因为全部随机误差出现的概率 P 之和为 1，所以曲线与横轴间所包围的面积应等于 1。

$$P = \int_{-\infty}^{+\infty} y\mathrm{d}\delta = \frac{1}{\sigma\sqrt{2\pi}} \int_{-\infty}^{+\infty} \mathrm{e}^{-\frac{\delta^2}{2\sigma^2}} \quad \mathrm{d}\delta = 1 \qquad (2-17)$$

由图 2-2 可见，当 σ 值愈小，曲线形状就愈陡，随机误差的分布愈集中；反之，σ 值愈大，曲线形状愈平坦，随机误差分布愈分散。即说明 σ 愈小，测量精度愈高；反之，当 σ 值大时，大误差出现的概率相应大些，因而测量精度也低。可见，方均根误差 σ 的大小，表明了测量的精度。所以，凡 σ 相等的测量称为等精度测量。

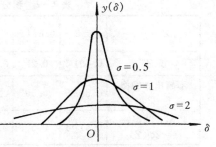

图 2-2　三种不同 σ 时的正态分布曲线

2.2.3 误差概率的计算

前面已经介绍过,在正态分布曲线下包含的总面积,等于各随机误差 δ_i 出现的概率的总和,即式(2-17)。为运算方便起见,引入新的变量 Z,设 $Z=\dfrac{\delta}{\sigma},\mathrm{d}Z=\dfrac{\mathrm{d}\delta}{\sigma}$,则

$$P = \frac{1}{\sqrt{2\pi}}\int_{-\infty}^{+\infty} \mathrm{e}^{-\frac{z^2}{2}}\ \ \mathrm{d}Z = 1$$

如果要确定随机误差在所给定的范围($-\delta\sim+\delta$)内的概率,只要对图 2-3 中的阴影部分的面积作积分即可,即随机误差在 $-\delta\sim+\delta$ 区间的概率为

$$P = \frac{1}{\sqrt{2\pi}}\int_{-z}^{+z} \mathrm{e}^{-\frac{z^2}{2}}\ \ \mathrm{d}Z = 2\Phi(Z) \tag{2-18}$$

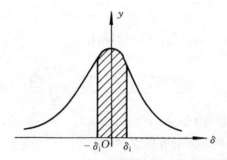

图 2-3   阴影部分面积表示 $-\delta$ 到 $+\delta$
范围内的概率

式中 $\Phi(Z) = \dfrac{1}{2}\dfrac{1}{\sqrt{2\pi}}\displaystyle\int_0^z \mathrm{e}^{-\frac{z^2}{2}}\ \ \mathrm{d}Z$ 称为拉普拉斯函数。对于任何 Z 值的积分值 $\Phi(Z)$,可由概率函数积分表(或称拉普拉斯函数数值表)查出。

表 2-2 所列为积分表中几个具有特征的数值及对应的概率 P。

表 2-2   积分表(部分)

$Z=\dfrac{\delta}{\sigma}$	0.5	0.674 5	1	2	3	4
$\Phi(Z)$	0.191 5	0.25	0.341 8	0.477 2	0.498 6	0.499 9
不超出 δ 的概率 $P=2\Phi(Z)$	0.382 9	0.50	0.682 7	0.954 5	0.997 3	0.999 9
超出 δ 的概率 $1-2\Phi(Z)$	0.617 1	0.50	0.317 3	0.045 5	0.002 7	0.000 1

由此表可以看出,随着 Z 值的增大,超过 δ 的概率减小得很块。当 Z

$=\pm1$ 时，$2\Phi(Z)=0.682\,7$，说明在 $\delta=\pm\sigma$ 范围内的概率为 68.27%；当 $Z=\pm3$ 时，$2\Phi(Z)=0.997\,3$，说明在 $\delta=\pm3\delta$ 范围内的概率为 99.73%，超出 $\delta=\pm3\sigma$ 的概率为 0.27%，即发生的概率很小，所以通常评定随机误差时，可以用 $\pm3\sigma$ 为极限误差。

2.2.4　最佳值的确定

在一组等精度的测得值中，如何决定最佳值或最可信赖值，这个问题由最小二乘法可以解决。最佳值指能使各测得值的误差平方和为最小的那个值。

设一组测量中，各测得值为 $x_1, x_2, \cdots, x_n$，最佳值为 a，则对应的误差为 $\delta_1 = x_1 - a, \delta_2 = x_2 - a, \cdots, \delta_n = x_n - a$，根据误差出现的概率分析，具有误差 $\delta_1, \delta_2, \cdots, \delta_n$ 的测得值出现的概率分别为

$$P(\delta_1) = \frac{1}{\sigma\sqrt{2\pi}} e^{-\frac{\delta_1^2}{2\sigma^2}} \mathrm{d}\delta_1$$

$$P(\delta_2) = \frac{1}{\sigma\sqrt{2\pi}} e^{-\frac{\delta_2^2}{2\sigma^2}} \mathrm{d}\delta_2$$

$$\vdots$$

$$P(\delta_n) = \frac{1}{\sigma\sqrt{2\pi}} e^{-\frac{\delta_n^2}{2\sigma^2}} \mathrm{d}\delta_n$$

由于各次测量独立，故误差 $\delta_1, \delta_2, \cdots, \delta_n$ 同时出现的概率为各概率之乘积，即

$$P = P(\delta_1)P(\delta_2)\cdots P(\delta_n)$$
$$= \left(\frac{1}{\sigma\sqrt{2\pi}}\right)^n e^{-\frac{1}{2\sigma^2}(\delta_1^2 + \delta_2^2 + \cdots + \delta_n^2)} \mathrm{d}\delta_1 \mathrm{d}\delta_2 \cdots \mathrm{d}\delta_n$$

在误差分布中，我们看到小误差比大误差出现的概率大，因此，最佳值应是概率 P 为最大时所求出的那个值，也就是上式中 $(\delta_1^2 + \delta_2^2 + \cdots + \delta_n^2)$ 应为最小，即在一组测量中误差的平方和为最小。下面进一步解出这个最佳值。

令 $Q = \delta_1^2 + \delta_2^2 + \cdots + \delta_n^2$
$$= (x_1 - a)^2 + (x_2 - a)^2 + \cdots + (x_n - a)^2$$

Q 值为最小的条件是

$$\frac{\mathrm{d}\theta}{\mathrm{d}a} = 0, \quad \frac{\mathrm{d}^2\theta}{\mathrm{d}a^2} > 0$$

$x_1, x_2, \cdots, x_n$ 为已知值，由

$$\frac{\mathrm{d}\theta}{\mathrm{d}a} = -2(x_1-a) - 2(x_2-a) - \cdots - 2(x_n-a) = 0$$

且有 $\dfrac{\mathrm{d}^2\theta}{\mathrm{d}a^2} = 2 + 2 + \cdots + 2 = 2n > 0$

得到 $na = \sum x_i$，所以 $a = \dfrac{\sum x_i}{n}$。这里求得的 a 正是各测得值的算术平均值。

由此我们可以得出结论：

- 在一组等精度的测量中，算术平均值为最可信赖值或最佳值。
- 各测得值与算术平均值的误差的平方和为最小。

2.2.5 算术平均值 $\bar{x}$ 的方均根误差 $\hat{\sigma}_{\bar{x}}$

如前所述，在同一条件下的多次测量，是用算术平均值作为测量结果的。因此，在多次测量时，对算术平均值 $\bar{x}$ 的方均根误差 $\hat{\sigma}_{\bar{x}}$ 更感兴趣。为了求得 $\hat{\sigma}_{\bar{x}}$，可以在相同条件下，对某一被测值分成若干组，分别对每组作 n 次测量。由于存在随机误差，每组的 n 次测量所得的算术平均值 $\bar{x}$ 也不完全相同，它们都围绕着真值 A_0 作波动，但波动范围比单次测量的范围要小，即测量精度高。其精度参数用算术平均值的方均根误差 $\hat{\sigma}_{\bar{x}}$ 来表示。由误差理论可以证明

$$\hat{\sigma}_{\bar{x}} = \frac{\hat{\sigma}}{\sqrt{n}} \tag{2-19}$$

在 $\hat{\sigma}$ 不变的情况下（例如取 $\hat{\sigma}=1$），可以画出 $\hat{\sigma}_{\bar{x}}$ 与 n 的关系曲线如图 2-4。曲线表明，当 n 增大时，测量精密度也相应提高，但测量次数达到一定数目之后（例如 $n>10$），$\hat{\sigma}_{\bar{x}}$ 下降很慢。所以要提高测量结果的精度，不能单靠无限地增加测量次数，而需要从采用适当的测量方法、选择仪器的精度

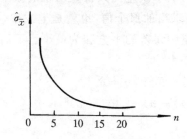

图 2-4 $\hat{\sigma}_{\bar{x}}$ 与 n 的关系曲线

及确定适当的测量次数这几方面着手。一般情况下取 $n=5\sim10$ 以内较
为适宜。

2.3　系统误差

由系统误差的特征可知,它是固定的或服从一定函数规律的误差,在
多次重复测量同一量值时,不具有抵偿性。

图 2-5 描述了几种不同系差随时间 t 的变化规律,直线 a 表示恒定
系差;直线 b 为线性变化的系差,属累进性系差,表示系差递增(或递减)
的情况;曲线 c 属非线性变化的系差;曲线 d 表示周期性变化的系差;曲

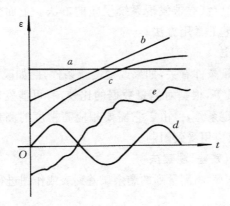

图 2-5　几种不同变化规律的系差

线 e 属复杂规律变化的系差。

由式(2-12)已知,各次测得值的绝对误差等于系统误差 ε 和随机误
差 δ_i 的代数和,即 $\Delta x_i=\varepsilon+\delta_i=x_i-A_0$。假如进行了 n 次等精度测量,
并设系差为恒定或变化缓慢的,则 Δx_i 的算术平均值

$$\overline{\Delta x_i}=\frac{1}{n}\sum_{i=1}^{n}\Delta x_i=\overline{x}-A_0=\varepsilon+\frac{1}{n}\sum_{i=1}^{n}\delta_i \qquad (2-20)$$

当 n 足够大,由于随机误差的抵偿性,δ_i 的算术平均值趋于零,则由式
(2-20)可得系统误差

$$\varepsilon=\overline{x}-A_0=\frac{1}{n}\sum_{i=1}^{n}\Delta x_i \qquad (2-21)$$

此时,各次测量的绝对误差的算术平均值等于系差,这说明测量结果的精
度不仅取决于随机误差,更与系统误差有关。由于系统误差和随机误差

同时存在于测量数据之中,且不易被发现,多次重复测量又不能减小系差对测量结果的影响,所以更须重视。

系统误差产生的原因复杂,它涉及测量设备、测量对象、测量技术,还与测量者的经验水平等有关,所以很难像随机误差那样给出一个通用性很强的处理方法,一般对于系统误差的处理较之随机误差要困难得多,目前还没有能够适用于发现各种系统误差的普遍方法,因此,研究新的发现、减少或消除系统误差的方法,已成为误差理论的重要课题之一。

2.3.1 发现系统误差的方法

当系统误差的数值较大时,必须消除它的影响,才能有效地提高测量精度。为此,首先应该寻求发现系统误差的方法。下面介绍几种适用于发现某些系统误差的常用方法。

1. 实验对比法

系差常与测量条件有关,如果改变测量条件,例如改变测量方法和环境,更换测量人员等,根据对测量数据的比较,有可能发现系差。这种方法适用于发现恒定系差,但由于它需要相应高精度的测量仪器和较好的测量条件,所以其应用受到限制。

2. 剩余误差(残差)观察法

按测量先后次序,将测量列的剩余误差列表或作图进行观察,以判断有无系差及系差的类型。

图2-6是将剩余误差制成曲线。其中图(a)表示剩余误差总体上正

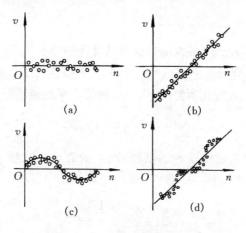

图 2-6 系统误差的判断

负相等,无明显变化规律,可认为不存在系差;图(b)中剩余误差呈线性递增(或递减),表明存在线性变化的系差;图(c)中剩余误差大小和符号大体呈周期性,可以认为存在周期性系差;图(d)变化规律复杂,怀疑同时存在线性变化的系差和周期性系差。这种方法是发现系统误差的有效方法,一般情况都可应用,它主要适用于发现有规律变化的系统误差。

3. 剩余误差校核法

(1)马利科夫准则。将测量结果按先后次序排列,若将测量列中前 K 个剩余误差和后 $n-K$ 个剩余误差分别求和,然后将两者相减,得

$$M = \sum_{i=1}^{K} v_i - \sum_{j=K+1}^{n} v_j \qquad (2-22)$$

当测量次数 n 为偶数,取 $K=n/2$;n 为奇数,取 $K=\dfrac{n+1}{2}$。若 M 近似为零,说明上述测量列中不含线性系统误差;当 M 显著不为零(与 v 值相当或更大),则说明测量列中存在线性系统误差。所以马利科夫准则适用于发现线性系统误差。

(2)阿贝-赫梅特准则。若有一等精度测量列,按测量先后顺序将剩余误差排列为 $v_1, v_2, \cdots, v_n$。如果测量误差中周期性系差为主要成分时,则相邻两剩余误差的差值($v_i - v_{i+1}$)符号也将出现周期性的正负号变化,由此可判断是否存在周期性系差;但如果测量误差中周期性系差不是主要成分,则不能由差值($v_i - v_{i+1}$)的符号变化判断周期性系差。在此情况下,可用统计准则进行判断:

令　　　$u = \left| \displaystyle\sum_{i=1}^{n-1} v_i v_{i+1} \right| = \left| v_1 v_2 + v_2 v_3 + \cdots + v_{n-1} v_n \right|$

若　　　$u > \sigma^2 \sqrt{n-1}$　　(式中 σ 为标准差)　　(2-23)

则说明测量列中含有周期性系统误差。所以阿贝-赫梅特准则可有效地发现周期性系统误差。

2.3.2　削弱和消除系统误差的基本方法

为使实验结果准确,须尽力消除或削弱系统误差。从理论上讲,系统误差有一定的规律性,但实际上发现系差,掌握其规律,以及为消除它而采用的一些技术措施等都不容易做到。系差也不可能通过对测量数据的概率统计来消除,需要针对产生的原因进行具体的分析和处理,这在很大程度上取决于实验者的学识、经验和实验技巧。但即使很有经验的测量专家也可能漏掉一些重要的系统误差。

本书仅介绍一些削弱和消除系统误差的基本方法。

1. 仪器误差的削弱

在测量之前应将全部量具和仪器进行检定,并确定它们的修正值,以便在数据处理过程中进行误差修正。当然修正值本身也是有误差的,因此只有在修正值本身的误差小于所要求的测量误差时,引入修正值才有意义。此外,还应尽量检查各种影响量,如温度、湿度、电磁场等对仪器示值的影响,确定各种修正公式、曲线或表格。

2. 装置误差的削弱

应当根据仪器仪表的使用技术条件,仔细检查全部仪器的调定和安放情况,如将仪表指针调好零位,对检流计等仪器和仪表调好水平。还应防止测量工具的相互干扰,并注意仪器安放位置要尽量避免环境温度变化及电磁场干扰的影响等等。

3. 人员误差的削弱

要力求提高每个实验人员的工作能力,如减少仪表的读数误差,操作要熟练、准确等等。

4. 方法误差或理论误差的削弱

由测量方法本身不够完善、测量方法所依据的理论不够严格、数据处理采用了不适当的简化或近似公式等等所引起的误差。例如在用安培计-伏特计方法测量电阻时,若直接以伏特计示值对安培计示值之比作为测量结果,不计电表内阻的影响,则此方法本身便包含有理论误差。这类误差可通过仔细的分析研究而予以修正。

5. 采用特殊的测量方法消除或削弱系统误差

(1)替代法。在相同的测量条件下,用可调的标准量具代替被测量接入仪表,然后调标准量具,使测量仪表的示值与被测量接入时相同,则此时标准量具的数值即等于被测量。由于在两次测量过程中,仪器的工作状态及示值都相同,因此仪器的精度对测量结果基本上没有影响,从而消除了测量结果中的仪器误差。测量精确度主要取决于标准量具的精度。当然,此法也要求仪器有足够高的灵敏度。

(2)微差法。用适当方法测量出被测量 x 与一个数值相近的标准量 N 之间的差值 $(x-N)$,即可得出 $x=(x-N)+N$。采用微差法测得的 x 值,具有较高的测量精度。可证明如下:设差值 $e=x-N$,即 $x=N+e$

$$\frac{\mathrm{d}x}{x} = \frac{\mathrm{d}N}{x} + \frac{\mathrm{d}e}{x} = \frac{\mathrm{d}N}{N+e} + \frac{\mathrm{d}e}{e}\frac{e}{x}$$

则
$$\frac{\mathrm{d}x}{x} \approx \frac{\mathrm{d}N}{N} + \frac{\mathrm{d}e}{e}\frac{e}{x} \qquad (2-24)$$

上式中，$\dfrac{\mathrm{d}x}{x}$ 可认为是 x 的相对误差，若满足 $e \ll x$，则右边第二项的影响极小，主要取决于第一项，而标准量的相对误差 $\dfrac{\mathrm{d}N}{N}$ 可以做得很小，因此，即使差值 e 的测量精度不高，也可保证 x 有足够的测量精度。

　　微差法的优点在于不一定要使用可调的标准器；此外还有可能在指示仪器上直接以最终测量结果来标度，从而成为一种较高精度的直读法，简化了测量手续。

　　由于差值一般很小，所以微差法必须有灵敏度很高的仪表；另外，并不是一切物理量都可以直接相减而得到差值的。

　　(3)换位抵消法。又称对照法。通过交换测量条件，使产生系统误差的原因以相反的方向影响测量结果，从而抵消其影响。如图 2-7 中用一个电桥和一个可变标准电阻 R_N 来测量电阻 R_x，一般设该电桥的比例臂 $R_1 = R_2$，故又称此类电桥为等臂电桥。

　　先照图 2-7(a)的连接，当电桥平衡时，$R_x = \dfrac{R_1}{R_2} = R_N$，然后按图 2-7(b)的布置，把被测电阻 R_x 与标准电阻 R_N 相互交换位置。若 R_1 与 R_2 因误差存在而不等时，电桥将不平衡，可调节 R_N 至 R'_N，使电桥恢复平衡，于是 $R_x = \dfrac{R_2}{R_1} R'_N$。

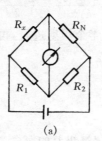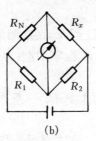

图 2-7　换位抵消法实例

将(a)(b)两种情况下得到的两式相乘，得 $R_x^2 = R_N R'_N$，于是

$$R_x = \sqrt{R_N R'_N} \qquad (2-25)$$

由式(2-25)可见，在结果中消除了 R_1 与 R_2 的误差，仅含有标准器的误差。

　　(4)对称法。这是消除线性系统误差的有效方法。在图 2-8 中，随着时间的变化，被测量的系差线性递增，若选定某时刻为中点(本例中选 t_3)，则对称此点的系统误差算术平均值都相等，即

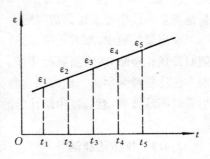

图 2-8　线性系统误差

$$\frac{\varepsilon_1 + \varepsilon_5}{2} = \frac{\varepsilon_2 + \varepsilon_4}{2} = \varepsilon_3$$

利用这一特点,可将测量对称安排,取各对称点两次读数的算术平均值作为测量值,就可消除线性系统误差。

在测量中,很多误差都随时间变化,而且在短时间内可认为是符合线性规律,甚至有的按复杂规律变化的误差也可近似地作为线性误差处理。所以对称法是一种很有用的消除系统误差的方法。

(5)半周期法。周期性系统误差一般表示式为

$$\varepsilon = \alpha\sin\varphi$$

设 $\varphi = \varphi_1$ 时,系差为 $\varepsilon_1 = \alpha\sin\varphi_1$

当 $\varphi_2 = \varphi_1 + \pi$ 时,即相差 1/2 周期的系差为

$$\varepsilon_2 = \alpha\sin(\varphi_1 + \pi) = -\alpha\sin\varphi_1 = -\varepsilon_1$$

取两次读数的平均值,即

$$\frac{\varepsilon_1 + \varepsilon_2}{2} = \frac{\varepsilon_1 - \varepsilon_1}{2} = 0$$

由上可见,两次测量相隔半个周期进行,再取两次读数的平均值,就可有效地消除周期性系统误差。

2.4 粗 差

在本章第一节已介绍过粗差的概念,它是明显地歪曲了测量结果的误差。含有粗差的测得值称坏值。

如果把一系列测得值中混有的坏值找出并予剔除,就会使测量结果更符合实际情况。但我们不能随意地丢掉某一个看起来偏差比较大的数据,因为对这样的数据如果处理不当,不仅会严重影响测量结果及其精密度,有时还可能漏掉一些极为重要的"意外"信息。所以正确处理可疑数据是测量实践中经常碰到的问题。

在测量过程中,如有读错、记错、电源电压或频率的突然跳动等等,应随时发现并剔除,或重新进行实验。这种能分析出物理或工程技术原因的方法称物理判别法。能采用这种方法来判别可疑数据当然是最好的,但有时不易做到,就只能用统计学的异常数据处理法则来判别。

2.4.1 拉依达准则

拉依达准则即 $3\hat{\sigma}$ 准则,是最常用也是最简单的判别粗差的准则。

假设一组等精度独立测量结果中,某次测得值 x_k 所对应的残差 v_k 满足

$$|v_k| = |x_k - \bar{x}| > 3\hat{\sigma} \qquad (2-26)$$

则可定 v_k 为粗差,x_k 为坏值,应剔除不用。式中标准差 $\hat{\sigma} = \sqrt{\dfrac{\sum\limits_{i=1}^{n} v_i^2}{n-1}}$。显然,拉依达准则是以误差按正态分布和误差概率 $P = 0.9973$ 为前提的。

例:对某一长度进行 15 次等精度测量,测得值如表 2-3 所示。设这些测得值已消除了系统误差,试判断该测量列中是否有坏值。

表 2-3　统计数据

n	x_i	v_i	v_i^2	v_i'	$v_i^{2\prime}$
1	20.42	+0.016	0.000 250	+0.009	0.000 081
2	20.43	+0.026	0.000 676	+0.019	0.000 361
3	20.40	−0.004	0.000 016	−0.011	0.000 121
4	20.43	+0.026	0.000 676	+0.019	0.000 361
5	20.42	+0.016	0.000 256	+0.009	0.000 081
6	20.43	+0.026	0.000 676	+0.019	0.000 361
7	20.39	−0.014	0.000 196	−0.021	0.000 441
8	20.30	−0.104	0.010 816	/	/
9	20.40	−0.004	0.000 016	−0.011	0.000 121
10	20.43	+0.026	0.000 676	+0.019	0.000 361
11	20.42	+0.016	0.000 256	+0.009	0.000 081
12	20.41	+0.006	0.000 036	−0.001	0.000 001
13	20.39	−0.014	0.000 196	−0.021	0.000 441
14	20.39	−0.014	0.000 196	−0.021	0.000 441
15	20.40	−0.004	0.000 16	−0.011	0.000 121

解:

由表 2-3 可得 $\bar{x} = 20.404$

$$\hat{\sigma} = \sqrt{\frac{\sum\limits_{i=1}^{n} v_i^2}{n-1}} = \sqrt{\frac{0.015}{14}} = 0.033$$

$$3\hat{\sigma} = 3 \times 0.033 = 0.099$$

根据 $3\hat{\sigma}$ 准则，第 8 测得值的剩余误差 $|v_8| = 0.104 > 0.099$，故它含有粗大误差，应将 $x_8 = 20.30$ 剔除，再根据剩下的 14 个测得值重新计算，得 $\bar{x}' = 20.411$

$$\hat{\sigma} = \sqrt{\frac{\sum_{i=1}^{n} v'^2_i}{n-1}} = \sqrt{\frac{0.003\ 4}{13}} = 0.016$$

$$3\hat{\sigma}' = 3 \times 0.016 = 0.048$$

由表 2-3 知，剩下的 14 个测得值的剩余误差均满足 $|v'_i| < 3\hat{\sigma}'$，故可认为这些测得值不再含有粗大误差。

当测量次数 n 较少时，因所求的 $\hat{\sigma}$ 可靠性较差，会直接影响到拉依达准则的可靠性。

2.4.2 格罗布斯准则

设对某量进行多次等精度独立测量，若在其测量结果中，某次测得值 x_k 的剩余误差 v_k 满足下式：

$$|v_k| > \lambda(\alpha, n)\sigma \qquad (2-27)$$

则认为 x_k 为坏值，并剔除不用。式中 λ 为格罗布斯准则判别系数，σ 为标准差，n 为测量次数，α 为取定显著度（一般为 0.05 或 0.01）。$\lambda(\alpha, n)$ 值列于表 2-4。

表 2-4 格罗布斯判别系数 $\lambda(\alpha, n)$ 数值表

n \ α	0.01	0.05	n \ α	0.01	0.05	n \ α	0.01	0.05
3	1.15	1.15	12	2.55	2.29	21	2.91	2.58
4	1.49	1.46	13	2.61	2.33	22	2.94	2.60
5	1.75	1.67	14	2.66	2.37	23	2.96	2.62
6	1.91	1.82	15	2.70	2.41	24	2.99	2.64
7	2.10	1.91	16	2.74	2.44	25	3.01	2.66
8	2.22	2.03	17	2.78	2.47	30	3.10	2.74
9	2.32	2.11	18	2.82	2.50	35	3.18	2.81
10	2.41	2.18	19	2.85	2.53	40	3.24	2.87
11	2.48	2.24	20	2.88	2.56	50	3.34	2.96

例：用表 2-3 的测得值，试采用格罗布斯准则，判别该测量列中是否含有粗大误差。

解：

由表 2-3 计算得 $\sigma = 0.033$。

查表 2-4 得 $\lambda(0.05, 15) = 2.41$

$$\lambda\sigma = 2.41 \times 0.33 = 0.079$$

根据格罗布斯准则，第 8 测得值的剩余误差 $|v_8| = 0.104 > 0.079$，说明含有粗大误差，应将 x_8 剔除。剩下 14 个测得值，再重复上述步骤，此时 $\sigma' = 0.016$，查表 2-4，得 $\lambda(0.05, 14) = 2.37$，$\lambda\sigma' = 0.038$。由表 2-3 知，剩下的 14 个测得值的剩余误差均满足式(2-27)，所以可以认为这些测得值不再含有粗大误差。

由于本书篇幅有限，仅介绍上面两种粗差的判别准则。其中 $3\hat{\sigma}$ 准则适用于测量次数较多的测量列，否则所求得的 $\hat{\sigma}$ 可靠性较差，但此法不需查表，使用简便，常在要求不高的场合使用。格罗布斯准则可靠性高，可用在严格要求的场合，通常当测量次数 $n = 20 \sim 100$ 时，判别效果较好。

在剔除粗差时，如果发现有几个测得值都含有粗差，此时应先剔除含有最大误差的一个，然后重新计算，再对其余的测得值进行判别，依次按同样方法逐步剔除，直到所有测得值都不含粗差时为止。

在测量中，一般可疑数据应为少数，如数目太多，则应考虑测量系统是否正常，很可能不具备精密测量条件，需排除故障后重新测量。

2.5　测量结果的数据处理实例

当被测值是稳定的时候，静态试验应给出的最终测量结果，除最可信赖值（即算术平均值）外，还要给出其估计误差。一般在工程测量中最终测量结果是

$$x = \bar{x} \pm 2\hat{\sigma}_x \qquad (2-28)$$

这表示在一列等精度测量的数据求出 $\bar{x}$ 和 $\hat{\sigma}_x$ 后，可以认为有 95% 的被测值不会超出 $\bar{x} \pm 2\hat{\sigma}_x$ 区间，称置信概率（测量的可信赖程度）为 0.9545。

例：对某零件长度进行 12 次等精度测量，要求对该数据进行加工整理。假设该测量列不存在固定的系统误差。

解：

(1)将测量结果列表：

i	x_i(mm)	v_i(mm)	v_i^2(×10^{-4})
1	20.46	-0.033	10.89
2	20.52	$+0.027$	7.29
3	20.50	$+0.007$	0.49
4	20.52	$+0.027$	7.29
5	20.48	-0.013	1.69
6	20.47	-0.023	5.29
7	20.50	$+0.007$	0.49
8	20.49	-0.003	0.09
9	20.47	-0.023	5.29
10	20.49	-0.003	0.09
11	20.51	$+0.017$	2.89
12	20.51	$+0.017$	2.89
	$\bar{x}=20.493$	$\sum v_i \approx 0$	$\sum v_i^2 = 44.68 \times 10^{-4}$

(2)求算术平均值：

$$\bar{x} = \sum_{i=1}^{n} \frac{x_i}{n} = 20.49\text{mm}$$

(3)求各 v_i 的值($v_i = x_i - \bar{x}$)。检查 $\sum_{i=1}^{n} v_i = 0$ 是否满足，如不满足，说明计算有错误。但是这个结论只有当 $\bar{x}$ 为可除尽的数时，才是严格成立的。一般情况下，由于四舍五入的引入，$\sum_{i=1}^{n} v_i$ 不完全等于零。

(4)判断系统误差。根据剩余误差观察法，由上表可以看出误差正负数相同，且无显著变化规律，因此可判断该测量列无系统误差存在。

若按马利科夫准则，因 $n=12$，则 $K=n/2=6$，

$$M = \sum_{i=1}^{6} v_i - \sum_{j=7}^{12} v_j = (-0.008) + 0.012 = 0.004\text{mm}$$

因 M 较小，所以也可判断该测量列无线性系差存在。

(5)求方均根误差。列出各 v_i^2 值，求得 $\sum_{i=1}^{n} v_i^2 = 44.68 \times 10^{-4}$

则 $\qquad \hat{\sigma} = \sqrt{\dfrac{44.68 \times 10^{-4}}{12 - 1}} = 0.02 \text{mm}$

(6)检查测量结果中有无粗差。根据拉依达准则,因 $3\hat{\sigma} = 0.06 \text{mm}$,与各 v_i 比较,显然无粗差存在。

根据格罗布斯准则,查表 2-4 得 $\lambda(0.05, 12) = 2.28$

$\lambda\sigma = 2.28 \times 0.02 = 0.045\,6$,与各 v_i 比较,仍无粗差存在。

(7)求出算术平均值的方均根误差:

$$\hat{\sigma}_{\bar{x}} = \frac{\hat{\sigma}}{\sqrt{n}} = 0.005\,8 \approx 0.006 \text{mm}$$

(8)写出最后测量结果:

$$x = \bar{x} \pm 2\hat{\sigma}_{\bar{x}} = 20.49 \pm 0.012 \text{mm}$$

2.6　间接测量中误差的传递

第 1 章中已介绍过测量方法可以分直接测量和间接测量两大类。一般采用间接测量的原因,可归纳为:

①没有直接测量的仪器。如透平机械轴功率 N 的测量,只有先测出透平机械轴传递的扭矩 T 和轴的转速 n,才可以通过 $N = f(T, n)$ 关系求出。

②为了提高测量精度。如圆面积的测量,可用求积仪直接测得,但这种仪器本身误差较大,可由公式 $\dfrac{\pi D^2}{4}$ 在测得直径 D 后,再算得圆面积。由于长度 D 的测量可达到较高的精度,所以用此法测得的圆面积较精确。

在间接测量中,各直接测得值的误差(局部误差)如何影响被测量最终结果的误差(总误差)称为误差传递。

2.6.1　绝对误差和相对误差的传递

1. 绝对误差和相对误差的传递公式

设被测量 y 与若干个互相独立的直接测量结果 $x_1, x_2, \cdots, x_n$ 之间的函数关系为

$$y = f(x_1, x_2, \cdots, x_n)$$

又令 $\delta x_1, \delta x_2, \cdots, \delta x_n$ 分别为测量 $x_1, x_2, \cdots, x_n$ 时的绝对误差,δy 表示由于诸 δx_i 而使 y 引起的绝对误差,则可近似得到

$$\delta y = \frac{\partial y}{\partial x_1}\delta x_1 + \frac{\partial y}{\partial x_2}\delta x_2 + \cdots + \frac{\partial y}{\partial x_n}\delta x_n = \sum_{i=1}^{n} \frac{\partial y}{\partial x_i}\delta x_i \qquad (2-29)$$

y 的相对误差 γy 为

$$\gamma y = \frac{\delta y}{y} = \frac{1}{y} \sum_{i=1}^{n} \frac{\partial y}{\partial x_i} \delta x_i = \sum_{i=1}^{n} \frac{1}{y} \frac{\partial y}{\partial x_i} \delta x_i$$

$$= \sum_{i=1}^{n} \frac{\partial \ln y}{\partial x_i} \delta x_i \qquad\qquad (2-30)$$

2. 误差传递公式在基本运算中的应用举例

(1)和差关系

设 $y = x_1 + x_2 - x_3$，直接测得值 x_1, x_2, x_3 的误差分别为 $\delta x_1, \delta x_2$, δx_3，应用式(2-29)可得 y 的绝对误差

$$\delta y = \delta x_1 + \delta x_2 - \delta x_3$$

当只知各 δx_i 的大小而不知方向(即正负号)时，y 的最大误差只能取各 δx_i 的绝对值之和，即

$$\delta y_m = |\delta x_1| + |\delta x_2| + |\delta x_3|$$

(2)积商关系

设 $y = \dfrac{x_1 x_2}{x_3}$，则 $\ln y = \ln \dfrac{x_1 x_2}{x_3} = \ln x_1 + \ln x_2 - \ln x_3$，应用式(2-30)，$y$ 的相对误差

$$\gamma y = \sum_{i=1}^{n} \frac{\partial \ln y}{\partial x_i} \delta x_i = \frac{1}{x_1} \delta x_1 + \frac{1}{x_2} \delta x_2 - \frac{1}{x_3} \delta x_3$$

$$\gamma y = \gamma x_1 + \gamma x_2 - \gamma x_3$$

当各 δx_i 的方向不知时，$\gamma y_m = |\gamma x_1| + |\gamma x_2| + |\gamma x_3|$

例：求 $35.1 \times 87.4 \div 2.37$ 的最大相对误差与绝对误差。设各数在第三位数上可以有一个单位的误差。

解：由于各 δx_i 的方向未知，则最大相对误差

$$\gamma y_m = \frac{0.1}{35.1} + \frac{0.1}{87.4} + \frac{0.01}{2.37} \approx 0.8\%$$

最大绝对误差 $\delta y_m = (35.1 + 87.4 \div 2.37) \times 0.008 \approx 10$

(3)乘幂关系

设 $y = x_1^m$，m 可以是整数或分数。从积的关系来考虑，显然

$$\gamma y = m \gamma x_1$$

(4)对数关系

设 $y = \lg x_1 = 0.434\,29 \ln x_1$，由式(2-29)得

$$\delta y = \frac{\partial y}{\partial x_1} \delta x_1 = 0.434\,29 \frac{\delta x_1}{x_1} = 0.434\,29 \gamma x_1$$

2.6.2　标准差(方均根误差)的传递

1. 标准差的传递公式

设被测量 y 与直接测量结果 $x_1, x_2, \cdots, x_n$ 之间的函数关系是 $y = f(x_1, x_2, \cdots, x_n)$，当各 x_i 相互独立时，可以证明，被测量 y 的方均根误差是

$$\sigma_y = \sqrt{\left(\frac{\partial y}{\partial x_1}\right)^2 \sigma_{x_1}^2 + \cdots + \left(\frac{\partial y}{\partial x_i}\right)^2 \sigma_{x_i}^2 + \cdots + \left(\frac{\partial y}{\partial x_n}\right)^2 \sigma_{x_n}^2} \quad (2-31)$$

2. 标准差传递公式在基本运算中的应用举例

(1)和差的标准差

设 $y = ax_1 \pm bx_2$，a, b 为常数，则

$$\sigma_y = \sqrt{a^2 \sigma_{x_1}^2 + b^2 \sigma_{x_2}^2}$$

(2)积的标准差

设 $y = ax_1 x_2$，a 为常数，则

$$\sigma_y = a\sqrt{x_2^2 \sigma_{x_1}^2 + x_1^2 \sigma_{x_2}^2}$$

(3)商的标准差

设 $y = a\dfrac{x_1}{x_2}$，a 为常数，则

$$\sigma_y = \sqrt{\left(\frac{a}{x_2}\right)^2 \sigma_{x_1}^2 + \left(-\frac{ax_1}{x_2^2}\right)^2 \sigma_{x_2}^2} = \frac{a}{x_2}\sqrt{\sigma_{x_1}^2 + \frac{x_1^2}{x_2^2}\sigma_{x_2}^2}$$

如果各 x_i 之间互相不独立，就不能用式(2-31)，它们之间的影响要用相应的相关系数来考虑。

2.6.3　误差传递公式在间接测量中的应用

测试工作中，经常应用误差传递公式来解决下面一些问题：

1. 已知各直接测量值 x_i 的 δx_i(或 σ_{x_i})及间接测量值 y 与各 x_i 的函数关系，要求算出 y 的误差 δ_y(或 σ_y)。

关于这个问题在本节 2.6.1 及 2.6.2 中已作介绍。

2. 测量设计问题

为保证 σ_y 最小而且经济，还存在怎样制定测量方案及选择仪表的问题。

我们举例来说明。例如为求筒体两轴心距 L，已知 $\sigma_{d_1} = 0.5\mu m$，$\sigma_{d_2} = 0.7\mu m$，$\sigma_{l_1} = 0.8\mu m$，$\sigma_{l_2} = 1.0\mu m$，试问怎样测量能使 L 的误差最小？

解:可用三种方法求 L

(1) $L_1 = l_1 + \dfrac{1}{2}d_1 + \dfrac{1}{2}d_2$;

(2) $L_2 = l_2 - \dfrac{1}{2}d_1 - \dfrac{1}{2}d_2$;

(3) $L_3 = \dfrac{1}{2}l_1 + \dfrac{1}{2}l_2$ 。

设 L_1 , L_2 , L_3 对应的标准差为 $\sigma_1 , \sigma_2 , \sigma_3$,由误差传递公式可得

$$\sigma_1 = \left(\sigma_{l_1}^2 + \frac{1}{4}\sigma_{d_1}^2 + \frac{1}{4}\sigma_{d_2}^2 \right)^{\frac{1}{2}}$$

$$= \left[(0.8)^2 + \frac{1}{4} \times (0.5)^2 + \frac{1}{4} \times (0.7)^2 \right]^{\frac{1}{2}} = 0.9 \mu m$$

$$\sigma_2 = \left(\sigma_{l_2}^2 + \frac{1}{4}\sigma_{d_1}^2 + \frac{1}{4}\sigma_{d_2}^2 \right)^{\frac{1}{2}}$$

$$= \left[(1.0)^2 + \frac{1}{4} \times (0.5)^2 + \frac{1}{4} \times (0.7)^2 \right]^{\frac{1}{2}} = 1.1 \mu m$$

$$\sigma_3 = \left(\frac{1}{4}\sigma_{l_1}^2 + \frac{1}{4}\sigma_{l_2}^2 \right)^{\frac{1}{2}} = \frac{1}{2}\left[(1.0)^2 + (0.8)^2 \right]^{\frac{1}{2}} = 0.64 \mu m$$

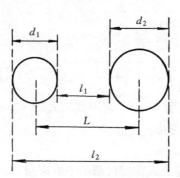

图 2-9 测量设计问题举例

所以采用第三种办法 L 具有最小误差,选定该测量方案,就不必测量 d_1 ,
d_2 了。

由此可见,某量的误差,随着采用的测量方法不同而不同,因此,如何
采用最佳测量方案,是进行实验设计时,要解决的一个重要问题。

3. 误差分配问题

若预先对仪表的总误差 δy 或 σ_y 提出要求,如何求出各单项误差 δx_i
或 σ_{x_i} 之值,这就是误差合理分配问题。

先根据等误差原则进行分配,即令每个直接测量值(或某一环节)的

$$\text{绝对误差}\quad \delta x_i = \frac{\delta y}{n\left(\dfrac{\partial y}{\partial x_i}\right)} \tag{2-32}$$

$$\text{标准差}\quad \sigma_{x_i} = \frac{\sigma_y}{\sqrt{n}\,\dfrac{\partial y}{\partial x_i}} \tag{2-33}$$

式中 n 为参加误差分配的直接测量值的个数（或环节数）。根据式 (2-32) 或 (2-33) 求得的误差分配值是初步的，还需进一步考虑仪器设备、技术条件等实际情况作适当调整。

　　例：电阻消耗的功率 $P = I^2 R$，测得电阻 $R = 1\Omega$，电流 $I = 5A$，要求功率的标准差不大于 0.1W，求 R 及 I 的标准差应不大于多少？

　　解：$P = I^2 R$

$$\sigma_P = \sqrt{(2IR)^2 \sigma_I^2 + (I^2)^2 \sigma_R^2} \leqslant 0.1W$$

式中 σ_I 及 σ_R 均为待定值，根据式 (2-33) 解得

$$\sigma_I = \frac{0.1}{2\sqrt{2}\,IR} = \frac{0.1}{2\sqrt{2} \times 5 \times 1} = 0.007A$$

$$\sigma_R = \frac{0.1}{\sqrt{2}\,I^2} = \frac{0.1}{\sqrt{2} \times 5^2} = 0.0028\Omega$$

以上求得的 σ_I 和 σ_R 还需根据测试所使用的仪表及具备的技术条件等作适当调整。

第3章 电阻式传感器

电阻式传感器是利用电阻元件把被测的物理量,如力、位移、形变及加速度等的变化,变换成电阻阻值的变化,通过对电阻阻值的测量达到测量该物理量的目的。

电阻式传感器主要可分为电位器式电阻传感器和应变式电阻传感器。前者适宜于被测对象参数变化较大的场合,后者工作于电阻值变化甚小的情况,灵敏度较高。

3.1 线绕电位器式电阻传感器

3.1.1 工作原理

线绕电位器式电阻传感器的工作原理,可用图 3-1 来说明。图中 U_i 是电位器工作电压,R 是电位器电阻,R_L 是负载电阻(例如表头的内阻),R_x 是对应于电位器滑臂移动到某位置时的电阻值,U_o 是负载两端的电压,即电阻传感器的输出电压。

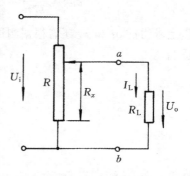

图 3-1 电位器电路

被测量的变化通过机械结构,使电位器的滑臂产生相应的位移,改变了电路的电阻值,引起输出电压的改变,从而达到测量被测量的目的。

根据戴维南定理,可求得流过负载电阻 R_L 的电流 I_L 为

$$I_L = \frac{U_{ab}}{R_L + R_i}$$

式中 R_i 是 a,b 两点间等效内阻,其值为

$$R_i = \frac{R_x(R - R_x)}{R_x + (R - R_x)} = \frac{R_x(R - R_x)}{R}$$

U_{ab} 是负载开路(即 $R_L \rightarrow \infty$)时,a,b 两点间的电压,其值为

$$U_{ab} = \frac{R_x}{R} U_i$$

则电位器输出电压 U_o 为

$$U_o = I_L R_L = \frac{R_x R_L}{R_L R + R_x (R - R_x)} U_i = \frac{\dfrac{R_x R_L}{R R_L}}{1 + \dfrac{R_x R(1 - R_x/R)}{R_L R}} U_i$$

　　上式中设 $m = R/R_L$，又假设 x 为滑臂的相对位移量。在均匀绕制的线性电位器(单位长度上的电阻是常数)中，也就是分压比，即 $x = R_x/R$，所以上式可写成

$$U_o = \frac{x}{1 + mx(1 - x)} U_i \tag{3-1}$$

　　由式(3-1)可见，电位器的输出电压 U_o 与滑臂的相对位移量 x 是非线性关系，只有当 $m = 0$，即 $R_L \to \infty$ 时，U_o 与 x 才满足线性关系，所以这里的非线性关系完全是负载电阻 R_L 的接入而引起的。

3.1.2　非线性误差

　　设未接上负载电阻 R_L 时，输出的电压为 U'_o，则 $U'_o = U_i x$，非线性误差 ε_1 为

$$\varepsilon_1 = \frac{U'_o - U_o}{U'_o} \times 100\% = \left[1 - \frac{1}{1 + mx(1 - x)} \right] \times 100\% \tag{3-2}$$

　　图 3-2 表示非线性误差 ε_1 与 m 及 x 的函数关系。图中横坐标是 $x = R_x/R$，参变量为 m。由图可见，如果非线性误差在整个行程中保持在 $1\% \sim 2\%$ 以内，负载电阻 R_L 必须比电位器电阻大 $10 \sim 20$ 倍。但有时负载满足不了这个条件，就要采取一些补偿方法。

　　为改善非线性，在电路上可采用射极输出器或源极跟随器等方法，增大 R_L 的阻值；也有采用特制的非线性结构电位器，如曲线骨架绕制的非线性电位器，其骨架形状是一种特殊的函数关系，但此种方法在工艺上不易实现；也有把电位器电

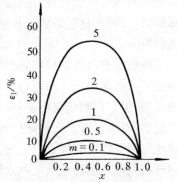

图 3-2　非线性误差 ε_1 与分
压比 x 的函数关系

阻分成若干段，每段并联不同阻值的电阻，通过用分段电阻实现非线性补

偿。

3.1.3　线绕电位器的结构和分辨力

电位器式电阻传感器由骨架、绕在骨架上的电阻丝及在电阻丝上移动的滑动触点（电刷）组成。滑动触点可以沿着直线运动，也可以沿着圆周运动，前者称线位移式，后者称角位移式。

滑动触点在移动过程中，电阻阻值实际上呈微小的阶跃变化，这就限制了传感器的分辨力。设线绕电阻总圈数为 n，最大输出电压为 U，则滑动触点在线绕电阻上移动一圈所占行程输出的电压变化将为

$$\Delta U = U/n$$

称 ΔU 为该电阻传感器的电压分辨力。如果 $U=10\text{V}$，$n=100$ 圈，则 $\Delta U=0.1\text{V}$，这个数值标志着电压以 0.1V 的阶跃形式增减，不能给出小于 0.1V 的变化。

电位器式电阻传感器中使用的电阻丝，要求电阻系数高，温度系数小，有较高的工作温度，足够的强度和延伸性。常用的材料有康铜、锰铜或镍铬铁合金，在要求接触表面耐磨性特别高时，可采用铂、铱合金等。

对于骨架材料要求是形状稳定，表面绝缘电阻高，散热性好。常用的有陶瓷、酚醛树脂以及工程塑料等绝缘材料，也可用经绝缘处理的金属材料。

电刷的触头应有良好的抗氧化能力和耐磨性，而且要求接触电势小，因此电刷和电阻丝的材料要适当配合。一般可用铂铱合金、铂铍合金或用银、磷青铜等材料组成。具体的电刷与电阻丝材料的匹配表，可查阅有关资料。

线绕电位器性能稳定，应用广泛，但分辨力低，耐磨性差。因此，人们研制了一些其它形式的电位器，如膜式电位器（碳膜和金属膜）、导电塑料电位器，但它们和线绕电位器一样，都是接触式电位器，其共同的缺点是不耐磨，寿命较短。光电电位器是一种非接触式电位器，克服了上述几种普通电位器的共同缺点。它的工作原理是利用可移动的窄光束照射在其内部的光电导层和导电电极之间的间隙上时，使光电导层下面沉积的电阻带和导电电极接通，于是随着光束位置不同而改变电阻值。它分辨力高，可靠性好，阻值范围宽（500Ω～15MΩ），但结构复杂，输出电流小，输出阻抗较高。

电位器式传感器在多数情况下均采用直流电源，但有时因测量电路的需要也采用交流电源，此时需要考虑由于集肤效应而使绕线的交流电

阻大于直流电阻的变化。当频率较高时,还要考虑绕线的自感 L 和绕线的分布电容 C 的影响。

　　普通电位器式电阻传感器结构简单,价格便宜,输出功率大,一般情况下可直接接指示仪表,简化了测量电路。但由于分辨力有限,所以一般精度不高。另外动态响应差,不适宜测量快速变化量。通常可用于测量压力、位移、加速度等。

3.2　应变式电阻传感器

　　应变式电阻传感器是利用导体或半导体材料的应变效应制成的一种测量器件,用于测量微小的机械变化量,在结构强度试验中,它是测量应变的最主要手段,也是目前测量力、力矩、压力、加速度等物理量应用最广泛的传感器之一。

　　应变式电阻传感器的主要优点是:

　　• 电阻变化率与应变可保持很好的线性关系。

　　• 尺寸小,重量轻,因此在测试时对试件的工作状态及应力分布影响很小。

　　• 测量范围广,一般可测 $1 \sim 2\mu\varepsilon$ 到数千 $\mu\varepsilon$。

　　• 频率响应好,一般电阻应变式传感器的响应时间为 10^{-7} s,半导体应变式传感器可达 10^{-11} s,所以可进行几十 Hz 甚至上百 kHz 的动态测量。

　　• 采取适当措施后,可在一些恶劣环境下正常工作,如可从真空状态到数千大气压;可从接近绝对零度到 1 000℃;也可在有强烈振动、强磁场、化学腐蚀及放射性的场合工作。

　　其缺点是在大应变状态下,具有较大的非线性,输出信号较小,故抗干扰问题突出,不适用在 1 000℃ 以上的高温状况下工作等等。

3.2.1　应变效应和灵敏系数

　　导体或半导体材料在外界作用下(如压力等)产生机械变形,其阻值将发生变化,这种现象称为“应变效应”。把依据这种效应制成的应变片粘贴于被测材料上,则被测材料受外界作用所产生的应变就会传送到应变片上,从而使应变片上电阻丝的阻值发生变化,通过测量阻值的变化量,就可反映出外界作用的大小。

　　金属导体的电阻 R 可用下式表示:

$$R = \rho \frac{l}{A} \qquad (3-3)$$

式中 R——电阻值(Ω);

ρ——电阻丝的电阻率($\frac{\Omega \cdot mm^2}{m}$);

l——电阻丝的长度(m);

A——电阻丝的截面积(mm^2)。

如果对整条电阻丝长度作用均匀应力,由于 ρ,l,A 的变化而引起电阻的变化,可通过对式(3-3)的全微分求得:

$$dR = \frac{l}{A}d\rho + \frac{\rho}{A}dl - \frac{\rho l}{A^2}dA$$

相对变化量

$$\frac{dR}{R} = \frac{d\rho}{\rho} + \frac{dl}{l} - \frac{dA}{A} \qquad (3-4)$$

为分析方便,假设电阻丝是圆截面,则 $A = \pi r^2$,其中 r 为电阻丝的半径,微分后可得 $dA = 2\pi r dr$,则

$$\frac{dA}{A} = \frac{2\pi r dr}{\pi r^2} = 2\frac{dr}{r}$$

令 $dl/l = \varepsilon$ 为电阻丝轴向相对伸长,即轴向应变,而 dr/r 为电阻丝径向相对伸长,即径向应变。由《材料力学》获知,在弹性范围内,金属丝沿长度方向伸长或缩短时,轴向应变和径向应变的关系如下

$$\frac{dr}{r} = -\mu \frac{dl}{l} = -\mu\varepsilon \qquad (3-5)$$

式中 μ 为金属材料的泊松系数,即径向应变和轴向应变的比例系数,负号表示方向相反,所以

$$\frac{dA}{A} = -2\mu\varepsilon \qquad (3-6)$$

将式(3-6)代入式(3-4),经整理后得

$$\frac{dR}{R} = \left[(1 + 2\mu) + \frac{d\rho}{\rho\varepsilon} \right]\varepsilon \qquad (3-7)$$

定义金属丝的灵敏系数为

$$k = \frac{dR/R}{\varepsilon} = 1 + 2\mu + \frac{d\rho}{\rho\varepsilon} \qquad (3-8)$$

它的物理意义是单位应变所引起的电阻相对变化。由式(3-8)可知,k 受两个因素影响,一个是受力后材料的几何尺寸变化所引起的,即 $(1+2\mu)$ 项,另一个是受力后材料的电阻率发生变化而引起,即 $d\rho/\rho\varepsilon$ 项。

对于确定的材料,$(1+2\mu)$项是常数,其数值约为 $1\sim2$ 之间,并且由实验证明 $d\rho/\rho\varepsilon$ 也是一个常数,因此灵敏系数 k 为常数,则得

$$\frac{dR}{R} = k\varepsilon \qquad\qquad (3-9)$$

上式表示金属电阻丝的电阻相对变化与轴向应变成正比。

表 3-1 给出了电阻应变片几种常用金属材料的性能。表中所列材料中,康铜用得最多,因为它的灵敏系数 k 对应变的稳定性非常高,非但在弹性变形范围内保持常数,而且进入塑性变形范围内仍基本保持常数,所以测量范围大。另外,康铜的电阻温度系数小且稳定,因而测量时温度误差小。

表 3-1　电阻应变片几种常用金属材料的性能

材料名称	成份		灵敏系数	电阻系数	电阻温度系数	线膨胀系数
	元素	%	k	$(\Omega\cdot mm^2/m)$	$(10^{-6}/℃)$	$(10^{-6}/℃)$
康铜	Cu	60	$1.9\sim2.1$	$0.45\sim0.54$	±20	12.2
	Ni	40				
镍铬合金	Ni	80	$2.1\sim2.3$	$1.0\sim1.1$	$110\sim130$	12.3
	Cr	20				
镍铬铝合金 (卡码合金)	Ni	74	$2.4\sim2.6$	$1.24\sim1.42$	±20	10.0
	Cr	20				
	Al	3				
	Fe	3				

3.2.2　电阻应变片的种类

电阻应变片是我国发展最早的一种变换元件,从 20 世纪 50 年代开始生产以来,已有各种不同的新型应变片不断问世,它的品种繁多,形式多样。

常用的应变片有两大类:一类是金属电阻应变片,另一类是半导体应变片。

1. 金属电阻应变片

金属电阻应变片有丝式应变片和箔式应变片等。丝式应变片结构如图 3-3(a)所示。它是用一根金属细丝按图示形状弯曲后用胶粘剂贴于衬底(用纸或有机聚合物薄膜等材料制成),电阻丝两端焊有引出线,电阻丝直径为 $0.012\sim0.050$mm 之间。

箔式应变片的结构如图 3-3(b)所示,是用光刻、腐蚀等工艺方法制

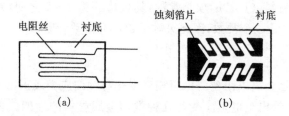

图 3 - 3　金属电阻应变片

(a)丝式；　(b)箔式

成的一种很薄的金属箔栅,箔的厚度一般在 0.003～0.010mm,它的优点是表面积和截面积之比大,散热条件好,故允许通过较大的电流,并可做成任意形状,便于大量生产。由于上述一系列优点,所以使用范围日益广泛,有逐渐取代丝式应变片的趋势。

2. 半导体应变片

半导体应变片的结构如图 3 - 4 所示。它的使用方法与电阻丝式相同,即粘贴在被测物体上,随被测件的应变,其电阻发生相应变化。

半导体应变片的工作原理是基于半导体材料的压阻效应。所谓压阻效应是指单晶半导体材料,沿某一轴向受到外力作用时,其电阻率 ρ 发生变化的现象。

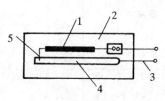

图 3 - 4　半导体应变片

1—半导体敏感条；

2—基底；3—引线；

4—引线联接片；5—内引线

半导体应变片受轴向力作用时,其电阻的相对变化仍具有式(3 - 7)的关系,即

$$\frac{\mathrm{d}R}{R} = (1 + 2\mu)\varepsilon + \frac{\mathrm{d}\rho}{\rho}$$

式中 $\mathrm{d}\rho/\rho$ 为半导体应变片受力后电阻率的相对变化,其值与半导体应变片在轴向所受的应变力之比为一常数,即

$$\frac{\mathrm{d}\rho}{\rho} = \pi\sigma = \pi E\varepsilon \qquad (3 - 10)$$

式中　　σ——作用于材料的轴向应力；

　　　　π——半导体材料受力方向的压阻系数；

　　　　E——半导体材料的弹性模量。

将式(3 - 10)代入式(3 - 7)得

$$\frac{\mathrm{d}R}{R} = \left[(1+2\mu) + \pi E\right]\varepsilon$$

式中 $(1+2\mu)$ 项随几何形状而变化，πE 项是压阻效应引起的。实验证明半导体应变片的 πE 项比 $(1+2\mu)$ 项大近百倍，所以 $(1+2\mu)$ 项可忽略，因而半导体应变片的灵敏系数为

$$k = \frac{\mathrm{d}R/R}{\varepsilon} = \pi E \qquad (3-11)$$

半导体应变片最突出的优点是体积小而灵敏度高，它的灵敏系数比金属应变片要大几十倍，频率响应范围很宽。但由于半导体材料的原因，它也具有温度系数大，应变与电阻的关系曲线非线性大等缺点，使它的应用范围受到一定限制。

应变片的粘贴是应变测量的关键之一，它涉及到被测表面的变形能否正确地传递给应变片。粘贴所用的粘合剂必须与应变片材料和试件材料相适应，并要遵循正确的粘贴工艺。

3.2.3 测量电路

由于机械应变一般在 $10^{-3} \sim 10^{-6}$ 范围内，而常规电阻应变片的灵敏系数 k 值很小（$k \approx 2$），所以其电阻变化范围小，约 $10^{-1} \sim 10^{-4}\Omega$ 数量级，因此要求测量电路能精确地测量出这些微小的电阻变化。最常用的测量电路是电桥电路（大多采用不平衡电桥），把电阻的相对变化 $\Delta R/R$ 转换为电压或电流的变化。

随着科学技术的迅速发展，以微电脑为基础的测量系统正在日益获得广泛的重视。为此，本节还介绍一种能将电阻的变化通过电桥后，直接转换为频率的 R/F 转换电路。

1. 电桥电路

用于检测应变片电阻变化的电桥电路，通常有直流电桥和交流电桥两种。衡量桥路性能的指标，主要是桥路灵敏度、非线性及负载影响等方面。

（1）直流电桥

①平衡条件。直流电桥的最简单形式如图 3-5 所示。在 c 与 d 之间接直流电源，另一对角线 a 与 b 之间接负载电阻 R_L（可以是指示仪表或其它负

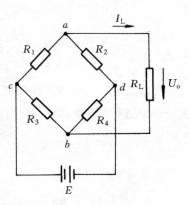

图 3-5　直流电桥

载)。R_1,R_2,R_3,R_4 称为电桥的桥臂。

当负载电阻 $R_L \rightarrow \infty$ 时,电桥的输出电压

$$U_o = E(\frac{R_2}{R_1 + R_2} - \frac{R_4}{R_3 + R_4}) \tag{3-12}$$

当电桥平衡时,$U_o = 0$,由式(3-12)可得

$$R_1R_4 = R_2R_3 \text{ 或 } R_1/R_2 = R_3/R_4 \tag{3-13}$$

式(3-13)称为电桥平衡条件,它说明要使电桥达到平衡,其相邻两臂的阻值比应相等。

②电压灵敏度。由于电阻应变片工作时,其电阻变化很微小,电桥的不平衡电压也极小,一般需接放大器。而放大器的输入阻抗较电桥输出电阻要高得多,故在以下的讨论中把电桥输出端看成处于开路情况。

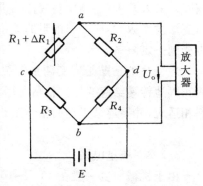

图 3-6 单臂工作的直流电桥

假设电桥只有桥臂 R_1 为电阻应变片(称单臂工作),当受应变时,其电阻变化为 ΔR_1,而 R_2,R_3,R_4 均为固定桥臂。在起始未受应变时,电桥处于平衡状态,$U_o = 0$。当受应变时,应变片的电阻变化为 ΔR_1,电桥输出电压为 U_o,由图3-6可求 U_o 与 ΔR_1 之间的关系为

$$U_o = (\frac{R_2}{R_1 + \Delta R_1 + R_2} - \frac{R_4}{R_3 + R_4})E$$

$$= -\frac{\Delta R_1 R_4}{(R_1 + \Delta R_1 + R_2)(R_3 + R_4)}E$$

$$= -\frac{(R_4/R_3)(\Delta R_1/R_1)}{(1 + \frac{\Delta R_1}{R_1} + \frac{R_2}{R_1})(1 + \frac{R_4}{R_3})}E \tag{3-14}$$

设桥臂比 $n = R_2/R_1$,并考虑到起始平衡条件 $R_2/R_1 = R_4/R_3$,以及略去分母中 $\Delta R_1/R_1$ 项,得电桥输出电压为 U_o'。

$$U_o' = -\frac{n}{(1+n)^2} \frac{\Delta R_1}{R_1}E \tag{3-15}$$

电桥的电压灵敏度定义为

$$K_u = \frac{U_o'}{\Delta R_1/R_1} = -\frac{n}{(1+n)^2}E \tag{3-16}$$

K_u 愈大,说明应变片电阻相对变化相同的情况下,电桥输出电压愈大,电桥愈灵敏。由式(3−16)可知,要提高电桥的电压灵敏度,必须提高电源电压,但它受应变片允许功耗的限制;另外应适当选择桥臂比 n。下面分析当电桥电压 E 一定时,n 应取何值电桥电压灵敏度才最高。

由 $\dfrac{\mathrm{d}K_u}{\mathrm{d}n}=0$ 时,K_u 为最大,可得

$$-\frac{(1-n^2)}{(1+n)^4}=0 \tag{3−17}$$

所以 $n=1$ 时,K_u 为最大,这就是说,在电桥电压一定时,当 $R_1=R_2$,$R_3=R_4$ 时,电桥的电压灵敏度最高。此时式(3−14),(3−15),(3−16)可分别简化为

$$U_o=-\frac{1}{4}\frac{\Delta R_1}{R_1}\frac{E}{\left(1+\dfrac{1}{2}\dfrac{\Delta R_1}{R_1}\right)} \tag{3−18}$$

$$U_o'=-\frac{1}{4}\frac{\Delta R_1}{R_1}E \tag{3−19}$$

$$K_u=-\frac{1}{4}E \tag{3−20}$$

由以上三式可知,当电源电压 E 及电阻相对变化一定时,电桥的输出电压及其电压灵敏度也为定值,且与各桥臂阻值的大小无关。

③非线性误差及补偿。式(3−15)表示电桥输出电压与电阻相对变化是成正比的,但这只是当 $\Delta R_1/R_1\ll1$,并忽略了式(3−14)分母中的 $\Delta R_1/R_1$ 一项得来的,所以是理想情况。实际值应按式(3−14)计算,尤其是在 $\Delta R_1/R_1$ 较大的情况下更应如此。在式(3−14)中,U_o 与 $\Delta R_1/R_1$ 的关系是非线性的,下面来计算这种非线性误差。

设按式(3−14)算得的 U_o 为电桥输出电压的实际值,按式(3−15)算得的 U_o' 为输出电压的理想值,因此非线性误差 ε_l 为

$$\varepsilon_l=\frac{U_o-U_o'}{U_o'}=-\frac{-\dfrac{1}{1+R_2/R_1+\Delta R_1/R_1}+\dfrac{1}{1+R_2/R_1}}{-\dfrac{1}{1+R_2/R_1}}$$

$$=\frac{-\Delta R_1/R_1}{1+R_2/R_1+\Delta R_1/R_1} \tag{3−21}$$

对于一般应变片来说,所受应变经常在 $5\,000\mu\varepsilon$ 以下,若 $k=2$,则 $\dfrac{\Delta R_1}{R_1}=k\varepsilon=5\,000\times2\times10^{-6}=0.01$。按式(3−21)计算,可知非线性

误差约为 0.5%,还不算太大。但对某些电阻相对变化较大的情况,这种误差就不能忽视了。例如半导体应变片,$k=125$,当受到 $1\,000\mu\varepsilon$ 时,$\dfrac{\Delta R_1}{R}=k\varepsilon=125\times1\,000\times10^{-6}=0.125$,代入式(3-21),得非线性误差达 6%。

为了减小或消除电桥的非线性误差,可以采取下列措施:

(a)提高桥臂比 由式(3-21)可知,提高桥臂比 $n=R_2/R_1$,非线性误差将减小。但由式(3-16)可知 $K_u=-E\dfrac{n}{(1+n)^2}\approx-E\dfrac{1}{n}$,电桥电压灵敏度也降低了 n 倍,为了保持灵敏度不降低,必须相应地提高供桥电压。

(b)采用差动电桥 根据被测试件的应变情况,在电桥的相邻两臂同时接入两工作应变片,使一片受拉,另一片受压,如图(3-7),称差动电桥。该电桥的输出电压 U_0 为

$$U_0=\left(\frac{R_2-\Delta R_2}{R_1+\Delta R_1+R_2-\Delta R_2}-\frac{R_4}{R_3+R_4}\right)E$$

如考虑到 $\Delta R_1=\Delta R_2$,$R_1=R_2$,$R_3=R_4$,以及电桥的平衡条件,则得

$$U_0=-\frac{1}{2}\frac{\Delta R_1}{R_1}E \tag{3-22}$$

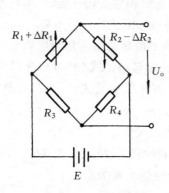

图 3-7 差动电桥

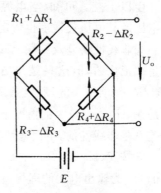

图 3-8 四臂差动电桥

由上式可知,U_0 与 $\Delta R_1/R_2$ 成线性关系,说明差动电桥没有非线性误差,而且其电压灵敏度 $K_u=-\dfrac{1}{2}E$,即比单工作片提高一倍,同时还可起到温度补偿的作用。

如果按图3-8接成四片工作片的差动电桥,其相对桥臂所接两应变片为一组,使一组受拉,另一组受压,又满足 $\Delta R_1=\Delta R_2=\Delta R_3=\Delta R_4$,$R_1$

$=R_2=R_3=R_4$（称等臂电桥）的条件，则其输出电压较单工作片提高四倍，即

$$U_o = -\frac{\Delta R_1}{R_1}E \qquad (3-23)$$

由于差动电桥法具有上述优点，所以在非电量电测技术中，如条件允许都尽量采用。

④负载的影响。当电桥的负载电阻是无穷大时，根据戴维南定理，由图3-5的直流电桥可得负载电压 U_o 为

$$U_o = I_L R_L = U_{ab}\frac{R_L}{R_i+R_L} = K_L U_{ab} \qquad (3-24)$$

式中 U_{ab} 为 $R_L \to \infty$ 时的输出电压，R_i 为等效内阻。计及负载影响，电桥输出电压 U_o 将减小。当 $R_L = 10R_i$ 时，$K_L = 0.91$，说明 $R_L \ne \infty$ 时，存在着电压损失，所以在实际电桥中，往往要求 R_L 大于 $10R_i$。

⑤电阻调平衡电路。测量之初，电桥处于初始平衡状态，即输出电压为零。但实际上，电桥各桥臂值不可能绝对相同，接触电阻及导线电阻也有差异，故必须设置电阻调平衡电路，才能满足上述要求。

图3-9(a)是带有电阻调平衡电路的桥路，图3-9(b)单独画出调平衡电路，这里将 R_v 看成是 R'_v 和 R''_v 两部分，它们相当于两个微调电位器。根据《电工技术》中星形接法换算成三角形接法的原理，又可用图(c)来等效图(b)。由图可见，它相当于在 a 与 c 及 a 与 b 之间有微调电阻

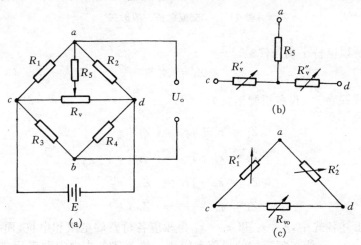

图 3-9　电桥的电阻调平衡电路
(a)带有电阻调平衡电路的桥路；(b)电阻调平衡电路；(c)图(b)的等效电路

R'_1 和 R'_2,亦即在桥臂 R_1 和 R_2 上分别并联电阻 R'_1 和 R'_2,从而改变桥臂的电阻值,使电桥达到平衡。

(2)交流电桥。前面已经提到,应变电桥输出电压极小,一般需加放大器。但通用型直流放大器容易产生零漂,因此目前常用交流放大器。由于应变电桥须采用交流电源供电,引线寄生电容将对电桥工作产生影响,相当于使应变电桥各桥臂电阻并联了一个电容(忽略引线电感),这样就需要分析一下各桥臂均为复阻抗时的交流电桥。

①平衡条件。交流电桥的一般形式见图 3-10。一般采用正弦交流电压作为电桥电源,其中桥臂 Z_1,Z_2,Z_3,Z_4 可为电阻、电感、电容或三者任意组合起来的复阻抗。交流电桥输出电压

$$\dot{U}_o = \frac{Z_2 Z_3 - Z_1 Z_4}{(Z_1 + Z_2)(Z_3 + Z_4)} \dot{U}_s \tag{3-25}$$

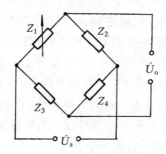

图 3-10 交流电桥一般形式

所以电桥平衡条件是

$$Z_1 Z_4 = Z_3 Z_2 \tag{3-26}$$

或 $\dfrac{Z_1}{Z_2} = \dfrac{Z_3}{Z_4}$,设各桥臂阻抗为

$$Z_1 = r_1 + jx_1 = |Z_1| e^{j\varphi_1}$$
$$Z_2 = r_2 + jx_2 = |Z_2| e^{j\varphi_2}$$
$$Z_3 = r_3 + jx_3 = |Z_3| e^{j\varphi_3}$$
$$Z_4 = r_4 + jx_4 = |Z_4| e^{j\varphi_4}$$

上述各式中,$r_1 \sim r_4$ 和 $x_1 \sim x_4$ 为相应各桥臂的电阻和电抗,而 $Z_1 \sim Z_4$ 和 $\varphi_1 \sim \varphi_4$ 为各复阻抗的模值和幅角。将上述各式中指数表达式代入式(3-26),可得交流电桥平衡条件为

$$\frac{Z_1}{Z_2} = \frac{Z_3}{Z_4}$$

$$\varphi_1 + \varphi_4 = \varphi_2 + \varphi_3 \qquad (3-27)$$

若将复数的代数表达式代入式(3-26),又可得交流电桥平衡条件的另一种表达式

$$r_1 r_4 - r_2 r_3 = x_1 x_4 - x_2 x_3$$

$$r_1 x_4 + r_4 x_1 = r_2 x_3 + r_3 x_2 \qquad (3-28)$$

式(3-27)说明交流电桥的平衡条件需满足两个方程式,即不仅必须使各桥臂复阻抗的模值满足一定的比例关系,而且相对桥臂的辐角和也必须相等。这是交流电桥与直流电桥的不同之处。

②输出电压及调平衡电路。假设电桥起始时处于平衡状态,满足 $\dfrac{Z_1}{Z_2} = \dfrac{Z_3}{Z_4}$,由于工作应变片 R_1 变化了 ΔR_1 后,使 Z_1 变化了 ΔZ_1,根据式(3-14)可相似地求得

$$\dot{U}_o = -\frac{(Z_4/Z_3)(\Delta Z_1/Z_1)}{(1 + Z_2/Z_1 + \Delta Z_1/Z_1)(1 + Z_4/Z_3)} \dot{U}_s \qquad (3-29)$$

考虑对称电桥(即 $Z_1 = Z_2$,$Z_3 = Z_4$)及起始平衡条件,并略去分母中 $\Delta Z_1/Z_1$ 项之后,得

$$\dot{U}_o = -\frac{1}{4} \frac{\Delta Z_1}{Z_1} \dot{U}_s \qquad (3-30)$$

式中 $Z_1 = \dfrac{R_1}{1 + j\omega R_1 C_1}$($C_1$ 为导线寄生电容)

$$\Delta Z_1 = \frac{R_1 + \Delta R_1}{[1 + j\omega(R_1 + \Delta R_1)C_1]} - \frac{R_1}{1 + j\omega R_1 C_1}$$

$$\approx \frac{\Delta R_1}{(1 + j\omega R_1 C_1)^2}$$

一般情况下,由于导线寄生电容很小,而电源频率即使取被测应变最高频率的 5~10 倍时,也不太高,因此 $\omega R_1 C_1 \ll 1$。例如设电源频率为 1 000 Hz,$R_1 = 120\,\Omega$,$C_1 = 1\,000$ pF,则 $\omega R_1 C_1 \approx 7.6 \times 10^{-4} \ll 1$,因此 $Z_1 \approx R_1$,$\Delta Z_1 \approx \Delta R_1$,所以 $\dot{U}_o = -\dfrac{1}{4} \dfrac{\Delta R_1}{R_1} \dot{U}_s$。

实际上起始时,电桥很难保证处于平衡状态,这样就会产生零位输出,所以必须设置调平衡电路。采用最多的是电阻电容调平衡电路,见图 3-11(a)。图中 R_5 与 R_P 是电阻调平衡电路,它的原理在直流电桥中已介绍。C_P 与 R_6 组成容抗调平衡电路,可以看成是图 3-11(b)中 C_P 与 R_6',R_6'' 所组成。同理,按 Y—△ 变换,可以看成 Z_1',Z_2' 和 Z_{ab} 三个阻抗组成,相当于在原来桥臂上并联 C_1',C_2',起到了电容平衡作用。而 R_1' 和 R_2'

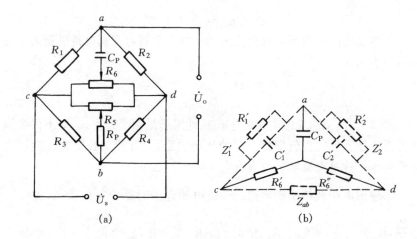

图 3-11　电阻电容调平衡电路

(a)带有电阻、电容调平衡电路的桥路；(b)容抗调平衡电路

显然将改变 R_1 和 R_2 阻值。由于一般
$C_P = 2\,000 \sim 3\,000\text{pF}$，$R_6 = 10\text{k}\Omega$ 左
右，而 R_1' 和 R_2' 为几十 $\text{k}\Omega$ 左右，所以
对 R_1，R_2 影响小。为了在电容调平衡
时不带入旁路电阻 R_1' 和 R_2'，也可采
用差动电容调平衡电路，如图 3-12
所示。其原理不再详细讨论。

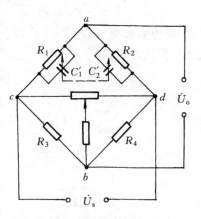

图 3-12　差动电容调平衡电路

2. 电阻-频率(R/F)转换电路

随着数字测量系统和微型计算机
在测量系统中的应用日益广泛，要求
传感器及其测量电路能与之相适应。
而传统的测量电路是把电阻的变化转
换为电流或电压的变化，必须加一级
模-数转换或电压-频率转换，才可实现数字化，这就增加了测量系统的
复杂程度。为此，国内外都在研究本身能输出数字量的传感器，以及将电
参数转换为频率量的各种测量电路。这里介绍一种新型的电阻-频率转
换电路。

R/F 转换的电路原理框图如图 3-13 所示。它是由直流电桥(桥臂
为 R_1，R_2，R_3，R_4，供桥直流电压为 E)，差分积分器(DI)，过零检测器
(ZCD)和单稳态触发器(D)组成。D 的输出直接控制一个双向电子开关

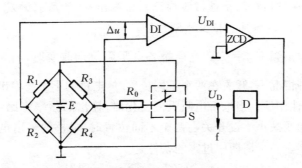

图 3 - 13 R/F 转换原理框图

(S),此开关与参考电阻 R_0 相连。开关 S 在两个不同位置时,分别使 R_0 与 R_3 或 R_4 并联,而开关的位置取决于 D 的输出,它是一个固定宽度 τ_0 的脉冲。

图 3 - 14 表示电路工作时各电压的波形。在 τ_0 期间,假定 R_0 先与 R_3 并联,电桥不平衡,输出电压 Δu 送至积分器 DI,在固定的时间间隔 τ_0 内积分,产生一个线性增长电压 U_{DI},该电压送至过零检测器 ZCD。当单稳态触发器 D 输出的脉冲消失后,R_0 就与 R_4 相并联,电桥产生一个极性相反的不平衡电压,该电压经积分器后,产生一个线性减小的电压,此

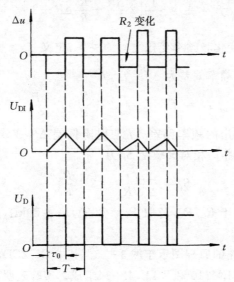

图 3 - 14 电压波形图

电压在 $T-\tau_0$ 时过零,将被过零检测器检测出来,然后去触发 D,产生下一个脉宽为 τ_0 的脉冲。依此不断重复。

电路输出频率 $f=\dfrac{1}{T}$。当电桥各电阻阻值未改变时,周期 $T=2\tau_0$,因为在这种情况下,开关在两个不同位置时,电桥的不平衡输出电压幅值相同,仅极性相反。当电桥电阻阻值变化时,输出的频率将比 $T=2\tau_0$ 时的频率增加或减小。设开关在两个不同位置时,电桥的输出电压分别为 Δu_1 和 Δu_2 在一个周期中过零的条件是

$$\tau_0 \Delta u_1 + (T-\tau_0)\Delta u_2 = 0 \qquad (3-31)$$

由图 3-13 得

$$\Delta u_1 = \left[\frac{R_2}{R_1+R_2} - \frac{R_4}{(R_3 \mathbin{/\mkern-5mu/} R_0)+R_4}\right]E$$

$$\Delta u_2 = \left[\frac{R_3}{(R_4 \mathbin{/\mkern-5mu/} R_0)+R_3} - \frac{R_1}{R_1+R_2}\right]E$$

把 Δu_1 和 Δu_2 代入式(3-31),并设 $R_1=R_3=R_4=R_n$,$R_2=R_n+\Delta R$,且 $\Delta R \ll R_n$,则经简化可得

$$\frac{\tau_0}{T} \approx \frac{1}{2R_n}\left[\Delta R\left(1+\frac{R_0}{R_n}\right)+(R_n+\Delta R)\right] \qquad (3-32)$$

式(3-32)可写为

$$f = \frac{1}{T} = \frac{1}{2\tau_0}\left[2\frac{\Delta R}{R_n}+\frac{R_0}{R_n^2}\Delta R+1\right] \qquad (3-33)$$

为说明电阻变化和频率变化之间的关系,定义 $f_n=\dfrac{1}{2\tau_0}$ 为 $\Delta R=0$ 时的零偏差频率,则频率偏差为 $\Delta f=f-f_n$

$$\Delta f = f - f_n = \left(2+\frac{R_0}{R_n}\right)f_n\frac{\Delta R}{R_n} \qquad (3-34)$$

式(3-34)表明输出的频率偏差 Δf 与电阻偏差 ΔR 成线性关系。由式(3-34)可得该电路的相对灵敏度 S_r 为

$$S_r = \frac{\Delta f/f_n}{\Delta R/R_n} = 2+\frac{R_0}{R_n} \qquad (3-35)$$

显然,灵敏度取决于 R_0/R_n,若取 $R_n=522\Omega$,$R_0=80\mathrm{k}\Omega$,则灵敏度 $S_r=155$。

R/F 转换电路的原理图示于图 3-15。其中 DI,ZCD,及 D 分别采用集成元件 μA741,LM710 和 TTL7421 来组成。实验表明,当取零偏差频率 $f_n=115.55\mathrm{kHz}$ 时,分辨力达 0.003Ω。但频率测量的分辨力还与频率计数器的分辨力有关;另外,由于积分器的噪声,还可以造成频率偏差。

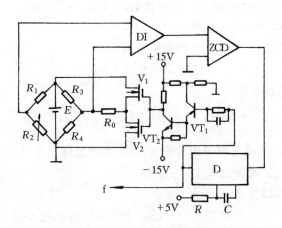

图 3-15　R/F 转换电路原理图

　　总之,该转换电路具有良好的灵敏度和分辨力,若采用高质量的运算放大器和其它元器件,其性能可望进一步改善。

3.2.4　电阻应变片的温度误差及其补偿

1. 温度误差

　　用电阻应变片测量应变时,希望其电阻值只随应变而变化,不受其它因素的影响。实际上应变片的阻值受环境温度(包括试件的温度)影响很大。因环境温度改变引起电阻变化的主要因素有两个,一个是应变片电阻丝的温度系数;另一个是电阻丝材料与试件材料的线膨胀系数不同。

　　(1)设金属丝的电阻温度系数为 α,则

$$R_\alpha = R_0(1 + \alpha\Delta t) = R_0 + R_0\alpha(t - t_0) = R_0 + \Delta R_\alpha \quad (3-36)$$

式中　R_0——温度为 t_0℃时应变片的电阻值;

　　　　R_α——温度为 t℃时应变片的电阻值;

　　　　Δt——温度变化值 $(t - t_0)$;

　　　　ΔR_α——温度变化 Δt 时,应变片的电阻变化值。

　　(2)设应变片电阻丝的线膨胀系数为 β_s,试件材料的膨胀系数为 β_g,若设 $\beta_g > \beta_s$ 则电阻丝产生的附加变形

$$\Delta l = (\beta_g - \beta_s)l_0\Delta t$$

式中　l_0——温度为 t_0℃时电阻丝的长度。

　　电阻丝产生的附加应变 $\varepsilon_\beta = \dfrac{\Delta l}{l_0} = (\beta_g - \beta_s)\Delta t$

由此引起的电阻变化为 $\Delta R_\beta = R_0 k \varepsilon_\beta = R_0 k(\beta_g - \beta_s)\Delta t$

式中　　k——应变片的灵敏系数。

所以,由于温度变化而引起总的电阻变化为

$$\Delta R_t = \Delta R_\alpha + \Delta R_\beta$$

电阻的相对变化

$$\frac{\Delta R_t}{R_0} = \alpha\Delta t + k(\beta_g - \beta_s)\Delta t \qquad (3-37)$$

式(3-37)说明电阻的相对变化,除与环境温度变化 Δt 有关外,还与应变片的 α, k, β_s 及被测试件的 β_g 有关。

2. 温度补偿方法

(1)自补偿法。由式(3-37)可见,要使温度变化时,应变片的总电阻值不变,只要满足条件

$$\alpha = -k(\beta_g - \beta_s) \qquad (3-38)$$

对于一定的试件材料,β_g 为常数,就要选择应变片电阻丝的温度系数 α 和线膨胀系数 β_s,使式(3-38)成立。此法结构简单,使用方便,但只适用于特定材料,补偿温度范围也较窄。

(2)双金属线栅法。如图 3-16 所示,这种应变片用两种温度系数不同的电阻丝串联制成,当温度变化时,R_1 和 R_2 产生的电阻变化 ΔR_1 和 ΔR_2 大小相等但符号相反,从而实现了温度补偿。

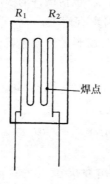

图 3-16　双金属线栅法

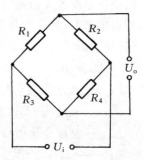

图 3-17　桥路补偿法

(3)桥路补偿法。应变片常用的测量电路是电桥,图 3-17 中,R_1 为工作应变片,R_2 为补偿应变片,R_3, R_4 为固定电阻。R_1 粘贴在试件上,R_2 粘贴在材料、温度与试件相同的补偿块上。R_2 与 R_1 的 α, β, k 及阻值完全相同。当温度变化时,$\Delta R_1 = \Delta R_2$,所以电桥仍满足平衡条件而无输

出。

当测量时,只有工作应变片感受应变,补偿片不感受应变,因此,电桥输出就只与被测试件的应变有关,而与环境温度无关。此外,采用差动电桥的接法,也能起到温度补偿的作用。

3.2.5 电阻应变仪

1. 简述

电阻应变仪是一种可以直接测量试件应变的仪器,它以电桥为基础,将测量电桥的微小输出,经过电压放大,能用普通检流计指示或供示波器记录。应变仪的种类很多,按照所能测量应变变化的频率来划分,有以下几种:

①静态应变仪。用于测量频率为 $0 \sim 5 \mathrm{Hz}$ 的应变。国产型号有 YJ—5,YJB—1,YJS—14 等。

②静动态应变仪。用于测量静态或几百 Hz 以下的应变。国产型号有 YJD—1,YJD—7 等。

③动态电阻应变仪。用于测量 $5\,000 \mathrm{Hz}$ 以下的应变。国产型号有 Y4D—1,Y6D—2,Y8DB—5,YD—15 等。

④超动态电阻应变仪。可测量变化频率为零至几十 kHz 的动态应变。国产型号有 Y6C—9 等。

⑤遥测应变仪。用于解决无法用导线传输信号时的应变测量问题。例如回转件、运动件或移动设备上的应变测量。

2. 交流电桥电阻应变仪工作原理

电阻应变仪虽然种类很多,但其构成基本相似。主要由电桥、放大器、相敏检波器、滤波器、振荡器、电源等组成。由于目前国内广泛采用交流电桥电阻应变仪,所以本节简要介绍该种应变仪在测量动态应变时的工作原理。

图 3-18 是交流电桥电阻应变仪方框图。由振荡器产生的一定频率(一般为 $50 \sim 500 \mathrm{kHz}$)和振幅的正弦波,作电桥的电源电压与相敏检波器的激励电压。当测量动态应变时,若被测应变信号的波形如图 3-18(a)所示,在电桥的输出端将得到图(b)所示的波形,它是被应变信号所调制了的调幅波,波幅的包络线形状和被测应变信号的波形一样。这个调制过程称为调幅,而把加在电桥上的等幅交流电压称为载波,它的频率称为载频。图(b)的信号经放大器放大后,送到相敏检波器。相敏检波器既具有检波的作用,即将调幅波还原为应变信号原形,亦称解调;同时又

能辨别被测信号的相位,即能反映出应变信号的极性。于是得到波形图
(d)。最后由滤波器将信号中的剩余载波及高次谐波滤掉,就可得到与应
变信号相似的波形图(e)。将此信号输出,可以驱动指示记录仪器显示或
记录。

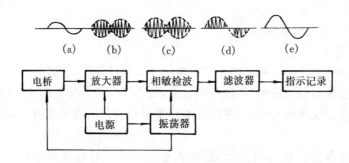

图 3-18   交流电桥电阻应变仪框图

3. 遥测应变仪实例——汽轮机长叶片动应力的遥测

汽轮机在运行中发生的转子叶片断裂事故,其主要原因是振动特性
不良,引起应力过大所造成。因此,在旋转状态下,实际测定叶片的振动
频率和振动的应力值,对于汽轮机叶片设计,提供参数依据,确保汽轮机
安全运转具有极为重要的意义。但是汽轮机转子以3 000r/min的高速旋
转,所以常利用无线电原理,采用遥测的方法进行测量。

遥测应变仪的原理框图如图 3-19 所示。汽轮机转子叶片振动情
况,通过粘贴在叶片上的电阻应变片阻值的变化而获得。该电阻阻值的
变化,通过电桥转换为微弱的电压信号,经放大器放大,送到调制器。由
于被测的应变信号频率一般在 1kHz 以下,所以必须经调制器调制后,才

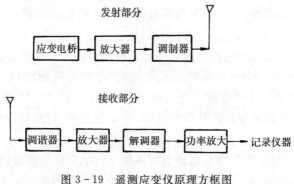

图 3-19   遥测应变仪原理方框图

能转换成高频(载频 100MHz 左右)电磁波发射出去。安放在汽轮机机体外的接收机,通过接收天线和调谐器将此电磁波接收下来,经过放大、解调等环节复现被测信号,再经低频功率放大电路以驱动记录仪器。此种测量方法实现了无接触传输信号的要求。

为了改善性能和提高可靠性,图 3-19 框图中许多环节都可以采用集成组件来组成。如选用 TA7335 组件实现调谐功能,它的噪音较小,灵敏度和稳定性较高;选用 NE123 可以同时实现接收部分的放大和解调功能;低频功放电路可选用 TDA2030 集成组件,其输出功率大,信号失真小。

3.3　电阻式传感器应用举例

3.3.1　电位器式压力传感器

YCD—150 型压力传感器由弹簧管 1 和电位器 2 组成。电位器固定在壳体上,电刷 3 与弹簧管的传动机构相连。当被测压力 P 变化时,弹簧管的自由端位移,带动指针偏转,同时带动电刷在线绕电位器上滑动,从而将被测压力值转换为电阻变化,输出与被测压力成正比的电压信号。

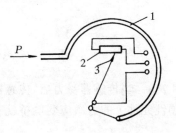

图 3-20　YCD—150 型压力
传感器原理图

3.3.2　半导体力敏应变片在电子皮带秤上的应用

荷重传感器是皮带秤的关键组成部件,采用半导体力敏应变片作为敏感元件,虽然在同样压力下它的弹性变形较金属箔式应变片小,但其灵敏度却要高得多,这种传感器灵敏度可达 7~10mV/kg,额定压力为 5kg 的荷重传感器可输出 50mV 左右。

电子皮带秤工作原理如图 3-21 所示。图中 1 为电磁振动给料机;2 物料;3 秤架;4 力敏荷重传感器(包括放大器);5 支点;6 减速电机;7 环形皮带;8 料仓。

当未给料时,整个皮带秤重量通过调节秤架上的平衡锤使之自重基本作用在支点 5 上,仅留很小一部分压力作为传感器预压力。当电磁振动机开始给料时,通过皮带运动,使物料平铺在皮带上。此时皮带上物料重量一部分通过支点传到基座上,另一部分作用于传感器上。设每米物料重量为 P,则传感器受力为 F,$F=CP$(C 为系数,取决于传感器距支点

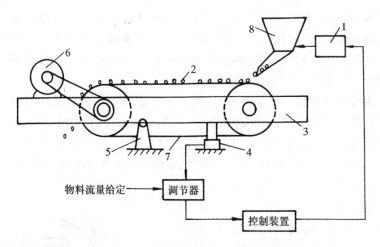

图 3 - 21   电子皮带秤工作原理示意图

距离）。当传感器受力后,传感器中的弹性元件将产生变形,因此,粘贴于弹性元件上的力敏应变电桥就有电压信号 ΔU 输出,其值为

$$\Delta U = \frac{\Delta R}{R}U$$

式中 U——应变电桥的电源电压;

$\Delta R/R$——应变片电阻的相对变化。

当 U 和 R 恒定时,ΔU 与受力成正比。因此 ΔU 与 P 成正比。在皮带速度 V 不变时,单位时间内皮带上物料流量为 $Q=PV$,即 Q 与 P 成正比。所以测量 ΔU 的大小就间接地测量 Q 的大小。

通过放大器将测得的毫伏信号放大,再送入调节器,与物料流量给定值进行比较后,通过控制装置去自动调节给料机的给料量。当实测流量低时,调节器使给料机增加给料量,直至实际流量与给定流量相等,调节器就保持不变,反之亦然。依此循环,达到了物料连续计量与自动调节给料量的目的。

第4章 电感式传感器

电感式传感器是利用电感元件把被测物理量的变化转换成电感的自感系数 L 和（或）互感系数 M 的变化，再由测量电路转换为电压（或电流）信号。它可把各种物理量如位移、压力、流量等参数转换成电量输出。因此，能满足信息的远距离传输、记录、显示和控制等方面的要求，在自动控制系统中应用十分广泛。

电感式传感器与其它传感器相比有如下几个特点：

• 结构简单，工作中没有活动电触点，因而比电位器工作可靠，寿命长。

• 灵敏度和分辨力高。能测出 $0.01\mu m$ 的机械位移变化。传感器的输出信号强，电压灵敏度一般每 $1mm$ 可达数百 mV，有利于信号传输。

• 重复性好，线性度优良。在一定位移范围内（最小几十 μm，最大达数十甚至数百 mm），输出特性的线性度好，并且比较稳定。

电感式传感器的主要缺点是：

• 频率响应较低，不宜快速动态测量。

• 分辨力与测量范围有关。测量范围小，分辨力高，反之则低。

本章介绍自感式、互感式和涡流式三种传感器。

4.1 变气隙式自感传感器

4.1.1 工作原理

图 4-1 是变气隙式自感传感器的原理图。铁心和活动衔铁都是由导磁材料如硅钢片或坡莫合金制成的，衔铁和铁心之间有空气隙。传感器的运动部分与衔铁相连，当衔铁移动时，磁路中气隙的长度 δ 发生变化，从而使磁路的磁阻发生变化，导致线圈的电感值发生变化，藉以判定衔铁位

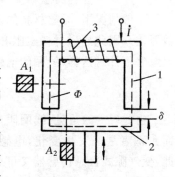

图 4-1 变气隙式传感器原理图
1—铁心；2—衔铁；3—线圈

移量的大小。

设线圈的匝数为 N,根据电感的定义,此线圈的电感量

$$L = \frac{N\Phi}{I} \quad \text{(H)} \tag{4-1}$$

式中 Φ——磁通(Wb);

      I——线圈中的电流(A)。

磁通 $\Phi = \dfrac{IN}{R_M} = \dfrac{IN}{R_F + R_\delta}$ (4-2)

式中 IN——磁动势;

      R_F——铁心磁阻;

      R_δ——空气隙磁阻。

R_F 与 R_δ 可分别由下列两式求得:

$$R_F = \frac{l_1}{\mu_1 A_1} + \frac{l_2}{\mu_2 A_2} \tag{4-3}$$

$$R_\delta = \frac{2\delta}{\mu_0 A} \tag{4-4}$$

式中 l_1——磁通通过铁心的长度(m);

      A_1——铁心横截面积(m^2);

      μ_1——铁心材料的磁导率(H/m);

      l_2——磁通通过衔铁的长度(m);

      A_2——衔铁横截面积(m^2);

      μ_2——衔铁材料的磁导率(H/m);

      δ——气隙长度(m);

      A——气隙截面积(m^2);

      μ_0——空气的磁导率($4\pi \times 10^{-7}$ H/m)。

一般情况下,导磁材料的磁导率远大于空气中的磁导率(数千倍甚至数万倍),因此导磁材料磁阻和空气相比是非常小的,即 $R_F \ll R_\delta$,常常可以忽略不计。这样,线圈的电感可写成

$$L = \frac{N^2 \mu_0 A}{2\delta} \tag{4-5}$$

由式(4-5)可见,线圈匝数 N 确定之后,只要气隙长度 δ 和气隙截面 A 两者之一发生变化,电感传感器的电感量都会随之发生变化。因此,变气隙式自感传感器又可分为变气隙长度和变气隙截面两种。让图4-1中衔铁作左右移动即变成变气隙截面式,但常用的是变气隙长度的自感传感器。

4.1.2　等效电路

自感传感器实质上反映了铁心线圈的自感随衔铁位移变化的情况。但是,从电路角度看,线圈不可能是纯电感的,还包括线圈的铜损和铁心的涡流及磁滞损耗,这可用一个折合的等效电阻 R 表示。此外还有线圈的分布电容和传感器与电子测量设备连接电缆的电容,用集中参数 C 表示。一个变气隙式自感传感器的等效电路如图 4-2 所示,这个电路也可用一个复阻抗 Z 来表示。

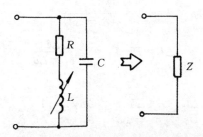

图 4-2　变气隙式传感器等效电路

4.1.3　特　性

由式(4-5)可见,电感量 L 与气隙长度 δ 成反比,图 4-3 表示了 $L = f(\delta)$ 曲线。假设自感传感器初始气隙为 δ_0,衔铁的位移量即气隙的变化量为 $\Delta\delta$,则由图 4-3 可见,当气隙长度 δ_0 增加 $\Delta\delta$ 时,电感量的变化为 $-\Delta L_1$,当气隙长度减小 $\Delta\delta$ 时,电感变化为 $+\Delta L_2$,即 $\pm\Delta\delta$ 引起电感变化数值不相等,$\Delta\delta$ 越大,ΔL_1 与 ΔL_2 在数值上相差也越大,这意味着非线性越严重。因此,为了得到较好的线性特性,在选择好初始 δ_0 后,还必须把衔铁的工作位移限制在较小的范围内。一般取 $\Delta\delta = (0.1 \sim 0.2)\delta_0$,这时 $L = f(\delta)$ 曲线可近似看作一条直线。

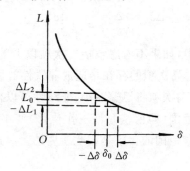

图 4-3　自感传感器的 $L \sim \delta$ 特性

下面进一步分析在衔铁移动后，$\Delta L \sim \Delta \delta$ 的非线性关系。设图 $4-1$ 中衔铁处于起始位置时，自感传感器的初始气隙为 δ_0，由式（$4-5$）可知，初始电感 L_0 为

$$L_0 = \frac{N^2 \mu_0 A}{2\delta_0}$$

当衔铁向上移动 $\Delta \delta$ 时，传感器的气隙将减小，即

$$\delta = \delta_0 - \Delta \delta$$

这时电感量将增大为
$$L = \frac{N^2 \mu_0 A}{2(\delta_0 - \Delta \delta)}$$

电感的变化量为
$$\Delta L = L - L_0 = L_0 \frac{\Delta \delta}{\delta_0 - \Delta \delta}$$

上式可改写为

$$\frac{\Delta L}{L_0} = \frac{\Delta \delta}{\delta_0 - \Delta \delta} = \frac{\Delta \delta}{\delta_0}\left(\frac{1}{1 - \Delta \delta / \delta_0}\right)$$

当 $\frac{\Delta \delta}{\delta_0} \ll 1$ 时，可将上式展开成级数形式

$$\frac{\Delta L}{L_0} = \frac{\Delta \delta}{\delta_0}\left[1 + \frac{\Delta \delta}{\delta_0} + \left(\frac{\Delta \delta}{\delta_0}\right)^2 + \cdots\right]$$

$$= \frac{\Delta \delta}{\delta_0} + \left(\frac{\Delta \delta}{\delta_0}\right)^2 + \left(\frac{\Delta \delta}{\delta_0}\right)^3 + \cdots \tag{4-6}$$

同理，如果衔铁向下移动 $\Delta \delta$ 时，传感器的气隙将增大，$\delta = \delta_0 + \Delta \delta$，这时电感将减小，其变化量为

$$\Delta L = L - L_0 = L_0 \frac{\Delta \delta}{\delta_0 + \Delta \delta}$$

将上式同样展开为级数

$$\frac{\Delta L}{L_0} = \frac{\Delta \delta}{\delta_0} - \left(\frac{\Delta \delta}{\delta_0}\right)^2 + \left(\frac{\Delta \delta}{\delta_0}\right)^3 - \cdots \tag{4-7}$$

在式（$4-6$）和（$4-7$）中，如果不考虑包括二次项以上的高次项，则 ΔL 和 $\Delta \delta$ 成比例关系。因此，高次项的存在是造成非线性的原因。但当气隙相对变化 $\Delta \delta / \delta_0$ 越小时，高次项将迅速减小，非线性可以得到改善；然而，这又会使传感器的测量范围（即衔铁允许工作位移）变小。所以，对输出特性线性的要求和对测量范围的要求是相互矛盾的。故这种传感器只能用于微小位移的测量。

由式（$4-6$）和（$4-7$），在忽略二次以上的高次项后，可得传感器的灵敏度 S 为

$$S = \frac{\Delta L}{\Delta \delta} = \frac{L_0}{\delta_0} \qquad\qquad (4-8)$$

上式说明,从提高灵敏度的角度看,初始间隙应尽量小,结果是被测量的范围也变小。如果增加线圈匝数和铁心截面积,可以提高灵敏度,但必将增大传感器的几何尺寸和重量。

这类传感器非线性误差较大,存在起始电流,而且有电磁力作用于活动衔铁,引起附加误差,所以不适用于精密测量。实际应用中广泛采用的是差动式自感传感器。

4.2　差动式自感传感器

4.2.1　结构和工作原理

差动式自感传感器(也称差动式电感传感器)是由两只完全对称的简单电感传感器合用一个活动衔铁所构成。图(4-4)(a),(b)分别是E形和螺管形差动电感传感器的结构原理图。其特点是上、下两个导磁体的几何尺寸完全相同,材料相同,上、下两只线圈的电气参数(线圈铜电阻、电感、匝数等)也完全一致。传感器的两只电感线圈接成交流电桥的相邻两臂,另外两个桥臂由电阻组成。

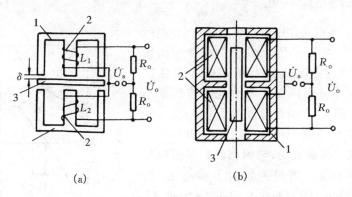

(a)　　　　　　　　　　(b)

图 4-4　差动式电感传感器的结构原理图

(a)E形;　(b)螺管形

1—铁心;2—线圈;3—衔铁

图 4-4 中两类差动电感传感器的工作原理相同,只是结构形式不同。由图可见,电感传感器和电阻构成了四臂交流电桥,由交流电源 $\dot{U}_s$ 供电,在电桥的另一对角端为输出的交流电压 $\dot{U}_0$。

在起始位置时,衔铁处于中间位置,两边的气隙相等,因此两只电感线圈的电感量在理论上相等,电桥的输出电压 $\dot{U}_o=0$,电桥处于平衡状态。

当衔铁偏离中间位置向上或向下移动时,造成两边气隙不一样,使两只电感线圈的电感量一增一减,电桥就不平衡。电桥输出电压的幅值大小与衔铁移动量的大小成比例,其相位则与衔铁移动的方向有关,假定向下移动时,输出电压的相位为正,则向上移动时,输出电压的相位为负。因此,如果测量出输出电压的大小和相位,就能确定衔铁位移量的大小和方向。若将衔铁与运动机构相连,就可以测量多种非电量,如位移、液位等。

4.2.2 输出特性

输出特性是指电桥输出电压与传感器衔铁位移量之间的关系。由4.1可知,单个自感传感器的电感变化量 ΔL 与位移变化量 $\Delta\delta$ 的关系是非线性的。若构成差动式电感传感器,且接成电桥形式以后,当衔铁偏离中间位置时,如果线圈 1 的电感为 $L_1=L_0+\Delta L_1$,则线圈 2 的电感为 $L_2=L_0-\Delta L_2$,电桥输出电压将与$(\Delta L_1+\Delta L_2)$有关,读者可自行证明(ΔL_1 与 ΔL_2 分别是两只电感线圈电感的变化量)。而根据式(4-6)和(4-7)可得

$$\Delta L_1 + \Delta L_2 = 2L_0\left[\frac{\Delta\delta}{\delta_0} + \left(\frac{\Delta\delta}{\delta_0}\right)^3 + \frac{\Delta\delta}{\delta_0}^5 + \cdots\right] \qquad (4-9)$$

式中 L_0 为衔铁在中间位置时,单个线圈的电感量。可见$(\Delta L_1+\Delta L_2)$中不存在偶次项,这说明差动电感传感器的非线性在$\pm\Delta\delta$工作范围内要比单个电感传感器小得多。图 4-5 清楚地说明了这一点。

图 4-5 还说明,电桥的输出电压大小与衔铁位移量有关,它的相位则与衔铁移动方向有关。若设衔铁向下移动 $\Delta\delta$ 为正,$\dot{U}_o$ 为正,则衔铁向上移动 $\Delta\delta$ 为负,$\dot{U}_o$ 为负,即相位相差 $180°$。

差动式电感传感器的灵敏度 S,由式(4-9)忽略高次项后得到

$$S = \frac{2L_0}{\delta_0} \qquad (4-10)$$

它比单个线圈的传感器提高一倍。

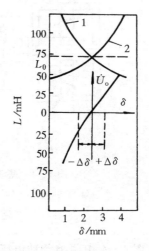

图 4-5 差动式电感传感器
输出特性

$1-L_1=f_1(\delta)$;$2-L_2=f_2(\delta)$

4.2.3　测量电路

1. 交流电桥

图 4-4 所示结构原理图的等效电路如图
4-6,这是一般形式的交流电桥,设 $Z_1 = Z +$
ΔZ_1,$Z_2 = Z - \Delta Z_2$,(Z 是衔铁在中间位置时,单
个线圈的复阻抗,ΔZ_1,ΔZ_2 是当衔铁偏离中间
位置时线圈 1 和线圈 2 的阻抗变化值),电桥的
输出电压(设负载阻抗为无穷大)

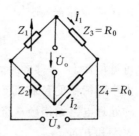

$$\dot{U}_\mathrm{o} = (\dot{I}_1 Z_3 - \dot{I}_2 Z_4) \propto (\Delta Z_1 + \Delta Z_2)$$

$$(4-11)$$

图 4-6　一般形式交流电桥

当 $\dot{U}_\mathrm{s}$,Z,R_0 为定值时,经推导可得,$\dot{U}_\mathrm{o}$ 正比于$(\Delta Z_1 + \Delta Z_2)$,对于高 Q 值(Q
$= \dfrac{\omega L}{R}$,L,R 分别为线圈的电感和电阻)的差动式电感传感器,因 $\omega L \gg R$,故
$\Delta Z_1 + \Delta Z_2 \approx \mathrm{j}\omega(\Delta L_1 + \Delta L_2)$,忽略式(4-9)中高次项后,$\Delta L_1 + \Delta L_2 =$
$2L_0 \dfrac{\Delta\delta}{\delta_0}$,所以电桥输出电压的幅值与 $\Delta\delta$ 有关,其相位与衔铁移动方向有关。

2. 变压器式交流电桥

图 4-7 为变压器式交流电桥电路,由交
流电源供电,桥路的两个臂是电源变压器的两
个副边绕组,它们的电气参数完全相同;另两
个臂 Z_1,Z_2 是差动式电感传感器的两个线圈
的阻抗。

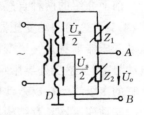

设 D 点电位为零,则 $\dot{U}_B = \dfrac{\dot{U}_\mathrm{s}}{2}$,当负载阻

图 4-7　变压器式交流电桥

抗为无穷大时,输出电压

$$\dot{U}_\mathrm{o} = \dot{U}_{AB} = \dot{U}_A - \dot{U}_B = \frac{\dot{U}_\mathrm{s}}{Z_1 + Z_2} Z_2 - \frac{\dot{U}_\mathrm{s}}{2}$$

$$= \frac{\dot{U}_\mathrm{s}}{2} \frac{Z_2 - Z_1}{Z_2 + Z_1} \qquad (4-12)$$

当传感器的铁心处于中间位置,两线圈完全对称,$Z_1 = Z_2 = Z$,此时
$\dot{U}_\mathrm{o} = 0$,电桥平衡,无输出电压。

当电感传感器衔铁上移量很小时,上面的线圈阻抗增加,即 $Z_1 = Z +$
ΔZ,而下面的线圈阻抗减小,即 $Z_2 = Z - \Delta Z$,此时由式(4-12)得

$$\dot{U}_\mathrm{o} = -\frac{\dot{U}_\mathrm{s}}{2} \frac{\Delta Z}{Z} \qquad (4-13)$$

当衔铁下移时
$$\dot{U}_\circ = \frac{\dot{U}_s}{2}\frac{\Delta Z}{Z} \qquad (4-14)$$

设线圈 Q 很高,则式(4-13)和(4-14)可写为

$$\dot{U}_\circ = \mp\frac{j\omega\Delta L}{j\omega L}\frac{\dot{U}_s}{2} = \mp\dot{U}_s\frac{\Delta L}{2L} \qquad (4-15)$$

可见衔铁上、下移动时,输出电压相位相反,
大小随衔铁的位移而变化。如果采用适当
的处理电路如相敏整流器,可以鉴别位移的
大小和方向。

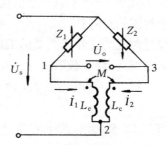

图 4-8 紧耦合电感比例臂电桥

除上述电桥外,差动电感传感器还可采
用紧耦合电感比例臂电桥,如图 4-8 所示。
这种电桥零点十分稳定,而且比一般电桥有
较高的灵敏度。

4.3   差动变压器(互感式电感传感器)

前面介绍的两种自感式传感器是把被测量的变化变为线圈的自感变
化,本节讨论的差动变压器则是把被测量的变化变换为线圈的互感变化。
差动变压器本身是一个变压器,初级线圈输入交流电压,次级线圈感应出
电动势,当互感受外界影响变化时,其感应电动势也随之相应地变化。由
于它的次级线圈接成差动的形式,故称差动变压器。

差动变压器具有结构简单,测量精度高,灵敏度高及测量范围宽等优
点,故应用较广。下面以应用较多的螺管式差动变压器为例说明其特性,
它可以测量 $1\sim100\text{mm}$ 的机械位移。

4.3.1   结构与工作原理

差动变压器结构如图 4-9(a)所示,由初级线圈 P 与两个相同的次
级线圈 S_1,S_2 和插入的可移动的铁心 C 组成。其线圈连接方式如图
4-9(b)所示,两个次级线圈反相串接。

当初级线圈 P 加上一定的正弦交流电压 $\dot{U}_1$ 后,在次级线圈中的感应
电动势 $\dot{E}_{21}$,$\dot{E}_{22}$ 与铁心在线圈中的位置有关。当铁心在中心位置时,$\dot{E}_{21} =$
$\dot{E}_{22}$,输出电压 $\dot{U}_2 = \dot{E}_{21} - \dot{E}_{22} = 0$。当铁心向上移动时,$\dot{E}_{21} > \dot{E}_{22}$,反之,
$\dot{E}_{22} > \dot{E}_{21}$。在上述两种情况下,输出电压 $\dot{U}_2$ 的相位相差 $180°$,其幅值随
铁心位移距离 x 的改变而变化,如图 4-10 所示。

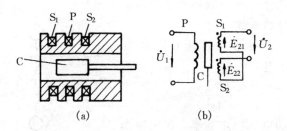

图 4 - 9　图 4 - 9　差动变压器原理图

(a) 结构图；(b)原理图

图中虚线为理想输出电压特性，实际上由于两副边线圈不可能一切参数都完全相同，制作上不可能完全对称，铁心的磁化曲线也难免有非线性，多种原因导致铁心在中间位置时，U_0 不等于零，$U_0 = U_z$，U_z 称为零点残余电压，一般为零点几 mV 至几十 mV，所以实际输出电压如图中实线所示。

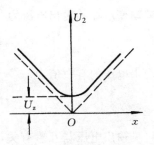

图 4 - 10　差动变压器输出电压的幅值特征

零点残余电压的存在，使传感器输出电压特性在零点附近的范围内不灵敏，并且可能使传感器后接的放大器提早饱和，堵塞有用信号通过，也可能使某些执行机构产生误动作。为了消除零点残余电压，有各种补偿电路，但若差动变压器输出端接相敏检波电路，则铁心位移 x 与直流输出电压 U_0 之间将得到图 4 - 15 所示直线关系。利用 U_0 的极性不同可以判断铁心位移方向，同时消除了零点残余电压。

4.3.2　等效电路

如不考虑变压器的涡流损耗、铁损和寄生电容等因素，理想差动变压器的等效电路如图4 - 11所示。

图中　u_1——初级线圈激励电压；

L_1——初级线圈电感；

r_1——初级线圈电阻；

e_{21}, e_{22}——两个次级线圈的感应电动势；

L_{21}, L_{22}——两个次级线圈的电感；

r_{21}, r_{22}——两个次级线圈的电阻；

u_2——输出电压；

M_1,M_2——初级线圈分别与两次级线圈间的互感系数。

由图 4 - 11 可见,当次级开路时,初级线圈的交流电流为

$$\dot{I}_1 = \frac{\dot{U}_1}{r_1 + \mathrm{j}\omega L_1}$$

式中 ω 为激励电压的角频率。次级线圈的感应电动势为

$$\dot{E}_{21} = -\mathrm{j}\omega M_1 \dot{I}_1$$
$$\dot{E}_{22} = -\mathrm{j}\omega M_2 \dot{I}_1$$

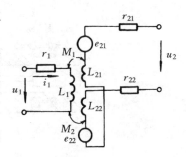

图 4 - 11　差动变压器的等效电路

差动变压器的输出电压为

$$\dot{U}_2 = -\mathrm{j}\omega(M_1 - M_2)\frac{\dot{U}_1}{r + \mathrm{j}\omega L_1} \tag{4-16}$$

输出电压的有效值为

$$U_2 = \frac{\omega(M_1 - M_2)U_1}{\sqrt{r_1^2 + (\omega L_1)^2}} \tag{4-17}$$

可见输出电压与互感有关,当铁心在中间位置时,$M_1 = M_2$,所以 $U_2 = 0$。其输出阻抗为 $Z = (r_{21} + r_{22}) + \mathrm{j}\omega(L_{21} + L_{22})$,复阻抗的模为

$$|Z| = \sqrt{(r_{21} + r_{22})^2 + (\omega L_{21} + \omega L_{22})^2} \tag{4-18}$$

这样从输出端看进去,差动变压器可等效为电压 u_2 和复阻抗 Z 相串联的电压源。

4.3.3　测量电路

差动变压器输出交流电压,如果采用交流电压表指示,只能反映铁心位移的大小,不能反映移动的方向。另外,输出的交流电压中存在零点残余电压。所以要求差动变压器的测量电路,既能反映铁心位移的大小和方向,又能补偿零点残余电压。常用的测量电路有两种形式,一种是差动整流电路,另一种是相敏检波电路。

1. 差动整流电路

差动整流电路就是把差动变压器的两个次级线圈的感应电动势分别整流,然后再把经整流后的两个电压或电流合成后输出。现以电压输出型全波差动整流电路为例来说明其工作原理。

传感器的两个次级线圈的同极性端如图 4 - 12(a)所示,由图可见,无论两个次级线圈的输出瞬时电压极性如何,流过两个电阻 R 的电流总

是从 a 到 b，从 d 到 c，故整流电路的输出电压

$$u_{\text{o}} = u_{ab} + u_{cd} = u_{ab} - u_{dc}$$

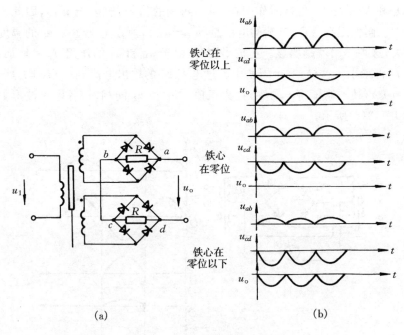

图 4 - 12　全波差动整流电路

(a)电路图；(b)波形图

其波形图见图 4 - 12(b)，当铁心在零位时，$u_{\text{o}} = 0$，铁心在零位以上或零位以下时，输出电压的极性相反。

2. 相敏检波电路

相敏检波电路的形式很多，过去通常采用分立元件构成的电路，它可以利用半导体二极管或三极管来实现。图 4 - 13(a)所示的是由二极管组成的桥式相敏检波电路。在该电路中，通过变压器 T_1 和 T_2 分别作用有二个信号 u_1 和 u_2，u_1 为输入信号，在这里该信号取自差动变压器的输出信号，其幅值和相位随铁心的位移不同而变化。u_2 为基准参考信号，两者频率相同，数值上 $U_2 > U_1$。

当 $u_1 = 0$ 时，由于 u_2 的作用，在正半周（如图 4 - 13(a)所示极性），VD_3，VD_4 将处于正向导通，电流 i_3 和 i_4 以不同方向流过电表 M，只要 $u'_2 = u''_2$，且 VD_3 和 VD_4 特性对称，则通过电表的输出电流 $i_M = 0$。在负半周时，VD_1，VD_2 正向导通，但因为 i_1 和 i_2 方向相反，所以输出电流也为零。

当 $u_1 \neq 0$ 时,情况将发生变化。首先讨论 u_1 和 u_2 同相位的情况,正半周时,电路中电压极性如图 4-13(b)所示。由于 $U_2 > U_1$,因此仍然是 VD_3 和 VD_4 导通,但这时作用在 VD_4 两端的信号是 $(u'_2 + u''_1)$,因此 i_4 较大。而作用在 VD_3 二端的电压是 $(u''_2 - u''_1)$,所以 i_3 较小。u_1 的幅度越大,这种作用就越明显。在负半周时,由于 u_1 和 u_2 的作用,i_1 将增加,而 i_2 将减小。这样,一个周期中流过电表 M 的输出电流 $i_M = (i_1 + i_4) - (i_2 + i_3)$,其平均值将不为零,且为正值。$u_1$ 和 u_2 同相时,各电流波形如图 4-13(c)所示。

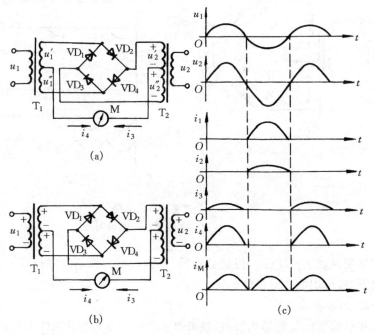

图 4-13   二极管相敏检波电路及波形

(a)$u_1 = 0$;(b)$u_1 \neq 0$;(c)波形图

u_1 和 u_2 相位相反时的情况有所不同。当 u_2 为正半周时,仍然是 VD_3,VD_4 导通,但 i_3 将增加而 i_4 将减小,通过电流表的电流 i_M 不为零,且是负值。u_2 为负半周时,i_M 也是负的。

所以,上述相敏检波电路可以由流过电表的平均电流的方向和大小,来鉴别差动变压器铁心位移的方向和大小。

随着电子技术的发展,各种性能的集成电路相继出现,例如 LZX1 单片集成电路,就是一种全集成化的全波相敏整流放大器,它是以晶体管作为开关元件的全波相敏解调器,能完成把输入交流信号经全波整流后变为直流信号,以及鉴别输入信号相位等功能。该器件具有重量轻、体积小、可靠性高、调整方便等优点。

　　LZX1 全波相敏整流放大器与差动变压器的连接电路如图 4-14 所示。相敏整流电路要求参考电压(或比较电压)和差动变压器次级输出电压同频率,相位相同或相反,因此需要在线路中接入移相电路。对于测量小位移的差动变压器,由于输出信号小,还需在差动变压器的输出端接入放大器,把放大了的信号输入到 LZX1 的信号输入端。

　　一般经相敏检波和差动整流输出的信号,还须通过低通滤波器,把调制时引入的高频信号衰减掉,只让铁心运动所产生的有用信号通过。

　　经过相敏检波电路和差动整流电路后的输出的信号 U_o 与位移 x 的关系如图 4-15 所示,它是通过零点的一条直线,$+x$(位移)输出正电压,$-x$ 输出负电压。电压的正、负极性表明位移的方向。

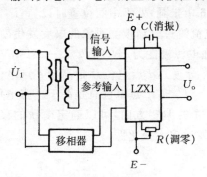
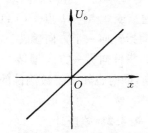

图 4-14　差动变压器与 LZX1　　　　图 4-15　能反映位移方向
　　　　的连接电路　　　　　　　　　　　　的输出特性

4.4　应用举例

4.4.1　JGH 型电感测厚仪

　　图 4-16 是用差动式电感传感器组成的测厚仪电路图。电感传感器的两个线圈 L_1 和 L_2 作为两个相邻的桥臂,另外两个桥臂是电容 C_1 和 C_2。桥路对角线输出端 c,d 用 4 只二极管 $VD_1 \sim VD_4$ 组成相敏整流器,由电流表 M 显示。在二极管中串联 4 个电阻 $R_1 \sim R_4$ 作为附加电阻,目的是为了减少由于温度变化时,相敏整流器的特性变化所引起的误差,所以应尽可能选用温度系数较小的线绕电阻。RP_1 是调零电位器,RP_2 用

来调节显示器 M 满刻度用。电桥的电源由接在对角线 a,b 的变压器 T 供给,变压器 T 输入绕组与 R_7 和 C_4 组成磁饱和交流稳压变压器电路,图 4-16 中 C_3 起滤波作用,HL 为指示灯。

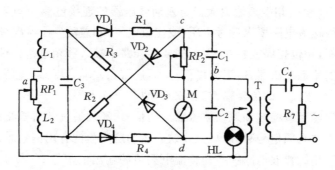

图 4-16　测厚仪电路图

当电感传感器的衔铁(图 4-16 中未画)处于中间位置时,$L_1=L_2$,电桥处于平衡状态,电流表 M 中无电流流过。当被测对象的厚度发生变化时,使 $L_1 \neq L_2$,假设 $L_1 > L_2$,不论在电源极性为 a 点 $\oplus$、b 点 $\ominus$(VD$_1$、VD$_4$ 导通),或 a 点 $\ominus$、b 点 $\oplus$(VD$_2$、VD$_3$ 导通),d 点电位总是高于 c 点电位。M 的指针向一个方向偏转;而当 $L_1 < L_2$ 时,c 点电位总是高于 d 点电位,M 的指针向另一方向偏转。根据 M 的偏转方向,可以确定衔铁的移动方向,同时也知道了被测件的厚度发生多大变化。

4.4.2　差压计

利用差动变压器和弹性敏感元件相结合,可以组成开环的压力传感器和闭环系统的力平衡式压力计。图 4-17 是 CPC 型差压计电路图。

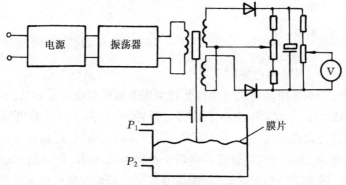

图 4-17　CPC 型差压计电路图

CPC 型差压计的传感器是一只差动变压器,当所测的 P_1 与 P_2 之间的差压变化时,差压计内的膜片产生位移,从而带动固定在膜片上的差动变压器的铁心移位,使差动变压器次级输出电压发生变化,输出电压的大小与铁心位移成正比,从而也与所测差压成正比。

4.4.3　远传浮子液位测量

该装置利用差动变压器把浮子的位移变成电量,而且该信号还可以远传。图 4-18 为原理图,其中 W 为浮子重量,J 为卷绳轮,C 为差动变压器的活动铁心,M_N 为可逆电机,M_1,M_2 为自整角机发生器和接收器,G 为机械计数器。该装置可分为变换、放大和显示仪表三大部分,如图上虚线框所示。

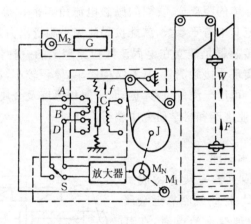

图 4-18　远传浮子液位计原理图

当浮子本身的重量 W 与弹簧加于铁心 C 的弹力 f 以及浮子所受到的浮力 F,使杠杆系统平衡时,$W = F + f$。当铁心 C 在差动变压器中心位置时,差动变压器副边输出电压 $U_{BD} = 0$(工作时差动变压器输出端为 BD),没有信号送给放大器,伺服系统处于平衡状态。

液位升高时,液体对浮子的浮力 F 增大,破坏了平衡状态,浮子向上升起一点,通过绳轮使杠杆顺时针方向转动一点,弹簧受到的压力减小,铁心 C 向上移动,$U_{BD} > 0$,经放大器放大后,推动可逆电机 M_N,又经减速器带动卷绳轮 J,通过绳轮装置把浮子提起一点,直到回复到新的平衡状态为止。在平衡过程中,可逆电机通过减速器带动自整角发送器 M_1 发送电信号,自整角接收机 M_2 接收此电信号,推动机械计数器 G 把液位显示出来。

要校验液位计工作是否正常,可将开关 S 转到 A 位置,输出信号 U_{AD}($U_{AD} > U_{BD}$),该信号经放大器放大后,推动可逆电机 M_N,带动杠杆和绳轮使浮子升到高限位置,若此时计数器指示为标定值,表明液位计工作正常。

4.5　电涡流式传感器

当通过金属导体的磁通发生变化时,会在金属里感应电动势,该电动势在金属导体中产生电流,这电流的流线形成闭合回线,似水中旋涡,通常称为电涡流。

涡流的大小与金属体的电阻率 ρ、磁导率 μ、厚度以及产生交变磁场的线圈与金属导体的距离 x、线圈的励磁电流角频率 ω 等参数有着确定的关系。若固定其中若干参数,就能按涡流大小测量出另外一些参数。

电涡流式传感器是建立在电涡流效应原理上的一种传感器,它可以对一些物理量实现非接触测量,具有结构简单,体积较小,灵敏度高,频率响应宽等特点。可用于测量位移、振动、金属板厚度及金属物件的无损探伤等,因此在工业生产和科学研究中获得广泛应用。

4.5.1　基本原理

电涡流式传感器一般都做成一个扁平空心线圈,将此线圈靠近金属导体,当线圈中通有交流电时,在其周围空间产生交变磁通,放在该磁场中的金属导体就会产生电涡流。此电涡流的圆心与线圈在金属导体上投影的圆心相重合。有关资料介绍电涡流区与线圈尺寸的关系是

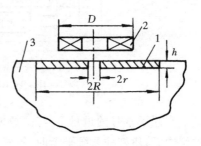

图 4-19　电涡流式传感器原理图
1—电涡流区;2—扁平空心线圈;
3—金属导体

$$2R = 1.39D$$
$$2r = 0.525D$$
$$(4-19)$$

式中　D——扁平空心线圈外径;

　　　$2R$——电涡流区外径;

　　　$2r$——电涡流区内径。

涡流渗透深度 h 与金属体的电阻率 ρ,交流磁场的频率 f 以及相对磁导率 μ_r 有关。

4.5.2　等效电路

电涡流传感器的等效电路如图 4 - 20 所示。可把空心线圈看作变压器初级,金属导体中的涡流回路看作变压器次级,如图 4 - 20所示。当对线圈 L_1 施加交流信号,使其周围产生交变磁场时,环状涡流也将产生交变磁场,其方向与线圈 L_1 产生的磁场方向相反,因而抵消部分原磁场,这可理解为线圈 L_1 与此环状电涡流之间存在互感 M,其大小取决于金属导体和线圈之间的靠近程度。

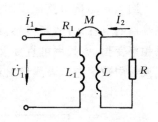

图 4 - 20　电涡流传感器的
　　　　　等效电路

根据图 4 - 20 等效电路,可列方程

$$R_1 \dot{I}_1 + j\omega L_1 \dot{I}_1 - j\omega M \dot{I}_2 = \dot{U}_1$$
$$-j\omega M \dot{I}_1 + R \dot{I}_2 + j\omega L \dot{I}_2 = 0$$

(4 - 20)

式中　R_1, L_1——空心线圈电阻和电感;

　　　R, L——涡流回路的等效电阻和电感;

　　　M——线圈与金属导体之间的互感系数。

由式(4 - 20)解得,当线圈与被测金属导体靠近时,线圈的等效阻抗为

$$Z = \frac{\dot{U}_1}{\dot{I}_1} = \left[R_1 + \frac{\omega^2 M^2}{R^2 + (\omega L)^2} R \right] + j\omega \left[L_1 - \frac{\omega^2 M^2}{R^2 + (\omega L)^2} L \right]$$

(4 - 21)

等效电阻　　　　　$$R_{eq} = R_1 + \frac{\omega^2 M^2}{R^2 + (\omega L)^2} R$$　　　　　(4 - 22)

等效电感　　　　　$$L_{eq} = L_1 - \frac{\omega^2 M^2}{R^2 + (\omega L)^2} L$$　　　　　(4 - 23)

线圈的等效品质因数 $Q_{eq} = \dfrac{\omega L_{eq}}{R_{eq}}$

上述分析结果表明,由于涡流的影响,线圈复阻抗的实数部分增大,虚数部分减小,因此线圈的品质因数 Q 下降。同时看到,电涡流式传感器的等效电气参数都是互感系数 M 平方的函数,通常总是利用其等效电感的变化组成测量电路,故把这类传感器列为电感式传感器。

4.5.3　测量电路

电涡流传感器的测量电路主要有调频式和调幅式两种。

1. 调频式电路

调频式测量电路原理图如图 4 - 21 所示。传感器线圈作为组成 LC 振荡器的电感元件,当传感器等效电感 L 发生变化时,引起振荡器的振荡频率变化,该频率可直接由数字频率计测得,或通过频率-电压(F/V)变换后用数字电压表测量出对应的电压。

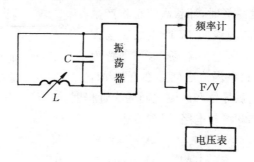

图 4 - 21   调频式电路原理图

采用这种测量电路时,不能忽略传感器与振荡器之间连接电缆的分布电容,为此可设法把振荡器的电容元件和传感器线圈组装成一体。

2. 调幅式线路

传感器线圈与电容组成并联谐振回路,石英晶体振荡器相当于一个恒流源,向谐振回路提供一个频率稳定为 f_o 的高频激励电流 i_o,LC 回路的输出电压

$$u_o = i_o F(Z) \qquad (4 - 24)$$

式中 Z 为 LC 回路的阻抗。

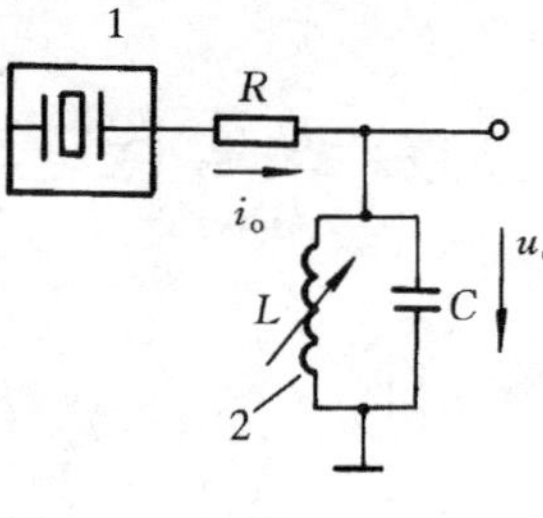

当被测导体远离传感器时,设定 LC 谐振回路的谐振频率恰好为激励频率 f_o,故呈现的阻抗最大,谐振回路上的输出电压也最大。当被测导体靠近传感器线圈时,线圈的等效

图 4 - 22   调幅式电路原理图
1—石英晶体振荡器;
2—传感器线圈

电感 L 发生变化,LC 谐振回路的谐振频率改变,所呈现的等效阻抗减小,所以输出电压幅值也减小,从而实现测量的要求。

4.5.4   应用举例

1. 位移测量

由式(4 - 21)可知,电涡流传感器线圈受金属导体影响后的等效阻抗

Z 与 R，L，M 等参数有关，而这些参数的变化与
被测材料的电阻率 ρ、磁导率 μ、激磁频率 f 及线
圈与被测体间的距离 x 有关。当 ρ，μ，f 一定时，
Z 只与 x 有关，通过适当的测量电路，可得到输
出电压与距离 x 的关系如图 4-23 曲线所示。
在曲线中间部分呈线性关系，一般其线性范围为
平面线圈外径的 1/3～1/5，线性误差为 3%～
4%。

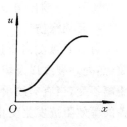

图 4-23 位移-电压
关系曲线

　　根据上述原理，电涡流传感器可测量位移，
如汽轮机主轴的轴向窜动（图 4-24(a)）、金属材料的热膨胀系数、钢水
液位、流体压力等。量程范围可从 0～1mm 到 0～30mm，国外甚至可测
80mm，一般分辨力为满量程的 0.1%。

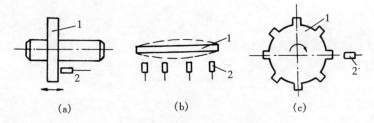

图 4-24 涡流传感器应用举例
(a)轴向窜动；(b)振幅测量；(c)转速测量
1—被测件；2—传感器

2. 振幅测量

　　可以无接触地测量各种振动的振幅，如测量轴的振动形状，可用多个
电涡流传感器，并排安置在轴附近，如图 4-24(b)所示，用多通道指示仪
输出至记录仪，在轴振动时可获得各传感器所在位置的瞬时振幅，因而可
以测量出轴的瞬时振动分布形状。

3. 转速测量

　　把一个旋转金属体加工成齿轮状，旁边安装一个电涡流传感器，见图
4-24(c)，当旋转体转动时，传感器将周期地改变输出信号，用频率计测
出其频率，并由式(4-25)算出转速。

$$n = \frac{f}{N} \times 60 \qquad (4-25)$$

式中　N——被测体齿数；

　　　　n——被测转速(r/min)；

f——输出信号频率(Hz)。

4. 无损探伤

可以对被测对象进行非破坏性的探伤,例如检查金属材料的表面裂纹、热处理裂纹以及焊接部位的探伤等。在检查时,使传感器与被测体的距离不变,当有裂纹出现时,导体电阻率、磁导率发生变化,从而引起传感器的等效阻抗发生变化,通过测量电路达到探伤目的。

第 5 章 电容式传感器

电容式传感器是将被测的物理量变化转换为电容器的电容量变化的传感器。电容式传感器的优点是结构简单,动态响应好,能实现无接触的测量,灵敏度高,分辨力强,能测量0.01μm甚至更小的位移。

电容式传感器本身的电容量一般很小,所以带来了一系列问题(例如寄生电容影响,容易受外界干扰等),但随着集成电路技术的发展,这些缺点正不断得到克服,因此电容式传感器不但用于位移、角度等机械量的精密测量,还逐步扩大应用于压力、压差、液面、料位、成分含量等诸多检测领域。

5.1 工作原理与结构形式

5.1.1 基本工作原理

图 5-1 是以空气为介质,两个平行金属板组成的平板电容器,当不考虑边缘电场影响时,它的电容量可用下式表示:

$$C = \frac{\varepsilon A}{\delta} \quad \text{(F)} \quad (5-1)$$

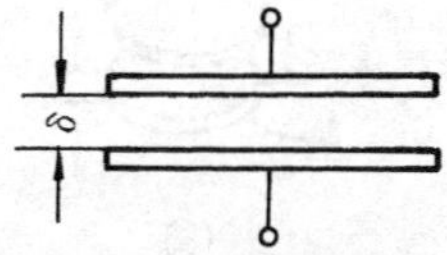

图 5-1 平行板式电容器

式中   ε——极板间介质的介电常数(F/m);

A——两平行极板相互覆盖的面积(m^2);

δ——两极板间距离(m)。

由式(5-1)可见,平板电容器的电容量是 ε,δ,A 的函数。

如果将上极板固定,下极板与被测运动物体相连,当被测运动物体作上、下位移(即 δ 变化)或左、右位移(即 A 变化)时,将引起电容量的变化,通过测量电路将这种电容变化转换为电压、电流、频率等电信号输出,根据输出信号的大小,即可测定运动物体位移的大小。如果两极板固定不动,极板间的介质参数发生变化,使介电常数产生变化,从而引起电容量变化,利用这一点,可用来测定介质的各种状态参数,如介质在极板中的位置,介质的湿度、密度等。总之,只要被测物理量的变化,能使电容器中任一参数产生相应的改变而引起电容量变化时,再通过测量电路,将其转换为电信号输出,人们就可以根据这种输出信号的大小,来测定被测物理量。

5.1.2 结构形式

电容式传感器根据其工作原理不同,可分为变间隙式、变面积式、变介电常数式三种。若按极板形状不同,则有平板形和圆柱形两种。

图 5-2 中(a)～(d)结构形式的电容式传感器,其电容变化是由于活动电极的位移而引起的。图(a),(b)是线位移传感器,图(c),(d)是角位移的传感器。图(a)是变间隙式,图(b),(c),(d)是变面积式。图(i)～(l)均属变介电常数式。图(i),(j)中电容变化是由于固体或液体介质在极板之间运动而引起的;而图(k),(l)中电容变化主要是介质的湿度、密度等发生变化而引起的。图(e)～(h)是差动式电容传感器,它是由两个结构完全相同的电容式传感器构成的,它们公用一个活动电极,当活动电极处于起始中间位置时,两个电容式传感器电容量相等。当活动电极偏离中间位置时,使一个电容增加,另一个减少。差动式与单一式(图 5-2 中除(e)～(h)外均为单一式)相比,其灵敏度高,非线性得到改善,并且能补偿温度误差,在结构条件允许时应采用。

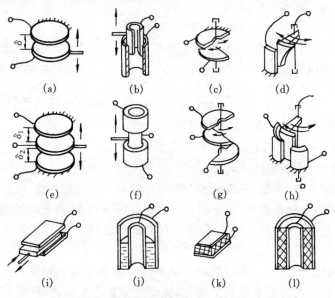

图 5-2   电容式传感器的各种结构形式

变间隙式一般用来测量微小的位移(小至 0.01μm～零点几 mm);变面积式则一般用来测角位移(自一角秒至几十度)或较大的线位移(cm 数量级);变介电常数式常用于固体或液体的物位测量,也用于测定各种介质的湿度、密度等状态参数。

5.2　输出特性

下面以平板形为例分三种基本类型来讨论电容式传感器的主要特性。

5.2.1　变间隙式

见图 5-3,它的电容计算公式为

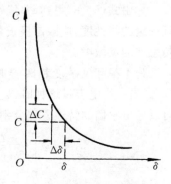

$$C = \frac{\varepsilon A}{\delta} = \frac{\varepsilon_r \varepsilon_0 A}{\delta} \qquad (5-2)$$

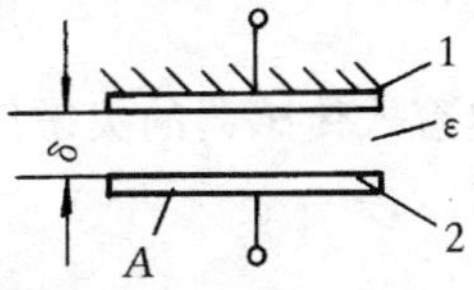

式中　C——输出电容(F);

图 5-3　变间隙式电容

传感器原理图

1—定极板;2—动极板

ε——极板间介质的介电常数(F/m);

ε_0——真空的介电常数,$\varepsilon_0 = 8.85 \times 10^{-12}$ (F/m);

ε_r——极板间介质的相对介电常数,$\varepsilon_r = \dfrac{\varepsilon}{\varepsilon_0}$,对于空气介质 $\varepsilon_r = 1$;

A——极板间相互覆盖的面积(m^2)

δ——极板间的距离(m)。

由式(5-2)可知,极板间电容 C 与极板间距离 δ 是成反比的双曲线关系,见图 5-4。由于这种传感器特性的非线性,所以在工作时,一般动极片不能在整个间隙范围内变化,而是限制在一个较小的 $\Delta\delta$ 范围内,以使 ΔC 与 $\Delta\delta$ 的关系近似于线性。

设电容器的介质为空气,极板间的初始间隙为 δ_0,则 $C_0 = \dfrac{\varepsilon_0 A}{\delta_0}$,当间隙减小 $\Delta\delta$,电容增加 ΔC,$\Delta C = \dfrac{\varepsilon_0 A}{\delta_0 - \Delta\delta} - \dfrac{\varepsilon_0 A}{\delta_0}$,电容的相对变化

图 5-4　变间隙式电容传

感器的 $C = f(\delta)$ 曲线

$$\frac{\Delta C}{C_0} = \frac{\Delta\delta/\delta_0}{1 - \Delta\delta/\delta_0} \qquad (5-3)$$

当 $\frac{\Delta\delta}{\delta_0} \ll 1$ 时,可将式(5-3)展开为级数

$$\frac{\Delta C}{C_0} = \frac{\Delta\delta}{\delta_0}\left[1 + \frac{\Delta\delta}{\delta_0} + \left(\frac{\Delta\delta}{\delta_0}\right)^2 + \left(\frac{\Delta\delta}{\delta_0}\right)^3 + \cdots\right] \qquad (5-4)$$

由上可见,输出电容的相对变化 $\frac{\Delta C}{C_0}$ 与输入位移 $\Delta\delta$ 之间的关系是非线性的。只有当 $\frac{\Delta\delta}{\delta_0} \ll 1$,略去各高次项后,才得近似的线性关系为

$$\frac{\Delta C}{C_0} = \frac{1}{\delta_0}\Delta\delta \qquad (5-5)$$

电容式传感器的灵敏度

$$S = \frac{\Delta C/C_0}{\Delta\delta} = \frac{1}{\delta_0} \qquad (5-6)$$

它说明单位输入位移能引起输出电容相对变化的大小。如果只计入式(5-4)中的第一、二项,则得

$$\frac{\Delta C}{C_0} = \frac{\Delta\delta}{\delta_0}\left(1 + \frac{\Delta\delta}{\delta_0}\right) \qquad (5-7)$$

显然,式(5-5)为直线,而式(5-7)为曲线,它们之间的相对非线性误差

$$\varepsilon_l = \frac{(\Delta\delta/\delta_0)^2}{|\Delta\delta/\delta_0|} \times 100\% = |\Delta\delta/\delta_0| \times 100\% \qquad (5-8)$$

由以上分析可得如下结论:

• 由式(5-6)可知,要提高灵敏度 S,应减小起始间隙 δ_0,但这受电容器击穿电压的限制,而且增加装配加工的困难。

• 由式(5-8)得到,非线性将随相对位移增加而增加。因此,为了保证一定的线性度,应限制极板的相对位移量,若增大起始间隙,又将影响传感器的灵敏度。

为了提高灵敏度和改善非线性,可以采用差动式结构如图(5-2)(e)。当一个电容量增加时,另一个电容量则减小。由式(5-3)和(5-4)可以导出它们的特性方程分别是

$$C_1 = C_0\left[1 + \frac{\Delta\delta}{\delta_0} + \left(\frac{\Delta\delta}{\delta_0}\right)^2 + \left(\frac{\Delta\delta}{\delta_0}\right)^3 + \cdots\right]$$

$$C_2 = C_0\left[1 - \frac{\Delta\delta}{\delta_0} + \left(\frac{\Delta\delta}{\delta_0}\right)^2 - \left(\frac{\Delta\delta}{\delta_0}\right)^3 + \cdots\right]$$

电容的变化量

$$\Delta C = C_1 - C_2 = C_0 \left[2\frac{\Delta\delta}{\delta_0} + 2\left(\frac{\Delta\delta}{\delta_0}\right)^3 + \cdots \right]$$

电容的相对变化

$$\frac{\Delta C}{C_0} = 2\frac{\Delta\delta}{\delta_0}\left[1 + \left(\frac{\Delta\delta}{\delta_0}\right)^2 + \left(\frac{\Delta\delta}{\delta_0}\right)^4 + \cdots \right] \tag{5-9}$$

略去高次项得
$$\frac{\Delta C}{C_0} = 2\frac{\Delta\delta}{\delta_0}$$

传感器的灵敏度
$$S = \frac{\Delta C/C_0}{\Delta\delta} = 2\frac{1}{\delta_0} \tag{5-10}$$

相对非线性误差　$\epsilon'_1 = \dfrac{\left|2\left(\dfrac{\Delta\delta}{\delta_0}\right)^3\right|}{\left|2\left(\dfrac{\Delta\delta}{\delta_0}\right)\right|} \times 100\% = \left(\dfrac{\Delta\delta}{\delta_0}\right)^2 \times 100\% \tag{5-11}$

由式(5-10)和(5-11)可见,差动式电容传感器的灵敏度较单个电容传感器提高一倍,而非线性误差大大减小。

5.2.2　变面积式

如图 5-5 所示。当动极板移动 Δx 后,两极板间的电容

$$C = \frac{\epsilon b(a - \Delta x)}{\delta} = C_0 - \frac{\epsilon b}{\delta}\Delta x \tag{5-12}$$

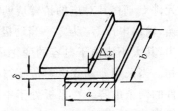

电容变化量

$$\Delta C = C - C_0 = -\frac{\epsilon b}{\delta}\Delta x$$

图 5-5　变面积式电容
传感器原理图

灵敏度

$$S = \frac{\Delta C}{\Delta x} = -\frac{\epsilon b}{\delta} \tag{5-13}$$

由式(5-12)和(5-13)可见,变面积式电容传感器的输出特性是线性的,适合测量较大的位移,其灵敏度 S 为常数,增大极板长度 b,减小间隙 δ(通常 $\delta = 0.2 \sim 0.5$mm),可使灵敏度提高。极板宽度 a 的大小不影响灵敏度,但也不能太小,否则边缘影响增大,非线性将增大。

5.2.3　变介电常数式

图 5-6 是改变介质介电常数的电容式传感器。当某种介质在两固

定极板间运动时,其电容量与介质参数之
间的关系为

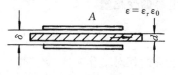

$$C = \frac{A}{\dfrac{\delta-d}{\varepsilon_0}+\dfrac{d}{\varepsilon_r\varepsilon_0}} = \frac{A}{\delta-d+\dfrac{d}{\varepsilon_r}}$$

$$(5-14)$$

图 5-6　变介电常数的电
容传感器原理图

式中 d 为运动介质的厚度。

　　由上式可见,当运动介质厚度 d 保持
不变,而介电常数 $\varepsilon=\varepsilon_r\varepsilon_0$ 改变时,电容量将产生相应的变化,因此可作为
介电常数 ε 的测试仪。反之,如果 ε 保持不变,而 d 改变,则可作为测厚
仪。

5.3　测量电路

5.3.1　桥式电路

1. 交流电桥

　　常用交流电桥的形式见图 5-7。当一个桥臂接入单个电容式传感
元件 C_1 时,其对应的桥臂应匹配一固定电容 C_2,且使初始状态时电桥平
衡,输出电压 U_o 为零。当动极板偏离起始位置时,电桥有不平衡电压输
出,其大小比例于电容的变化量 ΔC,而相位则随极板偏离方向改变而反
相。当采用差动式电容传感器时,电桥的两个臂 C_1,C_2,代表差动传感元
件的两个电容。在极板处于中间位置时,$C_1=C_2=C_0$,电桥平衡,$U_o=0$,
极板偏离中间位置时,输出电压的大小和相位与极板偏离的大小和方向
有关。

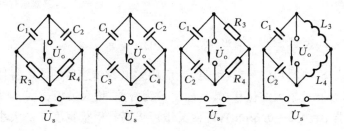

图 5-7　电容式传感器常用交流电桥的形式

2. 变压器式交流电桥

　　这种电桥的两个臂是变压器的副边线圈,如图 5-8 所示。C_1,C_2 可

以是两个差动电容,也可以使其中之一为固定
电容,另一个为电容式传感元件。Z_0 为放大
器输入的阻抗(通常电桥输出接有放大器),Z_0
上的压降就是电桥输出电压 U_0。

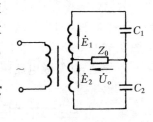

当负载阻抗 Z_0 为无穷大,且 $\dot{E}_1 = \dot{E}_2 = \dot{E}$
时,电桥的输出电压为

$$\dot{U}_o = \dot{E}\frac{Z_2 - Z_1}{Z_2 + Z_1}$$

图 5 - 8　变压器式交流电桥

将 $Z_1 = \dfrac{1}{\mathrm{j}\omega C_1}$,$Z_2 = \dfrac{1}{\mathrm{j}\omega C_2}$ 代入上式,得

$$\dot{U}_o = \dot{E}\frac{C_1 - C_2}{C_1 + C_2} \qquad (5-15)$$

如设 $C_1 = \dfrac{\varepsilon_0 A}{\delta_0 - \Delta\delta}$,$C_2 = \dfrac{\varepsilon_0 A}{\delta_0 + \Delta\delta}$,则

$$\dot{U}_o = \dot{E}\frac{\Delta\delta}{\delta_0} \qquad (5-16)$$

可见差动式电容传感器接入变压式交流电桥,电桥输出送至放大器,而放
大器输入阻抗 Z_0 极大时,即使对变间隙式电容传感器,其输出电压也将
与输入位移成理想线性关系。

以上利用电桥构成的测量电路,其灵敏度与电源电压成正比,所以电
源电压应稳定。

3. 二极管双 T 电桥电路

图 5 - 9 是双 T 电桥电路,E 是一个高频(MHz 级)对称方波电源,见
图 5 - 10。C_1,C_2 可为传感器的两差动电容,也可使其中之一为固定电
容,另一为电容式传感器的可变电容。R_L 为毫安计或微安计的内阻,或
晶体管电压表的输入阻抗。VD_1,VD_2 为两个特性完全相同的二极管,R
为固定电阻。

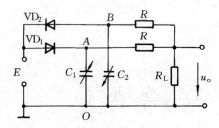

图 5 - 9　双 T 电桥电路

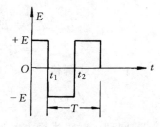

图 5 - 10　方波电源电压波形

为分析简单起见,假设二极管正向电阻为零,反向电阻为无穷大。当 E 为正半周时,VD_1 导通,C_1 很快被充电至 E,VD_2 不导通,其等效电路如图 5-11(a)所示。当 E 为负半周时,VD_2 导通,C_2 被很快充电至 $-E$,VD_1 不导通,其等效电路图为 5-11(b)所示。

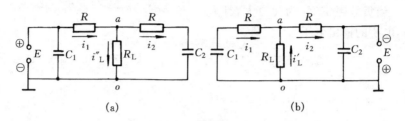

图 5-11 双 T 电桥电路的分折
(a)正半周;(b)负半周

当电路一开始接通,假设电源为正半周,则 C_1 首先充电,其电压为 E,当 $t=t_1$ 时,进入负半周,C_2 被立即充电,其电压为 $-E$,但此时 C_1 上电荷还来不及放电,电压仍为 E,由图 5-11(b)可知,在 t_1 瞬间时 a 点与 o 点电位相等,$i'_L=0$。以后 C_1 开始放电,a 点电位将低于 o 点电位,i'_L 逐渐增大。当 $t=t_2$ 时,又开始进入正半周,情况与负半周类似。在 t_2 瞬间,a 点与 o 点电位相等,$i''_L=0$。以后,C_2 开始放电,a 点电位将高于 o 点电位,i''_L 逐渐增大,其方向与 i'_L 相反。当 $C_1=C_2$ 时,由于电路对称,所以 i'_L 和 i''_L 波形相同,方向相反,通过 R_L 上的平均电流为零。当 $C_1 \neq C_2$ 时,i'_L 和 i''_L 波形将不相同,通过 R_L 上的平均电流不为零,因此产生输出电压 U_o。

为了求得输出电压的平均值,先要求出电流的平均值。为此,先对负半周电路列方程

$$u_{C_1} = E - \frac{1}{C_1}\int_0^t i_1 \mathrm{d}t = i_1 R - i'_L R_L$$

$$u_{C_2} = E = i'_L R_L + i_2 R$$

$$i_1 = i_2 - i'_L$$

由上三式解得

$$i'_L(t) = \frac{E}{R+R_L}\left[1 - \exp(-\frac{R+R_L}{RC_1(R+2R_L)}t)\right]$$

同理。对正半周电路列方程亦可解得

$$i''_L(t) = \frac{E}{R+R_L}\left[1 - \exp(-\frac{R+R_L}{RC_2(R+2R_L)}t)\right]$$

输出电流在一周期内的平均值

$$I_L = \frac{1}{T}\int_0^T \left[i''_L(t) - i'_L(t) \right] dt$$

最终可得输出电压平均值

$$U_o = I_L R_L \approx \frac{R(R+2R_L)}{(R+R_L)^2} R_L E f(C_1 - C_2) \qquad (5-17)$$

式中　f——电源频率$(f = \frac{1}{T})$。

由上式可见,输出电压不仅与电源电压 E 的幅值大小有关,而且还与电源频率有关。因此,为保证输出电压比例于电容量的变化,除了要稳压外,还须稳频。这种电路最大优点是线路简单,不须附加其它相敏整流电路,便可直接得到较高的直流输出电压。据资料介绍,当用有效值为 46V 的正弦波作为电源电压,频率 1.3MHz,电容量变化 7pF,在负载电阻 R_L 为 1MΩ 的电阻上可输出 ±5V 的直流电压。

5.3.2　二极管不平衡环形电路

图 5-12 为二极管不平衡环形电路,图中 C_{x1},C_{x2} 为差动式电容传感器的两个电容,$VD_1 \sim VD_4$ 为特性相同的四个二极管。方波脉冲源经 C_1,L_1 隔去直流和低频干扰,在 MO 端得电压 u_{MO},为正、负半周对称的矩形波,其波形如图 5-13 所示。当 u_{MO} 正半周(M 点 $\oplus$,O 点 $\ominus$)时,一路经 VD_1 对 C_{x1} 充电,另一路经 VD_4 对 C_3,C_{x2} 充电。同样,当 u_{MO} 负半周 (M 点 $\ominus$,O 点 $\oplus$)时,一路经 VD_3 对 C_{x2} 充电,另一路经 VD_2 对 C_{x1},C_3 充电。当 $C_{x1} = C_{x2}$ 时,C_3 两端电压 u_{C_3} 是对称的矩形波,因此 u_{NO} ($u_{NO} = u_{MO} - u_{C_3}$)也是对称的矩形波,没有直流分量。当 $C_{x1} \neq C_{x2}$ 时,根据 $u =$

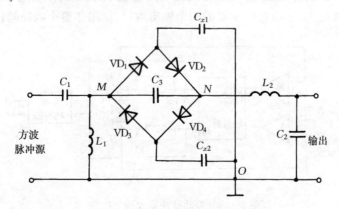

图 5-12　二极管不平衡环形电路

$\dfrac{q}{C}$, 可以得到 u_{C_3} 的波形正、负半周不对称,如图 5 - 13 所示,这样 u_{NO} 便有直流分量,经 L_2, C_2 低通滤波后,在输出端可得到不同极性的直流电压输出。

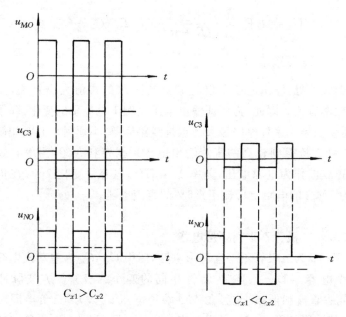

$C_{x1} > C_{x2}$ $C_{x1} < C_{x2}$

图 5 - 13 波形图

5.3.3 差动脉冲宽度调制电路

差动脉冲宽度调制电路如图 5 - 14 所示。它由比较器 A_1, A_2,双稳态触发器及电容充放电回路所组成。C_1, C_2 为传感器的差动电容,U_f 为参考直流电压,双稳态触发器的两个输出端 A, B 用作整个电路输出。

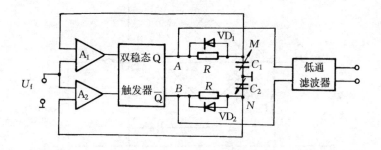

图 5 - 14 差动脉冲宽度调制电路

设电源接通时,双稳态触发器的 $A(Q)$ 端为高电位,$B(\overline{Q})$ 端为低电位,因此 A 点高电位通过 R 对 C_1 充电,直至 M 点电位升至参考电压 U_f 时,比较器 A_1 输出极性改变,产生一脉冲,触发双稳态触发器翻转,A 点变成低电位,B 点变成高电位。此时二极管 VD_1 导通,C_1 放电至零,同时,B 点的高电位经 R 向 C_2 充电,当 N 点电位充电至 U_f 时,比较器 A_2 产生一脉冲,使触发器又翻转一次,A 点又成高电位,B 点又成低电位,于是重复上述过程。如此周而复始,使双稳态触发器的两个输出端各自产生一宽度受 C_1,C_2 调制的脉冲方波。

当 $C_1=C_2$ 时,电路上各点电压波形如图 5-15(a)所示,A,B 两点间平均电压为零。当 $C_1\neq C_2$ 时,如 $C_1>C_2$ 时,C_1,C_2 充放电时间常数发生改变,电压波形如图 5-15(b)所示,A,B 两点间平均电压不再是零。输出直流电压 U_o 由 A,B 两点间电压(U_{AB})经低通滤波后获得,应等于 A,B 两点间电压平均值 U_A 与 U_B 之差,即

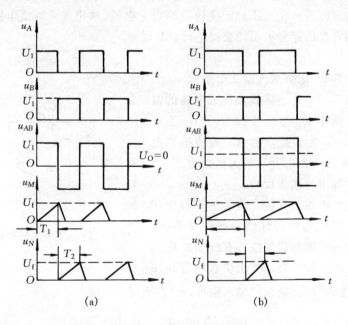

图 5-15 各点电压波形图
(a)$C_1=C_2$;(b)$C_1>C_2$

$$U_o=U_A-U_B=\frac{T_1}{T_1+T_2}U_1-\frac{T_2}{T_1+T_2}U_1=U_1\frac{T_1-T_2}{T_1+T_2} \quad (5-18)$$

式中 U_1——触发器输出高电平;

T_1, T_2——C_1, C_2 充电至 U_f 所需时间。

又根据图 5 - 15 中, $u_M(t)$ 和 $u_N(t)$ 的指数曲线关系可得

$$T_1 = RC_1 \ln \frac{U_1}{U_1 - U_f}$$

$$T_2 = RC_2 \ln \frac{U_1}{U_1 - U_f}$$

代入式(5 - 18),则得该电路输出直流电压

$$U_o = \frac{C_1 - C_2}{C_1 + C_2} U_1 \qquad (5 - 19)$$

由上式可知,差动电容的变化使充电时间不同,从而使双稳态触发器输出端的方波脉冲宽度不同而产生输出,而且不论对于变面积型或变间隙型电容传感器均能获得线性输出。另外,与双 T 电桥电路相似,它也不需要附加解调器,就能获得直流输出。输出信号只须经低通滤波器简单地引出。由于低通滤波器的作用,对输出矩形波的纯度要求不高,因此本测量电路只需要一个电压稳定度较高的直流电源,这比其它测量电路中需要高稳定度的稳频稳幅的交流电源容易做到。

5.3.4 运算放大器式电路

图 5 - 16 是运算放大器式电路的原理图。图中 $\dot{U}_s$ 为信号源电压,$\dot{U}_o$ 为输出电压,C_0 为固定电容,C_x 为传感器电容,运算放大器的开环放大倍数为 K,负号表示输出与输入反相。

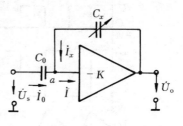

这种电路最大特点是能够克服变间隙式电容传感器特性的非线性关系,使其输出信号能与机械位移有线性关系。

图 5 - 16　运算放大器式电路

设运算放大器的放大倍数非常高,a 点为"虚地"以及放大器输入阻抗(Z_i)很高,$\dot{I} \approx 0$,则

$$\dot{U}_s = -j \frac{1}{\omega C_0} \dot{I}_0$$

$$\dot{U}_o = -j \frac{1}{\omega C_x} \dot{I}_x$$

$$\dot{I}_0 = -\dot{I}_x$$

解上面三式得　　　　　　　　　$\dot{U}_o = -\dot{U}_s \frac{C_0}{C_x}$ 　　　　　　$(5 - 20)$

如果对于单个平板电容传感器以 $C_x = \dfrac{\varepsilon_0 A}{\delta}$ 代入上式,得

$$\dot{U}_\text{o} = -\dot{U}_\text{s} \frac{C_0}{\varepsilon_0 A}\delta \qquad\qquad (5-21)$$

式(5-21)说明,输出电压将与动极板的机械位移 δ 成线性关系,解决了单个变间隙式电容传感器的非线性问题。由于式(5-21)是在设 $K \to \infty$,$Z_i \to \infty$ 的条件下得到的,因此实际上仍有一定非线性误差,但在 K 及 Z_i 足够大时,这种误差是相当小的。另外,U_o 还与信号源电压及固定电容 C_0 有关,因此 C_0 必须很稳定,信号源电压也必须采取稳压措施,才能减小输出特性的误差。

5.3.5　调频电路

电容式传感器作为振荡器谐振回路的一部分,当被测量使电容量发生变化时,就使谐振频率发生变化,再将频率的变化通过鉴频器变换为振幅的变化,经过放大后,用仪表指示或用记录仪记录。图 5-17 是直放式调频电路的原理方框图。

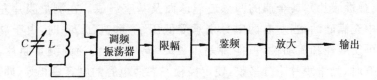

图 5-17　调频电路原理框图

图中调频振荡器的振荡频率由下式决定:

$$f = \frac{1}{2\pi\sqrt{LC}} \qquad\qquad (5-22)$$

式中　L——振荡回路电感;

　　　C——总电容。它是振荡回路的固有电容 C_1,传感器电容 $C_0 \pm \Delta C$,以及传感器电缆的分布电容 C_2 之和。

当被测量没有变化时,$\Delta C = 0$,则 $C = C_1 + C_2 + C_0$ 为一常数,所以振荡器的频率是一个固定频率 f_0

$$f_0 = \frac{1}{2\pi\sqrt{L(C_1 + C_2 + C_0)}}$$

在被测量改变时,$\Delta C \neq 0$,振荡频率也有一个相应的改变量 Δf,此时振荡频率为

$$f = \frac{1}{2\pi \sqrt{L(C_1 + C_2 + C_0 \mp \Delta C)}} = f_0 \pm \Delta f \qquad (5-23)$$

这类测量电路的优点是灵敏度高,且为频率输出,易于和数字式仪表及计算机连接。缺点是振荡频率受温度和电缆电容影响大;线路复杂,且不易做得很稳定;输出非线性较大等。

5.4 应用举例

电容式传感器由于几何尺寸的限制,一般电容量都很小,仅几至几百pF,其容抗可高达几至几百 MΩ,所以对绝缘电阻的要求较高,并且寄生电容(引线电容及仪器中各种元件与极板间的电容等)不可忽视。近年来由于广泛应用集成电路,使电子线路紧靠传感器的极板,使寄生电容、非线性等缺点不断得到克服。下面简单介绍电容式传感器的几种应用例子。

5.4.1 电容式差压传感器

电容式差压传感器的核心部分如图 5-18 所示。它主要由测量膜片(金属弹性膜片),镀金属的凹形玻璃球面及基座组成。在测量膜片左右两室中充满硅油,当左右两室分别承受低压 p_L 和高压 p_H 时,由于硅油的不可压缩性和流动性,就能将差压 $\Delta p = p_H - p_L$ 传递到测量膜片,当 $\Delta p = 0$ 时,测量膜片十分平整,使定极板左右两电容的电容量相等,即 $C_H = C_L$,在有差压作用时,测量膜片产生变形,动极板向低压侧定极板靠近,使 $C_L > C_H$,这个电容的变化通过引出线输送到电子转换电路。由此可见,这就是差动电容形式的差压传感器。

通过分析,可以证明

$$\frac{C_L - C_H}{C_L + C_H} = K(p_H - p_L)$$

$$(5-24)$$

式中 K 是与结构有关的常数,此式表明 $\dfrac{C_L - C_H}{C_L + C_H}$ 与差压成正比,且与介电常数无关。

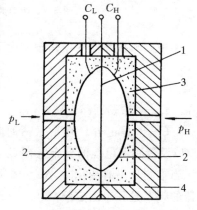

图 5-18 电容式差压传感器

1—测量膜片(动极板);

2—金属涂层(定极板);

3—凹形玻璃球面;4—不锈钢基座

5.4.2　电容式液位计

电容式液位计是将被测介质的液面变换为电容器电容的变化,图 5-19 是电容式液位计原理图。

当被测液体的液面在电容式传感器的两同心圆柱形电极间变化时,引起极间不同介电常数介质的高度发生变化,因而导致电容变化。设容器中介质是非导电的,容器中液体介质淹没电极的高度为 x,单位为 m。

根据同心圆筒状电容的公式,可写出

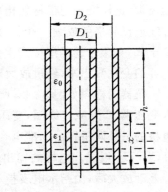

图 5-19　电容式液位计原理图

气体部分的电容为

$$C_1 = \frac{2\pi\varepsilon_0 (h-x)}{\ln \dfrac{D_2}{D_1}}$$

液体部分的电容为

$$C_2 = \frac{2\pi\varepsilon_1 x}{\ln \dfrac{D_2}{D_1}}$$

忽略杂散电容及端部边界效应后,两电极间总电容为

$$C = \frac{2\pi}{\ln \dfrac{D_2}{D_1}}[\varepsilon_0 h + (\varepsilon_1 - \varepsilon_0) x]$$

$$= C_0 + \frac{2\pi}{\ln \dfrac{D_2}{D_1}}(\varepsilon_1 - \varepsilon_0) x \qquad\qquad (5-25)$$

式中　ε_1——液体介质的介电常数(F/m);

　　　ε_0——空气的介电常数(F/m);

　　　h——电极的总高度(m);

　　　D_1——内电极的外径(m);

　　　D_2——外电极的内径(m)。

上式中 C_0 为初始电容,在空仓时可测得,当有液体时,输出电容 C 与液面高度 x 成线性关系。

5.4.3　电容测厚仪

电容测厚仪是用来测量金属带材在轧制过程中厚度的检测仪器。其工作原理是在被测带材的上下两侧各置一块面积相等,与带材距离相等的极板,这样极板与带材就构成了两个电容器 C_1 和 C_2。把两块极板用导线连接起来就成为一个极,而带材就是电容的另一个极,其总电容为 C_1+C_2,如果带材的厚度发生变化,将引起电容量的变化,用交流电桥将电容的变化测出来,经过放大即可由电表指示。

仪器的框图如图 5-20 所示。音频信号发生器产生的音频信号,接入变压器 T 的原边线圈,变压器副边的两个线圈作为测量电桥的两臂,电桥的另外两桥臂由标准电容 C_0 和带材与极板形成的被测电容 C_x(C_x $=C_1+C_2$)组成。电桥的输出电压经音频放大器放大后整流为直流,再经差动放大后,由指示电表指示出带材厚度的变化。

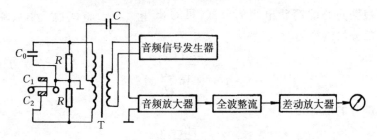

图 5-20 电容测厚仪框图

5.4.4 利用电容量变化效应的温度传感器

有一种以 $BaSrTiO_3$ 为主的陶瓷电容器,其介电常数 ε 在温度超过居里点之后,会随着温度的上升成反比地下降,如图 5-21 所示。若将这种

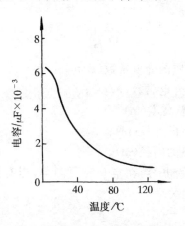

图 5-21 $BaSrTiO_3$ 陶瓷电容器的电容量与温度的关系

电容器与电感组成谐振回路,则其谐振频率会有规律地随温度变化。用频率计测出其频率,经过换算可求得温度。这种温度传感器分辨力较高,但这类陶瓷电容器的电容量在高温、高湿下会随湿度变化而发生变化,因此必须注意防潮。

第6章 电动势式传感器

本章介绍三种传感器,即磁电式传感器、压电晶体传感器和霍尔传感器。虽然它们的工作原理截然不同,但它们的输出量都是电势,所以归类为电动势式传感器。

6.1 磁电式传感器

磁电式传感器是一种利用电磁感应原理,将运动速度转换成线圈中的感应电动势输出的传感器,它也被称为感应式传感器或电动力式传感器。这种传感器工作时不需要电源,直接从被测物体吸取机械能,转换为电信号输出。由于它的输出功率较大,所以大大简化了测量电路,且性能稳定,具有一定的工作带宽(一般为 10~1 000 Hz),所以获得较普遍的应用。

6.1.1 工作原理及结构

根据电磁感应定律,具有 N 匝的线圈在磁场中运动时,所产生的感应电动势 e 的大小取决于穿过这线圈的磁通 Φ 的变化率,即

$$e = N \frac{\mathrm{d}\Phi}{\mathrm{d}t} \tag{6-1}$$

图 6-1 是磁电式传感器的原理图,其中(a)是当线圈在磁场中作直线运

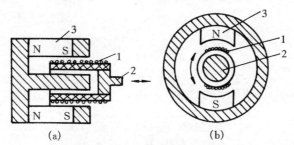

(a)   (b)

图 6-1 磁电式传感器原理图

(a) 线圈直线运动;(b) 线圈旋转运动

1—线圈;2—运动体;3—磁钢

动时产生感应电动势的传感器；(b)是线圈在磁场中作旋转运动时产生
感应电动势的传感器。

如果式(6-1)不以磁通变化，而换用线圈运动速度形式来表示，则对
应于图6-1(a)和(b)可分别写成

$$e = Bl \frac{\mathrm{d}x}{\mathrm{d}t} \quad (\text{V}) \tag{6-2}$$

$$e = NBA\omega \quad (\text{V}) \tag{6-3}$$

式中　B——磁感应强度(T,$1\text{T}=1\ \text{Wb/m}^2$)；

　　　l——线圈导线的总长度(m)；

　　　$\frac{\mathrm{d}x}{\mathrm{d}t}$——线圈与磁铁相对直线运动的线速度 ($\text{m/s}$)；

　　　N——线圈匝数；

　　　A——线圈截面积(m^2)；

　　　ω——线圈的角速度(rad/s)。

在传感器中，当结构已定时，B，A，N，l 都是常数，感应电动势就与
线圈对磁场的相对运动速度 $\frac{\mathrm{d}\theta}{\mathrm{d}t}$ 或 $\frac{\mathrm{d}x}{\mathrm{d}t}$ 成正比，因此磁电式传感器可直接用
于测量线速度与角速度。由于速度与位移、加速度之间存在一定的积分
或微分关系。因此，如果在感应电动势的测量电路中接入一微分电路，其
输出就与运动的加速度成正比；如果在测量电路中加接一积分电路，则其
输出就与位移成正比。由此可见，磁电式传感器除测量速度外，还可用来
测量运动的位移和加速度。此外，在磁电式传感器中，其输出除电动势幅
值外，还可以是电动势的频率值，例如磁电式转速传感器，将在应用举例
中介绍。

以上分析可知，磁电式传感器有两个基本组成部分：一个是磁路系
统，由它产生磁场，为了减小传感器的体积，一般都采用永久磁铁；另一个
是线圈，由它与磁场中的磁通交链产生感应电动势。由式(6-2)和
(6-3)可知，感应电动势 e 是线圈与磁场相对运动而产生的。作为相对
运动，运动部分可以是线圈，也可以是永久磁铁，前者称为动圈式，后者称
为动铁式。作为一个完整的传感器，除磁路系统和线圈外，还有一些其它
部件，如壳体、支承、阻尼器、接线装置等等。

6.1.2　传感器的灵敏度和温度补偿

由基本公式(6-2)可以导出磁电式传感器的灵敏度

$$S = \frac{e}{\dfrac{\mathrm{d}x}{\mathrm{d}t}} = Bl \qquad (6-4)$$

从提高灵敏度的观点来看，B 值大，灵敏度 S 也大，所以要选择 B 值大的永磁材料；另外导线长度 l 也可取得大一些，但这是有条件的，必须考虑下列两种情况：

（1）线圈电阻与指示器电阻匹配问题。因传感器相当于一个电压源，为使指示器从传感器获得最大功率，必须使线圈的电阻 R 等于指示器的电阻 R_d，即 $R = R_\mathrm{d}$。

（2）线圈的发热。因为传感器线圈产生感应电动势，接上负载后，线圈中有电流流过，因而线圈会发热。为此，根据传感器灵敏度，R 与 R_d 匹配求得线圈所需尺寸后，还必须就发热方面对线圈加以核算，使线圈的温升在允许的温升范围以内。

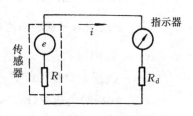

图 6-2　磁电式传感器与指示仪表相连的等效电路

图（6-2）是磁电式传感器与指示仪表相连的等效电路。整个回路电流为

$$i = \frac{e}{R + R_\mathrm{d}} \qquad (6-5)$$

当温度变化时，上式的分子分母都会随温度而变，而且它们的变化方向是相反的。因为永久磁铁的磁感应强度随温度增加而减小，即感应电动势随温度增加而减小。例如钨钢和铬钢做的磁铁，当温度在 50℃～60℃ 以下时，其磁感应强度变化大约为每 10℃ 变化 0.3%。而传感器线圈与指示器的电阻都是铜电阻，所以它们的电阻温度系数都是正的。当温度增加 t℃时，回路电流将从 i 变化到 i'。

$$i' = \frac{e(1 - \beta t)}{R(1 + \alpha t) + R_\mathrm{d}(1 + \alpha_1 t)} \qquad (6-6)$$

式中　β——磁铁磁通密度的负温度系数；

　　　α——传感器线圈电阻正温度系数；

　　　α_1——指示器电阻正温度系数。

温度误差

$$\gamma = \frac{i' - i}{i} \times 100\% \qquad (6-7)$$

可见温度误差 γ 是负值,即随着温度的增加,传感器的输出将变小。

补偿温度误差的办法是在结构许可的情况下,在传感器的磁铁下装置热磁分路。热磁分路是用磁分路片搭装在磁系统的极靴上,把气隙中的磁通分出一部分,亦即把总磁通分出一部分。磁分路片用特种的镍铁合金制成,当温度在 $-80℃\sim+80℃$ 之间,这类合金片的磁感应强度随温度增加而明显地下降。所以,随着温度增加,分到热磁分路的磁通减少,而分到气隙的那部分磁通增加,这使 e 的数值增加,从而使电流增大,起到了温度补偿作用。

6.1.3　测量电路

根据磁电式传感器的工作原理,可知它输出电动势大小与运动速度成正比,所以是一个测速的传感器。但是在实际测量中,它常常还被用来测量运动的位移(或振幅)和加速度,为此必须将信号加以变换。一般是在测量电路中配以积分电路和微分电路,通过开关切换,来达到不同的测量目的。测量电路方框图如图 6-3 所示。通常把积分和微分电路置于两级放大器中间,以利于各级间的阻抗匹配。由于磁电式传感器具有较高的灵敏度,所以一般不需要高增益放大器,用一般晶体管放大器即可胜任。

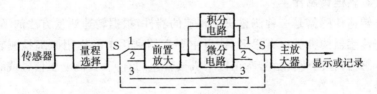

图 6-3　磁电式传感器测量电路方框图

图 6-3 中,当联动开关 S 在"1"位置时,经过一个积分电路,可测位移;当 S 在"2"位置时,经过微分电路,可测加速度;若 S 在"3"位置,传感器输出信号直接送主放大器,此时测量参数为速度信号。

6.1.4　应用举例

1. CD—1 型振动速度传感器

它是一种动圈式的磁电传感器。其磁路系统由钢制圆柱形外壳和由它包裹着的永久磁铁构成。工作线圈放置在磁路系统的空气隙中。使用时把振动传感器和被测振体固紧在一起,当振动体振动时,壳体也随之振动,此时线圈、阻尼器和芯轴由于惯性并不随之振动,因此位于气隙间的线圈与壳体就产生相对运动,从而切割磁力线,于是产生正比于振动速度的电动势,该电动势通过引线接到测量电路。

这种传感器测量的基本参数是振动速度,其灵敏度约为 $600\ \text{mV}/(\text{cm}\cdot\text{s}^{-1})$。若在测量电路中接入积分电路和微分电路后,也可测量振动体的振幅和加速度,可测振幅范围为 $0.1\sim1\ 000\ \mu\text{m}$,可测最大加速度为 $5g(g$ 为重力加速度)。

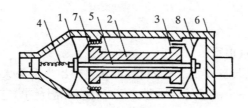

图 6 - 4   CD —1 型振动速度传感器

1—弹簧片;2—永久磁铁;3—阻尼器;4—引线;5—芯轴;6—外壳;7—工作线圈;8—弹簧片

2. 转速传感器

转速传感器是一种测量机械转速的器件,根据转速测量方法的不同,转速传感器的种类也有很多,这里主要介绍利用电磁作用原理检测转速的传感器,检测所得信号有正比于机械转速的直流、交流电压信号或频率信号。

(1) 测速发电机。测速发电机是一种应用十分普遍的转速传感器,按其输出电压类型不同,分为直流和交流两种。直流测速发电机,它的结构类似小型直流电机,大多采用永磁励磁方式,其输出直流电压为

$$U = K_e\Phi n \qquad\qquad (6-8)$$

式中 K_e——电动势系数,与电机结构有关;

Φ——磁极磁通(Wb);

n——机械转速(r/min)。

由式(6-8)可见,直流测速发电机的输出电压 U 和被测对象的转速 n 成正比,并且直流电压的极性能反映转向。但实际应用中,由于电枢绕组电阻、电枢反应的存在以及工作时引起的发热等因素,将影响输出信号的线性以及产生测量误差,一般其精度不超过 1%。

交流测速发电机输出交流电压信号,常见的交流测速发电机的结构是:定子上绕有二个在空间互相垂直的绕组 W_1 和 W_2,转子是用铝合金制成的杯形。当频率为 f 的交流电压 u_1 加在励磁绕组 W_1 后,沿着绕组 W_1 轴线(d 轴)产生出频率为 f 的脉振磁通 Φ_d,当转子静止不动($n=0$)时,由于 Φ_d 与绕组 W_2 轴线(g 轴)相互垂直,故输出绕组 W_2 没有感应电动势,当转子旋转后,杯形转子切割磁通 Φ_d,随之在转子上产生电动势和电流,转子电流将在 g 轴方向产生频率为 f 的脉振磁通 Φ_g,并在输出绕组 W_2 上感应出交流输出电压 u_2,输出电压的幅值与转速成正比,而频率与励磁电压的频率相同。交流测速发电机结构简单,输出信号误差小。

(2) 输出频率量的转速传感器。它由定子(永久磁铁)、转子和线圈等组成。转子端面均匀地铣了若干槽。测量时,转子与被测对象转轴连接,当转子在图 6-5 所示位置时,气隙最小,磁通最大;转子转过一定角度,气隙最大,磁通最小。这样当定子不动而转子转动时,磁通会周期性地变化,在线圈中感应出近似正弦波的电动势信号。

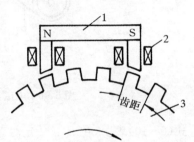

图 6-5　输出频率量的磁电式转速传感器示意图
1—定子;2—线圈;3—转子

这种传感器的输出量以感应电动势的频率来表示时,其频率 f 与被测转速 n 关系是

$$f = \frac{Nn}{60} \tag{6-9}$$

式中　N——定子或转子端面齿数;
　　　n——被测转速(r/min)。

这种测速传感器可靠性高,输出稳定,但要从被测对象吸收能量,且不宜测量太低的转速。现有的产品如 SZMB—3 磁电式转速传感器,其 $N=60$,所以用数字频率计可直接显示每分钟的转速。

3. 电磁流量计

在图 6-6 所示的一段绝缘材料制成的管道上,左右安装磁极 N 和 S,在管道上下安装两个电极 A 和 C。当导电流体以平均速度 v 流过管道时,它将切割磁力线,在电极上就会出现感应电动势 E

$$E = Bvd = \frac{4B}{\pi d}Q \tag{6-10}$$

式中　　B——磁感应强度(Wb/m^2);

　　　　d——管道内径,即导体在磁场内的长度(m);

　　　　v——导体在磁场内切割磁力线的速度,即被测流体经传感器时的

　　　　平均流速(m/s);Q——容积流量,$Q=\frac{1}{4}\pi d^2 v$ (m^3/s)。

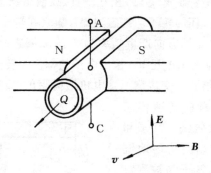

图 6-6　电磁流量计原理图

式(6-10)表明,在 B,d 一定时,感应电动势 E 与流量成正比。

必须指出,使用电磁流量计的流体,应具有导电性,蒸馏水及各种油类都不能使用;为了防止流体电解和电极被极化腐蚀,一般不采用直流磁场,而用交流磁场。由于感应电动势一般为毫伏数量级,所以对电磁流量计的抗干扰要求很高,必须妥善屏蔽。近年来,随着抗干扰技术的提高,电磁流量计的精度已可优于 1 级,并且还可制成直径 3 m 的大管径流量计。

6.2　压电晶体传感器

压电传感器是以某些物质的压电效应为基础的一种有源传感器。在外力作用下,某些物质变形后其表面会产生电荷,从而实现非电量电测的目的。压电传感器尺寸小,重量轻,工作频率宽,可测量变化很快的动态压力、加速度、振动等。

6.2.1　压电效应

某些电介质物质当沿一定方向受到外力作用而变形时,在它的两个表面会产生符号相反的电荷;当将外力去掉后,又重新回到不带电状态,这种现象称为压电效应。具有压电效应的电介质称压电材料或压电元

件,常见的压电材料有石英晶体、钛酸钡、锆钛酸铅等。

　　下面以石英晶体为例来说明压电材料的性质。石英晶体是各向异性体,即在各个方向晶体性质是不同的。图 6-7(a)表示石英晶体的形状,它是一个六棱柱,两端是六棱锥。在结晶学中可以把它用三根互相垂直的轴来表示。其中纵向轴 $Z-Z$ 称为光轴,经过六棱柱棱线,并垂直于光轴的 $X-X$ 轴称为电轴,与 $X-X$ 轴和 $Z-Z$ 轴同时垂直的 $Y-Y$ 轴(垂直于棱面)称为机械轴。通常把沿电轴 $X-X$ 方向的力作用下产生电荷的效应称为"纵向压电效应",而把沿机械轴 $Y-Y$ 方向的力作用下产生电荷的效应称为"横向压电效应"。在光轴 $Z-Z$ 方向受力时,不产生压电效应。

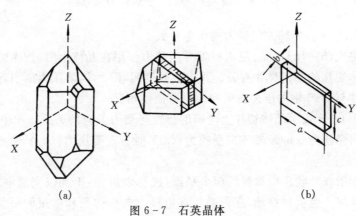

图 6-7　石英晶体

(a) 石英晶体形状；(b) 晶体切片

　　假设从石英晶体上沿 $Y-Y$ 轴方向切下一片薄片,称为晶体切片(图6-7(b))。在每一片中,当沿电轴方向作用有力 F_x 时,则在与电轴垂直的平面(即切片的切面)上,产生电荷 q_x,它的大小为

$$q_x = d_{11}F_x \qquad (6-11)$$

式中　d_{11}——X 轴方向受力的压电系数(C/N)。

　　电荷 q_x 应包含相应的符号,它是由 F_x 是压力还是拉力而定(参看图6-8)。由式(6-11)可见,电荷的多少与切片的几何尺寸无关。

　　如果在同一切片上作用力沿着机械轴方向,其电荷仍在与 X 轴垂直的平面上出现,而极性相反,此时电荷的大小为

$$q_y = -d_{12}\frac{a}{b}F_y \qquad (6-12)$$

式中　a——晶体切片的长度；

　　　　b——晶体切片的厚度；

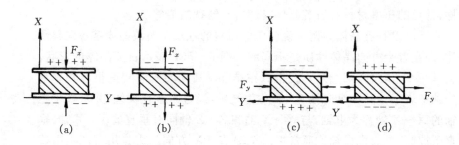

图 6-8　晶片上电荷的极性与受力方向的关系
(a) 沿 X 轴方向受压力；(b) 沿 X 轴方向受拉力；
(c) 沿 Y 轴方向受压力；(d) 沿 Y 轴方向受拉力

d_{12}——Y 轴方向受力的压电系数。

由式(6-12)可见，沿机械轴方向的力作用在晶体上时，产生的电荷与晶体切片的几何尺寸有关。式中负号说明，沿 Y 轴的压力所引起的电荷极性与沿 X 轴的压力所引起的电荷极性相反。

图 6-8 表示晶体切片上电荷的极性与受力方向的关系。图中(a)X 轴方向受压力；(b)X 轴方向受拉力；(c)Y 轴方向受压力；(d)Y 轴方向受拉力。

如果在片状压电材料的两个平面(或称电极面)上加以交流电压，石英晶片将产生机械振动，亦即晶片在电极方向有伸长和缩短的现象。当外加电压撤去时，其变形也随之消失。压电材料的这种现象称为"电致伸缩效应"，又称"逆压电效应"。利用压电材料的电致伸缩效应，可做高频振动台、超声波发射探头等。超声波式的检测仪表，一般都是利用压电材料作为超声波发射探头和接收探头的，例如超声波液面计，超声波流量计，超声波测厚仪等。

6.2.2　压电材料简介

压电材料有两类：一类是压电晶体；另一类是经过极化处理的压电陶瓷。前者为单晶体，后者为多晶体。

1. 压电晶体

石英是典型的压电晶体，其化学成分是二氧化硅(SiO_2)，压电系数较低，$d_{11}=2.3\times10^{-12}$ C/N。它在几百度的温度范围内不随温度而变，但到 573℃时，完全丧失压电性质，这是它的居里点。石英具有很大的机械强度，在研磨质量好时，可以承受 700～1 000 kg/cm² 的压力，并且机械性质也较稳定。

除天然石英和人造石英晶体外，近年来铌酸锂 $LiNbO_3$、钽酸锂 $LiTaO_3$、锗酸锂 $LiGeO_3$ 等许多压电单晶在传感技术中也获得广泛应用。

下面以石英晶体为例来说明压电晶体内部发生压电效应的物理过程。设想在石英晶体中取一单元组体，它有 3 个硅离子和 6 个氧离子，后者是成对的。这就构成六边的形状（图 6-9(a)）。由于硅离子带有 4 个正电荷，而氧离子带有 2 个负电荷，所以在没有外力作用时，电荷互相平衡，外部没有带电现象。如果在 X 轴方向受压，如图 6-9(b)，硅离子挤入氧离子 2 和 6 之间，而氧离子 4 挤入硅离子 3 和 5 之间，结果在表面 A 上呈现负电荷，而在表面 B 上呈现正电荷。如果所受的力为拉伸，则在表面 A 和 B 上的电荷符号与前者相反，这就是纵向压电效应。如果在 Y 轴方向受力，如图 6-9(c)，硅离子 3 和氧离子 2，以及硅离子 5 和氧离子 6 都向内移动同样数值，故在电极 C 和 D 上仍不呈现电荷，而在表面 A 和 B 上，由于相对地把硅离子 1 和氧离子 4 挤向外边，而分别呈现正、负电荷。如果使其受拉力，则在 A 和 B 的电荷极性恰好相反。这就是横向压电效应。在 Z 轴方向受力时，由于硅离子和氧离子是对称的平移，故表面不呈现电荷，没有压电效应。

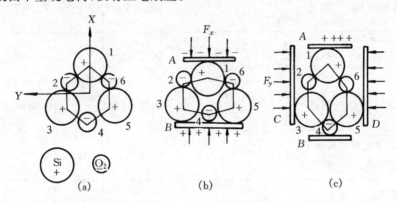

图 6-9　石英的晶体模型
(a)不受力时；(b)X 轴方向受力；(c)Y 轴方向受力

2. 压电陶瓷

压电陶瓷是人工制造的晶体压电材料。它在极化前是各向同性的，没有压电效应。要在一定温度和高压电场作用下，使晶体产生剩余极化后，才具有压电效应。对压电陶瓷来说，垂直于极化面的轴为 X 轴，Y 轴垂直于 X 轴，它不再具有 Z 轴，这是与压电晶体不同之处。

压电陶瓷有钛酸钡（BaTiO₃）、锆钛酸铅（PZT）等等，它们的压电系数比石英大得多，但机械强度、稳定性、居里点温度均不如石英晶体。还有聚二氟乙烯（PVF₂）高分子压电材料，其特点是柔软，不易破碎，把PZT粉末与PVF₂混合成型之后形成PZT－PVF₂复合材料，压电性能更有改善，兼有两者优点而弥补了各自的缺点。

压电材料是各向异性物质，其压电系数与极化方向和受力方向都有关，而受力又分垂直和剪切力，所以应该用矩阵来描述，表6－1中 d_{11}，d_{33} 等的下角数码代表该压电系数在矩阵里所处的位置。表6－1中数据是绝对值最大的典型值。

表6－1　常用压电材料性能

材料	形态	压电系数/10^{-12}C/N	相对介电常数 ε_r	居里点温度/℃	密度/10^3kg/m³
石英 SiO₂	单晶	$d_{11}=2.31$；$d_{14}=0.727$	4.6	537	2.65
钛酸钡 BaTiO₃	陶瓷	$d_{33}=190$；$d_{31}=-78$	1 700	120	5.7
锆钛酸铅 PZT	陶瓷	$d_{33}=71\sim590$；$d_{31}=-100\sim-230$	460～3 400	180～350	7.5～7.6
硫化镉 CdS	单晶	$d_{33}=10.3$；$d_{31}=-5.2$；$d_{15}=-14$	9.35～10.3		4.82
氧化锌 ZnO	单晶	$d_{33}=12.4$；$d_{31}=-5.0$；$d_{15}=-8.3$	9.26～11.0		5.68
聚二氟乙烯 PVF₂	高分子材料	$d_{31}=6.7$	5～12	120	1.8
复合材料 PZT－PVF₂	合成膜	$d_{31}=15\sim25$	100～200		5.5～6

6.2.3　压电传感器及其等效电路

压电传感器的基本原理是利用压电材料的压电效应。当有力作用于压电材料上时，传感器就有电荷（或电压）输出，因此，压电传感器可测量的基本参数是力，但也可以测量能变换成力的参数如加速度、位移等。

由于外力作用而在压电材料上产生的电荷，只有在无泄漏的情况下才能保存,即需要测量回路具有无限大的输入阻抗,这实际上是不可能的,因此压电传感器不适用于静态测量。当压电材料在交变力作用下,电荷不断得到补充,可以供给测量回路一定的电流,故适宜于动态测量,主要用来测量动态的力、压力、加速度等参数。

1. 压电晶片的连接方式

压电传感器产生的电荷量甚微,所以使用时常采用两片或两片以上的压电元件粘结在一起成为叠层式压电组合器件。由于压电材料的电荷是有极性的,因此有两种接法。在图 6 - 10(a)中,两片压电元件的负电荷都集中在中间电极上,这种接法叫两压电片的并联,其输出电容 C' 为单片电容 C 的两倍(压电片受力时可等效为一个电容器,详细介绍见本节第 2 部分),但输出电压 U' 等于单片电压的 U,极板上的电荷 Q' 为单片电压 Q 的两倍,即

$$Q' = 2Q, \ U' = U, \ C' = 2C$$

图 6 - 10(b)的接法中,正电荷集中在上极板,负电荷集中在下极板,在两极板中间,上片产生的负电荷与下片产生的正电荷相互抵消,这种接法称两压电片的串联。输出总电荷 Q' 等于单片电荷 Q,输出电压 U' 为单片电压 U 的两倍,总电容 C' 为单片电容的一半,即

$$Q' = Q, \ U' = 2U, \ C' = \frac{C}{2}$$

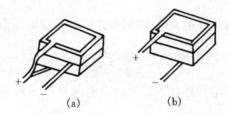

图 6 - 10　两压电片的连接方式
(a)并联；(b)串联

这两种接法中,并联接法输出电荷大,本身电容大,时间常数大,适用于测量慢变信号,以及以电荷作为输出量的的场合。串联接法输出电压大,本身电容小,适用于以电压作输出信号,以及测量电路输入阻抗很高的场合。

2. 压电传感器的等效电路

当压电片受力时,在两个电极表面分别聚集等量的正电荷和负电荷,如图 6 - 11(a)所示,相当于一个以压电材料为介质的电容器,见图(b)。

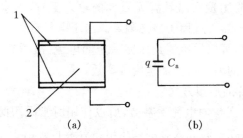

图 6-11 等效电路

(a)原理图；(b) 等效电路

1—银电极；2—压电材料

其电容量为

$$C_a = \frac{\varepsilon A}{h} \ (\text{F}) \qquad\qquad (6-13)$$

式中 A——极板面积（m²）；

h——压电片厚度（m）；

ε——压电材料介电常数（F/m）。

介电常数随着压电材料不同而异，如锆钛酸铅相对介电常数 ε_r ($\varepsilon_r = \frac{\varepsilon}{\varepsilon_0}$) 为 460～3 400。

当两极板聚集异性电荷时，两极板之间所呈现电压为

$$U = \frac{q}{C_a} \qquad\qquad (6-14)$$

所以可以把压电传感器等效为一个电源 $U = \frac{q}{C_a}$ 和一个电容器 C_a 的串联电路，如图 6-12(a)所示。由图可见，只有在负载无穷大，内部也无

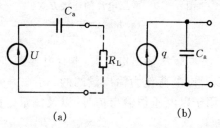

图 6-12 压电传感器的等效电路

(a) 电压源；(b) 电荷源

漏电时,受力所产生的电压 U 才能长期保存下来;如果负载不是无穷大,则电路就要以时间常数 $R_L C_a$ (R_L 为负载电阻)按指数规律放电。因此当用来测量一个变化频率很低的参数时,就必须保证 R_L 很大,以使时间常数 $R_L C_a$ 足够大,通常 R_L 需达数百兆欧以上。压电传感器也可看作是个电荷发生器,这样可等效为一个电荷源与一个电容并联的等效电路,如图 6-12(b) 所示。

压电传感器与测量仪表配合使用时,应考虑连接电缆的等效电容 C_c,放大器的输入电阻 R_i 和输入电容 C_i。当考虑了传感器的泄漏电阻(绝缘电阻)R_a 以后,其完整的等效电路如图 6-13 所示。两种电路实质上是一样的,只是形式不同而已。

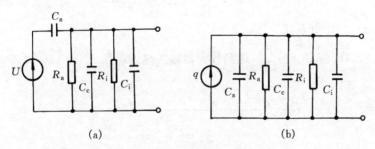

(a)　　　　　　　　　　　　(b)

图 6-13　压电传感器完整的等效电路

(a) 电压源；(b) 电荷源

6.2.4　压电传感器的测量电路

压电传感器的输出信号很微弱,而且内阻很高,一般不能直接显示和记录,需要采用低噪声电缆把信号送到具有高输入阻抗的前置放大器。前置放大器有两个作用,一是放大压电传感器的微弱输出信号;另一作用是把传感器的高阻抗输出变换成低阻抗输出。图 6-14 是压电传感器的测量系统框图。

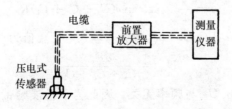

图 6-14　压电传感器的测量系统框图

根据压电传感器的等效电路,它的输出可以是电压,也可以是电荷,因此前置放大器也有两种形式:电压放大器和电荷放大器。

1. 电压放大器(阻抗变换器)

将图 6-13(a)中的 R_a 与 R_i 并联成为等效电阻 R,又将 C_c 与 C_i 并联为等效电容 C,则

$$R = \frac{R_a R_i}{R_a + R_i} \qquad C = C_c + C_i$$

压电传感器的开路电压 $U = \dfrac{q}{C_a}$,如果压电元件沿着电轴作用的交变力 $f = F_m \sin\omega t$,则所产生的电荷与电压均按正弦规律变化,其电压为

$$u = \frac{d F_m}{C_a} \sin\omega t \tag{6-15}$$

式中 d——压电系数。

电压的幅值 $U_m = \dfrac{d F_m}{C_a}$,送到放大器输入端的电压

$$
\begin{aligned}
\dot{U}_i &= \frac{d\dot{F}}{C_a} \cfrac{1}{\cfrac{1}{j\omega C_a} + \cfrac{\cfrac{1}{j\omega C} R}{\cfrac{1}{j\omega C} + R}} \cfrac{\cfrac{1}{j\omega C} R}{\cfrac{1}{j\omega C} + R} \\[4mm]
&= d\dot{F} \frac{j\omega R}{1 + j\omega R (C_a + C)} \\[2mm]
&= d\dot{F} \frac{j\omega R}{1 + j\omega R (C_a + C_c + C_i)} \tag{6-16}
\end{aligned}
$$

由式(6-16)可得放大器输入电压的幅值 U_{im} 为

$$U_{im} = \frac{d F_m \omega R}{\sqrt{1 + \omega^2 R^2 (C_a + C_c + C_i)^2}} \tag{6-17}$$

输入电压与作用力之间的相位差为

$$\varphi = \frac{\pi}{2} - \arctan\omega(C_a + C_c + C_i)R \tag{6-18}$$

如果当 $\omega R(C_a + C_c + C_i) \gg 1$ 时,放大器输入电压幅值为

$$U_{im} = \frac{d F_m}{C_a + C_c + C_i} \tag{6-19}$$

则放大器输入电压 U_{im} 与频率无关。因此为了扩展频带的低频段,就必须提高回路的时间常数 $R(C_a + C_c + C_i)$。如果单靠增大测量回路电容量的办法来达到,必然将影响传感器的灵敏度 $S\left(= \dfrac{U_{im}}{F_m} \approx \dfrac{d}{C_a + C_c + C_i}\right)$,为

此常采用 R_i 很大的前置放大器。由式(6-19)可见,当改变连接传感器与前置放大器的电缆长度时,C_c 将改变,U_{im} 也随之变化,从而使前置放大器的输出电压 $U_o = AU_i$ 也变化(A 为前置放大器的增益)。因此,传感器与前置放大器组成的整个测量系统的输出电压与电缆电容有关,在设计时,常常把电缆长度定为一常数,所以在使用时,如果改变电缆长度,必须重新校正灵敏度,否则由于电缆电容 C_c 的改变将引入误差。随着集成技术的发展,将阻抗变换器直接与后面测量电路的器件集成,引线很短,避免了电缆电容对灵敏度的影响,同时,消除了电缆噪声。

　　图 6-15 是一种电压放大器(阻抗变换器)电路图。它具有很高的输入阻抗(一般 1 000 MΩ 以上)和很低的输出阻抗(小于 100Ω,频率范围 2～100 kHz)。因此用该阻抗变换器可将高内阻的压电传感器与一般放大器相匹配。

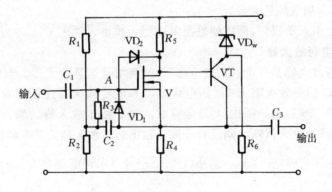

图 6-15　阻抗变换器电路图

　　该阻抗变换器第一级采用 MOS 场效应管构成源极输出器,第二级是用锗管构成对输入端的负反馈,以提高输入阻抗,电路中的 R_1,R_2 是场效应管 V 的偏置电阻,R_3 是一个 100 MΩ 的大电阻,主要起提高输入阻抗的作用,R_5 是场效应管的漏极负载电阻,根据 V 漏极电流大小即可确定 R_5 的数值(在调试中确定),R_4 是源极接地电阻,也是 VT 的负载。R_4 上的交流电压通过 C_2 反馈到场效应管的输入端,使 A 点电位提高,保证了较高的交流输入阻抗。二极管 VD_1,VD_2 起保护场效应管的作用,同时又可以起温度补偿作用。它是利用二极管的反向电流随温度变化来补偿场效应管泄漏电流 I_{SG} 和 I_{DG} 随温度的变化。由于 V 和 VT 是直接耦合,所以采用稳压管 VD_w 起稳定 VT 的固定偏压作用,R_6 是 VD_w 的限流电阻,使 VD_w 工作在稳定区。

图 6-15 中,如果只考虑 V 构成的场效应管源极输出器,则输入阻抗

$$R_i = R_3 + \frac{R_1 R_2}{R_1 + R_2} \tag{6-20}$$

通过 C_2 从输出端引入负反馈电压后,输入阻抗为

$$R_{if} = \frac{R_i}{1 - K_u} \tag{6-21}$$

式中 K_u 是加上负反馈后的源极输出器的电压增益,其值接近 1。因此加负反馈后的输入阻抗可提高到几百甚至几千兆欧,以满足压电传感器对前置放大器的要求。

图 6-15 中,如果只考虑 V 构成的源极输出器,其输出阻抗为

$$R_o = \frac{1}{g_m} \mathbin{/\!/} R_4$$

式中 g_m 为场效应管跨导。

由于引入负反馈,所以使输出阻抗更为减小。

2. 电荷放大器

电荷放大器是一个有反馈电容 C_f 的高增益运算放大器。当略去 R_a 与 R_i 并联的等效电阻 R 后,压电传感器和电荷放大器连接的等效电路可用图 6-16 表示。图中 A 是运算放大器。由于放大器的输入阻抗极高,因此认为放大器输入端没有分流。根据运算放大器的基本特性,当工作频率足够高时,$\frac{1}{R_f} \ll \omega C_f$,忽略 $(1+A)\frac{1}{R_f}$ 可以求得电荷放大器的输出电压

$$U_o = \frac{-Aq}{C_a + C_c + C_i + (1+A)C_f} \tag{6-22}$$

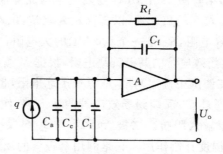

图 6-16 压电传感器与电荷放大器连接
的等效电路

式中 A 是运算放大器的开环增益,负号表示放大器的输入和输出反相。

当 $A \gg 1$,满足 $(1+A)C_f > 10(C_a + C_c + C_i)$ 时,就可以认为

$$U_o \approx -\frac{q}{C_f} \qquad\qquad (6-23)$$

可见,在电荷放大器中,输出电压 U_o 与电缆电容 C_c 无关,而与 q 成正比,这是电荷放大器的突出优点。

在图 6-16 中,为了稳定直流工作点,减小零点漂移,所以在反馈电容 C_f 上并联一个直流反馈电阻 R_f,一般取 $R_f \geqslant 10^9\ \Omega$。超低频宽带电荷放大器下限截止频率可达 10^{-4} Hz,输出阻抗小于 $100\ \Omega$,可见其低频响应也优于电压放大器。电荷放大器的工作上限允许频率由运算放大器的频率响应特性决定。

6.2.5　应用举例

压电传感器已被广泛用于工业、军事和民用等领域,表 6-2 列出了其主要应用类型,其中力敏类型应用最多。

表 6-2　压电传感器的主要应用类型

传感器类型	转换	用　　途
力敏	力→电	微拾音器、声纳、血压计、压力和加速度传感器
声敏	声→电 声→压力	振动器、微音器、超声探测器、助听器
热敏	热→电	温度计
光敏	光→电	热电红外探测器

1. 压电加速度传感器

图 6-17 是 BAT—5 型压电加速度传感器的结构原理图。压电片(采用锆钛酸铅)放在基座上,上面为重块组件,用弹簧片把压电片压紧,基座固接于待测物上,当待测物振动时,传感器也受有同样的振动,此时惯性质量产生一个与加速度成正比的惯性力 F 作用在压电片上,因而产生了电荷 q,因为 $F=ma$,m 是重块组件的质量,在传感器中是一常数,所以 F 与所测加速度 a 成正比。这样传感器产生的电荷 q 与所测加速度 a 成正比。因为传感器的电容量 C 不变,因此也可以用电压 $U\left(U=\dfrac{q}{C}\right)$ 来表示所测的加速度值。压电片产生的电荷(或电压)由导电片通过导线引到前置放大器,并用插头引到测量电路。

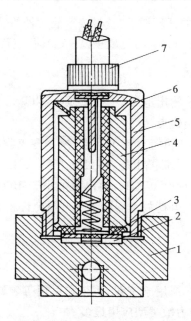

图 6-17 BAT—5 型加速度传感器结
构原理图

1—基座；2—压电片；3—导电片；

4—重块组件；5—壳体；6—弹簧片；

7—插头

压电加速度传感器的频率范围宽，线性好，而且尺寸小，重量轻，附加于被测物件上不会使振动信号严重失真，从而在振动测量中应用非常广泛。

表 6-3 是一种 6200 系列集成压电加速度计主要技术参数，这种产品和一般压电加速度计不同的地方是在传感器内部含集成电路，用以进行阻抗变换。

表 6-3 6200 系列集成压电加速度计主要参数

型号 参数/单位	6201	6202
电压灵敏度/mV/g*	30~40	80~100
共振频率/kHz	20	18
最大加速度/m/s²	500	300
重量/g	25	32
引出线方式	侧面	顶端

* g 为重力加速度

2. 压电式压力传感器

压电式压力传感器根据使用要求不同，有各种不同结构，但工作原理相同。图 6 - 18 是其结构示意图。当压力 p 作用在膜片上时，压电元件的上、下表面产生电荷，电荷量与作用力 F 成正比。而 $F = pS$，式中 S 为压电元件受力面积。因此式(6 - 11)可以写成

$$q = d_{11}F = d_{11}pS$$

可见，对于选定结构的传感器，输出电荷量（或电压）与输入压力成正比关系，所以线性度较好。

压电式压力传感器的测量范围很宽，能测低至 $10^2 \, \text{N/m}^2$ 的低压，高至 $10^8 \, \text{N/m}^2$ 的高压，且频响特性好，结构坚实，体积小，重量轻，使用寿命长，所以广泛应用于内燃机的气缸、油管、进排气管的压力测量，在航天和军事工业上的应用也很广泛。

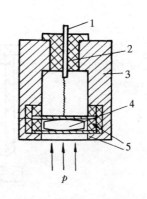

图 6 - 18　压电式压力传感器结构示意图

1—引线插件；2—绝缘体；
3—壳体；4—压电元件；
5—膜片

3. 基于压电效应的超声波传感器

超声波是机械波的一种，其频率大于 20 kHz，由于超声波的波长短，绕射现象小，能定向传播，并在传播的过程中衰减很小，所以超声波在工业和医学领域内得到广泛应用。

超声波传感器(也称超声探头)实质上是一种可逆的换能器，它将电振荡的能量转变为机械振荡，形成超声波；或者由超声波能量转变为电振荡。因此超声波传感器可分为发送器及接收器，发送器是将电能转变为超声波；而接收器则是将接收到的超声波能量转变为电能。

基于压电效应的超声波传感器结构如图 6 - 19 所示，其核心部分为压电晶片。压电式超声探头可发射和接收超声波。它是由压电晶片、阻尼块(吸收块)及保护膜组成。

压电晶片为圆形平板，其厚度与超声波频率成反比。晶片的两面镀有银层作为导电电极。为防止晶片与工件接触而磨损，在晶片下层粘结一层保护膜，阻尼块的作用是降低晶片的机械品质因数 Q_m，吸收声能，其目的是当激励的电振荡脉冲停止时，可防止压电晶片因惯性作用继续振动，而使超声波的脉冲宽度改变，分辨率变差。

图 16 - 20 是用超声波检测厚度的方法之一———回波法的工作原理图。

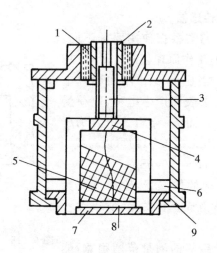

图 6-19　压电式探头结构图

1—绝缘柱；2—接触座；3—导电螺杆；4—接线片；
5—吸收块；6—晶片座；7—保护膜；8—压电晶片；9—金属外壳

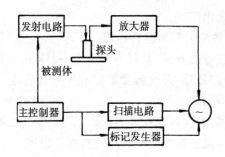

图 6-20　超声波测厚工作原理图

　　超声波探头与被测物体表面接触。主控制器控制发射电路,使探头发出的超声波到达被测物体底面而反射回来,该脉冲信号又被探头接收,经放大加到示波器垂直偏转板上。标记发生器输出时间标记脉冲信号,同时加到该垂直偏转板上,而扫描电压则加在水平偏转板上。因此,在示波器上可直接读出发射与接收超声波之间的时间间隔 t。若已知超声波的传播速度为 c,则可求得被测物体的厚度 $h = ct/2$。

6.3　霍尔传感器

利用霍尔效应制成的传感元件称霍尔传感器。霍尔效应这种物理现象的发现，虽然已有一百多年的历史，但是直到 20 世纪 40 年代后期，由于半导体工艺的不断改进，才被人们所重视和应用。现在霍尔元件已广泛应用于非电量测量、自动控制、电磁测量、计算装置以及现代军事技术等各个领域。

6.3.1　霍尔元件的基本工作原理

1. 半导体材料的霍尔效应

如图 6‑21 所示的半导体薄片，若在它的两端通以控制电流 I，在薄片的垂直方向上施加磁感应强度为 B 的磁场，那么在薄片的另两侧会产生一个与控制电流 I 和磁感应强度 B 的乘积成比例的电动势 E_H，这个电动势称霍尔电动势，这一现象称为霍尔效应，该半导体薄片称为霍尔元件。

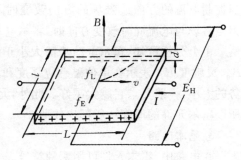

图 6‑21　霍尔效应原理图

2. 工作原理

霍尔效应的产生是由于运动电荷受磁场中洛仑兹力作用的结果。假设在 N 型半导体薄片上通以电流 I，如图 6‑21 所示，则半导体中的载流子(电子)沿着和电流相反的方向运动(电子速度为 v)，由于在垂直于半导体薄片平面的方向上施加磁场 B，所以电子受到洛仑兹力 f_L 的作用，向一边偏转(见图 6‑21 中虚线方向)，并使该边形成电子积累，而另一边则为正电荷积累，于是形成电场。该电场阻止运动电子的继续偏转。当电场作用在运动电子上的力 f_E 与洛仑兹力 f_L 相等时，电子的积累便达到动态平衡。在薄片两横断面之间建立电场，其对应的电动势称为霍尔电动势 E_H，其大小可用下式表示

$$E_H = \frac{R_H I B}{d}(\text{V}) \qquad (6-24)$$

式中　R_H——霍尔系数(m^3/C)；

I——控制电流（A）；

B——磁感应强度（T）；

d——霍尔元件厚度（m）。

霍尔系数 $R_H = \rho\mu$，ρ 为载流体的电阻率，μ 为载流子的迁移率，半导体材料（尤其是 N 型半导体）电阻率大，载流子迁移率很高，因而可以获得很大的霍尔系数，适合于制造霍尔元件。

令 $K_H = R_H/d$ （V·m²/(A·Wb)）称为霍尔元件的灵敏度，则

$$E_H = K_H IB \tag{6-25}$$

如果磁感应强度 B 和元件平面法线成一角度 θ 时，则作用在元件上的有效磁场是其法线方向的分量，即 $B\cos\theta$，这时

$$E_H = K_H IB\cos\theta \tag{6-26}$$

当控制电流的方向或磁场的方向改变时，输出电动势的方向也将改变。但当磁场与电流同时改变方向时，霍尔电动势极性不变。

由上分析可知，霍尔电动势的大小正比于控制电流 I 和磁感应强度 B。灵敏度 K_H 表示在单位磁感应强度和单位控制电流时输出霍尔电动势的大小，一般要求它越大越好。此外，元件的厚度 d 愈薄，K_H 也愈高，所以霍尔元件的厚度一般都比较薄。

3. 基本电路

在电路中，霍尔元件可用两种符号表示，见图 6-22。霍尔元件的基本电路如图 6-23 所示。控制电流由电源 E 供给，RP 为调节电阻，调节控制电流的大小。霍尔输出端接负载电阻 R_L，它也可以是放大器的输入电阻或表头内阻等。

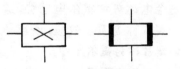

图 6-22　霍尔元件的符号

由于霍尔元件须在磁场与控制电流的作用下，才会输出霍尔电动势，所以在实际使用时，可把 I 或 B 作为输入信号，或这两者同时作为输入信号，而输出信号则正比于 I 或 B，或两者的乘积。

由于建立霍尔效应所需的时间很短（约 $10^{-12} \sim 10^{-14}$ s 之间），因此控制电流用交流时，频率可达 10^9 Hz 以上。

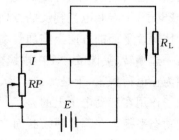

图 6-23　霍尔元件的基本电路

6.3.2　霍尔元件的测量误差及其补偿

在实际使用中,存在着各种影响霍尔元件精度的因素,即在霍尔电动势中迭加着各种误差电势,这些误差电势产生的主要原因有两类:一类是由于制造工艺的缺陷;另一类是由于半导体本身固有的特性。这里只分析不等位电势和温度影响两个主要误差。

1. 不等位电势 U_0 及其补偿

不等位电势 U_0 是一个主要的零位误差,如图6-24所示。霍尔电动势是从 A,B 两点引出的,由于工艺上无法保证霍尔电极 A,B 完全焊在同一等位面上,因此当控制电流 I 流过元件时,即使不加磁场,A,B 两点间也存在一个电势 U_0,这就是不等位电势。

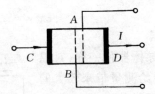

图6-24　不等位电势示意图

在分析不等位电势时,可以把霍尔元件等效为一个电桥,见图6-25。电桥臂的四个电阻分别是 r_1,r_2,r_3,r_4,当两个霍尔电极 A,B 处在同一等位面上时,$r_1=r_2=r_3=r_4$,电桥平衡,不等位电势 U_0 等于零。当两个霍尔电极不在同一等位面上时,电桥不平衡,不等位电势不等于零。此时可根据 A,B 两点电位的高低,判断应在某一桥臂上并联一定的电阻,使电桥达到平衡,从而使不等位电势为零。几种补偿线路如图6-26所示。图中(a),(b)为常见补偿电路,(b),(c)相当于在等效电桥的两个桥臂上同时并联电阻,其中图(c)调整比较方便,图(d)用于交流供电情况。如果确切知道霍尔电极偏离等位面的方向,则可在工艺上采取措施来减小不

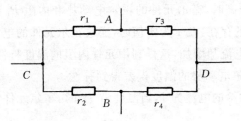

图6-25　霍尔元件的等效电路

等位电势。

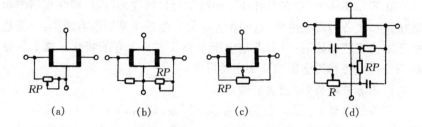

图 6 - 26   不等位电势的几种补偿线路

(a) 在等效电桥的一个桥臂并联电阻；(b),(c) 在等效电桥的两个桥臂同时并联电阻；
(d) 用于交流供电情况

2. 温度误差及其补偿

霍尔元件与一般半导体器件一样,对温
度的变化是很敏感的,会给测量带来较大的
误差。这是因为半导体材料的电阻率、迁移
率和载流子浓度等都随温度变化的缘故。因
此,霍尔元件的性能参数如内阻、霍尔电势等
也将随温度变化。

为了减小霍尔元件的温度误差,除选用
温度系数小的元件或采用恒温措施外,用恒
流源供电往往可以得到明显的效果。恒流源

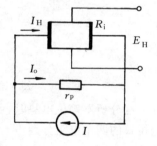

图 6 - 27   温度补偿线路

供电的作用是减小元件内阻随温度变化而引起的控制电流的变化。但是
这还不能完全解决霍尔电动势的稳定问题。下面介绍一种简单的补偿线
路。

图 6 - 27 中,在控制极并联一个合适的补偿电阻 r_P,这个电阻起分流
作用。当温度升高时,霍尔元件的霍尔电动势和内阻 R_i 都随之增加,由
于补偿电阻 r_P 的存在,在 I 为定值时,通过霍尔元件的电流减小,而通过
补偿电阻 r_P 的电流却增加,这样利用元件内阻的温度特性和一个补偿电
阻,就可以使霍尔电动势的温度误差得到补偿。

设恒流源供给的电流为 I,当温度为 T_0 时,霍尔元件中控制电流为

$$I_{H0} = \frac{r_P}{R_i + r_P} I \qquad (6-27)$$

式中 I_{H0}——温度为 T_0 时,霍尔元件控制电流;

R_i——温度为 T_0 时,霍尔元件的内阻;

r_P——温度为 T_0 时补偿电阻。

当温度升到 T 时,同理可得

$$I_H = \frac{r}{R+r}I \qquad (6-28)$$

式中　R——温度为 T 时,霍尔元件的内阻,$R=R_i(1+\beta t)$,β 是霍尔元件的电阻温度系数,$t=T-T_0$ 为相对于基准温度 T_0 的温差;

　　　　r——温度为 T 时,补偿电阻的阻值,$r=r_p(1+\delta t)$,δ 是补偿电阻的温度系数。

由式(6-27)可知,当温度为 T_0 时,霍尔电动势为

$$E_{H0} = K_{H0}I_{H0}B$$

式中　K_{H0}——温度为 T_0 时,霍尔元件的灵敏度。

温度为 T 时的霍尔电动势为

$$E_H = K_H I_H B = K_{H0}(1+\alpha t)I_H B$$

式中　K_H——温度为 T 时,霍尔元件的灵敏度;

　　　　α——霍尔电动势的温度系数。由它的定义可知,实质上它就是灵敏度温度系数。

为使霍尔电动势不变化,必须保持 $E_H = E_{H0}$,即

$$K_{H0}(1+\alpha t)I_H B = K_{H0}I_{H0}B$$

将式(6-27)和(6-28)代入上式,经整理后得

$$(1+\alpha t)(1+\delta t) = 1 + \frac{R_i\beta + r_p\delta}{R_i + r_p}$$

将上式展开,并略去 $\alpha\delta t^2$ 项(温差 $t<100\ ℃$ 时,可认为此项很小),则

$$r_p\alpha = R_i(\beta-\alpha-\delta)$$

所以

$$r_p = \frac{\beta-\alpha-\delta}{\alpha}R_i \qquad (6-29)$$

由于 $\delta\ll\beta$ 及 $\alpha\ll\beta$,故上式可简化为

$$r_p = \frac{\beta}{\alpha}R_i \qquad (6-30)$$

当 α 及 β 以及内阻 R_i 确定后,补偿电阻 r_p 的大小就可以确定了。一般 α 和 β 可以从元件参数表中查得,α 约 $(2\sim10)\times10^{-4}/℃$,β 约 $10^{-2}/℃$,故 $r_p=(10\sim50)R_i$,R_i 可直接在无外磁场和室温条件下测得。

除此之外,还可以通过选取合适的负载电阻和利用输入回路的串联

电阻等方法进行补偿。

6.3.3　霍尔元件的使用

1. 主要技术参数

（1）额定控制电流。指霍尔元件温升 10 ℃ 所施加的控制电流值，单位（mA），增大元件的控制电流可以获得较大的输出霍尔电动势。但在实际使用时，控制电流的增加受到霍尔元件的最高温升的限制。

（2）输入电阻 R_i 与输出电阻 R_o。R_i 是指控制电流极之间的电阻值，R_o 指霍尔电极之间的电阻，单位（Ω）。R_i 和 R_o 可以用直流电桥或欧姆表，在无外磁场和室温条件下进行测量。

（3）不等位电势 U_0 和不等位电阻 r_0。在额定控制电流下，不加外磁场时，霍尔电极间的空载电动势称为不等位电势 U_0，单位（mV）。可以在不加外磁场的条件下，将元件通以直流的额定控制电流，用直流电位差计测得空载霍尔电动势，这就是其不等位电势。

不等位电势 U_0 与额定控制电流 I 之比，为元件的不等位电阻 r_0，即 $r_0 = \dfrac{U_0}{I}$，单位（Ω）。

（4）灵敏度 K_H。霍尔元件在单位磁感应强度和单位控制电流作用下的空载霍尔电动势值，称为霍尔元件的灵敏度 K_H。

（5）寄生直流电势 U。在无外磁场的情况下，霍尔元件通以交流控制电流，开路的霍尔电极间输出的交流电势称为交流不等位电势 U_f，单位（mV）。在此情况下输出的直流电势称为寄生直流电势 U，单位（μV）。

（6）霍尔电动势温度系数 α。在一定的磁感应强度和单位控制电流下，温度每改变 1℃ 时，霍尔电动势值变化的百分率，称为霍尔电动势温度系数 α，单位（1/℃）。

（7）内阻温度系数 β。元件在无外磁场及工作温度范围内，温度每变化 1℃ 时，输入电阻 R_i 与输出电阻 R_o 变化的百分率称为内阻温度系数 β，单位（1/℃）。由于不同温度时，内阻温度系数值不等，一般取平均值。

（8）热阻 R_Q。在霍尔电极开路情况下，元件上的电功率损耗 $I^2 R_i$ 每改变 1 mW 时，元件温度的变化值称热阻 R_Q，单位（℃/mW）。

常用国产霍尔元件的技术参数见表 6-4。

表 6-4　常用国产霍尔元件的技术参数

参数名称/单位	符号	HZ—1 型	HZ—4 型	HT—2 型	HS—1 型
		材　料　（N 型）			
		Ge(111)	Ge(100)	InSb	InAs
电阻率/Ω·cm	ρ	0.8～1.2	0.4～0.5	0.003～0.05	001
几何尺寸/mm	$l \times b \times d$	8×4×0.2	8×4×0.2	8×4×0.2	8×4×0.2
输入电阻/Ω	R_i	110±20%	45±20%	0.8±20%	1.2±20%
输出电阻/Ω	R_o	100±20%	40±20%	0.5±20%	1±20%
灵敏系数/mV/(mA·T)	K_H	>1.2	>4.0	0.18±20%	0.1±20%
不等位电阻/Ω	r_0	<0.07	<0.02	<0.005	<0.003
寄生直流电势/μV	U	<150	<100		
额定控制电流/mA	I	20	50	300	200
霍尔电势温度系数/1/℃	α	0.04%	0.03%	−1.5%	
内阻温度系数/1/℃	β	0.5%	0.3%	−0.5%	
热　　阻/℃·mW	R_Q	0.4	0.1		
工作温度/℃	T	−40～+45	−40～+75	0～+40	−40～+60

2. 元件的连接

为了得到较大的霍尔电动势输出，当元件的工作电流为直流时，可把几个霍尔元件输出串联起来，但控制电流极应该并联，如图 6-28(a)所示。不要连接成图 6-28(b)，因为控制电流极相串联时，有大部分控制

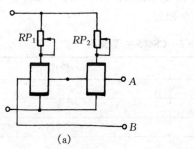
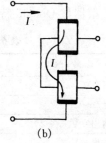

(a)　　　　　　　　　　　　(b)

图 6-28　霍尔元件输出迭加连接

(a)正确接法；(b)错误接法

电流将被相连的霍尔电势极短接，见图(b)中箭头所示，而使元件不能正常工作。通过调节 RP_1，RP_2 可使两单个元件输出电动势相等，而 A，B 端的输出就等于单个元件的两倍。这种连接方式虽增加了输出电动势，但输出内阻随之增加。

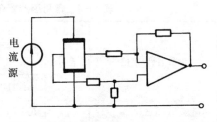

图 6-29　霍尔电势的放大电路

　　霍尔电动势一般为毫伏级，所以实际使用时都采用运算放大器加以放大，如图 6-29 所示。

6.3.4　集成霍尔器件

　　将霍尔元件与放大电路集成在同一芯片内构成独立器件，已获得广泛应用。它体积小、价格便宜，而且带有补偿电路，有助于减小误差，改善稳定性。根据功能不同，集成霍尔器件有霍尔线性集成器件和霍尔开关集成器件两种。

1. 霍尔线性集成器件

　　霍尔线性集成器件是将霍尔元件和放大电路等集成制作在一块芯片上，它的特点是输出电压在一定范围内与磁感应强度 B 成线性关系，被广泛使用于磁场检测、直流无刷电动机等场合。

　　霍尔线性集成器件由霍尔元件、放大、电压调整、电流放大输出级、失调调整及线性度调整等部分组成，有三端 T 型单端输出和八脚双列直插型双端输出两种结构。

　　表 6-5 是我国 CS835 霍尔线性集成器件的主要参数，它与日本松下公司的该类型器件 DN835 特性相似。

表 6-5　CS835 主要参数

参数/单位	数值	
电源电压/ V	6	
电源电流/mA	15	13.5
高电平输出/ V	≥2.4	≥2.5
低电平输出/ V	≤0.5	
输出电流/ mA	10	
灵敏度/(mV/mA · T)	10	
工作温度/ ℃	-20～+75	

2. 霍尔开关集成器件

霍尔开关集成器件由霍尔元件、差分放大器、施密特触发器、功率放大输出器四个部分组成。它的特性如图 6-30 所示,其高低电平的转变所对应的磁感应强度 B 值不同,形成切换差(回差),这是位式作用传感器的特点,对防止干扰引起的误动作有利。这种器件也有单端和双端输出两种结构。

表 6-6 是国产霍尔开关器件的典型参数,它可以用于无触点开关。

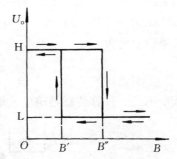

图 6-30　霍尔开关器件的特性

表 6-6　国产霍尔开关器件的典型参数

参数/单位	高电压型	低电压型
电源电压/ V	5～15	5～7.5
高电平输出/ V	5～15	5～7.5
低电平输出/ V	0.4	0.4
上动作点 B''/ T	$(3.5～7.5) \times 10^{-2}$	$(3.5～7.5) \times 10^{-2}$
下动作点 B'/T	1×10^{-2}	1×10^{-2}

6.3.5　霍尔元件在非电量电测技术中的应用举例

霍尔元件具有在静止状态下感受磁场作用,直接转变为电动势输出的能力。而且还具有结构简单、体积小、频率响应宽、动态范围大、寿命长、无触点等优点,因此获得广泛的应用。

利用霍尔输出正比于控制电流和磁感应强度乘积的关系,可分别使其中一个量保持不变,另一个量作为变量,或两者都作为变量,因此,霍尔元件大致可分为以上三种类型的应用。例如,当保持元件的控制电流恒定,元件的输出就正比于磁感应强度,可用作测量恒定和交变磁场的高斯计等。当元件的控制电流和磁感应强度都作为变量时,元件的输出与两者乘积成正比,可用作乘法器、功率计等。

下面介绍霍尔元件在非电量电测技术中的几个应用实例。

1. 位移传感器

在两个极性相反,磁感应强度相同的磁钢的气隙中,放置一个霍尔元

件,如图 6-31 所示。当元件的控制电流 I 恒定不变时,霍尔电动势 E_H
与磁感应强度 B 成正比。若磁场在一定范围内,沿 x 方向的变化梯度
dB/dx 为一常数(见图 6-31(b)),则当霍尔元件沿 x 方向移动时霍尔电
动势的变化为

$$\frac{\mathrm{d}E_H}{\mathrm{d}x} = K_H I \frac{\mathrm{d}B}{\mathrm{d}x} = K$$

式中 K——位移传感器输出灵敏度。

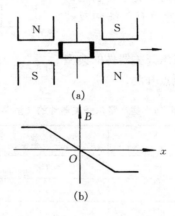

图 6-31 位移传感器原理图

(a) 位移传感器示意图;(b) $B \sim x$ 特性

将上式积分后得 $E_H = Kx$ (6-31)

式(6-31)说明霍尔电动势与位移量成线性关系。霍尔电动势的极性
反映了元件位移的方向。磁场梯度越大,灵敏度也越高;磁场梯度越均匀,
输出线性度越好。当 $x=0$,即元件位于磁场中间位置时,霍尔电动势
$E_H = 0$。

这种位移传感器一般可用来测量 $1 \sim 2\ \mathrm{mm}$ 的小位移,且惯性小、响
应速度快。利用这种位移-电动势转换关系,还可以用来测量力、压力、压
差、液位、流量等。

2. 转速测量

通以恒定电流的霍尔元件,放在齿轮
和永久磁铁中间,如图 6-32 所示。当机
件转动时,带动齿轮转动,齿轮使作用在元
件上的磁通量发生变化,即齿轮的齿对准
磁极时磁阻减小,磁通量增大;而齿间隙对

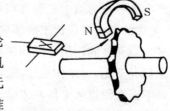

图 6-32 转速测量示意图

准磁极时,磁阻增大,磁通量减小。这样随着磁通量的变化,霍尔元件便输出一个个脉冲信号。旋转一周的脉冲数,等于齿轮的齿数。因此,脉冲信号的频率大小就反映转速的高低。

3. 霍尔无触点开关

这种开关采用霍尔开关集成器件,其示意图如图 6 - 33 所示。当适当的磁场加在器件上时,内部晶体管导通,输出电压等于 VT 管的饱和压降,数值很小,即输出低电平。当不存在磁场时,VT 管截止,输出高电平。这种开关是一种无抖动的无触点开关,工作频率可达 100 kHz,电源电压范围大,极易与各种不同的输出负载接口,所以使用广泛。

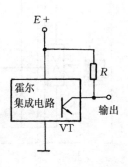

图 6 - 33　单片霍尔效应
开关示意图

以保安系统为例,把霍尔开关集成器件装在门框里,永磁体装在门上,当门关闭时,开关输出低电平,门打开时,磁体离开传感器,开关输出高电平,驱动电铃,可作为报警设备。

4. 汽车霍尔点火器

将霍尔传感器固定于汽车分电器的白金座上,在分火头上装一隔磁罩,罩的竖边根据汽车发动机的缸数,开出等间距的缺口,当缺口对准传感器时,磁通通过霍尔电路闭合,所以电路导通,如图 6 - 34(a)所示,此时霍尔电路输出低电平;当罩边凸出部分挡在传感器与磁体之间时,电路截止,如图 6 - 34(b)所示,霍尔电路输出高电平。

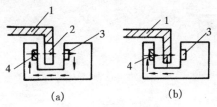

图 6 - 34　霍尔传感器磁路示意图
(a) 磁通通过霍尔传感器;
(b) 磁通不通过霍尔传感器
1—隔磁罩;2—隔磁罩缺口;
3—霍尔电路;4—磁钢

霍尔电子点火器电路原理图如图 6 - 35 所示。当霍尔传感器输出低电平时,VT_1 截止,VT_2,VT_3 导通,点火线圈的初级有一恒定电流通过。当霍尔传感器输出高电平时,VT_1 导通,VT_2,VT_3 截止,点火线圈的初级电流截断,此时储存在点火线圈中的能量由次级线圈以高压放电形式输出,即放电点火。

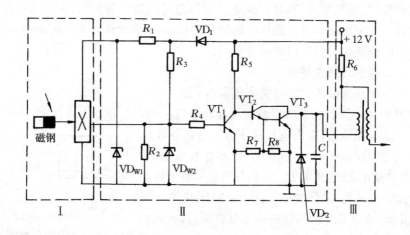

图 6 - 35　霍尔电子点火器原理图

Ⅰ—带霍尔传感器的分电器；Ⅱ—开关放大器；Ⅲ—点火线圈

　　汽车电子点火器具有无触点，节油，能适应恶劣的工作环境和较广的车速范围，起动性能好，便于微电脑控制等优点，目前国外已广泛采用。

第7章　热电传感器

热电传感器是一种能将温度变化转换为电量变化的元件。它主要包括将温差转换为热电动势的热电偶;将温度转换为电阻变化的热电阻;利用半导体材料的电阻值随温度变化的热敏电阻和利用半导体 PN 结温度特性的集成化温度传感器。

7.1　热电偶

热电偶在温度测量中应用极为广泛,因为它结构简单,具有较高的准确度,温度测量范围宽,动态响应较好。若所选择的两根导体材质适当时,可以测量高达 1 000℃以上的高温。

7.1.1　热电偶测温原理

1. 热电效应

两种不同的导体两端相互紧密地连接在一起,组成一个闭合回路,见图 7-1 所示。当两接点温度不等($T>$ T_0)时,回路中就会产生电动势,从而形成电流,这一现象称为热电效应,该电动势称为热电动势。

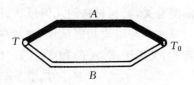

图 7-1　热电偶结构原理

通常我们把上述两种不同导体的组合称为热电偶,称 A,B 两导体为热电极。两个接点,一个为工作端或热端(T),测温时将它置于被测温度场中,另一个叫自由端或冷端(T_0),一般要求恒定在某一温度。

由于不同导体的自由电子密度是不同的。当两种不同的导体 A,B 连接在一起时,在 A,B 的接触处就会发生电子的扩散。设导体 A 的自由电子密度大于导体 B 的自由电子密度,那么在单位时间内,由导体 A 扩散到导体 B 的电子数要比导体 B 扩散到导体 A 的电子数多,这时导体 A 因失去电子而带正电,导体 B 因得到电子而带负电,于是在接触处便形成了电位差,即电动势(见图 7-2),这个电动势将阻碍电子由导体 A 向导体 B 的进一步扩散。当电子的扩散作用与上述的电场阻碍扩散的作用相等时,接触处的自由电子扩散便达到动态平衡。这种由于两种导体自由电子密度不同,而在其接触处形成的电动势,称为接触电动势,用符号 $E_{AB}(T)$ 和 $E_{AB}(T_0)$ 表示。

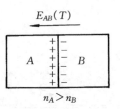

图 7-2　接触电动势

由物理学可知

$$E_{AB}(T) = \frac{kT}{q_0}\ln\frac{n_A}{n_B} \qquad (7-1)$$

$$E_{AB}(T_0) = \frac{kT_0}{q_0}\ln\frac{n_A}{n_B} \qquad (7-2)$$

式中　$E_{AB}(T)$——A,B 两种材料在温度 T 时的接触电动势;

　　　$E_{AB}(T_0)$——A,B 两种材料在温度 T_0 时的接触电动势;

　　　k——波尔兹曼常数($k=1.38\times10^{-23}$ J/K);

　　　T,T_0——接触处的绝对温度;

　　　n_A,n_B——材料 A,B 的自由电子密度;

　　　q_0——电子电荷量($q_0=1.6\times10^{-19}$ C)。

由上可见,接触电动势的大小只与导体材料 A,B 的性质和两接点的温度有关,而与材料的几何形状、尺寸无关。

实验与理论均已证明,热电偶回路总电动势主要是由接触电动势引起的,又由于 $E_{AB}(T)$ 和 $E_{AB}(T_0)$ 的极性相反,所以回路的总电动势

$$E_{AB}(T,T_0) = E_{AB}(T) - E_{AB}(T_0)$$

$$= \frac{k}{q_0}(T-T_0)\ln\frac{n_A}{n_B} \qquad (7-3)$$

根据上述讨论,可得到以下几点结论:

• 如果热电偶两电极材料相同,无论两接点温度如何,总热电动势为零。

• 如果热电偶两接点温度相同,尽管 A,B 材料不同,回路中总电动势等于零。

• 由式(7-3)可见,热电偶产生的热电动势只与材料和接点温度有关,与热电极的尺寸、形状等无关。同样材料的热电极,其温度和电动势的关系是一样的,因此热电极材料相同的热电偶可以互换。

• 热电偶 A,B 在接点温度为 T_1,T_3 时的热电动势,等于此热电偶

在接点温度为 T_1,T_2 与 T_2,T_3 两个不同状态下的热电动势之和,即

$$E_{AB}(T_1,T_3) = E_{AB}(T_1,T_2) + E_{AB}(T_2,T_3)$$
$$= E_{AB}(T_1) - E_{AB}(T_2) + E_{AB}(T_2) - E_{AB}(T_3)$$
$$= E_{AB}(T_1) - E_{AB}(T_3) \tag{7-4}$$

• 当热电极 A,B 选定后,热电动势 $E_{AB}(T,T_0)$ 是两接点温度 T 和 T_0 的函数差,即

$$E_{AB}(T,T_0) = f(T) - f(T_0) \tag{7-5}$$

如果使自由端温度 T_0 保持不变,则 $f(T_0)=C$(常数),此时 $E_{AB}(T,T_0)$ 就成为 T 的单值函数,即

$$E_{AB}(T,T_0) = f(T) - C = \varphi(T) \tag{7-6}$$

式(7-6)在实际测温中得到广泛应用。当保持热电偶自由端温度 T_0 不变时,只要用仪表测出总电动势,就可以求得工作端温度 T。在实用中,我们把自由端(参考端)温度保持 0℃。

编制出针对各种热电偶的热电动势与温度的对照表,称为分度表,见表 7-1 至表 7-4,表中温度按 10℃ 分档,其中间值可按内插法计算。

表 7-1 铂铑₁₀-铂热电偶(分度号为 S)分度表

工作端温度/℃	0	10	20	30	40	50	60	70	80	90
	热电动势/mV									
0	0.000	0.055	0.113	0.173	0.235	0.299	0.365	0.432	0.502	0.573
100	0.645	0.719	0.795	0.872	0.950	1.029	1.109	1.190	1.273	1.356
200	1.440	1.525	1.611	1.698	1.785	1.873	1.962	2.051	2.141	2.232
300	2.323	2.414	2.506	2.599	2.692	2.786	2.880	2.974	3.069	3.164
400	3.260	3.356	3.452	3.549	3.645	3.743	3.840	3.938	4.036	4.135
500	4.234	4.333	4.432	4.532	4.632	4.732	4.832	4.933	5.034	5.136
600	5.237	5.339	5.442	5.544	5.648	5.751	5.855	5.960	6.064	6.169
700	6.274	6.380	6.486	6.592	6.699	6.805	6.913	7.020	7.128	7.236
800	7.345	7.454	7.563	7.672	7.782	7.892	8.003	8.114	8.225	8.336
900	8.448	8.560	8.673	8.786	8.899	9.012	9.126	9.240	9.355	9.470
1 000	9.585	9.700	9.816	9.932	10.048	10.165	10.282	10.400	10.517	10.635
1 100	10.754	10.872	10.991	11.110	11.229	11.348	11.467	11.587	11.707	11.827
1 200	11.947	12.067	12.188	12.308	12.429	12.550	12.671	12.792	12.913	13.034
1 300	13.155	13.276	13.397	13.519	13.640	13.761	13.883	14.004	14.125	14.247
1 400	14.368	14.489	14.610	14.731	14.852	14.973	15.094	15.215	15.336	15.456
1 500	15.576	15.697	15.817	15.937	16.057	16.176	16.296	16.415	16.534	16.653
1 600	16.771									

表 7-2   铂铑$_{30}$-铂铑$_6$热电偶(分度号为 B)分度表

工作端温度/℃	0	10	20	30	40	50	60	70	80	90
	热电动势/mV									
0	−0.000	−0.002	−0.003	−0.002	0.000	0.002	0.006	0.011	0.017	0.025
100	0.033	0.043	0.053	0.065	0.078	0.092	0.107	0.123	0.140	0.159
200	0.178	0.199	0.220	0.243	0.266	0.291	0.317	0.344	0.372	0.401
300	0.431	0.462	0.494	0.527	0.561	0.596	0.632	0.669	0.707	0.746
400	0.786	0.827	0.870	0.913	0.957	1.002	1.048	1.095	1.143	1.192
500	1.241	1.292	1.344	1.397	1.450	1.505	1.560	1.617	1.674	1.732
600	1.791	1.851	1.912	1.974	2.036	2.100	2.164	2.230	2.296	2.363
700	2.430	2.499	2.569	2.639	2.710	2.782	2.855	2.928	3.003	3.078
800	3.154	3.231	3.308	3.387	3.466	3.546	3.626	3.708	3.790	3.873
900	3.957	4.041	4.126	4.212	4.298	4.386	4.474	4.562	4.652	4.742
1 000	4.833	4.924	5.016	5.109	5.202	5.297	5.391	5.487	5.583	5.680
1 100	5.777	5.875	5.973	6.073	6.172	6.273	6.374	6.475	6.577	6.680
1 200	6.783	6.887	6.991	7.096	7.202	7.308	7.414	7.521	7.628	7.736
1 300	7.845	7.953	8.063	8.172	8.283	8.393	8.504	8.616	8.727	8.839
1 400	8.952	9.065	9.178	9.291	9.405	9.519	9.634	9.748	9.863	9.979
1 500	10.094	10.210	10.325	10.441	10.558	10.674	10.790	10.907	11.024	11.141
1 600	11.257	11.374	11.491	11.608	11.725	11.842	11.959	12.076	12.193	12.310
1 700	12.426	12.543	12.659	12.776	12.892	13.008	13.124	13.239	13.354	13.470
1 800	13.585									

表 7 - 3　镍铬-镍硅(镍铝)热电偶(分度号为 K)分度表

工作端温度/℃	0	10	20	30	40	50	60	70	80	90
	热电动势/mV									
-0	-0.000	-0.392	-0.777	-1.156	-1.527	-1.889	-2.243	-2.586	-2.920	-3.242
+0	0.000	0.397	0.789	1.203	1.611	2.022	2.436	2.850	3.266	3.681
100	4.095	4.508	4.919	5.327	5.733	6.137	6.539	6.939	7.338	7.737
200	8.137	8.537	8.938	9.341	9.745	10.151	10.560	10.969	11.381	11.793
300	12.207	12.623	13.039	13.456	13.874	14.292	14.712	15.132	15.552	15.974
400	16.395	16.818	17.241	17.664	18.088	18.513	18.938	19.363	19.788	20.214
500	20.640	21.066	21.493	21.919	22.346	22.772	23.198	23.624	24.050	24.476
600	24.902	25.327	25.751	26.176	26.599	27.022	27.445	27.867	28.288	28.709
700	29.128	29.547	29.965	30.383	30.799	31.214	31.629	32.042	32.455	32.866
800	33.277	33.686	34.095	34.502	34.909	35.314	35.718	36.121	36.524	36.925
900	37.325	37.724	38.122	38.519	38.915	39.310	39.703	40.096	40.488	40.897
1 000	41.269	41.657	42.045	42.432	42.817	43.202	43.585	43.968	44.349	44.729
1 100	45.108	45.486	45.863	46.238	46.612	46.985	47.356	47.726	48.095	48.462
1 200	48.828	49.192	49.555	49.916	50.276	50.633	50.990	51.344	51.697	52.049
1 300	52.398									

表 7 - 4　铜-康铜热电偶(分度号为 T)分度表

工作端温度/℃	0	10	20	30	40	50	60	70	80	90
	热电动势/mV									
-200	-5.603	-5.753	-5.889	-6.007	-6.105	-6.181	-6.232	-6.258		
-100	-3.378	-3.656	-3.923	-4.177	-4.419	-4.648	-4.865	-5.069	-5.261	-5.439
-0	-0.000	-0.383	-0.757	-1.121	-1.475	-1.819	-2.152	-2.475	-2.788	-3.089
0	0.000	0.391	0.789	1.196	1.611	2.035	2.467	2.908	3.357	3.813
100	4.277	4.749	5.227	5.712	6.204	6.702	7.207	7.718	8.235	8.757
200	9.286	9.320	10.360	10.905	11.456	12.011	12.572	13.137	13.707	14.281
300	14.860	15.443	16.030	16.621	17.217	17.816	18.420	19.027	19.638	20.252
400	20.869									

在冷端温度 $T_0 = 0℃$ 时,热端温度和热电动势之间的关系还可以用曲线图和计算公式来描述。图 7-3 就是几种常用热电偶的热电动势和温度间的关系,可见它们都是非线性的。

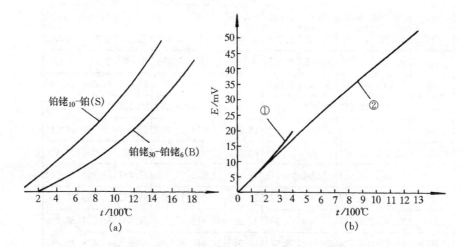

图 7-3　常用热电偶的热电特性

(a) 铂铑$_{10}$－铂(S)、铂铑$_{30}$－铂铑$_6$(B);(b) 热电偶的热电特性;

① 铜-康铜(T);② 镍铬-镍硅(K) 热电偶的热电特性

在利用计算机构成的仪表里,如将分度表的数据全部存入,占用存储空间过大,可采用计算公式来求热电动势 E 与被测温度 T 之间的关系。例如铂铑$_{10}$-铂热电偶(分度号 S)在$-50 \sim 630.74℃$范围内

$$E = (5.399\ 578 \times T + 1.251\ 977 \times 10^{-2} T^2 - 2.248\ 22 \times 10^{-5}\ T^3 + 2.845\ 216 \times$$
$$10^{-8} T^4 - 2.244\ 058 \times 10^{-11} T^5 + 8.505\ 417 \times 10^{-15}\ T^6) \times 10^{-3}\ mV$$

在 $630.74 \sim 1\ 064.43℃$ 范围内

$$E = (-2.982\ 448 \times 10^2 + 8.237\ 553T + 1.645\ 391 \times 10^{-3} T^2) \times 10^{-3} mV$$

2. 热电偶的基本定律

(1) 中间导体定律。在 A, B 材料组成的热电偶回路中接入第三种导体 C,只要引入的第三种导体两端温度相同,则此导体的引入不会改变电动势 $E_{AB}(T, T_0)$ 大小。这个规律称中间导体定律。

在图 7-4(a)中,已知回路各接点温度相同,总电动势为零,即

$$E_{ABC}(T_0, T_0) = E_{AB}(T_0) + E_{BC}(T_0) + E_{CA}(T_0) = 0$$

或

$$E_{BC}(T_0) + E_{CA}(T_0) = -E_{AB}(T_0) \tag{7-7}$$

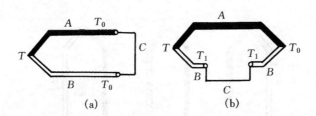

图 7 - 4　热电偶接入第三种导体的两种方式

而回路的总电动势等于各结点热电动势的代数和。即

$$E_{ABC}(T, T_0) = E_{AB}(T) + E_{BC}(T_0) + E_{CA}(T_0) \qquad (7-8)$$

将式(7-7)代入式(7-8),得

$$E_{ABC}(T, T_0) = E_{AB}(T) - E_{AB}(T_0) = E_{AB}(T, T_0) \qquad (7-9)$$

由式(7-9)可见,热电偶的热电动势在引入的第三种导体两端温度相等时,不会因此而受到影响。实际应用中,这第三种导体可以是测量仪表(如动圈式毫伏表,电子电位差计等)和连接导线。

如果按图 7-4(b)方式接入第三种导体,则回路总电动势为

$$E_{ABC}(T, T_0) = E_{AB}(T) + E_{BC}(T_1) + E_{CB}(T_1) + E_{BA}(T_0)$$

由于 $\qquad\qquad\qquad E_{BC}(T_1) = -E_{CB}(T_1)$

所以

$$E_{ABC}(T, T_0) = E_{AB}(T) - E_{AB}(T_0) = E_{AB}(T, T_0)$$

结论与式(7-9)完全相同。

如果引入的第三种导体两端温度不相等,则热电偶产生的热电动势将要发生变化,其变化的大小取决于引入的导体性质和两接点的温度差。因此,第三种导体不宜采用与热电极性质相差很远的材料,否则一旦温度发生变化,热电动势受很大影响。

(2) 标准电极定律。如果两种导体(A 和 B)分别与第三种导体(C)组成热电偶所产生的热电动势已知,则由这两个导体(A,B)组成的热电偶产生的热电动势可由下述标准电极定律来确定:

$$E_{AB}(T, T_0) = E_{AC}(T, T_0) - E_{BC}(T, T_0) \qquad (7-10)$$

式(7-10)的证明如下:

图 7-5 中,AC,BC,AB 为三个热电偶,热端温度为 T,冷端温度为 T_0,则

$$E_{AC}(T, T_0) = E_{AC}(T) - E_{AC}(T_0)$$

$$E_{BC}(T, T_0) = E_{BC}(T) - E_{BC}(T_0)$$

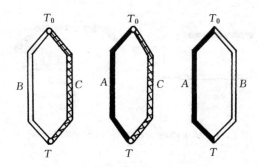

图 7 - 5　三种导体分别组成的热电偶

将上两式相减得

$$E_{AC}(T, T_0) - E_{BC}(T, T_0)$$
$$= E_{AC}(T) - E_{AC}(T_0) - [E_{BC}(T) - E_{BC}(T_0)]$$

利用中间导体定律

$$E_{AC}(T) - E_{BC}(T) = E_{AB}(T)$$
$$E_{BC}(T_0) - E_{AC}(T_0) = E_{BA}(T_0)$$

则

$$E_{AC}(T, T_0) - E_{BC}(T, T_0) = E_{AB}(T) + E_{BA}(T_0)$$
$$= E_{AB}(T) - E_{AB}(T_0)$$
$$= E_{AB}(T, T_0)$$

　　由此可见,任意几个热电极与一标准电极组成热电偶产生的热电动势已知时,就可以很方便地求出这些热电极彼此任意组合时的热电动势。由于纯铂(Pt)的物理化学性能稳定,熔点较高,易提纯,所以工程上常以铂作为标准电极。如已知各种不同的热电极材料对标准电极的热电动势,就可方便地求出任何两种材料相配组成热电偶的热电动势。各种不同的热电极材料和铂相配组成的热电偶,在热端温度为 100℃,冷端温度为 0℃时,所产生的热电动势值列于表 7 - 5 中。表中热电动势前面的"＋"和"－"符号,表示这种导体和铂组成热电偶的热电动势极性。根据此表可以求出任何两种材料相配组成热电偶的热电动势。

表 7 - 5 各种测温材料的物理性质以及它与纯铂配成的热电偶，

在 $t=100℃$, $t_0=0℃$ 时的热电动势值及其他参数

热电极材料名称	化学符号或成分	热电动势 mV	适用温度℃			温度膨胀系数℃	比电阻 $(\Omega \cdot mm^2)/m$	电阻温度系数℃
			对电阻温度计	对热电偶				
				长期测试	短期测试			
镍铬合金	90%Ni+10%Cr	+2.95	—	1 000	1 250	16.1×10^{-6}	0.7	0.5×10^{-3}
镍铬合金	80%Ni+20%Cr	+2.0	—	1 000	1 100	17×10^{-6}	1.0	0.14×10^{-3}
铁	100%Fe	+1.8	150	600	800	11×10^{-6}	0.091	6.4×10^{-3}
钼	100%Mo	+1.31	—	2 000	2 500	5.1×10^{-6}	0.46	4.35×10^{-3}
铂铱合金	90%Pt+10%Ir	+1.3	—	1 000	1 200	—	—	—
金	100%Au	+0.8	—	—	—	14.3×10^{-6}	0.022	3.97×10^{-3}
锰铜合金	84% Cu + 13% Mn +2%Ni+1%Fe	+0.8	—	—	—		0.42	0.006×10^{-3}
钨	100%W	+0.79	600	2 000	2 500	3.36×10^{-6}	0.058	44×10^{-3}
铜	100%Cu	+0.75	180	350	500	16.4×10^{-6}	0.017	4.25×10^{-3}
银	100%Ag	+0.72	—	600	700	19.5×10^{-6}	0.015	4.1×10^{-3}
锌	100%Zn	+0.7			—	28.3×10^{-6}	0.062	3.9×10^{-3}
铂铑合金	90%Pt+10%Rh	+0.64		1 300	1 600	—	0.19	1.67×10^{-3}
铅	100%Pb	+0.44	—		—	27.6×10^{-6}	0.227	4.11×10^{-3}
铝	100%Al	+0.4			—	23.8×10^{-6}	0.026	4.3×10^{-3}
铂	100%Pt	0.0	660	1 300	1 600	8.99×10^{-6}	0.099	3.94×10^{-3}
镍铝合金	95%Ni+5% (Al,Si,Mn)	−1.2	—	1 000	1 250	15.1×10^{-6}	0.34	1.0×10^{-3}
镍	100%Ni	−1.52	300	1 000	1 100	22.8×10^{-6}	0.128	6.28×10^{-3}
康铜	60%Cu+40%Ni	−3.5		600	800	15.2×10^{-6}	0.475	0.04×10^{-3}
考铜	56%Cu+44%Ni	−4.0	—	600	800	15.6×10^{-6}	0.49	-0.1×10^{-3}

7.1.2　热电偶的结构与种类

1.结构

普通热电偶都做成棒形,有四个组成部分,图7-6为其总体结构。

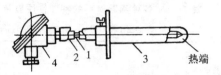

图7-6　普通热电偶结构
1—热电极;2—绝缘管;
3—保护套管;4—接线盒

(1)热电极。热电偶常以热电极材料种类来定名,例如铂铑-铂热电偶,镍铬-镍硅热电偶。其直径大小由材料价格、机械强度、导电率以及热电偶的用途和测量范围等因素决定。贵金属热电偶热电极直径大多是0.13～0.65 mm,普通金属热电偶热电极直径0.5～3.2 mm。热电偶长度由使用情况、安装条件,特别是工作端在被测介质中插入深度来决定,通常为350～2 000 mm,常用的长度为350mm。

热电极有正、负极性之分,在其技术指标中有说明,使用时需注意。

(2)绝缘管。又称绝缘子,用来防止两根热电极短路,其材料的选用视使用的温度范围和对绝缘性能的要求而定。例如可选用橡皮塑料(60～80 ℃),石英管(0～1 300 ℃),瓷管(1 400 ℃),氧化铝管(1 500～1 700℃)等作绝缘材料。最常用的是氧化铝管和耐火陶瓷等。绝缘管一般制成圆形,中间有孔,长度为20 mm,使用时根据热电偶长度,可多个串起来使用。

(3)保护套管。保护套管的作用是使热电极与被测温介质隔离,使之免受化学侵蚀或机械损伤。热电极在套上绝缘管后再装入保护套管内。

对保护套管的基本要求是经久耐用与传热良好。前者指能耐高温、耐温度急剧变化,耐腐蚀,不分解出对电极有害的气体,有良好的气密性及足够的机械强度;后者指热传导性强,热容量小,以改善热电极对被测温度变化的响应速度。

常用保护套管材料有金属和非金属两类,金属常用铝、铜、铜合金、炭钢、不锈钢、镍等高温合金材料,非金属材料有石英、高温陶瓷、氧化铝、石墨等。应根据热电偶类型、测温范围和使用条件等因素来选择保护套管材料。

(4)接线盒。接线盒供热电偶与补偿导线连接之用。接线盒固定在热电偶保护套管上,一般用铝合金制成,分普通式和防溅式(密封式)两类。

2. 种　类

(1) 常用热电偶。常用热电偶为铂铑$_{10}$-铂，铂铑$_{30}$-铂铑$_6$，镍铬-镍硅，铜-康铜等，其主要技术特性见表 7 - 6。表中的材质名称中包括两种导体，当工作端温度高于参考端时，前一种导体为热电动势的正极，后一种为负极。

表 7 - 6　常用热电偶主要技术特性

名　称	分度标准		材质成分		$t=100℃$ $t_0=0℃$ 热电动势/mV	最高使用温度	
	国际	我国(旧)	正极	负极		长期	短期
铂铑$_{10}$-铂	S	LB-3	Pt90% Rh10%	Pt100%	0.643	1 300℃	1 600℃
铂铑$_{30}$-铂铑$_6$	B	LL-2	Pt70% Rh30%	Pt94% Rh6%	0.034	1 600℃	1 800℃
镍铬-镍硅	K	EU-2	Ni90% Cr10%	Ni97% Si2.5% Mn0.5%	4.095	1 000℃	1 200℃
铜-康铜	T	CK	Cu100%	Cu55% Ni45%	4.277	200℃	300℃

铂铑－铂热电偶属贵金属热电偶，可用于较高的温度，能长时间在 0～1 300 ℃中工作，短时间可测到 1 600 ℃，其物理化学稳定性好，测量精度高，所以目前在国际实用温标中，这类热电偶被规定作为 630.74℃ 到 1 064.43 ℃范围内复现温标的基准。其缺点是材料价格较贵，热电动势较小，测量时要采用灵敏度较高的仪表。

镍铬－镍硅热电偶是非贵金属热电偶中性能最稳定的一种，因此应用很广。它可以长时间在 1 000 ℃中工作，短时间可到 1 200 ℃，与铂铑－铂热电偶相比，在相同温差下，其热电动势要大 4～5 倍，且具有直线的分度曲线。这种热电偶性能也较稳定，因此我国已正式决定用镍铬－镍硅热电偶作为标准热电偶，用来检定工业用镍铬－镍铝热电偶。

铜－康铜热电偶在低温下有较好的稳定性，一般多用于实验和科研中，尤其在低温下使用更为普遍，可用来测量－200～＋200 ℃的温度。测量低温时，由于工作端温度低于参考端，所以正负极要发生变化。

(2) 特殊热电偶。为适应工业测温的一些特殊要求(超高温、超低温、快速测温等)，需要一些特殊热电偶，下面介绍几种我国生产的特殊热电偶。

　　① 铠装热电偶。又称缆式热电偶,由热电极、绝缘材料和金属保护套管三者组合成一体,它可以做得很细很长,而且有良好的柔性,便于弯曲,抗振性好,热惯性小,动态响应快,适用于复杂结构(如狭小弯曲管道内)的温度测量。

　　② 快速反应薄膜热电偶。为了快速测量物体的表面温度,近年来研制成功了薄膜型热电偶,见图 7-7。它是用真空蒸镀等方法,使两种热电极材料形成薄膜状热接点。为了与被测物绝缘和防止热电极氧化,常把薄膜热电偶表面再镀上一层二氧化硅保护膜。

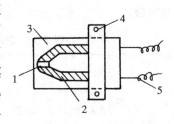

图 7-7　快速薄膜热电偶
1—热接点;2—热电极
3—绝缘基板;
4—引出线接头部分;
5—引出线

　　薄膜热电偶的特点是其热接点为非常薄的薄膜(可达0.01～0.1 mm),尺寸也做得很小,因此热接点的热容量小,测量反应时间非常快(达几个毫秒)。应用时将薄膜热电偶用粘胶剂紧贴在被测物表面,所以热损失小,测量精度大大提高。

　　目前试制成功的有铁-镍、铁-康铜和铜-康铜三种,因受到粘胶剂耐热性的限制,产品只能用于－200～＋300 ℃范围,反应速度一般为数十毫秒至一秒。

　　这种热电偶主要用于微小面积上的温度测量,因其响应快,可测量瞬变的表面温度。

　　③ 钨铼热电偶。钨铼热电偶是目前一种较好的超高温热电偶材料,其最高使用温度受绝缘材料的限制,一般可达 2 400 ℃,在真空中用裸丝测量时,可用到更高温度。我国生产的钨铼热电偶以钨铼$_5$作正极,钨铼$_{20}$作负极,使用范围为300～2 000 ℃,分度精度达±1%。能用于真空或氢、氩等保护性气氛中。钨铼热电偶可在一定长度内消耗使用,为避免因热端损坏或使用时间过长而带来测温误差,可将原热接点变脆部分切除,重新制作热接点。钨铼热电偶没有补偿导线,使用时必须有冰点装置,且配用直流电位差计。

　　④ 金铁-镍铬热电偶。我国已能生产制造的金铁-镍铬低温热电偶,能在液氮温度范围保持大于 10 μV/℃的灵敏度,可在 2～273 K 的宽广低温范围内使用,是一种较理想的低温热电偶材料。

　　⑤ 非金属热电偶。利用石墨和难熔化合物作为高温热电偶材料,可

以解决金属热电偶材料无法解决的问题。

目前已定型投入生产的非金属热电偶有热解石墨、二硅化钨-二硅化铜、石墨-二硼化锆、石墨-碳化钛以及石墨-碳化铌等。这些非金属热电偶的特点是,热电动势超过金属热电偶材料;熔点高,在 2 000 ℃以上的高温下也很稳定;某些非金属材料热电偶可在氧化性气氛中使用到 1 700~1 850 ℃的高温,可在某些应用场合代替贵重的铂族热电偶,而且在含碳气氛中工作稳定,开辟了在含碳气氛中测量的途径。缺点是复现性差,脆性大,石墨易吸潮而改变其热电性能,所以使用受到限制。

7.1.3 热电偶的冷端温度补偿

由热电偶测温原理知道,热电偶的输出电动势只有在冷端温度不变的条件下,才与工作端温度成单值函数关系。实际应用时,由于热电偶冷端离工作端很近,且又处于大气中,其温度受到测量对象和周围环境温度波动的影响,因而冷端温度难以保持恒定,这样会发生测量误差。下面介绍几种消除这种误差的方法。

1. 冷端温度校正法(又称计算修正法)

由于热电偶的温度-热电动势关系(即分度表)是在冷端温度保持 0 ℃的情况下得到的,与它配套使用的仪表也是根据这一关系刻度的,因此冷端温度不等于 0 ℃时,需要对仪表指示值加以修正。如热电偶冷端温度偏离 0 ℃,但稳定在 T_0,应按式(7-4)对仪表示值进行修正,即

$$E(T,0°) = E(T,T_0) + E(T_0,0°)$$

式中　T——工作端温度;

　　　T_0——实际的冷端温度;

　　　$0°$——表示冷端温度为 0 ℃;

　　　$E(T,T_0)$——热电偶工作在 T 与 T_0 时,仪表测出的热电动势值;

　　　$E(T,0°)$ 和 $E(T_0,0°)$——热电偶冷端为 0℃,工作端温度分别为 T 和 T_0 时的电动势值(由热电偶分度表中查得)。

例如:镍铬-镍硅热电偶,工作时其冷端温度为 $T_0 = 30℃$,测得热电动势 $E(T,T_0) = 39.17$ mV,求被测介质实际温度。

解:由热电偶分度表查得 $E(30°,0°) = 1.2$ mV。

则 $E(T, 0°) = E(T,30°) + E(30°,0°) = 39.17 + 1.2 = 40.37$ mV。

再从表中查得被测介质实际温度为 977℃。

2. 冷端恒温法

恒温法就是把热电偶冷端置于某些温度不变的装置中,恒温装置可

以是电热恒温器和冰点槽(槽中装冰水混合物,温度保持 0℃),也可以利用某些物质温度变化缓慢的自然恒温特性(如大油槽,空气不流动的大容器等)来实现。

3. 补偿导线法(又称延伸热电极法)

要保证热电偶冷端的温度不变,可以把热电极加长,使自由端远离工作端,放置到恒温或温度波动较小的地方,但这在使用贵金属热电偶时将使投资增加。解决上述矛盾的方法是采用一种特殊导线,将热电偶的冷端延伸出来,如图 7-8 所示。

图中 A,B 是热电偶,工作端温度为 T,冷端温度为 T'_0(变化不定),A',B' 为补偿导线,T_0 是仪表与 A',B' 连接点的温度(即延伸后的新冷端温度),其数值基本稳定。

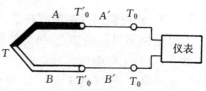

图 7-8 补偿导线连接示意图

补偿导线是由价格低廉的两种不同成分导体组成的热电偶,在一定的温度范围内,具有和所连接的热电偶相同的热电性能,所以从热电特性来看,可以认为 A',B' 分别是 A,B 的延长,热电偶的冷端也由 T'_0 处移向 T_0 处,总热电动势仅与 T_0 及 T 有关,T'_0 的变化不再影响其数值。

根据热电偶的工作原理有

$$E_T = E_{AB}(T) + E_{BB'}(T'_0) + E_{B'A'}(T_0) + E_{A'A}(T'_0)$$

假设各结点温度均为 T'_0,则有

$$E_{AB}(T'_0) + E_{BB'}(T'_0) + E_{B'A'}(T'_0) + E_{A'A}(T'_0) = 0$$

上面两式相减,得

$$
\begin{aligned}
E_T &= E_{AB}(T) - E_{AB}(T'_0) + E_{B'A'}(T_0) - E_{B'A'}(T'_0) \\
&= E_{AB}(T) - E_{AB}(T'_0) + E_{A'B'}(T'_0) - E_{A'B'}(T_0) \\
&= E_{AB}(T, T'_0) + E_{A'B'}(T'_0, T_0)
\end{aligned}
\tag{7-11}
$$

因为补偿导线具有与热电偶相同的热电特性,所以

$$E_{AB}(T'_0, T_0) = E_{A'B'}(T'_0, T_0) \tag{7-12}$$

即该补偿导线所产生的热电动势等于工作热电偶在此温度范围内产生的热电动势。将式(7-12)代入式(7-11),于是得

$$E_{AB} = E_{AB}(T, T'_0) + E_{AB}(T'_0, T_0) = E_{AB}(T, T_0) \tag{7-13}$$

如果此时 T_0 恒定为 0℃,则仪表测出的热电动势就对应着工作端的温度 T;如果 T_0 不等于 0℃,则应按冷端温度校正法加以修正。

　　由于补偿导线价格较热电偶便宜,且可做成普通导线的形式(例如软型导线或屏蔽导线等),故使用方便,是热电偶安装中经常采用的方法。

　　必须指出,由于不同的补偿导线具有不同的热电性质,故与热电偶配用时二者需有相同的热电性能,而且有正、负极之别,补偿导线的正、负极应与热电偶的正、负极对应连接。此外,连接点的 T'_0 不应超过 100 ℃,否则会由于热电特性不同带来新的误差。

4. 自动补偿法

　　自动补偿法是在热电偶与仪表之间接入一个补偿装置,当热电偶冷端温度升高,导致回路总电动势降低时,这个装置感受自由端温度的变化,产生一个电位差(或电动势),其数值刚好与热电偶降低的电动势相同,两者互相补偿。这样,测量仪表上所测到的电动势将不随自由端温度而变化。最简单的补偿装置是补偿热电偶和补偿电桥。

　　补偿热电偶的原理见图 7-9。在热电偶 A,B 的回路中串入一个补偿热电偶 C,D,其材料可与测量用热电偶相同或用与之配套的补偿导线,其冷端的温度恒定。采用补偿热电偶之后,就相

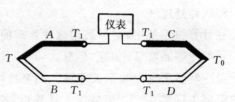

图 7-9　用热电偶补偿的原理图

当于把热电偶冷端从 T_1 处移到恒温 T_0 处。当 $T_0 = 0$ ℃ 时,对仪表的示值可不必修正。此法适用于多点测量,此时用一个补偿热电偶,采用切换的办法,可与在不同地点的多个工作热电偶相对接。

　　补偿电桥法是在热电偶与显示仪表之间接入一个直流不平衡电桥,也称冷端温度补偿器,如图 7-10 所示。图中经稳压后的直流电压 E 经

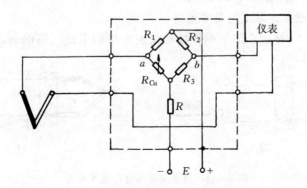

图 7-10　具有补偿电桥的热电偶测量线路

过电阻 R 对电桥供电,电桥的 4 个桥臂由电阻 R_1,R_2,R_3（均由锰铜丝绕
制)及 R_{Cu}（铜线绕制)组成,R_{Cu} 与热电偶冷端感受同样的温度。设计时
使电桥在 20 ℃处于平衡状态,此时电桥的 a,b 两端无电压输出,电桥对
仪表无影响。当环境温度变化时,热电偶冷端温度也变化,则热电动势将
随其冷端温度的变化而改变,但此时 R_{Cu} 阻值也随温度而变化,电桥平衡
被破坏,电桥输出不平衡电压,此时不平衡电压与热电偶电动势叠加在一
起送到仪表,藉此起到了补偿作用。应该设计出这样的电桥,使它产生的
不平衡电压正好补偿由于冷端温度变化而引起的热电动势变化值,仪表
便可指示正确的测温值。

必须注意,由于电桥是在 20 ℃平衡,所以采用这种电桥需要把仪表
的机械零位调整到20 ℃处。另外,不同型号规格的补偿电桥(即冷端温度
补偿器)应与热电偶配套。

5. 软件处理法

在计算机系统中,可以采用软件处理的方法实现热电偶冷端温度补
偿。例如冷端温度 T_0 恒定,但 $T_0 \neq 0℃$,只需对采样数据的处理中添加
一个与冷端温度对应的系数即可。如果冷端温度 T_0 经常波动,可利用
其它温度传感器,把 T_0 信号输入计算机,按照运算公式设计一些程序,
便能自动修正。后一种情况,必须在采样通道中增加冷端温度信号。对
于多点测量,各个热电偶的冷端温度不相同,要分别采样。若测量点用的
通道数太多,则可利用补偿导线把所有的冷端接到同一温度处,只用一个
冷端温度传感器和一个修正 T_0 的输入通道即可。冷端集中还可提高多
点巡回检测的速度。

7.1.4 热电偶实用测温电路

1. 测量某点温度的基本电路

图 7-11 是一个热电偶直接和仪表配用的电路。图中 A,B 为热电

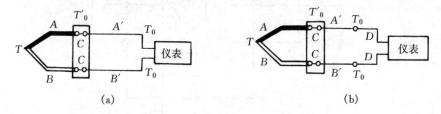

图 7-11 测量某点温度的基本电路

(a) 热电偶冷端延伸到仪表内; (b) 热电偶冷端在仪表外

偶,A',B' 为补偿导线,C 为铜接线柱,D 为铜导线。这两种连接方式的区别在于图 7-11(a)中热电偶冷端被延伸到仪表内,图 7-11(b)中热电偶冷端在仪表外面(如放于恒温器中)。

必须注意,如配用动圈式仪表,则补偿导线电阻应尽量小,使用电位差计则可不受补偿导线电阻的影响。

2. 测量两点之间温度差

图 7-12 是测量两点之间温度差(T_1-T_2)的一种方法。将两个同型号的热电偶配用相同的补偿导线,其接线应使两热电动势反向串联,互相抵消,此时仪表便可测得 T_1 和 T_2 间的温度差值。

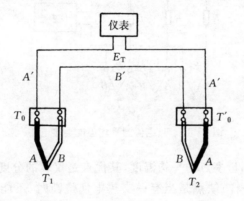

图 7-12　热电偶测温差连接电路

设回路内总电动势为 E_T,根据热电偶的工作原理

$$E_T = E_{AB}(T_1) + E_{BB'}(T_0) + E_{B'B}(T'_0) +$$
$$E_{BA}(T_2) + E_{AA'}(T'_0) + E_{A'A}(T_0)$$

因为 A',B' 为补偿导线,其热电性质与 A,B 相同,所以可认为

$$E_{BB'}(T_0) = 0 \quad (\text{同一材料不产生热电动势})$$

同理

$$E_{B'B}(T'_0) = 0, \ E_{AA'}(T'_0) = 0, \ E_{A'A}(T_0) = 0$$

所以

$$E_T = E_{AB}(T_1) + E_{BA}(T_2)$$
$$= E_{AB}(T_1) - E_{AB}(T_2) \tag{7-14}$$

如果连接导线用普通铜导线,则必须保证两热电偶的冷端温度相同,否则测量结果是不正确的。

3. 测量平均温度

图 7-13 是测量平均温度的连接电路。通常用几支同型号的热电偶并联在一起,并要求 3 支热电偶都工作在线性段,在每一支热电偶线路中分别串联均衡电阻 R。根据电路理论,当仪表的输入电阻很大时,可得回路中总的电动势

$$E_T = \frac{E_1 + E_2 + E_3}{3} \tag{7-15}$$

式中 E_1, E_2, E_3 为单支热电偶的热电动势。

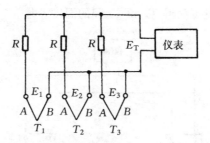

图 7-13　热电偶测平均温度连接电路

使用此法测量多点的平均温度,其优点是仪表的分度仍和单独配用一个热电偶时一样;缺点是当有一支热电偶烧断时,不能很快地觉察出来。

图 7-14 是几个热电偶串联的连接电路,这种电路可以测几点温度之和,也可以测几点的平均温度。它是把几支相同型号的热电偶依次将正、负极相连,A', B' 是与测量热电偶热电性质相同的补偿导线,回路的总电动势为

$$E_T = E_1 + E_2 + E_3 \tag{7-16}$$

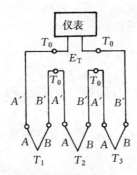

图 7-14　热电偶测几点温度之和的连接电路

　　这种电路输出的热电动势大，可感受较小的信号，或配用灵敏度较低的仪表，并可以避免热电偶并联电路的缺点，只要有一支热电偶断路时，总的热电动势消失，可以立即发现有热电偶断路。当个别热电偶短路时，将会引起仪表示值的显著下降。

7.2　热电阻

　　热电阻也是一种测温元件，它是利用导体的电阻随温度变化的特性来测量温度的。工业上被广泛地应用来测量中低温区－200～500 ℃的温度。

　　热电阻由电阻体、保护套管和接线盒等部件组成。热电阻丝是绕在骨架上的，骨架采用石英、云母、陶瓷以及塑料等材料制成，根据热电阻丝的材料、制造工艺、使用温度和测量精度等，骨架可做成不同外形。为了消除电阻体的电感，热电阻丝通常采用双线并绕法。

　　作为测温用的热电阻应具有下述要求：电阻温度系数要尽可能大和稳定，电阻率大，电阻与温度变化最好成线性关系，在整个测温范围内应具有稳定的物理和化学性质，材料易于制取和价格便宜等。

　　目前应用较广泛的热电阻材料是铂和铜。为适应低温测量需要，还研制出铟、锰和碳等作为热电阻材料。

7.2.1　常用热电阻

1. 铂电阻

　　铂电阻在氧化性介质中，甚至在高温下，它的物理、化学性能稳定，因此不仅用作工业上的测温元件，而且还作为复现温标的基准器。按国际温标 IPTS－68 规定，在－259.34～630.74 ℃温域内，以铂电阻温度计作为基准器。但铂在还原性介质中，特别在高温下，易被沾污变脆。

　　铂电阻与温度的关系，在 0～850 ℃范围内为

$$R_t = R_0(1 + At + Bt^2) \qquad (7-17)$$

在－200～0℃以内为

$$R_t = R_0[1 + At + Bt^2 + C(t-100)t^3] \qquad (7-18)$$

式中　R_t——温度为 t℃时的电阻值；

　　　R_0——温度为 0 ℃时的电阻值；

　　　t——任意温度值；

　　　A, B, C——分度系数，即 $A = 3.908 \times 10^{-3}/℃$，$B = -5.802 \times$

$10^{-7}/℃^2$,

$$C=-4.273\times10^{-12}/℃^3 。$$

由式(7-17)和(7-18)可见,0 ℃时的阻值 R_0 十分重要,它与材质纯度和制造工艺水平有关,另一个对测温有直接作用的因素是电阻温度系数,即温度每变化 1 ℃时阻值的相对变化量,它本身也随温度变化。为便于比较,常选共同的温度范围 0~100 ℃内阻值变化的倍数,即 R_{100}/R_0 的比值来比较,这个比值相当于 0~100 ℃范围内,平均电阻温度系数的 100 倍,此值越大越灵敏。

热电阻也有分度表供查阅,表 7-7 是 R_{100}/R_0 =1.385 的铂电阻(分度号为 Pt100)的分度表。

分度号为 Pt10 的铂电阻分度表,可由表 7-7 中电阻值除以 10 而得。对于 Pt50,则将表 7-7 中的电阻值减半即可。

表 7-7 R_{100}/R_0 =1.385 铂热电阻分度表

温度/℃	0	10	20	30	40	50	60	70	80	90
	电阻值/Ω									
−200	18.49	—	—	—	—	—	—	—	—	—
−100	60.25	56.19	52.11	48.00	43.37	39.71	35.53	31.32	27.08	22.80
−0	100.00	96.09	92.16	88.22	84.27	80.31	76.32	72.33	68.33	64.30
0	100.00	103.90	107.79	111.67	115.54	119.40	123.24	127.07	130.89	134.70
100	138.50	142.29	146.06	149.82	153.58	157.31	161.04	164.76	168.46	172.16
200	175.84	179.51	183.17	186.32	190.45	194.07	197.69	201.29	204.88	208.45
300	212.02	215.57	219.12	222.65	226.17	229.67	233.17	236.65	240.13	243.59
400	247.04	250.48	253.90	257.32	260.72	264.11	267.49	270.86	274.22	277.56
500	280.90	284.22	287.53	290.83	294.11	297.39	300.65	303.91	307.15	310.38
600	313.59	316.80	319.99	323.18	326.35	329.51	332.66	335.79	338.92	342.03
700	345.13	348.22	351.30	354.37	357.42	360.47	363.50	366.52	369.53	373.52
800	375.51	378.48	381.45	384.40	387.34	390.26	—	—	—	—

工业铂电阻体的构造见图 7-15,一般由直径 0.03~0.07 mm 的纯铂丝绕在平板形支架上,用银导线作引出线。

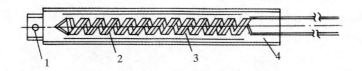

图 7 - 15 工业铂热电阻体结构

1—铆钉；2—铂丝；3—骨架；4—银导线

2. 铜电阻

铂电阻虽然优点多,但价格昂贵,在测量精度要求不高且温度较低的场合,铜电阻得到广泛应用。在 $-50 \sim +150 ℃$ 的温度范围内,铜电阻与温度近似呈线性关系,可用下式表示

$$R_t = R_0(1 + \alpha t) \qquad (7-19)$$

式中　R_t——温度为 $t ℃$ 时的电阻值;

　　　R_0——温度为 $0 ℃$ 时的电阻值;

　　　α——铜电阻温度系数($\alpha = 4.29 \times 10^{-3}/℃$)。

铜电阻的缺点是电阻率较低,电阻体的体积较大,热惯性较大,在 $100 ℃$ 以上时容易氧化,因此只能用于低温及没有浸蚀性的介质中。

表 7 - 8 是 $R_{100}/R_0 = 1.428$ 的铜热电阻(分度号为 Cu50)的分度表,对于分度号为 Cu100 的铜热电阻,可将表 7 - 8 中的电阻值加倍即可。

表 7 - 8　$R_{100}/R_{10} = 1.428$ 的铜热电阻的分度表

温度/℃	0	10	20	30	40	50	60	70	80	90
	电阻值/Ω									
—0	50.00	47.85	45.70	43.55	41.40	39.24	—	—	—	—
0	50.00	52.14	54.28	56.42	58.56	60.70	62.84	64.98	67.12	69.26
100	71.40	73.54	75.68	77.83	79.98	82.13	—	—	—	—

3. 其它热电阻

近年来,对低温和超低温测量方面,采用了新型热电阻。

铟电阻:用 99.999% 高纯度的铟绕成电阻,可在室温到 4.2 K 温度范围内使用。4.2~15 K 温度范围内,灵敏度比铂高 10 倍,缺点是材料软,复制性差。

锰电阻:在 63~2 K 温度范围内,电阻随温度变化大,灵敏度高。缺点是材料脆,难拉制成丝。

碳电阻:适合作液氢温域的温度计,价廉,对磁场不敏感,但热稳定性较差。

7.2.2 热电阻的测量电路与应用举例

1. 测量电路

工业上广泛应用热电阻作为$-200\sim+500$ ℃范围的温度测量。它的特点是精度高,性能稳定,适于测低温;缺点是热惯性大,需辅助电源。值得注意的是,流过热电阻丝的电流不要过大,否则会产生较大的热量,影响测量精度,此电流值一般不宜超过 6 mA。

(1)三线制接法。在实际的温度测量中,常用电桥作为热电阻的测量电路。由于热电阻的阻值很小,所以导线的电阻值不能忽视。如 50 Ω 的铂电阻,1 Ω 的导线电阻就将产生 5 ℃的误差。为了解决导线电阻的影响,工业热电阻多半采用三线制电桥连接法,如图 7-16 所示。图中 R_t 为热电阻,R_t 的三根引出导线粗细相同,阻值都是 r,其中一根与电桥电源相串联,它对电桥的平衡没有影响,另外两根分别与电桥的相邻两臂串联,当电桥平衡时,可得下列关系

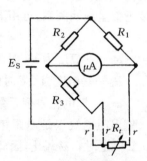

图 7-16 热电阻测温电桥的三线制接法

$$(R_t + r)R_2 = (R_3 + r)R_1$$

$$R_t = \frac{(R_3 + r)R_1 - rR_2}{R_2} = \frac{R_3 R_1}{R_2} + \frac{R_1 r}{R_2} - r$$

若使 $R_1 = R_2$,则上式就和 $r=0$ 时的电桥平衡公式完全相同,即说明此种接法导线电阻 r 对热电阻的测量毫无影响。必须注意,以上结论只有在 $R_1 = R_2$,且只有在平衡状态下才成立。

工业热电阻有时用不平衡电桥指示温度,例如采用动圈式仪表,此时采用三线制接法,虽不能完全消除,但可减小导线电阻 r 对测温的影响。

(2)四线制接法。在高精度的测量中,可设计成四线制的测量电路,如图 7-17 所示。

图中 I 为恒流源,测量仪表一般用直流电位差

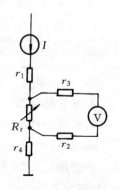

图 7-17 热电阻四线制测量电路

计,热电阻上引出各为 r_1,r_4 和 r_2,r_3 的四根导线,分别接在电流和电压回路,电流导线上 r_1,r_4 引起的电压降,不在测量范围内,而电压导线上虽有电阻但无电流(电位差计测量时不取用电流),所以四根导线的电阻对测量都没有影响。

必须注意,无论是三线制或四线制,都要从热电阻感温体的根部引出导线,不能从热电阻的接线端子上分出。因为从感温体到接线端子之间的导线距被测温度太近,虽然在保护套管里这一段导线不长,但其电阻影响却不容忽视。

2. 应用举例

下面介绍一种利用热电阻测量真空度的例子。把铂丝装于与被测介质相连通的玻璃管内,铂电阻丝由较大的恒定电流加热,在环境温度与玻璃管内介质的导热系数恒定情况下,当铂电阻所产生的热量和玻璃管内介质导热而散失的热量相平衡时,铂丝就有一定的平衡温度,相对应就有一定电阻值。当被测介质的真空度升高时,玻璃管内的气体变得稀薄,气体分子间碰撞进行热量传递的能力降低,即导热系数减少,铂丝的平衡温度及其电阻值随即增大,其大小反映了被测介质真空度的高低。这种真空度测量方法对环境温度变化比较敏感,实际应用中附加有恒温或温度补偿装置,一般可测到 10^{-3} Pa。

7.3　热敏电阻

热敏电阻是利用半导体的电阻值随温度显著变化这一特性制成的一种热敏元件。它是由某些金属氧化物(主要用钴、锰、镍等的氧化物)根据产品性能不同,采用不同比例配方,经高温烧结而成的。根据使用要求,可制成珠状、片状、杆状、垫圈状等各种形状,其直径或厚度约 1 mm,长度往往不到 3 mm,见图 7-18。它主要由敏感元件、引线和壳体组成。

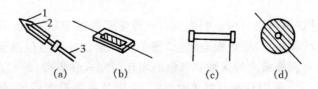

图 7-18　热敏电阻的结构形式

(a) 珠状玻璃密封式;(b) 片状;(c) 杆状;(d) 垫圈状

1—壳体;2—热敏电阻;3—引线

半导体热敏电阻与金属热电阻相比较,具有灵敏度高、体积小、热惯性小、响应速度快等优点,但目前它存在的主要缺点是互换性和稳定性较差,非线性严重,且不能在高温下使用,所以限制了其应用领域。

7.3.1　热敏电阻的电阻-温度特性

大多数半导体热敏电阻具有负温度系数,称 NTC(Negative Temperature Coefficient)型热敏电阻,其阻值与温度的关系,可用下式表示:

$$R_T = R_0 \exp\left(\frac{B}{T} - \frac{B}{T_0}\right) \tag{7-20}$$

式中　R_T, R_0——分别为温度 $T(K)$ 和 $T_0(K)$ 时的阻值(Ω);

B——热敏电阻的材料常数(单位 K),常用 NTC 型热敏电阻的 B 在 1 500~6 000 K 之间;

T_0——0℃时的温度,即 273.15 K。

图 7-19 所示为 NTC 热敏电阻在不同 B 值时的电阻-温度特性,温度越高,阻值越小,且有明显的非线性。

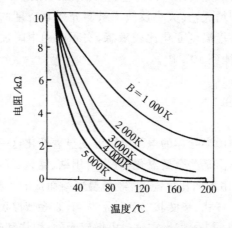

图 7-19　NTC 型热敏电阻的电阻-温度特性

半导体热敏电阻也可以制成具有正温度系数的 PTC(Positive Temperature Coefficient)型热敏电阻,如图 7-20 所示。其阻值随温度升高而增大,且有斜率最大的区域。热敏电阻还可制成临界型,即 CTR(Critical Temperature Resistor)型热敏电阻,它也具有负温度系数,但在某个温度范围内阻值急剧下降,曲线斜率在此区段特别陡,灵敏度极高,如图 7-20 所示。这两种热敏电阻适合制造位式作用的温度传感器。

上面介绍的几种半导体热敏电阻,其电阻-温度特性都是非线性的,这

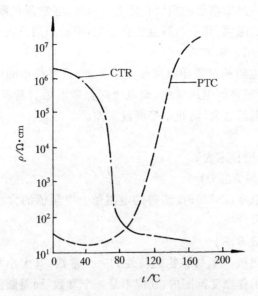

图 7-20　PTC 型和 CTR 型热敏电阻特性

对于实现数字化和微机化不方便,而且精度受影响。目前已有新型线性
NTC 型热敏电阻($CdO-Sb_2O_3-WO_3$ 系和 $MnO-CoO-CaO-RuO_2$ 系)
投入使用。图 7-21 为 $CdO-Sb_2O_3-WO_3$ 系线性热敏电阻的电阻-温度
特性,它的常温电阻为 $10^2 \sim 10^5 \ \Omega$,温度系数为 $-(0.5 \sim 0.8)\%/℃$ 左右,在
温度范围 $-20 \sim 200℃$ 之间,电阻呈线性,非线性偏差小于 2%。

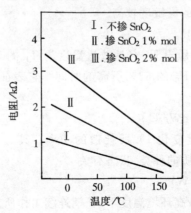

图 7-21　$CdO-Sb_2O_3-WO_3$ 系
线 性 热 敏 电 阻 的 电
阻—温度特性

各种半导体热敏电阻的阻值在常温下很大,通常都在数千欧姆以上,所以连接导线的阻值,几乎对测温没有影响,不必采用三线制或四线制测量电路,这给使用带来方便。

由于热敏电阻的阻值随温度改变量显著,只要很小的电流流过热敏电阻,就能产生明显的电压变化,而电流对热敏电阻自身有加热作用,所以应注意勿使电流过大,防止带来测量误差。

7.3.2　主要技术参数

1. 标称电阻 R_{25}（Ω）

指在规定温度（25℃）时,测得的电阻值。电阻值的大小由热敏电阻的材料和几何尺寸决定。

2. 材料常数 B（K）

它是描述热敏电阻材料物理特性的一个常数,其大小取决于热敏电阻的材料。在工作温度范围内,B值不是一个常数,而是随温度的升高略有增加。

3. 电阻温度系数 α_T（%/℃）

指热敏电阻的电阻值随温度的变化率与它的电阻值之比

$$\alpha_T = \frac{1}{R_T} \frac{dR_T}{dT}$$

式中 R_T 为与温度 T（绝对温度,单位 K,）相对应的电阻值。α_T 决定热敏电阻在全部工作范围内的温度灵敏度。热敏电阻的电阻温度系数比金属丝的高很多,所以它的灵敏度较高。

4. 时间常数 τ（s）

温度为 T_0 的热敏电阻,突然放进温度为 T_1 的介质中,热敏电阻的温度变化量为（$T_1 - T_0$）的 63% 所需的时间。它表征热敏电阻加热或冷却的速度。

5. 耗散系数 H（mW/℃）

指热敏电阻温度变化 1℃ 所耗散的功率。其大小与热敏电阻的结构,形状以及所处介质的种类、状态有关。

6. 额定功率 P_E（W）

指热敏电阻在最高环境温度下,长期连续工作所允许耗散的功率。

在测量中使用最多的是 NTC 型热敏电阻,其温度检测范围一般为 $-50 \sim 300$ ℃,其中部分 NTC 型热敏电阻的特性参数见表 7-9。

表 7 - 9　部分 NTC 型热敏电阻的特性参数

产品型号	结　构	常温电阻 R_{25} Ω	最大功率	耗散系数 H mW/℃	时间常数 τ s	材料常数 B K	温度范围 ℃	材料成分
CD1010	圆片形树脂包封	5k～30k		1.0	≤20	3 200～4 200	−20～+300	Mn-Co-Ni-O
BS3516	玻璃封装	2k～300k		0.5～1.0	≤10	3 200～4 200	−50～+300	Mn-Co-Ni-O
ERT-G	玻璃封装	5k～2.2M	0.8～10(mW)	1.8～2.2	6～15	3 550～4 650	−40～+300	Mn-Co-Ni-O-Cr-O
NTH-2000 系列	片状树脂包封	2k～50k	0.08～0.5 (W)	1.0～6.0	1.1～9.0(水中)	3 450～4 100	−30～+120	Mn-Ni-Co-O
NTH-300 系列	片状玻璃封装	2k～200k	0.2(W)	2	<20	3 350～4 200	−40～+300	Mn-Ni-Co-O
H 系列-UH	棒状玻璃封装	3k～100k		2～5	8～10	4 000	−55～+400	
MF53-1	圆片形铝外壳	2 890 ±20%	0.1 (W)	6	90	3 600 ±20%	−55～+100	Mn-Ni-Fe-O
MO16	珠状玻璃封装	1 745～9 706	0.01 (W)	>1	≤10	2 390 3 760	−55～+200	Mn-Ni-Fe-O

7.3.3　热敏电阻的应用举例

热敏电阻的应用很广泛,可用于温度测量、温度控制、温度补偿以及其它应用实例,如过负荷保护,利用热敏电阻的耗散原理测量流量、真空度等。这里仅介绍几种。

1. 温度测量

热敏电阻的测温范围一般为 −50～+300℃,可用于液体、气体、固体、高空气象、深井等方面。在测温时,通过热敏电阻的电流要小,以减小由于电流流经热敏电阻所产生的热量对测量结果的影响。

由于热敏电阻的阻值与温度之间的关系一般是高度非线性的,所以在人们关心的温度范围内,不能获得线性的输出-输入关系。解决此问题的方法是进行线性化处理。

下面介绍几种对热敏电阻的电阻-温度特性进行线性化处理的方法:

（1）串并联补偿电阻。线性化处理的最简单方法是用温度系数很小的补偿电阻与热敏电阻串联或并联，使等效电阻与温度之间在一定温度范围内呈线性关系。

图 7-22 是热敏电阻 R_T 与补偿电阻 r_c 串联，串联后的等效电阻 $R = R_T + r_c$，只要 r_c 的阻值选得合适，可使温度在某一段范围内，与等效电阻的倒数成线性关系，所以电流 I 与 T 成线性关系。

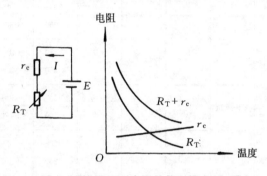

图 7-22　串联补偿电路

当热敏电阻 R_T 与补偿电阻 r_c 并联时，如图 7-23 所示。其等效电阻 $R = \dfrac{r_c R_T}{r_c + R_T}$，$R$ 与温度的关系曲线变得平坦了，因此可以在某一温度范围内得到线性的输出特性。这种线性化电路常用于电桥测量电路，见图 7-24 所示。

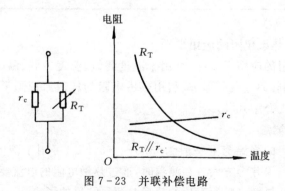

图 7-23　并联补偿电路

如果要得到更近似于线性的输出特性，就需要采用比较复杂的串并联电路。

（2）温度-频率转换电路。该电路利用 RC 电路充放电过程的指数函数与热敏电阻的指数函数相比较的方法，可以改善热敏电阻的非线性。

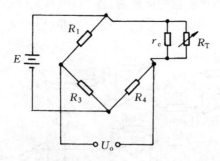

图 7-24　热敏电阻与补偿电阻并联的测温电桥

图 7-25 是温度-频率转换电路的原理框图,它的工作原理是把电压 u_c(RC 电路充电过程中电容上的电压)与 U_t(温度-电压转换电路的输出电压)相比较,当 $u_c > U_t$ 时,使比较器输出由正变负,此负跳变电压触发延时电路,使延时电路输出窄脉冲,驱动开关电路,对电容器构成放电通路,当 $u_c < U_t$ 时,比较器输出由负变正,开始一个新的周期。所以当温度恒定时,输出端将得到一个与该温度相对应的频率信号,当温度改变时,U_t 改变,使比较器输出电压极性的改变推迟或提前,于是改变了输出信号的频率,达到测温目的。

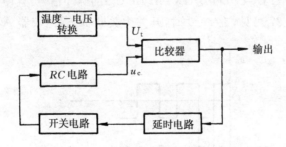

图 7-25　温度-频率转换电路的原理框图

图 7-26 是温度-频率转换电路图。其中温度-电压转换电路由热敏电阻 R_T 和运算放大器 $A_1 \sim A_3$ 组成,产生一个能反映温度变化的电压 U_t,加到比较器 A_4 的同相端。为了避免热敏电阻自身发热所引起的误差,先由运放 A_1 提供低电压 $U_1 = -E/100$,然后再由差动放大器 A_2 及反相放大器 A_3 提高信号幅值,从而得到下式:

$$U_t = E\left(1 - \frac{R_f}{R_T}\right) \qquad (7-21)$$

式中 R_T 由式(7-20)确定。RC 电路由简单的 RC 网络组成,电容 C 上

的电压 u_c 直接加到比较器的反相端,当 RC 电路充电期间

$$u_c = E[1 - \exp(-t/RC)] \qquad (7-22)$$

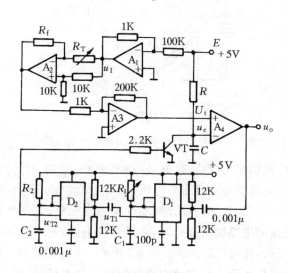

图 7-26   温度-频率转换电路图

开关电路由晶体管 VT 组成。延时电路由 D_1, D_2 组成,它们分别产生宽度为 t_{d1} ($t_{d1} = 1.1R_1C_1$) 和 t_{d2} ($t_{d2} = 1.1R_2C_2$) 的脉冲信号,且使 $t_{d2} \ll t_{d1}$。

由图 7-27 可见,在 $t=0$ 时,开关为关断状态,比较器 A_4 输出电压

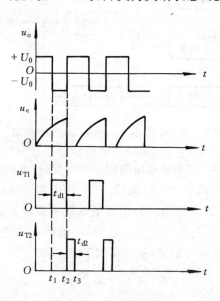

图 7-27   波形图

$u_o = +U_0$，当 $t = t_1$ 时，u_c 上升到超过 U_t，比较器 A_4 输出电压极性改变，即 $u_c = -U_0$，根据式(7-21)，(7-22)和(7-20)，又令 $R_f = R_{T_0}$（温度 T_0 时的电阻值）得

$$t_1 = \frac{BRC}{T} - \frac{BRC}{T_0} \tag{7-23}$$

在 $t = t_1$ 时，比较器 A_4 输出的负跳变电压触发延时电路 D_1，产生一个宽度为 $t_{d1}(t_{d1} = t_2 - t_1)$ 的脉冲，在此脉冲的下降沿（即 $t = t_2$ 时），触发延时电路 D_2，产生一个宽度为 $t_{d2}(t_{d2} = t_3 - t_2)$ 的窄脉冲，该脉冲使晶体管开关 VT 导通，将电容 C 短路，使 u_c 迅速降至零，并且比较器 A_4 的输出由 $-U_0$ 变到 $+U_0$，待 t_3 时刻到来时，窄脉冲 U_{T2} 变为 0，晶体管开关 VT 关断，开始了一个新的周期，电源 E 通过 R 重新对 C 充电。

可见比较器 A_4 输出方波的周期 T_m 为

$$T_m = t_1 + t_{d1} + t_{d2} \tag{7-24}$$

将式(7-23)代入上式，得输出方波的频率 f 为

$$f = \frac{1}{T_m} = \frac{T/BRC}{1 + (\delta/BRC)/T} \tag{7-25}$$

式中 $\delta = t_{d1} + t_{d2} - \dfrac{BRC}{T_0}$，由于 $t_{d2} \ll t_{d1}$，若调整 t_{d1}，有可能使 δ 减小到零，则式(7-25)可简化为

$$f = \frac{T}{BRC} \tag{7-26}$$

式(7-26)说明输出频率 f 与绝对温度 T 成正比。若 δ 实际上没有调到零，上述电路存在非线性。

上述电路中 $A_1 \sim A_4$ 采用 μA741C 型集成运算放大器，D_1 和 D_2 采用集成组件 LM556，晶体管 VT 采用 3DG6 型。为提高测量精度，该电路需要一个稳定的电压源，并且要求温度-电压转换电路的输出 U_t 的变化在 $E(5\sim97.5)\%$ 的范围内，才能使电路正常工作。实验表明，该电路在 237～430K 的温度范围内，非线性小于 0.12%，灵敏度为 14.7 Hz/K。

以上是两种线性化处理的硬件方法，也可以用软件方法来进行处理。例如当已知热敏电阻的实际特性和要求的特性时，可采用线性插值等方法将特性分段，并将分段点的值存放在计算机的内存中，计算机根据已编好的程序，对热敏电阻的实际输出值进行校正计算，得到要求的输出值。关于这种线性化的方法，将在第 13 章中介绍。

2. 温度控制

图 7-28 是利用热敏电阻作为测温元件，进行自动控制温度的电加

热器,控温范围从室温到 150 ℃,控制精度可达±0.1 ℃。

测温用的热敏电阻 R_T 作为偏置电阻接在 VT_1,VT_2 组成的差分放大器电路内,当温度变化时,热敏电阻阻值变化,引起 VT_1 集电极电流变化,影响二极管 VD 支路电流,从而使电容 C 充电电流发生变化,则电容电压升到单结晶体管 VT_3 峰点电压的时刻发生变化,即单结晶体管的输出脉冲产生相移,改变了晶闸管 VT_4 的导通角,从而改变了加热丝的电源电压,达到自动控温的目的。图中电位器 RP 用以调节不同的控温范围。

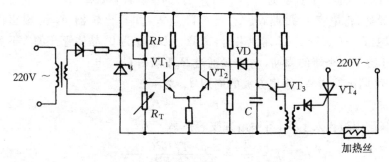

图 7-28   热敏电阻温度自动控制器

3. 温度补偿

由于热敏电阻具有负电阻温度系数,因此可以用它来对正电阻温度系数的元件进行补偿,获得在较宽的温度范围内温度误差很小的电路。

图 7-29 是 XCZ 型动圈式仪表表头线圈的补偿电路。R_M 是仪表表头线圈电阻,用漆包线绕制,具有正温度系数,R_T 为具有负温度系数的热

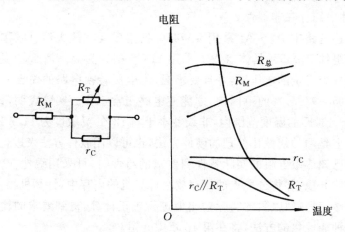

图 7-29   温度补偿

敏电阻，r_C 为锰铜丝绕制的电阻，温度系数近似为零。$r_C /\!/ R_T$ 比 r_C 及 R_T 中任一个都小，且随温度的变化率比 R_T 负得少。再由 $r_C /\!/ R_T$ 和 R_M 串联后得电路总电阻 $R_总$，可明显地看出，在热敏电阻 R_T 的补偿作用下，整个电路的 $R_总$ 随温度变化的情况，在较大范围内得到显著的改善。

4. 测量管道流量

图 7 - 30 是应用热敏电阻测量管道流量的示意图。R_{T1} 和 R_{T2} 是热敏电阻，R_{T1} 放在被测流量管道中，R_{T2} 放在不受流体干扰的容器内，R_1 和 R_2 为普通电阻，四个电阻组成电桥。

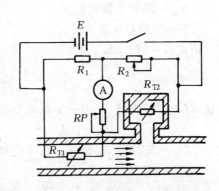

当流体静止时，电桥处于平衡状态。当流体流动时，要带走热量，使热敏电阻 R_{T1} 和 R_{T2} 散热情况不同，R_{T1} 因温度变化引起阻值变化，电桥失去平衡，电流表有指示。因

图 7 - 30　测量管道流量示意图

为 R_{T1} 的散热条件取决于流量的大小，所以测量结果反映流量的变化。

7.4　PN 结型和集成温度传感器

利用在一定电流条件下，PN 结的正向电压与温度有关这一特性制成的 PN 结型温度传感器，其体积小，反应快，而且线性比热敏电阻好得多；把感温晶体管和其外围电路（放大电路，线性化电路等）一起集成在同一芯片上，制成的集成温度传感器，实现了传感器的小形化，克服了分立元件 PN 结型温度传感器存在的互换性和稳定性不够理想的缺点，而且线性好，灵敏度高，性能比较一致，使用方便，目前已广泛应用于温度测量、控制和温度补偿等方面。由于 PN 结受耐热性能和工作温度范围的限制，PN 结型和集成温度传感器的典型工作温度范围是 $-50 \sim +150\ ℃$。

7.4.1　分立元件 PN 结型温度传感器

这类传感器分二极管和晶体管两种形式。

1. 二极管温度传感器

根据半导体 PN 结的理论，如果 PN 结的正向电压 $U_F \gg \dfrac{kT}{q_0}$，则通过

PN 结的电流密度为

$$J \approx J_{\mathrm{S}} \exp \frac{q_0 U_{\mathrm{F}}}{kT} \qquad (7-27)$$

式中　J_{S}——反向饱和电流密度；

　　　q_0——电子电荷量；

　　　k——波尔兹曼常数；

　　　T——绝对温度。

由式(7-27)求得

$$U_{\mathrm{F}} = \frac{kT}{q_0} \ln\left(\frac{J}{J_{\mathrm{S}}}\right) \qquad (7-28)$$

若在式(7-28)中把 J_{S} 进一步表示出来,并经整理后近似可得

$$U_{\mathrm{F}} = U_{\mathrm{g0}} - CT \qquad (7-29)$$

式中　$U_{\mathrm{g0}} = E_{\mathrm{g0}}/q_0$, E_{g0} 是材料在零绝对温度时的禁带宽度；

　　　C——常数。

所以式(7-29)表示 PN 结的正向电压与绝对温度呈线性关系。

图 7-31 是 2DWM1 型硅二极管的正向电压 U_{F} 与温度 t 之间的关系,在 $-50 \sim +150$ ℃范围内呈良好线性。图 7-32 是一种二极管温度传感器的测温电路原理图,恒流源 I_{F} 提供二极管温度传感器 $\mathrm{VD_T}$ 恒定工作电流,通过 $\mathrm{A_1}$,$\mathrm{A_2}$ 两级运算放大器组成的放大器,调整电位器 RP_2,可得到 10mV/K 的灵敏度。利用参考电压 $-U_{\mathrm{R}}$ 和电位器 RP_1 可得到摄氏(或华氏)温度输出,最后用数字电压表 DVM 显示温度。

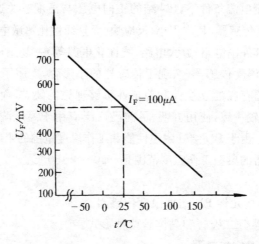

图 7-31　2DWM1 型硅二极管温度传感器的 $U_{\mathrm{F}} \sim t$ 特性

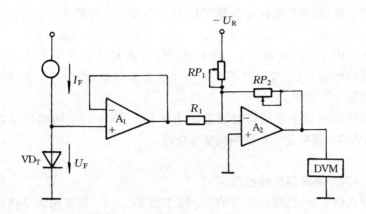

图 7 - 32　二极管温度传感器测温电路原理图

硅二极管温度传感器一般工作温度为 0～50℃，可输出电压 0～1V，结构简单，价廉，但互换性差。

2. 晶体管温度传感器

硅晶体管的基极-发射极电压 U_{be} 与集电极电流 I_C 和绝对温度 T 之间的关系可表示为

$$U_{be} = U_g 0 - \frac{kT}{q_0} \ln \frac{\alpha T^\gamma}{I_C} \qquad (7-30)$$

式中　α, γ——由晶体管决定的常数；其它参数同硅二极管温度传感器。

当 I_C 一定，温度又不太高的情况下，U_{be} 与温度呈线性关系，温度较高时会产生一定的非线性误差。图 7 - 33(a)是一种晶体管温度传感器

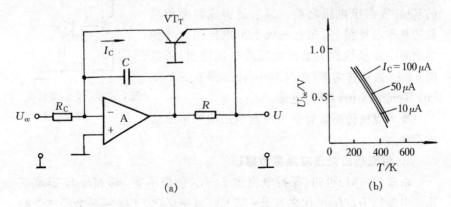

(a) 　　　　　　　　　　(b)

图 7 - 33　晶体管温度传感器的基本电路及其 U_{be} - T 特性

(a) 基本电路；(b) U_{be} - T 特性

的测温电路,晶体管温度传感器 VT_T 作为负反馈元件跨接在运算放大器的反相输入端和输出端,基极接地。集电极电流 I_C 仅取决于电源 U_{cc} 和电阻 R_C,从而保证流过 VT_T 的 I_C 恒定,电容 C 为防止寄生振荡。图 7 - 33(b)给出了 U_{be} 与温度 T 之间关系的实验结果,图中三条曲线对应不同的集电极电流。

硅晶体管温度传感器测温范围为 $-50 \sim 200℃$,U_{be} 的温度系数为 $-2\ mV/℃$,其稳定性和检测精度都较好。

7.4.2　集成温度传感器

由式(7 - 30)已知晶体管的 U_{be} 与 T 及 I_C 关系,如果用两个特性完全相同的晶体管,构成如图 7 - 34 所示的差分对管电路,两管在不同的 I_C 下工作,则两管的 U_{be} 之差为

$$\Delta U_{be} = U_{be1} - U_{be2} = \frac{kT}{q_0}\ln\frac{I_{C1}}{I_{C2}} \qquad (7 - 31)$$

若保持 $\dfrac{I_{C1}}{I_{C2}}$ 一定,则 ΔU_{be} 与温度 T 成正比,就可以由 ΔU_{be} 的大小来测定温度,这就是集成温度传感器的设计依据。

集成温度传感器都具有图 7 - 34 所示的差分对管电路,这种电路的输出直接正比于绝对温度。图中 VT_1,VT_2 是两只结构和性能完全相同的晶体管,其集电极电流分别是 I_{C1} 和 I_{C2},在电阻 R_1 上的电压 ΔU_{be} 即为式(7 - 31)所示的 VT_1 与 VT_2 的基极-发射极电压之差。ΔU_{be} 是集成温度传感器的基本温度信号,在此基础上可以得到与待测的绝对温度呈线性关系的电压或电流输出,所以图 7 - 34 常被称为 PTAT(Proportional To Absolute Temperature)核心电路。

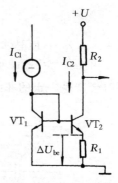

图 7 - 34　差分对管电路原理图

集成温度传感器可分为电流输出型和电压输出型两类。

1. 电流输出型集成温度传感器

由式(7 - 31)可知,保持电流比 I_{C1}/I_{C2} 的值不变,则 ΔU_{be} 与 T 成正比。电流比 I_{C1}/I_{C2} 可代之为 PN 结上电流密度比,于是将两个晶体管的 PN 结面积设计成不相等,而它们的集电极电流却相等,其效果是一样的。

图 7-35 是电流输出型集成温度传感器原理图,它是在 PTAT 核心电路的基础上组成的。图中 VT_3, VT_4 起恒流作用。使流过左右两支路的集电极电流 I_1 和 I_2 相等。VT_1, VT_2 是感温用的晶体管,它们的材质和制造工艺完全相同,只是集成制造时 VT_1 实际上由 8 个性能完全相同的晶体管并联组成,故 VT_1 的 PN 结面积为 VT_2 的 8 倍,则 VT_1 和 VT_2 的发射结电压 U_{be1} 和 U_{be2} 反极性串联后加在电阻上的电压为

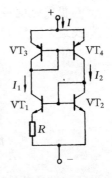

图 7-35 电流输出型集成温度传感器原理图

$$\Delta U_{be} = \frac{kT}{q_0}\ln 8 = 0.179\ 2T$$

流过电阻 R 的电流

$$I_1 = \frac{\Delta U_{be}}{R} = \frac{kT}{q_0 R}\ln 8 \qquad (7-32)$$

电路的总电流 $I = I_1 + I_2 = 2I_1$,若电阻 R 的温度系数为零,则总电流与绝对温度 T 成正比。通常流过传感器的输出电流应限制在 1mA 左右。

美国 AD 公司的 AD590(我国同类型产品为 SG590)就是一种典型的电流型集成温度传感器,它需要 5~30V 的直流电源,输出串接恒值电阻,在此电阻上流过的电流和被测温度成正比。它相当于一个恒流源,不易受引线电阻、接触电阻和噪声的干扰,使用十分方便,而且器件的一致性好,容易互换。

AD590 的主要性能参考数如下:

电源电压　　5~30 V

标定系数　　1 μA/K

重复性　　　±0.1 ℃

长期漂移　　±0.1 ℃/月

电源电压变动对输出电流的影响

$4V \leqslant U_s \leqslant 5V$　　　0.5μA/V

$5V \leqslant U_s \leqslant 15V$　　0.2μA/V

$15V \leqslant U_s \leqslant 30V$　0.1μA/V

图 7-36 是由 AD590 和 ICL7106 及液晶显示器组成的摄氏(或华氏)数字温度计原理图。该电路能实现两种定标制的温度测量。ICL7106 包含 A/D 转换,时钟发生器,参考电压源,BCD 七段译码和显示驱动器等。该电路对摄氏和华氏两种温度采用的参考电压均为

500mV,摄氏温度最大读数 199.9℃,但受 AD590 最高测温 150℃的限制,华氏最大读数 199.9℉(93.3℃)受显示位数限制。

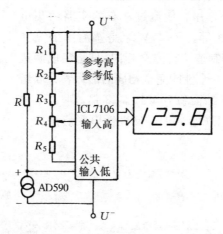

图 7-36 用 AD590 组成的数字温度计原理图

2. 电压输出型集成温度传感器

图 7-37 是电压输出型集成温度传感器的原理图,它是在图 7-35 的基础上增加晶体管 VT_5 和电阻 R' 构成的。由于 VT_5 也是 PNP 型晶体管,而且其发射极电压和结面积都和 VT_3,VT_4 相同,所以流过 VT_5 及 R' 的电流 $I_3 = I_1 = I_2$,其输出电压

$$U_o = I_3 R' = \frac{R'}{R} \frac{kT}{q_0} \ln 8 \qquad (7-33)$$

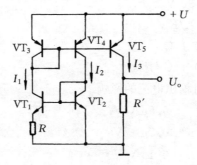

图 7-37 电压输出型集成温度传感器原理图

由式(7-33)可见,只要 $\dfrac{R'}{R}$ 为常数,U_o 正比于绝对温度,其温度灵敏度可

通过 $\dfrac{R'}{R}$ 来调整。电压输出型传感器的优点是直接输出电压,输出阻抗低,易于和读出或控制电路连接。

电压输出型集成温度传感器有三端输出型和四端输出型两种。

(1) 三端输出型。三端电压输出型集成温度传感器有 LM135,LM235,LM335 系列,它们的工作温度范围分别是 $-55\sim +150℃$, $-40\sim +125℃$, $-10\sim +100℃$。当它作为二端器件工作时,相当于一个齐纳(Zener)二极管,其击穿电压正比于绝对温度,灵敏度为 10 mV/K,这时传感器可看作是温度系数为 10 mV/K 的电压源,图 7 - 38 是以 LM135 为例的基本测温电路,传感器的工作电流 $I = \dfrac{U-U_\circ}{R}$,由于电压源的内阻极小,所以当工作电流在 $0.4\sim 5$ mA 范围内变化时,不影响传感器的性能。

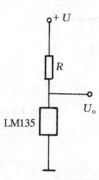

图7-38　LM135基本测温电路

(2) 四端输出型。四端电压输出型集成温度传感器有四个引脚,日本松下公司的 AN6701 型集成温度传感器就属此类。它的主要性能参数如下:

工作温度范围　　$-10\sim 80℃$

灵敏度　　　　　$109\sim 110$ mV/℃

基本误差　　　　$\leqslant \pm 1℃$(在$-10\sim 80℃$范围内)

非线性误差　　　$\leqslant 0.5\%$

时间常数　　　　24s　(静止空气中)

　　　　　　　　11s　(流动空气中)

工作电流　　　　0.4mA,最大不超过 0.8mA(负载电阻 $R_L = \infty$ 时)

电源电压　　　　$5\sim 15$ V 间变化,所引起的测量误差一般$\leqslant \pm 2℃$

AN6701 型集成温度传感器有图 7 - 39 所示三种接线方式。图中电阻 R_C 在 $3\sim 30$ kΩ 范围内,用来调整使 25 ℃下的输出电压等于 5V,此时灵敏度可达 $109\sim 110$ mV/ ℃。由于 R_C 是外接电阻,所以传感器的校准十分方便。

随着科学技术的发展,由单片集成电路构成的温度传感器种类越来越多,按其输出形式来分有模拟输出(前述的电流输出和电压输出)、逻辑输出和数字输出。如美国 DALLAS 公司前不久推出的新产品 DS1820,它

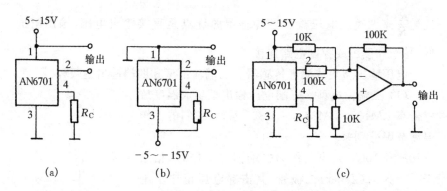

图 7-39   AN6701 型集成温度传感器的三种接线方式

(a) 正电源接法；(b) 负电源接法；(c) 输出具有公共接地端

是一种高精度数字式单线温度传感器,测温范围为-55~+125 ℃,精度为
0.5 ℃,通过输出 9 位(二进制)数字来直接表示所测量的温度值,并通过
DS1820 的数据总线直接输入到 CPU,无需 A/D 转换和放大电路,转换
温度时间小于 1s,还可设置温度警报系统。由于所有的命令和数据都必
须通过一根数据总线传送,所以称为数字式单线温度传感器。

逻辑输出型温度传感器结构比较简单,且成本较低,主要用于温度控
制系统。因为许多应用中不需要严格测量温度值,只需检测温度是否超
过了某个范围,一旦温度超出所规定的范围,则需发出报警信号或启动空
调、风扇、加热器或其它环境控制设备。MAXim 公司生产的 MAX6501
~MAX6504 就是具有逻辑输出的温度监视器件,其工作电压范围为 2.7
~5.5 V,温度检测门限可预置范围为-40~+115 ℃(预设间隔为
10 ℃),温度误差典型值为±0.5 ℃,损耗电流 30 μA。

第 8 章　光传感器

　　光传感器能将被测量的变化通过光信号的变化转换成电信号(电压、电流、电阻等)。具有这种功能的材料称为光敏材料,用光敏材料制成的器件称光敏器件。

　　传统的光敏器件是利用各种光电效应制成的器件。光电效应可分为外光电效应和内光电效应两大类,内光电效应又分光导效应和光生伏特效应。它们相应的元件有光电管、光电倍增管、光敏电阻、光敏二极管、光敏三极管和光电池等。新发展的光传感器主要是光纤传感器和电荷耦合器件 CCD。

　　光传感器的精度高,分辨力高、可靠性高、抗干扰能力强,并可进行非接触测量。除可直接检测光信号外,还可间接测量位移、速度、加速度、温度、压力等物理量,所以它的发展很快,获得广泛应用。

8.1　外光电效应和光电管、光电倍增管

　　在光线作用下,物体内的电子逸出物体表面向外发射的现象,称为外光电效应或光电发射效应。

　　光子是具有能量的粒子,每个光子所具有的能量 E 为

$$E = h\upsilon \tag{8-1}$$

式中　h——普朗克常数,6.626×10^{-34}(J·S);

　　　υ——光的频率 Hz。

　　当入射到物体的光子能量足以克服电子的逸出功时,电子就逸出物体表面,产生光电子发射,光子能量超出电子逸出功的部分,就表现为逸出电子的动能。

8.1.1　光电管

1. 结构和工作原理

典型的光电管有真空光电管和充气光电管两类,两者结构相似,图

8-1(a)所示为光电管的结构示意图,它由一个阴极和一个阳极构成,它们一起装在一个被抽成真空的玻璃泡内,阴极装在光电管玻璃泡内壁或特殊的薄片上,光线通过玻璃泡的透明部分投射到阴极。要求阴极镀有光电发射材料,并有足够的面积来接受光的照射。阳极要既能有效地收集阴极所发射的电子,而又不妨碍光线照到阴极上,因此是用一细长的金属丝弯成圆形或矩形制成,放在玻璃管的中心。图 8-1(a)表示两种不同类型阴极的光电管。

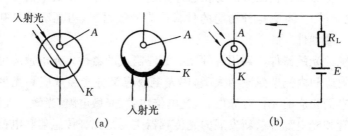

图 8-1 光电管结构示意图和连接电路

光电管的连接电路图如图 8-1(b)所示。光电管的阴极 K 和电源的负极相连,阳极 A 通过负载电阻 R_L 接电源正极,当阴极受到光线照射时,电子从阴极逸出,在电场作用下被阳极收集,形成光电流 I,该电流及负载电阻 R_L 上的电压将随光照的强弱而改变,达到把光信号变化转换为电信号变化的目的。

充气光电管的结构基本与真空光电管相同,只是管内充以少量的惰性气体,如氩气等。当光电管阴极被光线照射产生电子后,在趋向阳极的过程中,由于电子对气体分子的撞击,将使惰性气体分子电离,从而得到正离子和更多的自由电子,使电流增加,提高了光电管的灵敏度。但充气光电管的频率特性较差,温度影响大,伏安特性为非线性等,所以在自动检测仪表中多采用真空光电管。

2. 主要特性

(1)光电特性。在阳极电压一定时,光电管的电流 I 与入射的光通量 Φ 之间的关系称光电特性。如图 8-2(a)所示的直线 1,它表示氧铯阴极的光电管,I 与 Φ 是线性关系,但对于锑铯阴极的光电管,当光通量较大时,I 与 Φ 是非线性关系,如图 8-2(a)中曲线 2 所示。

在某光谱范围内,单位光通量照射到光电阴极上引起的光电流大小称为光电管的积分灵敏度(该光谱范围内的所有波长的光作用的累积结果),量纲为 $\mu A/lm$。一般以国际规定的色温为 2 854 K 的钨丝灯作为测量灵敏度的光源。

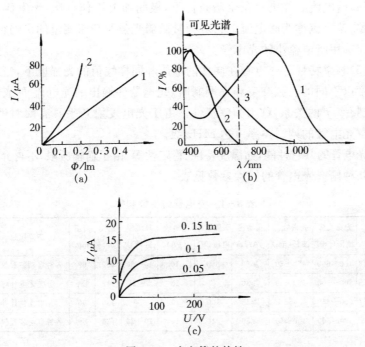

图 8 - 2　光电管的特性

(a) 光电特性　　　　　　　　　　　　(b) 光谱特性

1—氧铯阴极;2—锑铯阴极　　　　　　1—铯阴极;2—锑铯阴极;

　　　　　　　　　　　　　　　　　　3—多种成分(锑、钾、钠、铯等)阴极

(c) 伏安特性

(2)光谱特性。用单位辐射通量的不同波长的光,分别照射光电管,在光电管上产生大小不同的光电流,光电流(一般以最大值的百分数表示)与入射光波波长 λ 的关系曲线称为光谱特性曲线,又称为频谱特性。图 8 - 2(b)为不同阴极材料的光电管光谱特性。特性曲线峰值对应的波长称为峰值波长,特性曲线占据的波长范围称为光谱响应范围。

由图可见,不同的阴极材料对同一波长的光,有不同的灵敏度。即使同一种阴极材料,对不同波长的光,也有不同的灵敏度。因此,选择光电管时,应使其最大灵敏度在需要检测的光谱范围内。

(3)伏安特性。在给定的光通量或照度下,光电流 I 与光电管两端的电压 U 关系称为伏安特性,如图 8 - 2(c)所示。在不同的光通量照射下,伏安特性是几条相似的曲线。当极间电压高于 50 V 时,光电流开始饱和,因为所有的光电子都到达了阳极。真空光电管一般工作于伏安特性的饱和部分,内阻达几百兆欧。

(4)暗电流。光电管在全暗条件下,极间加上工作电压,光电流并不等于零,该电流称为暗电流。它对测量微弱光强及精密测量的影响很大,因此应选用暗电流小的光电管。

(5)频率特性。光电管在同样的电压和同样幅值的光强度下,当入射光强度以不同的正弦交变频率调制时,光电器件输出的光电流 I(或灵敏度)与频率 f 的关系,称为频率特性。由于光电发射几乎具有瞬时性,所以真空光电管的调制频率可达 MHz 级。

光电管的其它性能,如温度特性、稳定性等,由于篇幅所限,不再介绍。

几种国产光电管的特性参数见表 8-1。

表 8-1　光电管的特性参数

型　　号	光谱响应范围(nm)	光谱峰值波长(nm)	灵敏度(μA/1m)	阳极工作电压(V)	暗电流(μA)	环境温度(℃)	直径(mm)	高度(mm)	主要用途
GD-3	400~600	450±50	≥80	240	1×10^{-2}	10~30	φ30	62	各种自动装置仪器
GD-5	200~600	400±20	≥30	30	3×10^{-5}	5~35	φ42	130	分光光度计等
GD-7	300~850	450	≥45	100	8×10^{-4}	≤40	φ30	95	光电比色计等
GD-51	400~600	400±50	≥80	240	1×10^{-2}	10~30	φ26	59	各种自动装置仪器

8.1.2　光电倍增管

当光照很微弱时,光电管所产生的光电流很小(零点几个微安),为提高灵敏度,常应用光电倍增管,对光电流进行放大,其积分灵敏度可达每流明几安倍。

1. 工作原理和结构

光电倍增管的工作原理建立在光电发射和二次发射基础上。图8-3(a)是光电倍增管的原理示意图,图中 K 为光电阴极,$D_1\sim D_4$ 为二次发射体,称倍增极,A 为阳极(或收集阳极)。在工作时,这些电极的电位是逐级增高的,一般阳极和阴极之间电压是 1 000~2 500 V,两个相邻倍增极之间的电位差为 50~100 V。当光线照射到光电阴极 K 后,它产生的光电子受到第一倍增极 D_1 正电位的作用,使之加速并打在这个倍增极上,产生了二次发射。由第一倍增极 D_1 产生的二次发射电子,在更高电位的 D_2 极作用下,再次被加速入射到 D_2 上,在 D_2 极上又将产生二次发射,这样逐级前进,直到电子被阳极收集为止。阳极最后收集到的电子数将达到阴极发射电子数的 $10^5\sim10^6$ 倍。

如果设每个电子落到任一倍增极上都打出 σ 个电子,则阳极电流 I

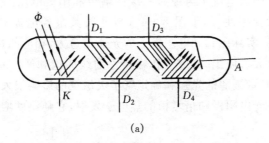

(a)

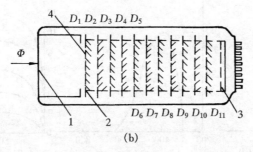

(b)

图 8 - 3　光电倍增管的结构原理图

(a) 原理图；(b) 结构示意图

1—阴极；2—倍增极；3—阳极；4—栅网

为

$$I = i_0 \sigma^n \qquad\qquad (8-2)$$

式中　i_0——光电阴极发出的光电流；

　　　n——光电倍增极数（一般 9～11 个）。

这样，光电倍增管的电流放大系数 β 为

$$\beta = \frac{I}{i_0} = \sigma^n \qquad\qquad (8-3)$$

　　光电倍增管的倍增极结构有很多形式，它的基本构造是把光电阴极与各倍增极和阳极隔开，以防止光电子的散射和阳极附近形成的正离子向阴极返回，产生不稳定现象；另外，要使电子从一个倍增极发射出来无损失地至下一级倍增极。图 8 - 3(b) 是某一种形式的光电倍增管结构示意图。

2. 主要特性

　　图 8 - 4(a) 是光电倍增管的光电特性，当光通量不大时，阳极电流 I 和光通量 Φ 之间有良好的线性关系，但当光通量很大时（$\Phi > 0.01$ lm 时），出现严重的非线性。光电倍增管的光谱特性与相同材料的光电管的光谱特性相似，图 8 - 4(b) 是锑钾铯光电阴极的光电倍增管的光谱特性。

光电倍增管的阳极电流 I 与最后一级倍增极和阳极电压的关系,称为光电倍增管的伏安特性,示于图 8-4(c),此时其余各电极的电压保持恒定。由图可见,实际照到光电阴极上的光通量愈大,相应的达到饱和时的阳极电流也愈大。使用时,应工作在特性曲线的饱和区。光电倍增管的暗电流,对于测量微弱的光强和确定管子灵敏度的影响很大,产生暗电流的主要原因是光电阴极和倍增极的热电子发射,它随温度增加而增加。

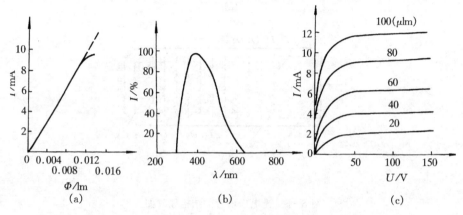

图 8-4 光电倍增管的特性
(a) 光电特性;(b) 光谱特性;(c) 伏安特性

光电倍增管的灵敏度高,频率特性好,频率可达 10^8 Hz 或更高,但它需要高压直流电源,价贵、体积大,经不起机械冲击。此外,由于其灵敏度很高,所以不能承受强光照射,否则将会导致光电倍增管损坏。

部分国产光电倍增管的特性参数见表 8-2。

表 8-2 光电倍增管的特性参数

型号	光谱响应范围(nm)	光谱峰值波长(nm)	阴极灵敏度(μA/1m)	阳极灵敏度(A/1m)	暗电流(nA)	倍增极数	直径(mm)	长度(mm)	主要用途
GDB—106	200～700	400±50	30	30(860V)	7(30A/1m)	9	14	68	光度测量
GDB—143	300～850	400±20	20	1(800V)	20(1A/1m)	9	30	100	光度测量
GDB—235	300～650	400±20	40	1(750V)	60(10A/1m)	8	30	110	闪烁计数器
GDB—413	300～700	400±20	40	100(1 250V)	10(100A/1m)	11	30	120	分光光度计等
GDB—546	300～850	420±20	70	20(1 300V)	100(200A/1m)	11	51	154	激光接收器

8.2　内光电效应及相应的器件

8.2.1　光导效应及光敏电阻

半导体材料受到光照射时,吸收入射光子能量,若光子能量大于或等于半导体材料的禁带宽度,就激发出电子-空穴对,使载流子浓度增加,半导体的导电性增加,阻值降低,这种光电效应称光导效应。基于这种效应的光电器件有光敏电阻(或称光导管)。

光敏电阻的阻值随光照度的增加而减小,当光照停止,其阻值又恢复原值。光敏电阻的种类很多,最常见的是硫化镉和硒化镉制成的器件。由于所用的材料不同,工艺不同,它们的光电性能相差很大。

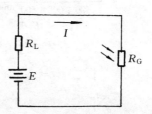

图 8-5　光敏电阻的符号和联接

光敏电阻 R_G 的符号和连接见图 8-5。使用时可加直流电压或交流电压。由于光敏电阻的阻值随光照强度而变化,所以流过负载电阻 R_L 的电流及其两端的电压也随之变化,因而可将光信号转换为电信号。

光敏电阻的参数和主要特性如下:

1. 光电流

光敏电阻在黑暗时所具有的阻值称暗电阻,此时流过的电流称暗电流;受光照射时的阻值称亮电阻,此时流过的电流称亮电流。亮电流和暗电流之差称光电流。光敏电阻的暗电阻一般是兆欧数量级,而亮电阻则在几千欧姆以下。光敏电阻的暗电阻越大,亮电阻越小,则性能越好,也即光电流要尽可能大,这样光敏电阻的灵敏度高。

2. 光照特性

光敏电阻的光电流 I 和光照度 E_V 的关系,称光照特性。不同类型的光敏电阻,光照特性是不同的,但在大多数情况下,曲线形状似图 8-6(a)所示的硫化镉光敏电阻的光照特性,它是非线性的。

3. 光谱特性

光敏电阻对于不同波长的入射光,其灵敏度是不同的。图 8-6(b)是硫化镉和硒化镉的光谱特性,它们在可见光或近红外区,其光谱响应峰很尖锐,对照度变化有较高的灵敏度,因此选用光敏电阻时应当把元件和光源种类结合起来考虑,才能获得满意的结果。

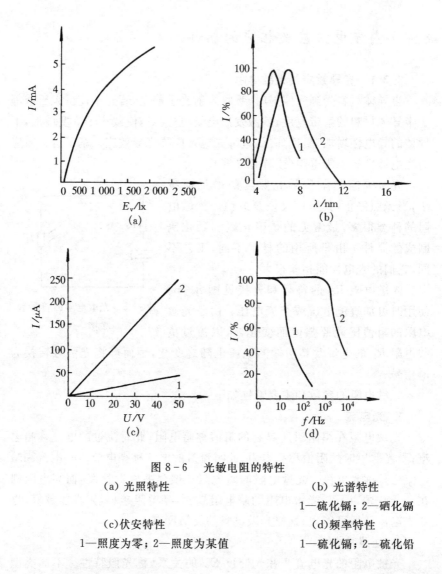

图 8 - 6　光敏电阻的特性

（a）光照特性　　　　　　　　　　　　　　（b）光谱特性

　　　　　　　　　　　　　　　　　　　　　1—硫化镉；2—硒化镉

　　　（c）伏安特性　　　　　　　　　　　　　　（d）频率特性

1—照度为零；2—照度为某值　　　　　　　1—硫化镉；2—硫化铅

4. 伏安特性

在一定照度下，光电流 I 与光敏电阻两端所加电压 U 的关系，称为光敏电阻的伏安特性，如图 8 - 6(c)所示。由特性可知，在一定的光照度下，所加的电压越大，光电流越大，且没有饱和现象。但也不能无限制地提高电压，因为任何光敏电阻都有最大额定功率，使用时可查阅手册。

5. 频率特性

光敏电阻的光电流不是随光强改变立刻作出相应的变化，而是具有一定的惰性,这也是光敏电阻的缺点之一。这种惰性常用时间常数来表示。时间常数是指光敏电阻突然由黑暗变为受到光照时,电导率变化到终值的 63% 所需的时间。

不同材料的光敏电阻具有不同的时间常数(毫秒数量级),因而它们的频率特性也就各不相同。图 8-6(d)所示为两种不同材料的光敏电阻的频率特性。显然,光敏电阻的频率范围比光电管差得多。

6. 温度特性

光敏电阻和其它半导体器件一样,受温度的影响较大。当温度升高时,它的暗电阻和灵敏度将下降,同时对光谱特性也有很大影响。例如硫化铅光敏电阻,随着温度的升高,其光谱特性向短波方向移动。为了稳定测量系统的灵敏度,需采取温度补偿措施。

光敏电阻的灵敏度高,允许的光电流大,体积小,重量轻,寿命长,所以应用广泛。此外由于许多光敏电阻对红外线敏感,适宜于红外线光谱区工作。

光敏电阻的缺点是型号相同的光敏电阻的参数也参差不齐,并且由于光照特性的非线性,不适宜于测量要求线性的场合,常用作开关式光电信号传感元件。

部分国产光敏电阻的参数列于表 8-3。

表 8-3 　光敏电阻的特性参数

型 号	亮电阻 (Ω)	暗电阻 (Ω)	光谱峰值波长(nm)	时间常数(ms)	耗散功率(mW)	极限电压(V)	温度系数(%/℃)	工作温度(℃)	光敏面(mm^2)	使用材料
RG-cds-A	$\leqslant 5\times10^4$	$\geqslant 1\times10^8$				100	<1			
RG-cds-B	$\leqslant 1\times10^5$	$\geqslant 1\times10^8$	520	<50	<100	150	<0.5	$-40\sim80$	$1\sim2$	硫化镉
RG-cds-C	$\leqslant 5\times10^5$	$\geqslant 1\times10^9$				150	<0.5			
RG1A	$\leqslant 5\times10^3$	$\geqslant 5\times10^6$			20	10				
RG1B	$\leqslant 20\times10^3$	$\geqslant 20\times10^6$	$450\sim850$	$\leqslant 20$	20	10	$\leqslant\pm1$	$-40\sim70$		硫硒化镉
RG2A	$\leqslant 50\times10^3$	$\geqslant 50\times10^6$			100	100				
RG2B	$\leqslant 200\times10^3$	$\geqslant 200\times10^6$			100	100				
RL-18	$<5\times10^5$	$>1\times10^9$		<10		300				
RL-10	$(5\sim9)\times10^4$	$>5\times10^8$	520	<10	100	150	<1	$-40\sim80$		硫化镉
RL-5	$<4\times10^4$	1×10^9		<5		$30\sim50$				

型号	亮电阻(Ω)	暗电阻(Ω)	光谱峰值波长(nm)	时间常数(ms)	耗散功率(mW)	极限电压(V)	温度系数(%/℃)	工作温度(℃)	光敏面(mm²)	使用材料
81－A	$<1\times10^4$	$>1\times10^8$								
81－B	$<1\times10^4$	$>5\times10^6$								
81－C	$<5\times10^4$	$>1\times10^7$	640	10	15	50	<0.2	$-50\sim60$		硫化镉
81－D	$<1\times10^5$	$>2\times10^7$								
81－E	$<1\times10^6$	$>1\times10^8$								
82－A	$<5\times10^3$	$>1\times10^8$	750	5	40	50	1	$-40\sim60$		硒化镉
82－B	$<1\times10^5$	$>1\times10^{10}$		3						
625－A	$<5\times10^4$	$>5\times10^7$	740	$2\sim6$	<100	100	1	±40	180	
625－B	$<5\times10^5$	$>5\times10^7$			<300				274	

8.2.2 光生伏特效应及光电池、光敏二极管、光敏三极管

1. 光生伏特效应

当光照射 PN 结时,若电子能量大于半导体材料禁带宽度,激发出电子-空穴对,在 PN 结内电场作用下,空穴移向 P 区,电子移向 N 区,于是 P 区和 N 区之间产生电压,称光生电动势。这种因光照而产生电动势的现象称光生伏特效应,其相应的器件为光电池。

另一种情况,处于反向偏置的 PN 结,当无光照时,其 P 区电子和 N 区空穴数目都很少,反向电阻很大,反向电流很小。当光照时,如果光子能量足够大,产生光生的电子-空穴对,在 PN 结电场作用下,电子向 N 区运动,空穴向 P 区运动,形成光电流,其流向与反向电流一致,且光照度越大,光电流越大。具有这种性能的器件有光敏二极管和光敏三极管。

2. 光电池

光电池是一种直接将光能转换为电能的器件。它的种类繁多,有硅光电池、硒光电池、硫化镉光电池等,其中硅光电池和硒光电池用得较多。光电池的一类应用是作为能源,如太阳能电池,利用光生伏特效应直接将太阳能转换成电能,已在宇宙开发、航空、日常生活等领域获得应用。光电池的另一类应用,则是利用它

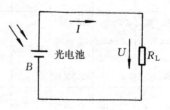

图 8-7 光电池符号及连接

们对可见光和近红外光敏感、性能稳定、频率特性较好、能耐高温辐射等性能,常用于检测、控制等方面构成分析仪器、测量仪器或自动控制系统。

　　光电池的符号和连接电路如图 8－7 所示。光电池的主要特性如下:

　　(1) 光照特性。图 8－8(a) 是硅光电池的光照特性曲线。光生电动势即开路电压 U_{OC} 与照度 E_V 间的关系称为开路电压曲线;短路电流 I_{SC} 与照度 E_V 间的关系,称为短路电流曲线。

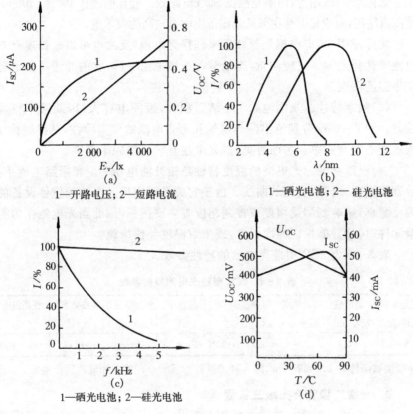

图 8－8　光电池的特性

(a) 光照特性;(b) 光谱特性;(c) 频率特性;(d) 温度特性

　　由图可见,开路电压与光照度的关系是非线性的,且在照度 2 000 lx 照射下,就趋于饱和了;而短路电流曲线在很大范围内与光照度成线性关系。因此光电池作为测量元件使用时,不要把它当作电压源来使用,应把它当作电流源的形式使用,即利用短路电流与光照度成线性关系的特点。

　　光电池的短路电流是指外接负载相对于它的内阻很小时的光电流。从实验知道,负载电阻愈小,光电流与照度之间的线性关系愈好,且线性范围也愈宽。对于不同的负载电阻,可以在不同的照度范围内,使光电流与光照度保持线性关系。所以应用光电池时,所用负载电阻大小,应根据光照的具体情况来决定。

(2) 光谱特性。光电池的光谱特性取决于所用材料。图 8-8(b)为硅光电池和硒光电池的光谱特性。由图可见,不同材料的光谱峰值是不同的。硅光电池在 850 nm 附近,而硒光池在 540 nm 附近。硅光电池在 $450\sim1\,100$ nm 范围内使用,而硒光电池在可见光谱范围内有较高的灵敏度。

实际使用中,应根据光源性质来选择光电池,反之也可以根据现有光电池来选择光源。还应注意,光电池与光敏电阻一样,它的光谱峰值也随使用温度而变。

(3) 频率特性。光电池的 PN 结面积大,极间电容大,因此频率特性较差。图 8-8(c)分别给出硅光电池和硒光电池的频率特性,其横座标 f 表示光的调制频率。由图可见,硅光电池有较好的频率响应。

(4) 温度特性。光电池的温度特性是指开路电压 U_{OC} 和短路电流 I_{SC} 分别随温度 T(℃)变化的曲线。由于它关系到应用光电池的仪器设备的温度漂移,影响到测量精度或控制精度等主要指标,因此当光电池作为测量元件时,最好能保证温度恒定,或采取温度补偿措施。

表 8-4 为 2CR 型硅光电池的特性参数。

表 8-4   2CR 型硅光电池特性参数

光谱响应范围(μm)	光谱峰值波长(μm)	灵敏度(nA/mm² · 1x)	响应时间(s)	开路电压*(mV)	短路电流*(mA/cm²)	转换效率*(%)	使用温度(℃)
$0.4\sim1.1$	$0.8\sim0.95$	$6\sim8$	$10^{-3}\sim10^{-4}$	$450\sim600$	$16\sim30$	$6\sim12$ 以上	$-55\sim+125$

* 指测试条件在 100 mW/cm² 的入射光照射下,每 1cm² 的硅光电池所产生的。

3. 光敏二极管及光敏三极管

(1) 光敏二极管。光敏二极管的结构与一般二极管相似,为了提高光电转换能力,PN 结的面积较大,并一般装在管子顶部,可以直接受到光照。光敏二极管的符号和连接电路,见图 8-9 所示,它在电路中处于

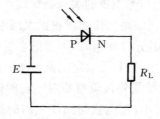

图 8-9   光敏二极管的符号及连接

反向偏置状态。

　　光敏二极管的主要特性如下：

　　①光照特性。图 8-10（a）是硅光敏二极管的光电流 I 与照度 E_V 的关系曲线，I 和 E_V 呈线性关系，所以适合于检测方面的应用。

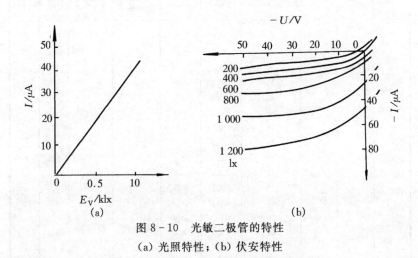

图 8-10　光敏二极管的特性
（a）光照特性；（b）伏安特性

　　②伏安特性。图 8-10(b)是硅光敏二极管的伏安特性，横坐标表示所施加的反向偏压。当光照时，反向电流随着光照强度的增大而增大，在不同的照度下，伏安特性曲线几乎平行，所以只要光电流没达到饱和值，它输出实际上不受偏压大小的影响。

　　③频率特性。光敏二极管的频率特性是半导体光电器件中最好的一种，普通光敏二极管其频率响应时间达 $10\mu s$，高于光敏电阻和光电池。

　　④温度特性。光敏二极管在外加电压和照度不变的情况下，其光电流和暗电流都随温度而变。在精密测量中应注意采取措施来减小温度的影响。

　　光敏二极管体积小，灵敏度高，响应速度快，稳定性好，因此在检测和自动控制中用得较多。

　　表 8-5 为 2CU 型硅光敏二极管参数。

表 8-5　2 CU 型硅光敏二极管特性参数

测试条件 型号	光谱响应范围(nm)	光谱峰值波长(nm)	最高工作电压 U_{max}(V)	暗电流 (μA)	光电流(μA)	灵敏度 $(\mu A/\mu W)$	响应时间 (s)	结电容 (pF)	使用温度(℃)
			$I_D<0.1\mu A$ $H<0.1\mu W/cm^2$	$U=$ U_{max}	$U=$ U_{max}	$U=U_{max}$ 入射光波长 900nm	$U=U_{max}$ 负载电阻 为 1 000Ω	$U=$ U_{max}	
2CU1A			10	<0.2	>80			<5	
2CU1B			20	<0.2	>80			<5	
2CU1C			30	<0.2	>80			<5	
2CU1D			40	<0.2	>80			<5	
2CU1E			50	<0.2	>80			<5	
2CU2A	400~ 1 100	860~ 900	10	<0.1	≥30	≥0.5	10^{-7}	<5	−55~ +125
2CU2B			20	<0.1	≥30			<5	
2CU2C			30	<0.1	≥30			<5	
2CU2D			40	<0.1	≥30			<5	
2CU2E			50	<0.1	≥30			<5	
2CU5A			10	<0.1	≥10			<2	
2CU5B			20	<0.1	≥10			<2	
2CU5C			30	<0.1	≥10			<2	

　　（2）光敏三极管。光敏三极管的结构与普通三极管相似,有两个 PN 结,也能得到电流的增益,所不同的是基区面积大,集电结和发射结离表面很近,而且基极往往不接引线,其符号和基本电路如图 8-11 所示。

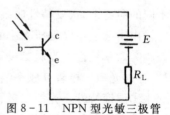

图 8-11　NPN 型光敏三极管的基本电路

　　光敏三极管采用硅管或锗管,其中硅光敏三极管的暗电流和温度系数较小,所以应用得多。硅光敏三极管都是 NPN 结构,其基区是光敏区,和硅光敏二极管的结构相似,原理也相同。

　　当集电极加上相对于发射极为正的电压而基极开路时,集电结处于反向偏置状态。当光线照射在集电结的基区,会产生光生电子和空穴,光生电子被拉到集电极,基区中留下了带正电荷的空穴,使基极与发射极间的电压升高,这样,发射极（N 型材料）便有大量电子经基极流向集电极,形成光敏三极管的输出电流,从而使光敏三极管具有电流增益作用。

　　光敏三极管的主要特性如下:

　　①光照特性。图 8-12(a)是硅光敏三极管的光照特性。光照足够

大(几千 lx)时,会出现饱和。

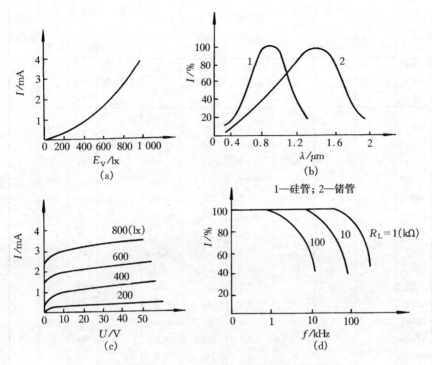

图 8 - 12　光敏三极管的特性

（a) 光照特性；(b) 光谱特性；(c) 伏安特性；(d) 频率特性

②光谱特性。图 8 - 12(b)是光敏三极管的光谱特性。由曲线可见,硅管的峰值波长为800～900 nm,锗管则为 1 400～1 500 nm。所以在可见光或探测赤热状态物体时,都采用硅管;但对红外光进行探测时,锗管较为合适。

③伏安特性。图 8 - 12(c)为硅光敏三极管的伏安特性,纵坐标为光电流,横坐标为集电极-发射极电压。由于三极管的放大作用,在同样照度下,其光电流比相应的光敏二极管大几十倍。

④频率特性。指光电流与光照调制频率的关系,图 8 - 12(d)为其典型曲线。光敏三极管的频率特性比光敏二极管差,而且受到负载电阻的影响,减小负载电阻能提高频率响应。

光敏三极管较光敏二极管的光电流大,灵敏度高,但暗电流和温度特性等都不及后者。

表 8 - 6 列出了 3DU 型硅光敏三极管的参数。

表 8-6 3DU 型硅光敏三极管特性参数

测试条件\型号	光谱响应范围(nm)	光谱峰值波长(nm)	最高工作电压 U_{max}(V)	暗电流(μA) $U_{ce}=U_{max}$	光电流(μA) $U_{ce}=U_{max}$ 入射光照度 1 000lx	结电容(pF) $U_{ce}=U_{max}$ 频率 1kHz	响应时间(s) $U_{ce}=10V$ 负载电阻 100Ω	收集极最大电流(mA)	最大功耗(mW)	使用温度(℃)
3DU11			10	<0.3	≥0.5	<10		20	150	
3DU12			30	<0.3	≥0.5	<10		20	150	
3DU13			50	<0.3	≥0.5	<10		20	150	
3DU21			10	<0.3	≥1.0	<10		20	150	
3DU22			30	<0.3	≥1.0	<10		20	150	
3DU23			50	<0.3	≥1.0	<10		20	150	
3DU31	400～1 100	860～900	10	<0.3	≥2.0	<10		20	150	−55～+125
3DU32			30	<0.3	≥2.0	<10	10^{-5}	20	150	
3DU33			50	<0.3	≥2.0	<10		20	150	
3DU41			10	<0.5	≥4.0	<10		20	150	
3DU42			30	<0.5	≥4.0	<10		20	150	
3DU43			50	<0.5	≥4.0	<10		20	150	
3DU51A			15	<0.2	≥0.3	<5		10	50	
3DU51B			30	<0.2	≥0.3	<5		10	50	
3DU51C			30	<0.2	≥0.1	<5		10	50	

使用光敏三极管时,应注意光电流、工作电压、耗散功率、环境温度等不应超出最大限额值;另外,在使用过程中,要注意保持光的入射方向不变,否则将影响光照效应。

8.3 光电传感器的类型及应用举例

利用光电效应制成的器件组成的光电传感器可应用于测量多种非电量,它在国防及国民经济各领域中都有应用。

8.3.1 类 型

按光电传感器的输出量性质可分为两类。

1.把被测量转换成连续变化的光电流。属于这一类的有下列几种应用:

(1)用光电器件测量物体温度。如光电高温计就是采用光电器件作为敏感元件,将被测物在高温下辐射的能量转换为光电流。

(2)用光电器件测量物体的透光能力。如测量液体、气体的透明度、混浊度的光电比色计,预防火警的光电报警器等。

(3)用光电器件测量物体表面的反射能力。如测量表面光洁度、粗糙度等仪器的传感器。

(4)用光电器件测量物体的位移。如用以检查加工零件的直径、长度、宽度、椭圆度等尺寸的自动检测装置,常采用这类传感器。

2.把被测量转换成断续变化的光电流。这一类应用中,利用光电器件在受光照或无光照时"有"或"无"电信号输出的特性,用作开关式光电转换元件。如开关式温度调节装置及转速测量中的光电传感器等。

在选用光电器件时,应结合光源性质及光电器件的特性参数两方面来选用,才能更好地发挥光电器件的功能,达到预期的测量效果。

8.3.2　应用举例

1. 光电测微计

光电测微计的原理是:从光源发出的光束经过小孔射至光电器件,小孔的面积是由被检测的尺寸所决定的,当被检的尺寸改变时,小孔的面积发生变化,从而使到达光电器件上光束的大小随着改变,因此反映了被检尺寸的变化。这种装置要求光电器件的光电特性具有良好的线性。

图 8 - 13 是光电测微计的示意图。光源 3 经光路系统穿过被测物体与样板环之间的间隙,投射到光电器件 5 上。调制盘 4 以恒定转速旋转,对光通量进行调制,使缓慢变化的光通量,转换成以某一较快频率变化的光通量。调制的目的是使光信号以某一种频率变化,以区别于自然光和

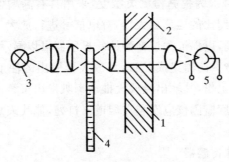

图 8 - 13　光电测微计示意图

1—被测物件；2—样板环；

3—光源；4—调制盘；5—光电器件

其它杂散光,提高检测装置的抗干扰能力;另外,这种经调制后的光通量,投射至光电器件所产生的变化和光电流,可以采用交流放大器放大,与直流放大器相比,它具有稳定性较高,零点漂移小等优点。

2. 烟尘浊度连续监测仪

工业烟尘是环境的主要污染源之一,为此需要对烟尘源进行连续监测、自动显示和超标报警。

烟道里的烟尘浊度是通过光在烟道里传输过程中的变化大小来检测的。如果烟道里的烟尘浊度增加,光源发出的光被烟尘颗粒物吸收和折射就增多,到达光检测器上的光减少,因而光检测器的输出信号便可反映烟道里烟尘浊度的变化。

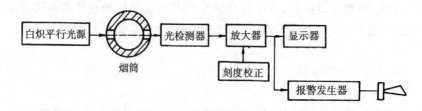

图 8-14 吸收式烟尘浊度监测仪框图

图 8-14 是吸收式烟尘浊度监测仪的组成框图。为了检测出烟尘中对人体的危害性最大的亚微米颗粒的浊度和避免水蒸汽和二氧化碳对光源衰减的影响,选取可见光(即白炽灯)作为光源。该光源产生光谱范围为 400~700 nm 的纯白炽平行光,要求光照稳定。

光检测器选取光谱响应范围为 400~600 nm 的光电管,获得随浊度变化的相应电信号。为提高检测灵敏度,采用具有高增益、高输入阻抗、低零漂、高共模抑制比的运算放大器,对电信号进行放大。刻度校正被用来进行调零与调满,以保证测试准确性。显示器可以显示浊度的瞬时值。报警发生器由多谐振荡器组成,当运算放大器输出的浊度信号超出规定值时,多谐振荡器工作,其输出经放大推动喇叭发出报警信号。为了测试的精确性,烟尘浊度监测仪应安装在烟道出口处,能代表烟尘发射源的横截面部位。

3. 光电式转速传感器

图 8-15 是光电式数字转速表的工作原理图。图(a)是在待测转速的轴上固定一带孔的盘 1,由发光二极管或白炽电珠 2 产生恒定光,当待测转轴转动时,光线经调制后透射至光电器件 3,转换成相应的电脉冲信

号,经放大整形电路输出整齐的脉冲信号,转速可由脉冲信号的频率来决定。图(b)是在待测转速的轴上固定一个涂上黑白相间条纹的圆盘,它们具有不同的反射率,当转轴转动时,反光与不反光交替出现,光电器件间接地接收光的反射信号,转换成电脉冲信号。

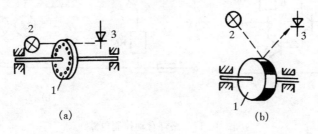

图 8-15 光电式数字转速表原理图

(a) 投射式; (b) 反射式

1—调制盘; 2—光源; 3—光电器件

上述两种情况中,每分钟转速 n 与频率 f 的关系如下:

$$n = \frac{60f}{N} \tag{8-4}$$

式中 N 为孔数或黑白条数目。

频率可用一般的频率表或数字频率计测量。光电器件多采用光电池、光敏二极管或光敏三极管,以提高寿命、减小体积、减小功耗和提高可靠性。

光电转速传感器的光电脉冲变换电路(或放大整形电路)如图 8-16 所示。VT_1 为光敏三极管,当有光照时,产生光电流,使 R_1 上压降增大到晶体管 VT_2 导通,作用到由晶体管 VT_3 和 VT_4 组成的射极耦合触发器,使其输出 U_o 为高电位。反之,U_o 为低电位。该脉冲信号 U_o 可送到

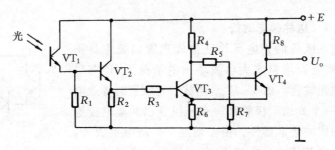

图 8-16 光电脉冲变换电路原理图

测量电路计数。

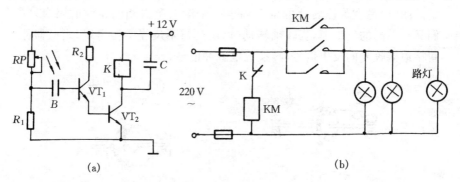

(a)   (b)

图 8 - 17　路灯自动控制电路

（a）控制电路原理图；（b）主电路

4. 路灯自动控制器

图 8 - 17 为利用硅光电池实现路灯自动控制的电路,其中图(a)为控制电路原理图,图(b)为主电路。当天黑无光照时,控制电路中 VT_1,VT_2 均处于截止状态,继电器 K 的线圈断电,其常闭触点接通电路中交流接触器 KM 的线圈,从而使接触器的常开主触点闭合,路灯点亮。当天亮时,硅光电池 B 受到光的照射,产生 0.2～0.5 V 的电动势,使三极管 VT_1,VT_2 导通,最终导致接触器主触点断开,路灯熄灭。调节电位器 RP,可以调整三极管 VT_1 导通或截止的阈值,从而调整光电开关的灵敏度。图(b)中将交流接触器的三个常开主触点并联,是为了适应较大负荷的需要。

8.4　光敏集成器件

8.4.1　达林顿光敏管

光敏三极管的光电灵敏度虽较光敏二极管高得多,但在需要高增益或大电流输出的情况下,还需采用达林顿光敏管。图 8 - 18 是达林顿光敏管的等效电路,它是一个光敏三极管和一个三极管以共集电极连接方式构成的集成器件。由于增加了一级电流放大,所以输出电流能力大大加强,甚至可以不必经过进一步放大,便可直接驱动灵敏继电器。但由于其无光照时的暗电流也加大,且影响速度减慢,所以适合于开

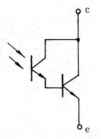

图 8 - 18　达林顿光敏管的等效电路

关状态或位式信号的光电变换。

8.4.2　光电耦合器件

1. 原理

光电耦合器件是发光器件与光敏元件集成在一起构成的。发光器件通常采用砷化镓发光二极管,其管芯由一个 PN 结组成,具有单向导电性,随正向电压的提高,正向电流增加,发光二极管产生的光通量也增加。光敏元件可以是光敏二极管和光敏三极管,也可以是达林顿光敏管。发光器件与光敏元件在光谱上应得到最佳匹配。图 8-19 所示为光敏三极管和达林顿光敏管输出型的光电耦合器。

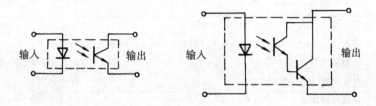

输入　输出　　　输入　　　　　　输出

图 8-19　光电耦合器

光电耦合器既可传输信号,又能实现电路的隔离,因为其输入电路和输出电路在电气上完全没有关连,仅仅通过光的耦合才把彼此联系在一起,所以在电子线路中应用十分广泛。在工作时,把电信号加到输入端,使发光器件发光,而光敏元件则在此光照射下输出光电流,从而实现电—光—电两次转换。

2. 主要参数

光电耦合器的主要参数如下:

(1)电流传输比。光电耦合器的输出电流 I_o(若为光敏三极管,输出电流就是集电极电流 I_C)与发光二极管的输入电流 I_F 之比,称为电流传输比。I_F 的典型额定值约为 10 mA。

(2)输入输出间的绝缘电阻。光电耦合器在电子线路中常用于实现隔离,所以其发光和光敏两电路之间的绝缘电阻很重要。一般在 $10^9 \sim 10^{18}\ \Omega$ 之间,它比普通小功率变压器的一次侧、二次侧之间电阻大得多。

(3)脉冲上升时间和下降时间

当输入方波脉冲信号时,光电耦合器的输出脉冲前沿自零升到稳态值的 90% 所需用的时间为脉冲上升时间 t_r;脉冲后沿自稳态值的 100% 降到

10％的时间为下降时间 t_f，一般 $t_f > t_r$。光电耦合器的 t_r 和 t_f 都不可能为零，所以经过光电隔离后的电脉冲波形有失真，且相位滞后于输入信号。

其它参数还有最高工作频率（一般可达数百 kHz），输入输出间的寄生电容（一般为几个 pF），输入输出间的耐压等。表 8-7 为典型的光电耦合器的主要参数。

表 8-7　典型光电耦合器主要参数

类　别	参数及单位	测试条件	CH301E	CH315
输入特性	正向压降 U_F/V	$I_F = 10$ mA	≤1.3	≤1.3
	反向漏向流 I_R/μA	$U_R = 3$V	≤50	≤50
	最大电流 I_{FM}/mA	DC	50	50
输出特性	暗电流 I_D/μA	$I_F = 0$, $U_{CE} = 10$ V	≤0.1	≤0.1
	亮电流 I_L/mA	$I_F = 20$ mA, $U_{CE} = 10$ V, $R_L = 500$ Ω	>15	8~10
	击穿电压 U_{BR}/V	$I_F = 0$, $I_{CE} = 1$ μA	≥15	≥15
	最大功耗 P_{CM}/mW	DC	150	150
传输特性	电流传输比 β	$I_F = 10$ mA, $U_{CE} = 10$ V	>150%	80~100%
	上升时间 t_r/μs	$I_F = 10$ mA, $U_{CE} = 10$ V	≤3	≤3
	下降时间 t_f/μs	$R_L = 100$ Ω, $f = 100$ Hz	≤4	≤4
隔离特性	极间耐压 U_q/V	AC, 50Hz, 峰值, 1 min	500	500
	隔离电阻 R_q/Ω	AC 或 DC500V	10^{10}	10^{11}
	耦合电容 C_q/pF		≤2	≤2

3. 应用举例

光电耦合器应用很广泛，特别适用于数字逻辑电路的开关信号传输，或在逻辑电路中作隔离器件；也可做不同电平的逻辑电路之间的连接；在计算机测量和控制系统中的使用，可以确保系统的安全和提高抗干扰能力；还可作为无触点开关器件，其开关速度快，耗能少。光电耦合器的主要缺点是输入阻抗低，频率响应较差。下面举两个应用电路的例子。

（1）低压脉冲信号对高压绕组的控制。图 8-20 为微机输出的脉冲信号控制步进电机 M 一相绕组通断的电路图。利用光电耦合器实现微机的数字电路与步进电机绕组的模拟电路间的隔离，还可以防止干扰，使电路既安全又防止了反馈耦合。

（2）不同电源系统间的连接。图 8-21 是将光电耦合器用于开关电路与逻辑电路（集成与非门电路）之间的连接，使双方电路的接地均可自由选择，使用上十分方便。

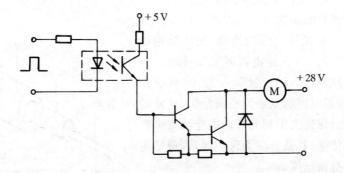

图 8 - 20　低压脉冲信号控制步进电机绕组

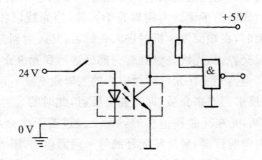

图 8 - 21　不同电源系统间的连接

8.5　光纤传感器

　　光纤传感技术是伴随着光导纤维及光纤通讯技术的发展而另辟新径的一种崭新的传感技术。光纤传感器以其极高的灵敏度和精度、固有的安全性、抗电磁干扰、高绝缘强度、耐腐蚀、可绕曲、体积小、结构简单、集传感与传输为一体，能与数字通讯系统兼容等突出的性能，受到世界各国广泛重视。光纤传感器已应用于位移、振动、转动、压力、弯曲、应变、速度、加速度、电流、磁场、电压、温度等 70 多个物理量的测量，在国民经济各个部门的生产过程自动控制、在线检测、故障诊断、安全报警等方面都具有十分广泛的应用潜力和发展前景。

8.5.1　光纤的结构和传光原理

1. 光纤的结构

光纤是光导纤维的简称,它的结构如
图 8-22 所示,它是由折射率 n_1 较大(光
密介质)的纤芯,和折射率 n_2 较小(光疏介
质)的包层组成的双层同心圆结构,这样的
结构可以保证入射到光纤内的光波集中在
纤芯内传播,其最外层为保护层,该层是为
了增加机械强度。

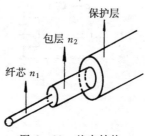

图 8-22　基本结构

2. 光纤的传光原理

光纤工作的基础是光的全反射。如图 8-22 所示的圆柱形光纤,它
的两个端面均为光滑的平面。由物理光学可知,当光线以各种不同角度
入射到光纤端面时,在端面发生折射进入光纤后,又入射到光密介质纤芯
与光疏介质包层交界面,光线在该处有一部分透射到光疏介质,一部分反
射回光密介质。但当光线在光纤端面中心的入射角 θ 减小到某一角度 θ_c
时,光线全部被反射回光密介质,即光被全反射,此时的入射角 θ_c 称为临
界角。只要 $\theta < \theta_c$,光在纤芯和包层的界面上经过若干次全反射,呈锯齿
形状路线在芯内向前传播,最后从光纤的另一端面射出,图 8-23 所示是
光纤的传光原理。为保证全反射,必须满足 $\theta < \theta_c$ 这一全反射的条件。

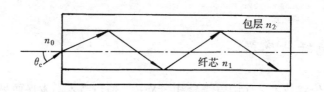

图 8-23　光在光纤中的传播

由斯乃尔(Snell)定律可导出光线由折射率为 n_0 的外界介质射入纤
芯时,实现全反射的临界入射角为:

$$\theta_c = \arcsin(\frac{1}{n_0}\sqrt{n_1^2 - n_2^2})$$

外界介质一般为空气,空气的 $n_0 = 1$,所以

$$\theta_c = \arcsin(\sqrt{n_1^2 - n_2^2}) \tag{8-5}$$

由式可知,某种光纤的临界入射角的大小是由光纤本身的性质——折射
率 n_1,n_2 所决定的,与光纤的几何尺寸无关。

8.5.2　光纤的性能

1. 数值孔径(NA)

临界入射角 θ_c 的正弦函数定义为光纤的数值孔径,即:

$$NA = \sin\theta_c = \frac{1}{n_0}\sqrt{n_1^2 - n_2^2} \qquad (8-6)$$

数值孔径是光纤的一个重要性能参数,它表示光纤的集光能力,即在光纤端面,无论光源的发射功率有多大,只有 $2\theta_c$ 张角之内的入射光才能被光纤接收、传播。若入射角超出这个范围,进入光纤的光线便会进入包层而散失。

光纤的 NA 越大,表明它集光能力越强,光纤与光源之间的耦合越容易,可在较大入射角范围内输入全反射光,且保证此光波沿芯子向前传输。但 NA 越大,光信号的畸变也越大,所以要选择适当。产品光纤通常不给出折射率,而只给出 NA。石英光纤的 NA=0.2~0.4。

2. 光纤模式

光纤模式是指光波沿着光纤传播的途径和方式。对于不同入射角度的光线,在界面反射的次数是不同的,传递的光波之间的干涉所产生的横向强度分布也是不同的,这就是传播模式不同。在光纤中传播的模式很多时对信息的传播是不利的,因为同一种光信号采取很多模式就会使这一部分光信号分为不同时间到达接收端的多个小信号,从而导致合成信号的畸变,因此,希望光纤信号模式数量越少越好。纤芯直径很小(3~10μm),只能传播一种模式称为单模光纤。这类光纤的传输性能好,信号畸变小,信息容量大,线性好,灵敏度高,但由于纤芯尺寸小,制造、连接和耦合都很困难。

纤芯直径较大(50~100μm),传播模式较多,称多模光纤。这类光纤的性能较差,输出波形有较大的差异,但纤芯截面积大,容易制造,连接和耦合比较方便。

单模和多模光纤都是当前光纤通讯技术上最常用的,一般通称为普通光纤维。用于测试技术的光纤往往有特殊要求,又称其为特殊光纤。

3. 色　散

当光信号以光脉冲形式输入到光纤,经过光纤传输后脉冲变宽,其主要原因就是色散。光的色散是由于光在物质中的速度以及物质的折射率与光的波长有关而发生的现象。光纤色散使传输的信号脉冲发生畸变,从而限制了光纤的传输带宽,所以在光纤通讯中,它关系到通讯信息的容量和品质。光纤的色散分为材料色散、波导色散和多模色散三种。

4. 传输损耗

光信号在光纤中传播,随着传播距离的增长,能量逐渐损耗,信号逐渐减弱,不可能将光信号全部传输到目的地,因而这种传输损耗的大小是评定光纤优劣的重要指标。反映传输损耗大小用衰减率 ξ 来表示:

$$\xi = 10\lg \frac{I_1}{I_2} \tag{8-7}$$

式中 I_1 为入射光纤的光强度,I_2 为射出光纤的光强度,光纤的最小损耗在 $0.2\sim1.0\text{dB/km}$ 范围。

光纤的传输损耗原因有三个:一是材料的吸收,它将使传输的光能变成热能,造成光能的损失;二是弯曲损耗,这是由于光纤边界条件的变化,使光在光纤中无法进行全反射传输所致。弯曲半径越小,造成的损耗越大;第三个原因是光在光纤中传播产生的散射,它是由于光纤的材料及其不均匀性,或其几何尺寸的缺陷所引起的。

8.5.3 光纤传感器的工作原理及其组成

1. 光纤传感器的工作原理及分类

由于外界因素(温度、压力、电场、磁场、振动等)对光纤的作用,会引起光波特征参量(如振幅、相位、偏振态等)发生变化。因此人们只要能测出这些参量随外界因素的变化关系,就可以用它作为传感元件来检测温度、压力、电流、振动等物理量的变化,这就是光纤传感器的基本工作原理。概括地说,光纤传感技术就是利用光纤将待测量对光纤内传输的光波参量进行调制,并对被调制过的光波信号进行解调检测,从而获得待测量。

光纤传感器一般有几种分类方法。

(1)按照光纤在传感器中的作用可分为功能型和非功能型两类。

① 功能型传感器(Function Fibre Optil Sensor),又称 FF 传感型光纤传感器。如图 8-24(a)所示。它是利用光纤本身对外界被测对象具有敏感能力和检测功能这一特性开发而成的传感器。光纤不但起到传光作用,而且在被测对象作用下,诸如光强、相位、偏振态等光学特性得到了调制,空载波变为调制波,携带了被测对象的信息。

FF 型光纤传感器中光纤是连续不断的,但为了感知被测对象的变化,往往需要采用特殊截面、特殊用途的特种光纤。

② 非功能型传感器(Non-Function Fibre Optil Sensor),又称 NFF 传光型光纤传感器。如图 8-24(b)所示。光纤只当作传播光的媒介,对

图 8 - 24　光纤传感器的基本形式

(a)传感型；(b)传光型

待测对象的调制功能是依仗其它物理性质的光转换敏感元件来实现的。入射光纤和出射光纤之间插有敏感元件，传感器中的光纤是不连续的。

NFF 型光纤传感器中光纤在传感器中仅起到传光的作用，所以可采用光纤通信用光纤甚至普通的多模光纤。为使 NFF 型光纤传感器能够尽可能多地传输光信号，实践中采用大芯径、大数值孔径的多模光纤。

(2) 按光在光纤中被调制的原理，光纤传感器又分强度调制型、相位调制型、频率调制型、波长调制型和偏振态调制型等。

(3) 按测量对象分为光纤位移传感器、光纤温度传感器、光纤流量传感器、光纤图像传感器、光纤压力传感器、光纤电流传感器等。

2. 光纤传感器的组成

光纤传感器由光源、光纤耦合器、光纤、光探测器等几个基本部分组成。

(1) 光源。光源是光纤传感器中的重要器件。为了保证光纤传感器的性能，对光源的结构与特性有一定的要求。一般要求光源的体积尽量小，以利于它与光纤耦合；光源发出的光波长应合适，以便减少光在光纤中的损失；光源要有足够的亮度，以便提高传感器的输出信号；光源的稳定性好，在室温下能连续工作；另外还要求噪声小、安装方便和寿命长。

光纤传感器使用的光源种类很多，按照光的相干性可分为相干光和非相干光。非相干光源有白炽光、发光二极管；相干光源包括各种激光器，如氦氖激光器、半导体激光二极管等。

(2) 光纤元件的相互连接

① 光纤接头。接头在光纤传感器制作中是一种经常使用的元件，如光源或探测器与光纤的连接，光纤与光纤的连接等。使用接头的重要技术指标是以使用时插入损耗小为好。接头有活接头与死接头之分，活接头主要用于光源与光纤耦合，死接头大多用于光纤对接，如将两根光纤连

接。这种连接是依靠专用工具——光纤融接器来连接的。

② 光纤耦合器。常有必要将光源射出的光束分别耦合进两根以上光纤。这种分束及耦合过程一般采用光纤耦合器完成。同理,也有必要将两束光纤的出射光同时耦合给探测器,它也借助光纤耦合器完成。

光源与光纤耦合时,总是希望在光纤的另一端得到尽可能大的光功率,它与光源的光强、波长及光源发光面积等有关,也与光纤的粗细、数值孔径有关。它们之间耦合的好坏取决于它们之间匹配程度,在光纤传感器设计与实际应用中,要对诸多因素综合考虑。

耦合的方式有光源与光纤直接耦合和透镜耦合两种。直接耦合就是把一根平端面的光纤放在光源前面,让光直接耦合进去;透镜耦合是在光纤端面与光源或光接收元件之间放置光学透镜,改变光的传播方向和角度,以提高耦合效率。透镜耦合的效率远高于直接耦合,但安装透镜反会增加反射损失,所以输出端常采用直接耦合。

(3)光探测器。在光纤传感器中,光探测器占有极为重要的地位,它的作用是把传送到接收端的光信号转换成电信号,即将电信号"解调"出来,然后进行进一步的放大和处理。光探测器的作用和光源的作用恰好相反,光源是将电信号变成光信号,而光探测器的作用是将光信号变成电信号。它的性能好坏既能影响被测物理量的变换准确度,又关系到光探测接收系统的质量。它的线性度、灵敏度等参数直接关系到传感器的总体性能。

常用的光探测器有光敏二极管、光敏三极管、光电倍增管等。

8.5.4 光纤传感器的应用举例

光纤传感器种类繁多,用途不一,新机理的光纤传感器仍在不断出现,这里只介绍两种常用的实例。

1. 光纤温度传感器

光纤温度传感器根据工作原理可分为相移型、光强调制型、偏振光型。而每一种形式中又可有多种多样的结构和材料。这里仅介绍一种光强调制型的传感器,其工作原理是利用多数半导体材料的能量带隙随温度的升高几乎线性减小的特性。如图 8-25 所

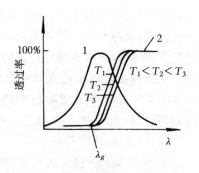

图 8-25　半导体的光透过率特性

1— 光源光谱分布;

2— 吸收边缘透射率 $f(\lambda, T)$

示，半导体材料的透光率特性曲线边沿的波长 λ_g 随温度的增加而向长波方向位移。如果适当地选定一种光源，它发出的光的波长在半导体材料工作范围内与 λ_g 相一致，当此种光通过半导体材料时，其透射光的强度将随温度 T 的增加而减少。

根据上述原理制成的光强调制型温度传感器，其传感系统的原理如图 8 - 26 所示。光源采用与半导体材料相匹配的发光二极管，中间敏感部分的结构是在一根不锈钢管内插入两根光纤，所用光纤尽量选用大数值孔径 的产品，以求尽量多的光通过。两光纤的接头处放入一 片半导体薄片，光纤与半导体片，以及入射光纤与光源，出射光纤与光探测器之间经过精密的耦合，保证最小的光传输损耗。在外面用不锈钢管密封，除要求套管的传热性好以外，还要求套管与半导体片的良好接触，提高传感器的温度响应速度。

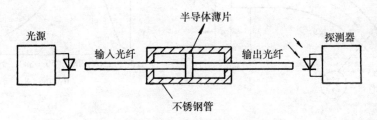

图 8 - 26　光纤温度传感器简单原理图

当光源发出的光以恒定的强度经光纤到达半导体薄片时，透过薄片的光强受薄片温度的调制，然后透射光再由另一根光纤传到光探测器。它将光强的变化转化为电压或电流的变化，因而达到传感温度的目的。

这种传感器的测量范围随半导体材料和光源而变，一般在 $-100 \sim$ $300℃$；响应时间大约 为 2s；测量精度在 $\pm 3℃$ 内，采用一些特殊的处理电路可以达到 $\pm 1℃$。由于其时间响应快，这种温度传感器可望在动态测量中获得成功。

目前，国外光纤温度传感器可探测到 2 000℃ 高温，灵敏度达 $\pm 1℃$，响应时间为 2s。利用 GaAs，CdTe，GaP 等半导体材料的吸收端温度变化而制成的光纤温度传感器，可获得 $\pm 0.5℃$ 的测量精度。用于低温范围的光纤温度传感器，可测 0.1℃ 的变化。

2. 光纤位移传感器

位移与其它机械量相比，既容易检测，又容易获得高的检测精度，所以常将被测对象的机械量转换成位移来检测。如将压力转换成膜片的位移,加速度转换成重物的位移等。这种方法不但结构形式多,而且很简单,因此位移传感器是机械量传感器中最基本的传感器。光纤位移传感器又分传输型光纤位移传感器和传感型位移传感器,这里仅介绍传输型光纤位移传感器。

利用反射式光纤位移传感器测微小位移的原理图如图 8-27(a)所示。

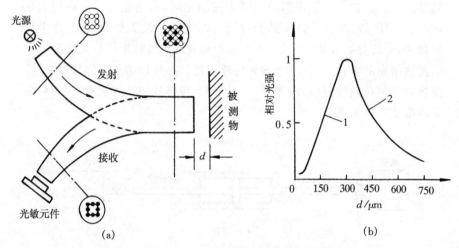

图 8-27　反射式光纤位移传感器
(a)原理图 ;(b)接收相对光强与距离 d 的关系特性曲线

它利用光纤传送和接收光束,可以实现无接触测量。光源经一束多股光缆把光传送到传感器端部,并发射到被测物体上;另一束多股光缆把被测物反射出来的光接收并传递到光敏元件上,这两股光缆在接近目标之前汇合成 Y 形,汇合是将两束光缆里的光纤分散混合而成的。图 8-27(a)中用白圈代表发射光纤,黑点代表接收光纤,汇合后的端面仔细磨平抛光。由于传感器端部与被测物体间距离 d 的变化,因此反射到接收光纤的光通量不同,可以反映传感器与被测物体间距离的变化。图 8-27(b)是接收相对光强与距离 d 的关系,可见峰值以左的线段 1 有很好的线性,可用来检测位移。光缆中的光纤根数往往多达数百,可测几百微米的小位移。

图 8-28(a)是利用挡光原理测位移,图 8-28(b)是利用改变斜切面间隙大小的原理测位移。这两种方法更为简单,但可测范围及线性不如反射法。

国外文献报导光纤位移传感器测量范围为 0.05～0.12 mm,分辨率

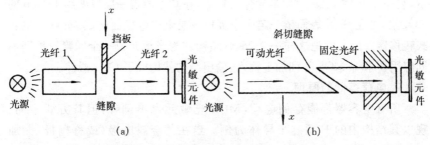

图 8-28　光纤位移传感器的其它形式

(a) 利用挡光原理测位移；(b) 利用改变斜切面间隙大小测位移

为 0.01 mm。光纤微位移传感器可测位移为 0.08nm，动态范围为 110 dB。

8.6　CCD 图像传感器

CCD(Charge Coupled Devices)图像传感器是一种大规模集成电路光电器件，又称为电荷耦合器件，简称 CCD 器件。CCD 是在 MOS 集成电路技术基础上发展起来的新型半导体传感器。由于 CCD 图像传感器具有光电信号转换、信息存储、转移(传输)、输出、处理以及电子快门等一系列功能，而且尺寸小、工作电压低(DC：7～12V)、寿命长、坚固耐冲击以及电子自扫描等优点，促进了各种视频装置普及和微型化。目前的应用已遍及航天、遥感、工业、农业、天文、通讯等军用及民用领域。

8.6.1　CCD 的基本结构和工作原理

1. 结构

CCD 是一种高性能光电图像传感器件，由若干个电荷耦合单元组成，其基本单元是 MOS(金属－氧化物－半导体)电容器结构，如图 8-29(a)所

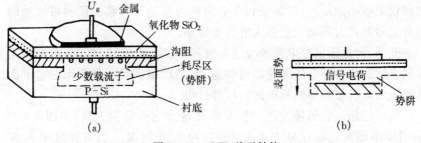

图 8-29　CCD 单元结构

(a)MOS 电容器剖面图；(b) 有信号电荷势阱图

示,它是以 P 型（或 N 型)半导体为衬底,在其上覆盖一层厚度约 120nm 的 SiO$_2$ 层,再在 SiO$_2$ 表面依一定次序沉积一层金属电极而构成 MOS 的电容式转移器件。人们把这样一个 MOS 结构称为光敏元或一个像素。根据不同应用要求将 MOS 阵列加上输入、输出结构就构成了 CCD 器件。

2. 电荷存储的原理

所有电容器都能存储电荷,MOS 光敏元也不例外,但其方式不同。现以其结构中的 P 型硅半导体为例。当在其金属电极(或称栅极)上加正偏压 U_g 时(衬底接地),正电压 U_g 超过 MOS 晶体管的开启电压,由此形成的电场穿过氧化物(SiO$_2$)薄层,在 Si－SiO$_2$ 界面处的表面势能发生相应的变化,附近的 P 型硅中的多数载流子——空穴被排斥到表面入地,半导体内的电子吸引到界面处来,从而在表面附近形成一个带负电荷的耗尽区,也称为表面势阱。对带负电的电子来说,耗尽区是个势能很低的的区域。如果此时有光照射在硅片上,在光子作用下,半导体硅产生了电子－空穴对,由此产生的光生电子就被附近的势阱所吸收,势阱内所吸收的光生电子数量与入射到该势阱附近的光强成正比,存储了电荷的势阱被称为电荷包,而同时产生的空穴被电场排斥出耗尽区,图 8－29(b) 为已存储信号电荷——光生电子的示意图。在一定条件下,所加电压 U_g 越大,耗尽区就越深。这时,Si 表面吸收少数载流子的表面势(半导体表面对于衬底的电势差)也就越大,同时 MOS 光敏元所能容纳的少数载流子电荷量就越大。

3. 电荷转移

CCD 器件与其它半导体器件相比较,它是以电荷为信号,不像其它器件是以电流或电压为信号,故掌握 CCD 工作原理的关键在于了解电荷怎样转移或传输。CCD 器件的基本结构是彼此非常靠近的一系列 MOS 光敏元,这些光敏元用同一的半导体衬底制成,其上面的氧化层也是均匀、连续的,在氧化层上排列互相绝缘且数目不等的金属电极。相邻电极之间仅隔极小的距离,以保证相邻势阱耦合及电荷转移。任何可移动的电荷信号都将力图向表面势大的位置移动。

此外,为保证信号电荷按确定方向和确定路线转移,在 MOS 光敏元阵列上所加的各路电压脉冲即时钟脉冲,是严格满足相位要求的。下面具体说明电荷在相邻两栅极间的转移过程。

现以三相时钟脉冲为例,把 MOS 光敏元电极分为三组,在图 8－30 (b)中,MOS 元电极序号 1,4 由时钟脉冲 ϕ_1 控制,2,5 由时钟脉冲 ϕ_2 控制,3,6 由时钟脉冲 ϕ_3 控制。图 8－30(a)为三相时钟脉冲随时间变化波形图,图 8-30(b)为三相时钟脉冲控制转移存储电荷的过程。在 $t = t_1$ 时,ϕ_1 相处于高电平,ϕ_2,ϕ_3 相处于低电平。因此,在电极 1,4 下面出现势阱,存入电荷。到 $t = t_2$ 时,ϕ_2 相也处于高电平,电极 2,5 下面出现势阱。由于相邻电极之间的间隙小,电极 1,2 及 4,5 下面的势阱互相连通,形成大势阱。原来在电极 1,4 下的电荷向电极 2,5 下势阱方向转移。接着 ϕ_1 电压下降,势阱相应变浅。当 $t = t_3$ 时,更多的电荷转移到电极 2,5 下势阱内,$t = t_4$ 时,只有 ϕ_2 相处于高电平,信号电荷全部转移到电极 2,5 下面的势阱中。依此下去,信号电荷可按事先设计的方向,在时钟脉冲控制下从一端移位到另一端。

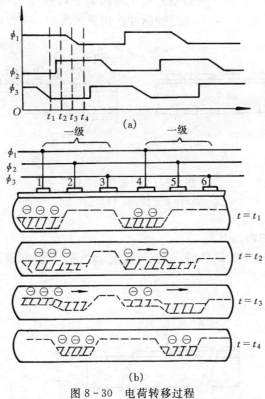

图 8-30　电荷转移过程

(a)三相时钟脉冲波形;(b)电荷转移过程

实现电荷移动的驱动脉冲有二相、四相脉冲,相应的称为二相 CCD 和四相 CCD。

8.6.2 电荷的注入和输出

1. 电荷的注入方法

CCD 电荷的注入方法有电注入和光注入两种。图 8-31(a)为背面光注入方法,如果用透明电极也可用正面光注入方法。器件受光照射,光被半导体吸收,产生电子-空穴对,这时少数载流子被收集到较深的势阱中,而多数载流子迁往硅衬底内。收集在势阱中电荷包的多少,反映了入射光信号的强弱,从而可以反映像的明暗程度,以实现光信号与电信号之间的转换。图 8-31(b)是用输入二极管进行电注入,该二极管是在输入栅衬底上扩散形成的。当输入栅 IG 加上宽度为 Δt 的正脉冲时,输入二极管 PN 结的少数载子通过输入栅下的沟道注入 ϕ_1 电极下的势阱中,注入电荷量 $Q = I_D \Delta t$。在三相时钟脉冲作用下依次向一定方向转移。

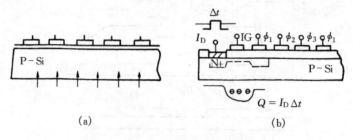

(a)   (b)

图 8-31　电荷注入方法
(a)背面光注入；(b)电注入

2. 电荷的输出方法

CCD 的信号电荷传输到输出端被读出的方法有以下两种,如图 8-32所示。

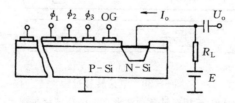

图 8-32　利用二极管的输出结构

(1) 利用二极管的输出结构。图 8-32 在阵列末端衬底上扩散形成输出二极管,当输出二极管加上反相偏压时,在 结区内产生耗尽层。当信号电荷在时钟脉冲 作用下移向输出二极管,并通过输出栅 OG 转移到输出二极管耗尽区内时,信号电荷将 作为二极管的少数载流子而形成反向电流 I_o。输出电流的大小与信号电荷大小成正比。并通过负载电阻 R_L 变为信号电压 U_o 输出。

(2) 浮置栅 MOS 管输出结构。此种输出结构如图 8-33 所示,图 (a)是一种浮置栅读取信号电荷的方法。在时钟脉冲的作用下,信号电荷包通过输出栅 OG 被浮置扩散结收集,所收集的信号电荷成为控制 MOS 场效应晶体管 V_2(集成在基片上)的栅极电压,于是在 MOS 管组成的源极跟随器的输出端获得随信号电荷变化的输出电压 U_o。在准备接收下一个信号电荷包之前,必须将浮置扩散结的电压恢复到初始状态,为此,引入 MOS 复位管 V_1,当其栅极加复位窄脉冲 ϕ_R 时,V_1 导通,使浮置扩散结复位,即把信号电荷抽走。复位脉冲 ϕ_R 与转移脉冲以及视频同步。图 8-33(b)为 CCD 的 MOS 放大输出极的原理电路。

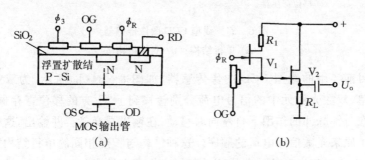

图 8-33　浮置栅 MOS 管输出结构
(a) 浮置栅 MOS 放大器电压法;(b)输出级原理电路

8.6.3　线型和面型 CCD 图像传感器

1. 线型 CCD 图像传感器

线型 CCD 图像传感器是由一列 MOS 光敏单元和一列 CCD 移位寄存器并行而构成的。光敏元和 CCD 移位寄存器之间有一个转移控制栅,基本结构如图 8-34(a)所示。转移栅控制光生信号电荷向移位寄存器转移,一般使信号转移时间远小于光积分时间。光敏元由 MOS 电容器构成,受光照射产生电荷后进行电荷积累。各个光敏元中所积累的光电荷与该光敏元上所接收的光照强度成正比,也与光积分的时间成正比。当转移控制栅开启时,各光敏单元收集的信号电荷并行地转移到 CCD 移位寄存器的相应单元。当转移控制栅关闭时,MOS 光敏元阵列又立即开始下一行的光电荷积累。同时,在移位寄存器上施加时钟脉冲,将已转移到 CCD 移位寄存器内的上一行的信号电荷由移位寄存器串行输出,如此重复上述过程。

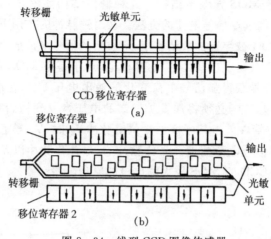

图 8-34　线型 CCD 图像传感器

(a) 单行结构;(b) 双行结构

　　目前实用的线型 CCD 图像传感器,如图 8-34(b)所示,为双行结构。单、双数光敏元中的信号电荷分别转移到上、下方的移位寄存器中,然后在时钟脉冲的作用下自左向右移动,在输出端交替合并输出,这样就形成了原来光敏信号电荷的顺序。这种结构与长度相同的单行结构相比较,可以获得高出两倍的分辨率;同时,光敏元有较高的封装密度,转移次数减少一半,使 CCD 特有的电荷转移损失大为减少。因此,较好地解决了因转移损失造成的分辨率降低的问题。CCD 本来是细小加工的小型固态器件,双行结构又将其分为两侧,所以在获得相同效果情况下,又可缩短器件尺寸。由于这些优点,双行结构已经发展成为线型 CCD 固态图像传感器的主要结构形式。我国已能生产 2 000 像素以上的线型 CCD 固态图像传感器,国际水平达 5 000 像素以上。

　　线型 CCD 图像传感器主要用于传真、工业自动检测、定向探测等多个系统;也可用于一维检测系统,如工件尺寸、回转体偏摆等。如果要传送平面图像信息,必须增加机械扫描方法,或者直接使用面型 CCD 图像传感器。

2. 面型 CCD 图像传感器

　　面型 CCD 图像传感器是把光敏元等排列成矩阵的的形式,其传输和读出的结构方式有不同的类型,基本构成有帧转送方式(Frame Transfer

CCD)和行间转送方式(Inter Line Transfer CCD)两种。

帧转送方式如图 8 - 35(a)所示,其结构分为上面是光敏元面阵,中间是存储器面阵,下面是输出移位寄存器三个部分。其特点是光敏元面阵与信号存储器面阵相互分离,但两个面阵构造基本相同。光敏元面阵是由光敏 CCD 阵列构成的,其作用是光电变换和在自扫描正程时间内进行光积分。光敏元面阵的光生信号电荷积累到某一定数量之后,用极短的时间迅速送到有屏蔽的存储器面阵。存储器面阵是由遮光的 CCD 构成的,它的位数和光敏元面阵一一对应,其作用是在自扫描进程时间内迅速地将光敏元面阵里的整帧的电荷包转移到它里面暂存起来。这时,光敏元面阵又开始下一场信号电荷生成与积累过程;此间,上述处于存储器面阵的上一场信号电荷,将一行一行地移往输出移位寄存器依次读出,当存储器面阵内的电荷全部出完了之后,时钟控制脉冲又将开始下一场信号电荷由光敏元面阵向存储器面阵的迅速转移。该结构具有单元密度高,电极简单等优点,还允许采用背面光照来增加灵敏度。缺点是由于增加了存储区,使器件面积增大了 50%。

行间转送方式如图示 8 - 35(b)所示,它的基本特点是光敏元与垂直转移寄存器相互邻接。光敏元采用透明电极,以便接受光子照射。垂直转移寄存器与输出移位寄存器为光屏蔽结构。在光敏元的光积分结束时,打开转移控制栅,信息电荷进入垂直转移寄存器。然后一次一行地移动到水平输出移位寄存器中,向右移输出。这种方式芯片尺寸小,电荷转移距离比帧转送方式短,故具有较高的工作频率,但单元结构复杂,且只

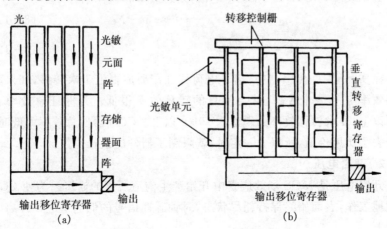

图 8 - 35　CCD 面阵图像传感器

(a)帧转送方式;(b)行间转送方式

能正面投射图像,背面照射会产生串扰而无法工作。

CCD 面型图像传感器主要用来装配轻型摄像机供工业监视和民用,主要优点是分辨率高、弥散性低、噪声小。尤其行间转送方式能较好地消除图像上的光学拖影的影响。

目前,我国能生产 512×320 像素的面型 CCD 图像传感器,国际上已达 2 048×2 048 像素的面型 CCD 图像传感器。

8.6.4   CCD 的主要参数

1. 转移效率和损耗率

电荷包从一个势阱向另一个势阱中转移,不是立即的和全部的,而是有一个过程。为了描述电荷包转移的不完全性,引入转移效率和损耗率的概念。在一定的时钟脉冲驱动下,设电荷包的原电荷量为 Q_0,转移到下一个势阱时电荷包的电荷量为 Q_1,则转移效率 η 定义为

$$\eta = \frac{Q_1}{Q_0} \qquad\qquad (8-8)$$

除了 η 外,有时也常用损耗率 ε 的概念,ε 定义为

$$\varepsilon = \frac{Q_0 - Q_1}{Q_0} \qquad\qquad (8-9)$$

显然,ε 表示残留于原势阱中的电荷量与原电荷量之比,因此

$$\eta + \varepsilon = 1 \qquad\qquad (8-10)$$

如果线阵列 CCD 共有 N 个电极,则总效率和损耗率为

$$\eta_{\text{总}} = \eta^N = (1-\varepsilon)^N \approx 1 - N\varepsilon \qquad\qquad (8-11)$$

$$\varepsilon = \frac{1-\eta_{\text{总}}}{N} \qquad\qquad (8-12)$$

在实际 CCD 传感器中,信号电荷往往需要成百上千次转移,如果其转移效率 η 不是非常高,就会使总的转移效率很低。为保证总效率在90% 以上,要求转移效率必须达 0.999 9 以上。CCD 器件总效率太低时,就失去了实用价值,所以 η 一定时,就限制了器件的最长位数。

2. 开启电压

开启电压是 MOS 场效应管中开始产生沟道所需的栅压。为使 CCD 有效地工作,表面始终保持耗尽状态,时钟脉冲信号的低电平应在开启电压之上。

3. 时钟频率的上下限

CCD 时钟频率的下限 $f_下$,主要受暗电流的限制。为避免热生少数

载流子对注入电荷的影响,注入电荷从一个电极转移到另一个电极所用的时间 t 必须小于少数载流子的寿命 τ(一般为毫秒数量级)。对于三相 CCD 电荷包从一个势阱转移到另一个势阱所需的时间为 $T/3$,则转移时间 t 应为:

$$t = \frac{T}{3} = \frac{1}{3f} < \tau \qquad (8-13)$$

所以　　　　　　　　　　　$f_下 > \dfrac{1}{3\tau}$　　　　　　　　(8-14)

式中,f 为时钟频率。上式表明,少数载流子寿命越长,CCD 时钟频率的下限越低。

CCD 时钟频率的上限 $f_上$,主要受电荷转移快慢限制。转移时间的大小与相邻电极中心距成正比,而与转移速度成反比。电荷包的转移要有足够的时间,应使其小于所允许的 t 值。为了使电荷有效地转移,对于三相 CCD,其转移时间 t 应为:

$$t \leqslant \frac{T}{3} = \frac{1}{3f_上} \qquad (8-15)$$

所以

$$f_上 \leqslant \frac{1}{3t} \qquad (8-16)$$

一般在保证足够高的转移效率情况下,希望能达到较高的时钟频率。

4. 光谱特性

CCD 传感器的光谱响应特性基本上取决于半导体衬底材料的光电性质。将光电二极管矩阵组成图像传感器接受正面入射光时,由于 CCD 复杂电极结构和多次反射等的影响使它很难达到单个硅光电二极管具有的灵敏度。

采用 Si 透明电极,虽然光谱响应和器件灵敏度有所提高和改善,但由于光像信号在 $Si-SiO_2$ 界面上的多次反射也会造成相关波间的的干涉,使光谱响应曲线呈多次峰谷波动状,如图 8-36 曲线中 1 所示。采用光线从背面照

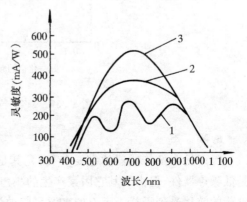

图 8-36　CCD 的光谱特性

射器件时,器件的厚度必须减薄到约为 $10\mu m$,若再在 CCD 传感器表面加上抗反射的涂层以增强其光学透射,其性能可改善,如图 8-36 中曲线 2 及 3 所示。

以硅为材料的 CCD 图像传感器,其光谱相应范围为 $400\sim1\,100$ nm,光谱峰值波长约为 $650\sim900$ nm 之间。

5. 分辨率

分辨率是指摄像器件对物像中明暗细节的分辨能力。它是用"调制转移函数"(MTF)来表示的。当光强以正弦变化的图像作用在传感器上时,电信号幅度随空间频率的变化称为调制转移函数 MTF。它相当于电子线路中的传递函数,不过 MTF 是以空间频率为参变量来表示。空间频率的单位一般用线对/毫米表示。一个线对是两个相邻光强最大值之间的间隔。

图像传感器实质上是由空间上分立的光敏元对光学图像进行采样。光敏元一般呈周期性排列,因此图像传感器光敏元的间隔同样用空间频率 f_0(单元数/毫米) 表示。通常,传感器上光像的空间频率用 f/f_0 归一化;例如,假设成像在传感器上的物像最 大强度间隔为 $300\mu m$,而 CCD 传感器的光敏元间隔为 $30\ \mu m$,则归一化空间频率为 0.1。参见图 8-37MTF 特性。

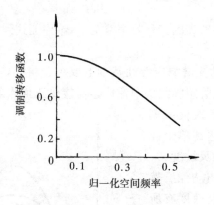

图 8-37 MTF 特性

6. 噪 声

噪声是图像传感器的主要参数,尤其是在低照度下更为重要。CCD 是低噪声器件,但由于其它因素产生的噪声会叠加到信号电荷上,使信号电荷的转移受到干扰。噪声的来源可归纳为转移噪声、散粒噪声、电注入噪声、信号输入噪声等。

8.6.5 CCD 输出信号的特点及应用举例

1. 输出信号的特点

了解 CCD 传感器输出信号的特点，对于了解其用途很有益处。CCD 输出信号有以下几个特点：

① 能够输出与光像位置相对应的时序信号；

② 能够输出各个脉冲彼此独立相间的模拟信号；

③ 能够输出反映焦点面信息的信号。

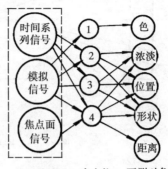

图 8 - 38 CCD 图像传感器输出信号及其测试对象
1—滤光片；2—光纤；
3—平衡光；4—透光

将不同光源与光学透镜、光导纤维、滤光片及反射镜等光学元件灵活地与这三个特点相组合，就可以显示出 CCD 传感器的各种用途。

用 CCD 传感器进行非电量测量是以光为媒介的光电变换。因此可以实现危险地点或人、机械不可能到达的场所的测量与控制。以图8-38说明，它能够测试的非电量和主要用途大致为：

- 组成测试仪器可测量物位、尺寸、工件损伤等；
- 作为光学信息处理装置的输入环节。例如用于传真技术、光学文字识别技术以及图像识别技术等方面；
- 作为自动流水线装置中的敏感器件。例如可用于机床、自动售货机、自动搬运车以及自动监视装置等方面；
- 作为机器人的视觉，监控机器人的运行。

2. 应用举例

（1）工件尺寸的高精度检测。图 8 - 39 是用线型 CCD 传感器测量尺寸的基本原理。

首先借助光学成像法将被测物的未知长度 L_x 投影到 CCD 线型传感器上，根据总像素数目和被物像遮掩的像素数目，可以计算出尺寸 L_x。

图（a）表示在透镜前方距离 a 处置有被测物，其未知尺寸为 L_x，透镜后方距离 b 处置有 CCD 传感器，该传感器总像素数目为 N_0。若照明光

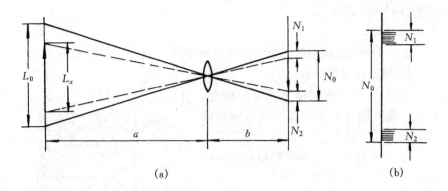

(a)   (b)

图 8-39 用 CCD 测较小尺寸基本原理

源由被测物左方向右方发射,在整个视野范围 L_0 之中,将有 L_x 部分被遮挡。与此相应,在 CCD 上只有 N_1 和 N_2 两部分接受光照,如图(b)所示。于是可以写出:

$$\frac{L_x}{L_0} = \frac{N_0 - (N_1 + N_2)}{N_0} \tag{8-17}$$

此处 N_1 为上端受光照的像素数;N_2 为下端受光照的像素数,由测得的 N_1 和 N_2 的值,从而算得被测尺寸 L_x。

　　(2) 尺寸测量实例。当被测尺寸很大时,可用图 8-40 所示的办法,有两套光学成像系统和两个 CCD 器件,分别对被测物两端边进行测量,

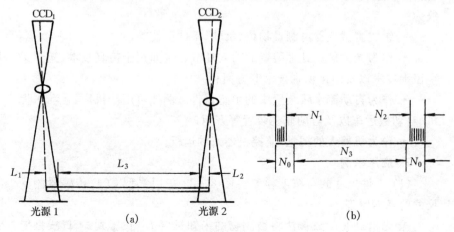

(a)   (b)

图 8-40 板材宽度测定示意图

然后算出尺寸。图 8 - 40(a)以连续轧钢板的宽度测量为例,在被测物左右边缘下方设置光源,经过各自的透镜将边缘部分成像在各自的 CCD 器件上,两器件间的距离是固定的。设两个 CCD 的像素数都是 N_0,由于两个 CCD 相距较远,其间必有某一范围 L_3 是两个 CCD 都监视不到的盲区。不过这个盲区 L_3 的数值是已知的,安装光学系统之后就被确定下来不再改变,与 L_3 对应的等效像素数 N_3 也就已知并且确定了。在扫描过程结束后,CCD_1 输出的脉冲数是 N_1,CCD_2 输出的脉冲数是 N_2,见图 8 - 40(b)所示。其中 CCD_1 测出的是被测物的一部分尺寸,即 L_1。根据式 (8 - 17)可写出类似的关系式为

$$\frac{L_1}{L_0} = \frac{N_0 - N_1}{N_0}$$

即

$$L_1 = \frac{N_0 - N_1}{N_0} L_0 \tag{8-18}$$

同理,CCD_2 测出的另外一部分尺寸是 L_2,且

$$L_2 = \frac{N_0 - N_2}{N_0} L_0 \tag{8-19}$$

式(8 - 19)被测物的总尺寸是 $L_x = L_1 + L_2 + L_3$,即

$$L_x = \left[(N_0 - N_1) + (N_0 - N_2) \right] \frac{L_0}{N_0} + L_3$$

$$= \left[2N_0 - (N_1 + N_2) \right] \frac{L_0}{N_0} + L_3 \tag{8-20}$$

将 CCD_1 和 CCD_2 所输出的脉冲送入同一个累加器,再按上式运算,便可得出被测尺寸 L_x。

第9章 气敏及湿敏传感器

9.1 气敏传感器

气敏传感器是用来检测气体浓度和成份的传感器,它对于环境保护和安全监督方面起着极重要的作用。

气敏传感器是暴露在各种成份的气体中使用的,由于检测现场温度、湿度的变化很大,又存在大量粉尘和油雾等,所以其工作条件较恶劣,而且气体对传感元件的材料会产生化学反应物,附着在元件表面,往往会使其性能变差。所以对气敏传感器有下列要求:能够检测报警气体的允许浓度和其它标准数值的气体浓度,能长期稳定工作,重复性好,响应速度快,共存物质所产生的影响小等。

由于被测气体的种类繁多,性质各不相同,不可能用一种传感器来检测所有气体,所以气体传感器的种类也有很多。近年来随着半导体材料和加工技术的迅速发展,实际使用最多的是半导体气敏传感器,这类传感器一般多用于气体的粗略鉴别和定性分析,具有结构简单,使用方便等优点。

半导体气敏传感器是利用待测气体与半导体(主要是金属氧化物)表面接触时,产生的电导率等物性变化来检测气体。按照半导体与气体相互作用时产生的变化只限于半导体表面或深入到半导体内部,可分为表面控制型和体控制型。第一类,半导体表面吸附的气体与半导体间发生电子授受,结果使半导体的电导率等物性发生变化,但内部化学组成不变;第二类,半导体与气体的反应,使半导体内部组成(晶格缺陷浓度)发生变化,而使电导率改变。按照半导体变化的物理特性,又可分电阻型和非电阻型两类。电阻型半导体气敏元件是利用敏感材料接触气体时,其阻值变化来检测气体的成份或浓度;非电阻型半导体气敏元件是利用其它参数,如二极管伏安特性和场效应晶体管的阈值电压变化来检测被测气体。表 9-1 为半导体气敏元件的分类,SnO_2(氧化锡)是目前应用最多的一种气敏元件。

表 9 - 1　半导体气敏元件分类

类型		气敏元件举例	主要物理特性	待测气体
电阻型	表面控制型	SnO_2，ZnO 等的烧结体，薄膜、厚膜	电阻阻值	可燃性气体
	体控制型	$\gamma-Fe_2O_3$　TiO_2　MgO		酒精、可燃性气体、氧气
非电阻型		$Pd-TiO_2$	二极管整流特性	氢气、一氧化碳、酒精
		$Pd-MOSFET$	场效应晶体管特性	氢气、硫化氢

9.1.1　电阻型半导体气敏传感器的结构

半导体气敏传感器一般由三部分组成:敏感元件、加热器和外壳。按其制造工艺来分,有烧结型、薄膜型和厚膜三种器件。

图 9 - 1(a)为烧结型气敏器件,它是以氧化物半导体(如 SnO_2)材料

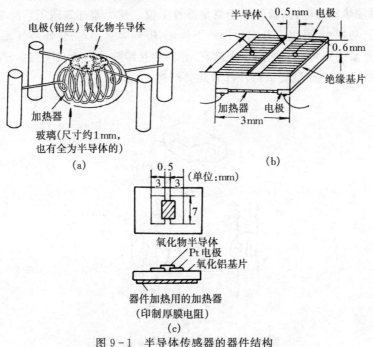

图 9 - 1　半导体传感器的器件结构

(a) 烧结型器件；(b) 薄膜型器件；(c) 厚膜器件

为基体,将铂电极和加热器埋入金属氧化物中,经加热或加压成形后,再用低温(700~900 ℃)制陶工艺烧结制成,因此也被称为半导体陶瓷。这种器件制作方法简单,器件寿命较长,但由于烧结不充分,器件的机械强度较差,且所用电极材料较贵重,此外,电特性误差较大,所以应用受到一定限制。图 9-1(b)所示为薄膜型器件,采用蒸发或溅射方法,在石英基片上形成氧化物半导体薄膜(厚度在 100 nm 以下),制作方法也简单,但这种薄膜是物理性附着,所以器件间性能差异较大。图 9-1(c)为厚膜器件,它是将氧化物半导体材料与硅凝胶混合制成能印刷的厚膜胶,再把厚膜胶印刷到装有电极的绝缘基片上,经烧结制成。由这种工艺制成的元件机械强度高,其特性也相当一致,适合大批量生产。

这些器件全部附有加热器,它的作用是使附着在探测部分处的油雾、尘埃等烧掉,加速气体的吸附,从而提高了器件的灵敏度和响应速度。一般加热到 200~400℃。

按加热方式不同,可分为直热式和旁热式两种气敏器件。直热式器件的结构和符号如图 9-2 所示,器件管芯由 SnO_2,ZnO 等基体材料和加热丝、测量丝三部分组成,加热丝和测量丝都直接埋在基体材料内,工作时加热丝通电,测量丝用于测量器件阻值。这类器件制造工艺简单,成本低、功耗小、可以在高电压回路下使用,但热容量小,易受环境气流的影响,测量回路与加热回路之间没有隔离,相互影响。国产 QN 型和日本费加罗 TGS#109 型气敏器件都属此类结构。

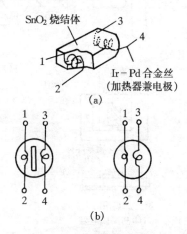

图 9-2 直热式气敏器件结构及符号

(a)结构;(b)符号

　　旁热式气敏器件的结构和符号如图 9-3 所示。其管芯增加了一个陶瓷管,管内放加热丝,管外涂梳状金电极作测量极,在金电极外涂 SnO_2 等材料。这种结构的器件克服了直热式器件的缺点,其测量极与加热丝分离,加热丝不与气敏材料接触,避免了测量回路与加热回路之间的相互影响,器件热容量大,降低了环境气氛对器件加热温度的影响,所以这类器件的稳定性、可靠性都较直热式器件有改进。国产 QM-N5 型和日本费加罗 TGS#812,813 型等气敏器件都采用这种结构。

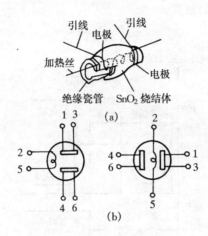

图 9-3　旁热式气敏器件结构及符号

(a)结构;(b)符号

9.1.2　半导体气敏材料的气敏机理概述

　　半导体气敏器件被加热到稳定状态下,当气体接触器件表面而被吸附时,吸附分子首先在表面上自由地扩散(物理吸附),失去其运动能量,其间的一部分分子蒸发,残留分子产生热分解而固定在吸附处(化学吸附)。这时,如果器件的功函数小于吸附分子的电子亲和力,则吸附分子将从器件夺取电子而变成负离子吸附。具有负离子吸附倾向的气体有 O_2 和 NO_x,称为氧化型气体或电子接收性气体。如果器件的功函数大于吸附分子的离解能,吸附分子将向器件释放出电子,而成为正离子吸附。具有这种正离子吸附倾向的气体有,H_2,CO,碳氢化合物和酒类等,称为还原型气体或电子供给型气体。

　　当氧化型气体吸附到 N 型半导体上,还原型气体吸附到 P 型半导体上时,将使载流子减少,而使电阻增大。相反,当还原型气体吸附到 N 型半导体上,氧化型气体吸附到 P 型半导体上时,将使载流子增多,而使电阻下降。图 9－4 为气体接触到 N 型半导体时所产生的器件阻值变化。当这种半导体气敏传感器与气体接触时,其阻值发生变化的时间(称响应时间)不到 1 分钟。相应的 N 型材料有 SnO_2,ZnO,TiO_2,W_2O_3 等,P 型材料有 MoO_2,CrO_3 等。

空气中的氧成份大体上是恒定的,因而氧的吸附量也是恒定的,气敏器件的阻值大致保持不变。如果被测气体流入这种气氛中,器件表面将产生吸附作用,器件的阻值将随气体浓度而变化,从浓度与电阻值的变化关系即可得知气体的浓度。

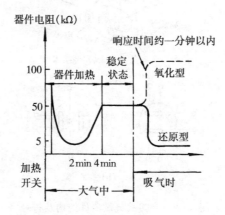

图 9－4　N 型半导体吸附气体时的器件阻
　　　　值变化

9.1.3　SnO_2 系列气敏器件

1. 主要特性

图 9－5 为 SnO_2 气敏器件的灵敏度特性,它表示不同气体浓度下气敏器件的电阻值。

实验证明,SnO_2 中的添加物对其气敏效应有明显影响,如添加 Pt(铂)或 Pd(钯)可以提高其灵敏度和对气体的选择性。添加剂的成份和含量、器件的烧结温度和工作温度不同,都可以产生不同的气敏效应。例如在同一温度下,含 1.5％(重量)Pd 的元件,对 CO 最灵敏,而含 0.2％(重量)Pd 时,对 CH_4 最灵敏;又如同一含 Pt 的元件,在 200℃ 以下,对CO 灵敏,而 400℃ 以检测甲烷最佳。

SnO_2 气敏器件易受环境温度和湿度的影响,其电阻-温湿度特性如

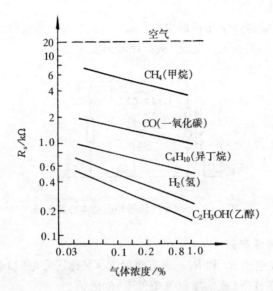

图 9 - 5　SnO₂ 气敏器件灵敏度特性

图 9 - 6 所示。图中 RH 为相对湿度,所以在使用时,通常需要加温湿度补偿。以提高仪器的检测精度和可靠性。

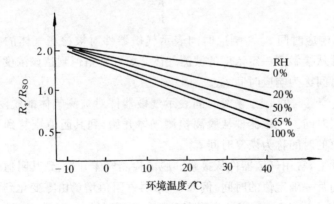

图 9 - 6　SnO₂ 气敏器件电阻 - 温湿度特性

R_{so}—20℃,65%RH 条件下,1 000 ppm 异丁烷中器件电阻;

R_s—在测试条件下,1 000 ppm 异丁烷中器件电阻

除上述特性外,SnO₂ 气敏器件在不通电状态下存放一段时间后,再使用之前必须经过一段电老化时间,因在这段时间内,器件阻值要发生突然变化而后才趋于稳定。经过长时间存放的器件,在标定之前,一般需

1～2周的老化时间。

　　SnO$_2$气敏器件所用检测电路如图9-7所示。当所测气体浓度变化时,气敏器件的阻值发生变化,从而使输出发生变化。

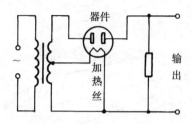

图9-7　SnO$_2$气敏器件的基本检测电路

2. 主要特性参数

　　(1)器件电阻R_0和R_S。固有电阻R_0(又称正常电阻)表示气敏器件在正常空气条件下(或洁净空气条件下)的阻值。

　　工作电阻R_S表示气敏器件在一定浓度的检测气体中的阻值。

　　(2)灵敏度S。通常用气敏器件在一定浓度的检测气体中的电阻与正常空气中的电阻之比来表示灵敏度S

$$S = \frac{R_S}{R_0} \tag{9-1}$$

　　(3)响应时间t_{res}。响应时间表示气敏器件对被检测气体的响应速度。器件从接触到一定浓度的被测气体开始到其阻值到达该浓度下稳定阻值的时间称为响应时间t_{res}。

　　(4)恢复时间t_{rec}。恢复时间表示气敏器件对被测气体的脱附速度,又称脱附时间。气敏器件从脱离检测气体开始,到其阻值恢复到正常空气中阻值的时间称为恢复时间t_{rec}。

　　实际上,常用气敏器件从接触和脱离检测气体开始,到其阻值或阻值增量达到某一确定值的时间,例如,气敏器件阻值增量由零变化到稳定增量的63%所需的时间,定义为响应时间和恢复时间。

　　(5)加热电阻R_H和加热功率P_H。为气敏器件提供工作温度的加热器电阻,称为加热电阻R_H;气敏器件正常工作时所需的功率称加热功率P_H。

9.1.4　应用举例

半导体气敏器件由于具有灵敏度高,响应时间和恢复时间快,使用寿命长及成本低等优点,所以自从它实现商品化以后,得到了更广泛的应用。按其用途可分为以下几种类型:检漏仪、报警器、自动控制仪器和测试仪器等。

气敏器件在电路中是作为气-电转换器件而应用的,各种应用电路,都必须从气敏器件获得信号,其信号的取出有以下几种类型:

(1) 利用吸附平衡状态稳定值取出信号。气敏器件接触被检测气件后,气敏器件电阻将随气体种类和浓度而变化,最后达到平衡,器件电阻变为该气体浓度下的稳定值。利用这一特性,在器件电阻稳定后取出信号,可以设计各种应用电路。这是一种常用的取出信号的方法,现在使用的大部分仪器,都采用这种方法。

(2) 利用吸附平衡速度取出信号。气敏器件表面对气体吸附平衡速度,因气体不同而有差异,因此在不同时刻,器件电阻具有不同值。利用这一特性,可以设计在不同时刻取出信号,来检测气体的电路。

(3) 利用吸附平衡值与温度的依存性取出信号。气敏器件表面对气体的吸附强烈地依存于其工作温度,并且每种气体都有特定的依存关系。利用这种特性,可以设计器件在不同工作温度下,取出信号的应用电路。在混合气体中,可以对特定气体进行选择性检测。

1. 家用可燃性气体报警器

图 9-8 是用 QM—N5 型气敏器件作气-电转换器件的家用气体报警器原理电路。该电路由交流 220 V 电压供电,经 C_1 降压后,输入给桥式整流电路,整流后的电压经 C_2 滤波,VD_w 稳压管稳压,输出 6 V 直流电压。该电压一方面供给 QM—N5 型气敏器件加热丝加热,另一方面供给晶体管 VT_1,VT_2 组成的开关电路。调节 R_3 可使 QM—N5 型气敏器

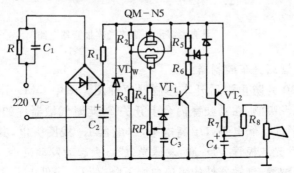

图 9-8　可燃性气体报警器电路

件获得最佳的加热电压值,QM—N5 与 R_4,RP 组成报警信号取样电路,调节电位器 RP 可调整报警器的报警点。当气敏器件接触可燃性气体达到报警点浓度时,QM—N5 型气敏器件的阻值降低,电位器 RP 两端电压升高,使 VT_1 由截止转为导通状态,R_5 两端电压升高又使 VT_2 导通,经 R_7 输出直流电压给报警器声响电路,发出报警声响。

2. 具有温湿度补偿的气体报警器

半导体气敏器件的性能受周围环境温度和湿度的影响,为补偿这种影响,一般都采用热敏电阻。图 9-9 是用于 TGS#813 型旁热式气敏器件的具有温湿度补偿的气体报警器电路。在正常情况下,晶体管 VT 截止。当被测气体浓度变大时,气敏器件的阻值下降,运算放大器输出电压增大,使晶体管 VT 导通,蜂鸣器发出报警信号。电路中气敏器件与热敏电阻 R_T 分别接在运算放大器 A 的同相和反相输入端,要求热敏电阻 R_T 的电阻温度系数与气敏器件温度系数相同或接近。当周围环境温度升高时,绝对湿度升高,气敏器件阻值将降低,此时热敏电阻阻值亦降低,从而实现了补偿。

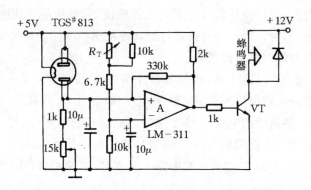

图 9-9　具有温湿度补偿的气体报警器电路

3. 防止酒后开车控制器

图 9-10 为防止酒后开车控制器原理图。图中 QM—J$_1$ 为酒敏元件。若司机没喝酒,在驾驶室内合上开关 S,此时气敏器件的阻值很高,U_a 为高电平,U_1 低电平,U_3 高电平,继电器 K_2 线圈失电,其常闭触点 K_{2-2} 闭合,发光二极管 VD_1 通,发绿光,能点火起动发动机。

若司机酗酒,气敏器件的阻值急剧下降,使 U_a 为低电平,U_1 高电平,U_3 低电平,继电器 K_2 线圈通电,K_{2-2} 常开触头闭合,发光二极管 VD_2 通,发红光,以示警告,同时常闭触点 K_{2-1} 断开,无法起动发动机。

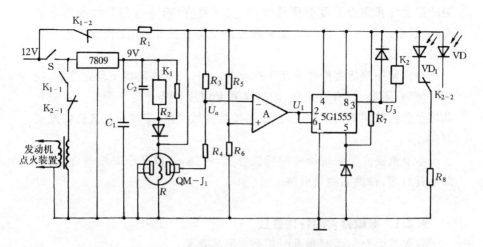

图 9-10   防止酒后开车控制器

若司机拔出气敏器件,继电器 K_1 线圈失电,其常开触点 K_{1-1} 断开,仍然无法起动发动机。常闭触点 K_{1-2} 的作用是长期加热气敏器件,保证此控制器处于准备工作的状态。5G1555 为集成定时器。

9.2   湿敏传感器

湿敏器件是能感受外界湿度(通常将空气或其它气体中的水分含量称为湿度)变化,并通过器件材料的物理或化学性质变化,将湿度转换成可用信号的器件。湿度的检测已广泛用于工业、农业、国防、科技、生活等各个领域,湿度不仅与某些工业产品质量有关,而且是环境条件的重要指标。例如集成电路的生产车间相对湿度低于 30％RH 时,容易产生静电感应影响生产,水果的保鲜需对湿度进行测控。随着科技的发展和社会的进步,愈来愈需要对湿度进行测控。

湿度的检测较之其他物理量的检测显得困难,首先因为空气中水蒸气含量要比空气少得多;另外,液态水会使一些高分子材料和电解质材料溶解,一部分水分子电离后与溶入水中的空气中的杂质结合成酸或碱,使湿敏材料不同程度地受到腐蚀和老化,从而丧失其原有的性质;再者,湿信息的传递必须靠水对湿敏元件直接接触来完成,因此湿敏器件只能直接暴露于待测环境中,不能密封。所以与其它物理量的检测相比,湿敏器件的制造工艺、性能和测量精度等都差得多,湿度的测量比较困难。

对于与生产和生活直接有关的相对湿度,人们早已有毛发湿度计,干湿球湿度计和露点温度等测量方法,但其精度、响应时间等性能都不够高,而且难以与现代的指示、记录和控制设备直接相连,现代湿度的测量一般用湿敏器件。

通常希望湿敏器件能满足下列要求:在各种气体环境下稳定性好,响应时间短,寿命长,有互换性,耐污染和受温度影响小等。为适应工业自动化及微机控制等的需要,提出了湿敏器件微型化、集成化及廉价的发展方向。

本节概要介绍湿敏器件的特性参数、种类,并以几个典型器件为例,简述其原理、特性和测量电路。

9.2.1 湿敏器件的特性参数

首先需要介绍湿度测量中几个术语的含义:

① 绝对湿度:在一定温度和压力条件下,每单位体积的混合气体中所含水蒸气的质量,单位为 g/m^3。

② 相对湿度:气体的绝对湿度与同一温度下达到饱和状态的绝对湿度之比,用%RH 表示,它是一个无量纲的量。

在实际的测量场合,大都使用相对湿度。

湿敏器件的特性参数主要有:

1. 湿度量程

指一个湿敏元件能够正常工作时,所允许的环境相对湿度变化的最大范围。理想的湿敏元件的湿度量程应当是 0~100%RH,湿度量程越大,实际使用价值也越大。

2. 感湿特征量和相对湿度特性曲线(简称湿度特性)

每一种湿敏元件都有它自己的感湿特征量,如电阻(以电阻反映湿度变化)、电容等。湿敏元件的感湿特征量随环境相对湿度变化的关系曲线,称为湿度特性。希望特性曲线在全量程范围内连续且呈直线。

3. 灵敏度

指一定温度下感湿特征量与环境相对湿度之间各自的变化量之比,也称湿度系数。

灵敏度 $$S = \frac{\mathrm{d}K}{\mathrm{d}\varphi} = \frac{K_2 - K_1}{\varphi_2 - \varphi_1} \qquad (9-2)$$

式中 K——元件感湿特征量;

   φ——相对湿度。

相对于某一相对湿度时的灵敏度称相对灵敏度,或相对湿度系数 S'

$$S' = \frac{1}{K_0} \frac{\mathrm{d}K}{\mathrm{d}\varphi} = \frac{1}{K_0} \frac{K_2 - K_1}{\varphi_2 - \varphi_1} \tag{9-3}$$

式中　K_0——某相对湿度时,器件的感湿特征量值,在测量允许的情况下,希望灵敏度尽可能高和均匀。

4. 温度系数

在同一相对湿度下,湿敏元件感湿特征量的相对变化率与温度变化量之比称为温度系数。

温度系数　　　　　$$\beta = \frac{1}{K_0} \frac{\mathrm{d}K}{\mathrm{d}T} = \frac{K_2 - K_1}{K_0(T_2 - T_1)} \tag{9-4}$$

式中　K_0——相对于某一温度的感湿特征量值;

　　　T——绝对温度。

实用中常把上述相对温度系数与相对湿度系数之比定义为温度系数 β'

$$\beta' = \frac{\dfrac{K_2 - K_1}{K_0(T_2 - T_1)}}{\dfrac{K_2 - K_1}{K_0(\varphi_2 - \varphi_1)}} = \frac{\varphi_2 - \varphi_1}{T_2 - T} = \frac{\mathrm{d}\varphi}{\mathrm{d}T} \tag{9-5}$$

上式表示在元件感湿特征量不变的情况下,温度每变化 1℃时,环境相对湿度的改变量,单位为%RH/℃。希望温度系数越小越好。

5. 响应时间

响应时间反映湿敏元件的输出感湿特征量随相对湿度变化的快慢程度。一般规定响应时间为响应相对湿度稳态变化量的 63%时所需的时间。

6. 湿滞回线和湿滞回差

湿敏元件吸湿和脱湿的响应时间是不相同的,一般总是脱湿比吸湿滞后,这一现象称为湿滞现象。它可以用吸湿和脱湿特征曲线所构成的回线来表示,这一回线称为湿滞回线。在湿滞回线上对于同一相对湿度下的不同感湿特征量的最大差值称为湿滞回差,其单位为%RH。希望湿敏元件的湿滞回差越小越好。可参阅图 9-16。

7. 稳定性

指湿敏元件在其测湿范围内反复使用,感湿特征量保持在规定精度之内的性能。有时也称可靠性,常以使用寿命来表示。这是湿敏元件的重要参数,它与元件所接触的环境污染状况有很大关系。

9.2.2　湿敏器件的种类

目前国际上已有几十种湿敏器件。按感湿材料来分,大致有四类:电解质、半导体陶瓷、高分子和其它。前三大类的共同特点是靠感湿材料和水分子直接接触来完成湿信息的传递,称水分子亲和力型传感器。当前广泛使用的就是这类湿敏传感器。水分子亲和力型湿敏传感器响应速度慢,可靠性较差,不能很好地满足使用的需要,所以现在人们正在开发非水分子亲和力型的湿敏传感器。例如,利用水蒸气能吸收特定波长的红外线而制成的红外湿敏传感器;利用微波在含水蒸气的空气中传播时,水蒸气吸收微波使其产生一定损耗制成的微波湿敏传感器。开发非水分子亲和力型的湿敏传感器是湿敏传感器的重要研究方向,因为它能克服水分子亲和力型湿敏传感器的缺点。

各类湿敏器件因所用材料不同,吸湿的活性中心不同,吸附水的作用机理也不相同,因而产生的特征量种类、大小、变化率及检测手段也各不相同,所以各类湿敏器件存在着很大的差别。

1. 电解质湿敏器件

电解质湿敏器件的典型代表是氯化锂(LiCl)。其吸附活性中心的结合属离子键,吸湿后 LiCl 电阻变小,在干燥环境中又会脱湿,电阻增大。它是用两根钯丝作为电极,按相等间距平行绕在聚苯乙烯筒上,再涂敷按一定比例配制的氯化锂-聚乙烯醇混合溶液,经老化处理后制成的。不同浓度的 LiCl 涂料适用于不同的相对湿度范围。LiCl 湿敏器件的湿度特性如图 9 - 11 所示,因此常常把氯化锂含量不同的几种元件组合使用,来达到较宽的测量范围(20%～90%RH)。

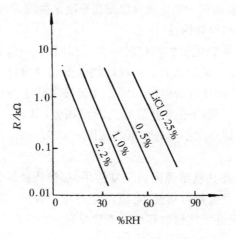

图 9 - 11 LiCl 湿敏元件的湿度特性

LiCl 湿敏元件的优点是滞后小,不受测试环境风速的影响,检测精度一般可达±5%;但耐热性差,不可用在露点以下,而且电源必须用交流,以免出现极化。

2. 半导体陶瓷湿敏器件

半导体陶瓷材料湿敏器件通常是由两种以上金属氧化物混合烧结而成的多孔陶瓷。主要有 $MgCr_2O_4-TiO_2$ 系、$TiO_2-V_2O_5$ 系、$ZnCr_2O_4$ 系等。这种烧结型的半导体材料吸湿后电阻减小,具有负特性,但测量范围宽,RH 值下限达 1%,上限可达 100%。图 9-12 是 $MgCr_2O_4-TiO_2$ 系湿度传感器的湿度特性。

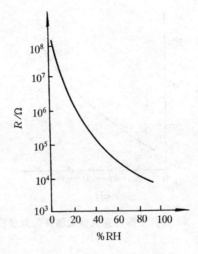

图 9-12　$MgCr_2O_4-TiO_2$ 系湿度传感器的湿度特性

陶瓷的化学稳定性好,耐高温,多孔陶瓷的表面积大,易于吸湿和去湿,所以响应时间可以小至几秒。这种湿敏器件的感湿体外常罩一层加热丝,可以对器件经常进行加热清洗,排除周围恶劣环境对器件的污染。

除烧结型陶瓷外,还有一种由金属氧化物粉末通过调合、涂敷或直接在氧化金属基片上形成感湿膜,称为膜型湿敏器件。其中比较典型且性能较好的是 Fe_3O_4 湿敏器件,它的阻值也是随湿度增高而减小。这里需要指出的是烧结型的 Fe_3O_4 湿敏器件,其电阻值随湿度增加而加大,具有正特性。

3. 高分子湿敏器件

能够做湿敏器件的高分子材料有醋酸纤维素、聚胺树脂、聚乙烯醇、羟乙基纤维素等。高分子湿敏器件有电容式、电阻式、石英振动式等。石英振动式是将聚胺树脂高分子膜涂在石英晶片表面,当湿度变化时,吸湿膜的重量变化,从而使石英晶片振荡频率发生变化。这种湿敏器件,在

0～50℃测量范围为 0～100％RH，误差±5％RH。

如果把醋酸纤维素均匀涂在叉指状金电极上，干燥后再镀另一层电极，使两电极间形成电容，就构成高分子膜电容式湿敏器件，它的湿度特性见图 9-13 所示，高分子材料吸湿后电容变大。它的性能稳定，重复性好，响应快，但环境温度不得超过 80℃。上海大华-千野公司的 HN—K 型数字湿度计就是这类湿敏器件，其测量范围 0～99.9％RH，误差±3％RH，既可测空气的湿度也可测粉粒体物料的湿度。

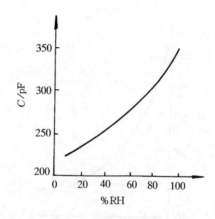

图 9-13　高分子膜电容式湿敏器件的湿度特性

4. 其它湿敏器件

这些湿敏器件直接利用湿气本身的物理性质来检测湿度，称非水分子亲和力型。例如微波湿度传感器，它是利用空气中存在水蒸气，水蒸气吸收微波，使其传输特性产生一定的损耗。这是因为水分子从一种状态转变到另一种状态时，需要一定的能量，对水来讲，在 22.235GHz 时的微波吸收量最大。微波湿度传感器就是应用这一特性制成的。这种传感器能在高温、高湿环境下长期使用，使用温度范围宽，具有互换性等；又如利用不同湿度热传导的不同，而制成的热传导湿敏传感器；利用水蒸气能吸收特定波长的红外线，制成的红外湿敏传感器等。非水分子亲和力型湿敏传感器是很有发展前途的传感器，它是湿敏传感器重要的研究方向。

9.2.3　典型器件介绍

1. 四氧化三铁(Fe_3O_4)湿敏器件

Fe_3O_4 湿敏器件是国外 20 世纪 70 年代初才商品化的新型器件，属于薄膜型多孔金属氧化物湿敏器件，它采用 Fe_3O_4 胶体作为感湿材料，长期暴露在大气中,表面状态不会发生变化,在受少量醇、酮、酯等气体污染及尘埃较多的环境中也能使用。Fe_3O_4 胶体微粒子有磁性,能相互吸引,所以粘结十分牢固。另外,该种湿敏器件可以利用单片器件进行宽量程的湿敏测量,重复性、一致性较好,在高温环境中也较稳定,可长期使用。

(1)结构和吸湿机理。Fe_3O_4 湿敏器件由基片、电极和感湿膜组成。基片材料选用滑石瓷,光洁度为 $\nabla 10 \sim 11$,该材料的吸水率低,机械强度高、化学物理性能稳定。基片上制作一对梳状金电极,最后将预先配制好的 Fe_3O_4 胶体液涂覆在梳状金电极的表面,进行热处理和老化。胶体液涂覆厚度要适当,一般控制膜厚在 $20 \sim 30 \mu m$ 左右。

Fe_3O_4 胶粒之间的接触呈凹状,粒子间的空隙使薄膜具有多孔性,当空气相对湿度增大时,Fe_3O_4 胶膜吸湿,由于水分子的附着,强化颗粒之间的接触,降低粒间的电阻和增加更多的导流通路,所以元件阻值减小。当处于干燥环境中,胶膜脱湿,粒间接触面减小,元件阻值增大。当环境温度不同时,涂覆膜上所吸附的水份也随之变化,使梳状电极之间的电阻产生变化。

(2)主要特性

①湿度特性。图 9-14 是国产 MSC—I 型 Fe_3O_4 湿敏元件的电阻和相对湿度的关系曲线,其电阻随相对湿度变化甚大,反应灵敏。

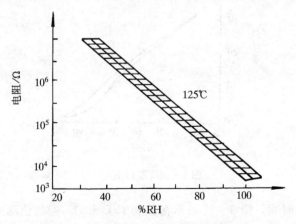

图 9-14 MSC—I 型湿敏元件的湿度特性

曲线的对数线性方程式表示为
$$\lg R = \lg(40\ 000 - 0.046\ RH)$$
图中并示出同一批研制的湿敏器件的一致性,其中 80% 以上处于剖面线内。

②温度特性。图 9 - 15 中 a,b,c,d,e 分别为 5℃,15℃,25℃,35℃,45℃时温度特性曲线。可见 Fe_3O_4 湿敏器件为负温度系数,当温度变化1℃时,相对湿度最大漂移为 0.4%。

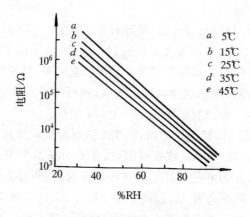

图 9 - 15　温度特性

③滞后效应。由图 9 - 16 可见,高湿时的滞后效应比低湿时大。

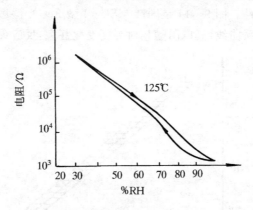

图 9 - 16　滞后效应

④响应时间。图 9 - 17 表示在温度 25℃±5℃,空气流动速度 0.1~0.15 m/s 环境中,器件响应相对湿度稳态变化量 63% 的时间小于 70s。

Fe_3O_4 湿敏器件在常温、常湿下性能比较稳定,有较强的抗结露能力,测湿范围广,一致性较好,但器件有较明显的湿滞现象。

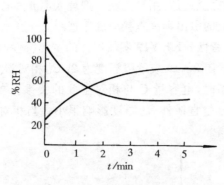

图 9-17 响应时间

2. 应用高分子物质介电常数变化的电子式湿度传感器

利用高分子物质介电常数随湿度而变化的特性,制造的 KHY13 型电子式湿度传感器,由 KHY10 电容型湿敏器件和相应的电子电路构成。它具有响应速度快、线性好、重复性好、器件尺寸较小等优点,并且能获得进行电子处理的输出信号。

(1)KHY10 型湿敏元件构造及技术指标:

①构造。图 9-18 是电容型湿敏元件 KHY10 的构造示意图。图中(a)为正视图,(b)为顶视图。在不锈钢基板电极上制备一层感湿的有机电介质层,在感湿层上再溅射一层金属膜作为另一侧电极,这种金电极的

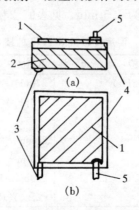

图 9-18 KHY10 型湿敏元件构造

(a)正视图;(b)顶视图

1—能透水的金电极;2—基板电极;

3—与基板连接的引线;4—感湿介质膜;

5—埋入导电粘合剂里的引线

形状分布是使水能完全通过,用导电粘合剂埋入电介质边缘的引线,将金电极引出,基板电极的引出则是直接与底座连线。

②技术指标及特性。KHY13湿敏器件的主要特性如下:

(a)湿度特性。图9-19表示以温度为25℃,相对湿度为0%的值为基准,达到平衡状态时,电容量 C 与相对湿度的关系。在很宽的相对湿度范围内,测定信号呈直线性,而温度影响很小。当相对湿度在10%以下时,直线向下偏离。

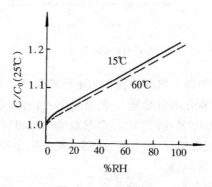

图9-19　湿度特性

(b)响应时间。响应时间规定为:+25℃温度下,相对湿度从12%上升到86%,或者反方向变化时,该阶段的90%所需时间,约8 min。在+60℃下,响应时间缩短为1.5 min。见表9-2和图9-20。

表9-2　湿度传感器 KHY13 的技术指标

检　测　元　件　KHY13	
电容量(0%RH, 25℃,1 kHz)	270pF
湿度容量变化 $\Delta C/\Delta RH$	0.6pF/%RH
响应时间(90%值表示)	
+25℃	8 min
+60℃	1.5 min
测定信号的温度系数 $(\Delta C/C)/\Delta T$	200ppm/K
最大指示误差	$<\pm3\%$RH
电　子　电　路　部　分	
工作电压	9±2V
消耗电流	10 mA
最高温度	±70 ℃
外壳尺寸	φ22.5 mm×92mm

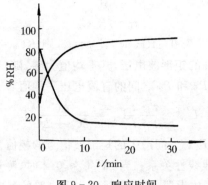

图 9-20　响应时间

（c）高湿放置试验。在＋85℃，相对湿度 92％的情况下，连续放置 1 500 h，试验表明湿敏器件电介质没有变质，电极没有腐蚀。

（2）KHY13 型湿度传感器的测量电路。该传感器的整个测量电路罩在圆筒罩内，罩内充满树脂作为防湿保护，检测湿度的湿敏器件伸出罩外。直流电源线和信号引线采用带有多线插头的电缆。

对应于各种应用范围，可以设计出不同的电子电路，以下介绍两种：

①双极型电路。图 9-21 是双极型电路（图中 A_1 及 A_2 为运算放大器）。它的主体部分是由无稳态多谐振荡器组成。时间 t 取决于湿敏器件电容量 $C=C_0+\Delta C$（C_0 为 0％RH 时的电容量），时间 t_1 由比较电容器的电容量 C_1 决定

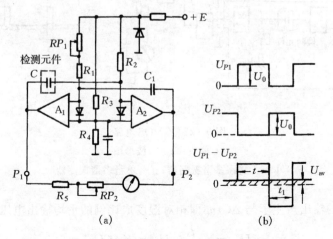

图 9-21　双极型电路
(a)原理图；(b)波形图

$$t = KC$$

$$t_1 = K_1 C_1$$

当对应相对湿度为 0%RH 时,使 $t = t_1$,则 $KC_0 = K_1 C_1$,此时在 P_1 和 P_2 之间产生对称的矩形波电压,其平均值为零,随着湿度上升,$C = C_0 + \Delta C$ 线性地增加,P_1 和 P_2 之间的直流电压平均值 U_{av} 为

$$U_{av} = \frac{t - t_1}{t + t_1} U_0 = \frac{\Delta C}{2C_0 + \Delta C} U_0 \qquad (9-6)$$

式(9-6)中,U_0 是 P_1,P_2 间产生的矩形波信号的幅值。由上式可见,ΔC 很小时,U_{av} 和 ΔC 成线性关系。当 $\Delta C/C_0 \leqslant 0.2$ 时,测量误差可在 1.5% 以内,若使用多运算放大器,还可以排除电子电路的温度漂移。

②CMOS 电路。该电路由无稳态多谐振荡器产生与固定电容 C_2 成比例的脉冲,它的脉宽为 t_2,重复周期为 $t_2 + t'_2$,如图 9-22 所示。此脉冲前沿触发单稳态多谐振荡器,它产生的脉冲宽度 t 与和湿度有关的电容 $C = C_0 + \Delta C$ 成比例。在湿度为 0%RH 时,调整 $t = t_2$,随着湿度变化,两脉冲宽度的差 $t_3 = t - t_2$ 与 ΔC 成比例。该差脉冲由"异或"逻辑门获

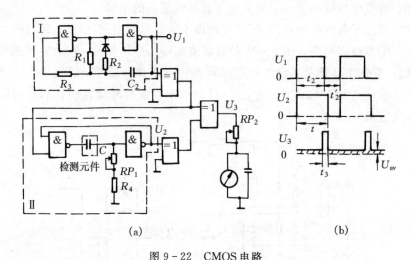

(a)   (b)

图 9-22 CMOS 电路

(a)原理图;(b)波形图

Ⅰ—无稳态多谐振荡器;Ⅱ—单稳多谐振荡器

得。门的输出产生了与 ΔC,亦即相对湿度成比例的平均输出电压 U_{av}。

$$U_{av} = \frac{t_3}{t_2 + t'_2} U_0 = K \Delta C U_0 \qquad (9-7)$$

式中 K 是常数,U_0 是脉冲的幅值。这个输出信号可用直流电压表直接

读得。对于使用微处理器的场合,可以把相对湿度转换为脉宽调制信号的占空比,并直接由计算时间求得。

9.2.4　应用举例

1. 大气湿度仪

应用 Fe_3O_4 作为大气湿度仪的湿敏器件,把湿度参数转换成电信号。图 9-23 为仪器框图,交流信号源为振荡器,产生小于 1 000 Hz 的交流信号电流供给 Fe_3O_4 湿敏器件。

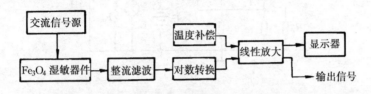

图 9-23　大气湿度仪框图

当器件暴露在空间环境里,随着环境湿度的变化,阻值相应改变,转换成指数变化的交流电流,经整流器整流后,输入到运算放大器组成的对数转换器,使指数变化的直流电流得到对数转换,呈线性电压,再经过线性放大器的功率放大,在 0~100 mA 的显示器上指示相对湿度值(线性地对应相对湿度 0~100%),同时有 0~10 mV 直流电压输出,可以进行远距离测湿,实现湿度测量自动化。

2. 自动去湿装置

图 9-24 是一种用于汽车驾驶室挡风玻璃的自动去湿装置。其中图 (a) 为挡风玻璃示意图,图中 R_s 为嵌入玻璃的加热电阻丝,H 为结露感湿器件;图(b)为原理电路,晶体管 VT_1 和 VT_2 接成施密特触发电路, VT_2 的集电极负载为继电器 K 的线圈绕组。 VT_1 基极回路的电阻为 R_1,R_2 和湿敏器件 H 的等效电阻 R_P。预先调整各电阻值,使在常温、常湿下 VT_1 导通, VT_2 截止。一旦由于阴雨使湿度增大,湿敏器件 H 的等效电阻 R_P 值下降到某一特定值, R_2 与 R_P 并联的电阻值减小, VT_1 截止, VT_2 导通, VT_2 的集电极负载——继电器 K 线圈通电,它的常开触点 II 接通电源 E_c,小灯泡 L 点亮,电阻丝 R_s 通电,挡风玻璃被加热,驱散湿气。当湿度减少到一定程度,施密特触发电路又翻转到初始状态,小灯泡 L 熄灭,电阻丝 R_s 断电,实现了自动防湿控制。

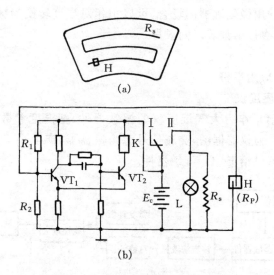

图 9 - 24　汽车挡风玻璃自动去湿装置

(a) 示意图；(b) 原理电路图

第 10 章　数字式传感器

前面介绍的传感器大部分是将非电量转换为电模拟量输出,直接配用模拟式仪表显示。当这类模拟信号与电子计算机等数字系统配接时,必须先经过一套模数(A/D)转换装置,将模拟量转换为数字量,才能输入到计算机。这样不但增加投资,也增加系统复杂性,降低系统的可靠性和精确度。

数字式传感器能够直接将非电量转换为数字量,这样就不需要(A/D)转换,可以直接用数字显示,提高测量精度和分辨力,并且易于与微机连接,也提高了系统的可靠性。此外,数字式传感器还具有抗干扰能力强,适宜远距离传输等优点。

数字式传感器的发展历史不长,到目前为止它的种类还不太多,其中有的可以直接转换成数字量输出,有的需经进一步处理,才能得到数字量输出。

本章介绍在测量和控制系统中常用的四类数字式传感器:编码器、计量光栅、感应同步器和频率输出式数字传感器。

10.1　编码器

编码器按结构形式有直线式和旋转式两类,前者用于测量线位移,后者用于测量角位移。

旋转式编码器是测量角位移的最直接和最有效的数字式传感器,按工作原理可分为脉冲盘式(增量编码器)和码盘式(绝对编码器)两大类。增量编码器的输出是一系列脉冲,需要一个计数装置对脉冲进行累计计数,一般还需要一个零位基准,才能完成角位移的测量。绝对编码器能直接将角度变为某种码制的数码输出。

10.1.1　码盘式编码器

码盘式编码器按结构可分为接触式、光电式和电磁式三种,后两种为非接触式编码器。

1. 接触式编码器

(1) 结构和工作原理。接触式编码器由码盘和电刷组成,码盘与被测的旋转轴相连,沿码盘的径向安装几个电刷,每个电刷分别与码盘上的对应码道直接接触。图 10-1 所示为一个接触式四位二进制码盘的示意图。涂黑部分是导电区,所有导电部分连接在一起接高电位,代表"1";空白部分表示绝缘区低电位,代表"0"。四个电刷沿一固定的径向安装,即每圈码道上都有一个电刷,电刷经电阻接地。当码盘与轴一起转动时,电刷上将出现相应的电位,对应一定的数码,如表 10-1 所示。现在图上表示的是四个码道,称四位码盘,能分辨的角度为 $\alpha = 360°/2^4 = 22.5°$。若采用 n 位码盘,则能分辨的角度为 $\alpha = 360°/2^n$,位数 n 越大,能分辨的角度越小,测量越精确。

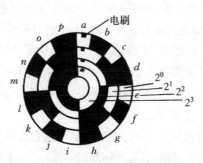

图 10-1 接触式四位二进制码盘示意图

二进制码盘很简单,但在实际应用中,对码盘的制作和电刷的安装要求十分严格,否则就会出错。例如,在图 10-1 所示位置,2^3 码道上的电刷(称电刷 3),在安装时稍向逆时针方向偏移,则当码盘随轴作顺时针方向旋转时,输出本应由数码 0000 转换到 1111,但现在电刷 3 接触导电部分早了些,因而先给出数码 1000,相当于 i 位置输出的数码,这是不允许的,应避免发生。一般称这种错误为非单值性误差。

为了消除非单值性误差,应用最广的方法是采用循环码代替二进制码。循环码的特点是相邻的两个数码间只有一位是变化的,它能较有效地克服由于制作和安装不准而带来的误差。因为当一个代码变为相邻的另一个代码时,可以降低代码在变化时产生错误的概率,还可以避免错一位数码而产生大的数值误差。

图 10-2 是一个四位的循环码盘。循环码和二进制码及十进制数的对应关系如表 10-1 所列,这是 0 至 15 之间的关系。

图 10-2 四位循环码盘

表 10 - 1　电刷在不同位置时对应的数码

角度	电刷位置	二进制码（C）	循环码（R）	对　应 十进制数
0	a	0000	0000	0
a	b	0001	0001	1
2a	c	0010	0011	2
3a	d	0011	0010	3
4a	e	0100	0110	4
5a	f	0101	0111	5
6a	g	0110	0101	6
7a	h	0111	0100	7
8a	i	1000	1100	8
9a	j	1001	1101	9
10a	k	1010	1111	10
11a	l	1011	1110	11
12a	m	1100	1010	12
13a	n	1101	1011	13
14a	o	1110	1001	14
15a	p	1111	1000	15

（2）循环码转换为二进制码

① 二进制码和循环码的互相转换。设 R 表示循环码，C 表示二进制码。二进制码转换成循环码的方法是：将二进制码与其本身右移一位并舍去末位数码作不进位加法，所得结果就是循环码。例如，二进制码 0110 所对应的循环码为 0101，因为

$$
\begin{array}{r}
0\ 1\ 1\ 0 \\
\oplus\quad 0\ 1\ 1 \\
\hline
0\ 1\ 0\ 1
\end{array}
\quad
\begin{array}{l}
\text{二进制码} \\
\text{右移一位并舍去末位} \\
\\
\text{循环码}
\end{array}
$$

其中⊕表示不进位加。二进制码转换为循环码的一般形式为

$$C_1 \quad C_2 \quad C_3 \quad \cdots\cdots \quad C_n$$
$$\oplus \qquad\quad C_1 \quad C_2 \quad \cdots\cdots \quad C_{n-1}$$

$$\overline{\qquad\qquad\qquad\qquad\qquad\qquad\qquad}$$

$$R_1 \quad R_2 \quad R_3 \quad \cdots\cdots \quad R_n$$

由此可得

$$\left.\begin{array}{l} R_1 = C_1 \\ R_i = C_i \oplus C_{i-1} \qquad (i = 2 \sim n) \end{array}\right\} \qquad (10-1)$$

由式(10-1)可以看出,两种数码互相转换时,第一位(最高位)保持不变。不进位加在数字电路中,可用异或门来实现。

由式(10-1)和异或门的真值表,又可得到循环码转换为二进制码的关系为

$$\left.\begin{array}{l} C_1 = R_1 \\ C_i = R_i \oplus C_{i-1} \qquad (i = 2 \sim n) \end{array}\right\} \qquad (10-2)$$

根据异或门的逻辑关系,式(10-2)还可写成

$$\left.\begin{array}{l} C_1 = R_1 \\ C_i = \bar{R}_i C_{i-1} + R_i \bar{C}_{i-1} \qquad (i = 2 \sim n) \end{array}\right\} \qquad (10-3)$$

② 循环码转换为二进制码的译码电路。因为采用循环码时直接译码有困难,所以一般总是把它译为二进制码。这种译码电路有并行和串行两种。图10-3为并行译码电路,此图以四位数码为例。图中循环码最高位接 R_1,其余依次接 $R_2 \sim R_4$,输出端 C_1 为二进制码最高位,$C_2 \sim C_4$ 依次为各低位。并行译码电路需用元件稍多,但转换速度快。

如果采用串行读数,可用图10-4所示的串行译码电路。图中用一个 J—K 触发器和四个与非门构成不进位的加法电路,$R_1 \sim R_4$ 代表循环码的最高位至最低位依次输入端,$C_1 \sim C_4$ 代表二进制的最高位至最低位顺序送出端。该电路是从循环码的高位读起,边读边译,不限制位数,这里只是以四位为例。串行译码电路需用元件较少,但转换速度不如并行译码电路。

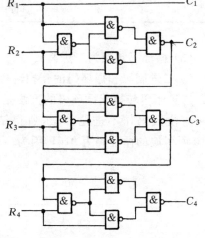

图 10-3　四位并行译码电路

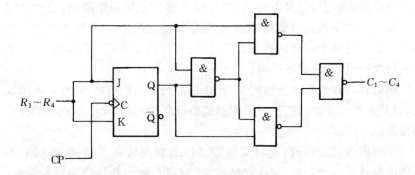

图 10-4　串行译码电路

　　接触式码盘的优点是简单,输出信号功率大。但它是电刷和铜箔靠接触导电,不够可靠,寿命短,转速不能太高。

2. 光电式编码器

　　光电式编码器是在自动测量和自动控制中用得较多的一种数字编码器。它是非接触式测量,寿命长,可靠性高,测量精度和分辨力能达到很高水平。我国已有 16 位光电码盘,其分辨力达到 $360°/2^{16}$,约 $20''$。

　　光电式码盘由光学玻璃制成,其上有代表一定编码(多采用循环码)的透明和不透明区,码盘上码道的条数就是数码的位数,对应每一码道有一个光敏元件。图 10-5 是光电码盘式编码器示意图,来自光源(多采用发光二极管)的光束,经聚光镜射到码盘上,光束通过码盘进行角度编码,再经窄缝射入光敏元件(多为硅光电池或光敏晶体管)组,光敏元件组给出与角位移相对应的编码信号。光路上的窄缝是为了提高光电转换效率。

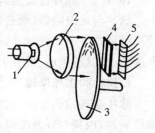

图 10-5　光电码盘式编码器
示意图

1—光源;2—透镜;3—码盘;
4—窄缝;5—光电元件组

　　与其它编码器一样,光电码盘的精度决定了光电编码器的精度。为此,不仅要求码盘分度精确,而且要求其透明区和不透明区的转接处有陡峭的边缘,以减小逻辑"1"和"0"相互转换时,在敏感元件中引起的噪声。

　　光电编码器的缺点是结构复杂,光源寿命较短。

3. 电磁式编码器

　　电磁式编码器是在圆盘上按一定的编码图形,做成磁化区(磁导率高)和非磁化区(磁导率低),采用小型磁环或微型马蹄形磁芯作磁头,磁头或磁环紧靠码盘,但又不与它接触,每个磁头上绕两组绕组,原边绕组用恒幅恒频的正弦信号激磁,副边绕组用作输出信号,由于副边绕组上的感应电动势与整个磁路的磁导有关,因此可以区分状态"1"和"0"。几个磁头同时输出,就形成了数码。

电磁式码盘也是无接触码盘,比接触式码盘工作可靠,对环境要求较低,但其成本比接触式高。三种码盘式编码器相比较,光电编码器的性价比最高。

使用码盘式编码器(绝对编码器)时,若被测转角不超过 360°,它所提供的是转角的绝对值,即从起始位置(对应于输出各位皆为零的位置)所转过的角度。在使用中如遇停电,在恢复供电后的显示值仍然能正确地反映当时的角度。这就称为绝对型角度传感器。当被测角度大于360°时,为了仍能得到转角绝对值,可以用两个或多个码盘与机械减速器配合,扩大角度量程,例如选用两个码盘,两者间的传速为 10∶1,此时测角范围可扩大 10 倍。但这种情况下,转速低的高位码盘的角度误差,应小于转速高的低位码盘的角度误差,否则其读数将失去实用意义。

10.1.2 脉冲盘式编码器

脉冲盘式编码器(增量编码器)不能直接产生 n 位的数码输出,当盘转动时可产生串行光脉冲,用计数器将脉冲数累加起来就可反映转过的角度大小,但遇停电,就会丢失累加的脉冲数,必须有停电记忆措施。

1. 结构和工作原理

脉冲盘式编码器是在圆盘上开有两圈相等角矩的缝隙,外圈(A)为增量码道,内圈(B)为辨向码道,内、外圈的相邻两缝隙之间的距离错开半条缝宽,另外,在内外圈之外的某一径向位置,也开有一缝隙,表示码盘的零位。在开缝圆盘两边分别安装光源及光敏元件,其示意图如图 10-6所示。当码盘随被测工作轴转动时,每转过一个缝隙就发生一次光线明暗的变化,通过光敏元件产生一次电信号的变化,所以每圈码道上的缝隙

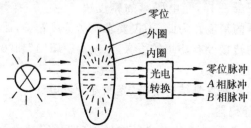

图 10-6　脉冲盘式编码器示意图

数将等于其光敏元件每一转输出的脉冲数。利用计数器计取脉冲数,就能反映码盘转过的角度。

2. 旋转方向的判别

为了判别码盘的旋转方向,可以采用图 10－7(a)所示的辨向原理框图来实现,(b)是它的波形图。

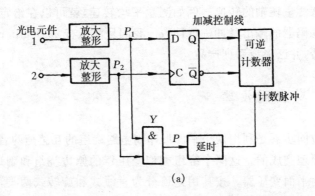

(a)

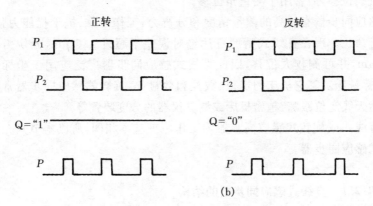

(b)

图 10－7　辨向环节原理图和波形图

(a)辨向原理框图;(b)波形图

光敏元件 1 和 2 的输出信号经放大整形后,产生矩形脉冲 P_1 和 P_2,它们分别接到 D 触发器的 D 端和 C 端,D 触发器在 C 脉冲(即 P_2)的上升沿触发。当正转时,设光敏元件 1 比光敏元件 2 先感光,即脉冲 P_1 超前脉冲 P_2 90°,D 触发器的输出 $Q=$"1",使可逆计数器的加减控制线为高电位,计数器将作加法计数。同时 P_1 和 P_2 又经与门 Y 输出脉冲 P,经延时电路送到可逆计数器的计数输入端,计数器进行加法计数。当反转时,P_2 超前 P_1 90°,D 触发器输出 $Q=$"0",计数器进行减法计数。设置延时电路的目的是等计数器的加减信号抵达后,再送入计数脉冲,以保证不丢失计数脉冲。零位脉冲接至计数器的复位端,使码盘每转动一圈计数器复位一次。这样不论是正转还是反转,计数码每次反映的都是相对于上次角度的增量,所以称为增量式编码器。

增量编码器的最大优点是结构简单。它除可直接用于测量角位移,还常用来测量转轴的转速。例如测量平均转速,就可以在给定的时间间隔内对编码器的输出脉冲进行计数。我国目前已有 25 000 p/r 的光电增量编码器,并已形成系列产品。

10.2　感应同步器

感应同步器是利用两个平面形印刷电路绕组的互感随两者的相对位置变化原理制成的。这两个绕组类似变压器的原边绕组和副边绕组,所以又称为平面变压器。按其用途可分为直线式和旋转式两类,前者用于测量直线位移,后者用于测量角位移。

感应同步器有较高的测量精度和分辨力,工作可靠、抗干扰能力强,使用寿命长。现在直线式精度可达绝对误差不超过 $1.5~\mu m$,分辨力达 $0.05~\mu m$,并可测较大位移,因此直线式感应同步器广泛应用于坐标镗床、坐标铣床及其它机床的定位、数控和数显等,旋转式感应同步器常用于雷达天线定位跟踪、精密机床或测量仪器的分度装置等。

直线式或旋转式感应同步器的工作原理基本相同,所以本节只介绍直线式感应同步器。

10.2.1　直线式感应同步器的结构

直线式感应同步器由定尺和滑尺两部分组成,图 10-8 是定尺和滑尺的截面结构图,定尺和滑尺均用绝缘粘合剂将铜箔贴在基板上,用光化

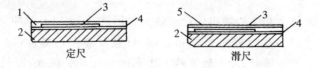

图 10-8　定尺和滑尺的截面结构

1—耐腐蚀保护层;2—钢基板;3—平面绕组;

4—绝缘粘合剂;5—铝箔

学腐蚀或其它方法,将铜箔刻制成曲折的印刷电路绕组(见图 10 - 9)。定尺表面涂有耐切削液的保护层。滑尺表面用绝缘粘合剂贴有带绝缘层的铝箔,以防止静电感应。

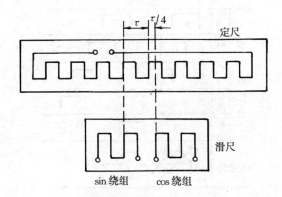

图 10 - 9 直线式感应同步器定尺和滑尺的绕组示意图

由图 10 - 9 可见定尺表面分布有单相均匀绕组,尺长 250 mm,绕组节距(τ)2 mm(标准型)。滑尺上有两组绕组,一组叫正弦绕组,另一组叫余弦绕组。当正弦绕组的每只线圈和定尺绕组的每只线圈对准(即重合)时,余弦绕组的每只线圈和定尺绕组的每只线圈相差 $\frac{1}{4}$ 节距,即滑尺上两组绕组在空间位置上相差 $\frac{1}{4}$ 节距。

直线式感应同步器有标准型、窄型和带型三种,其中标准型精度最高,应用最广。

10.2.2 感应同步器的工作原理

感应同步器的基本工作原理类似于一个多极对的正余弦旋转变压器。在工作时,定尺和滑尺相互平行安放,其间有一定的气隙,一般应保持在 0.25±0.05 mm 范围内,气隙的变化要影响电磁耦合情况。定尺是固定的,滑尺是可动的,它们之间可以作相对移动。当滑尺的正弦绕组和余弦绕组分别用某一频率(一般激磁频率是 1~10 kHz)的正弦电压激磁时,将产生同频率的交变磁通,这个交变磁通与定尺绕组耦合,在定尺绕组上产生同频率的交变感应电动势。这个电动势的大小除了与激磁频率、激磁电流、两绕组的间隙等有关外,还与两绕组的相对位置有关。图10 - 10 说明感应电动势和位置的关系。当滑尺上的正弦绕组 S 和定尺

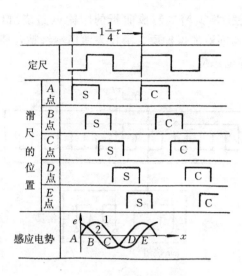

图 10-10 感应电动势与两绕组相对位置的关系
1—由 S 激磁的感应电动势幅值曲线；
2—由 C 激磁的感应电动势幅值曲线

绕组位置相差 $\frac{1}{4}\tau$（A 点）时，在定尺绕组内的感应电动势为零。随着滑尺平行移动，感应电动势慢慢增加，当滑尺移动到正弦绕组 S 和定尺绕组位置重合（B 点）时，耦合磁通最大，感应电动势最大。继续移动滑尺到 D 点时，得到与 B 点位置极性相反的最大感应电动势。滑尺移动到 E 点时，又回到与初始位置完全相同的耦合状态，定尺绕组感应电动势为零。这样，定尺上的感应电动势随着滑尺相对定尺的移动而呈周期性变化。同理可得定尺绕组与滑尺上余弦绕组 C 之间的感应电动势周期性变化曲线，见图 10-10 中曲线 2。

由上分析可见，当滑尺每移动一个绕组节距，在定尺绕组中的感应电动势变化一个周期，这样便把机械位移量和电周期联系起来了，绕组节距 τ 相当于 2π 电角度。如果滑尺相对于定尺自某初始位置算起的位移量为 x，则 x 机械位移引起的电角度变化 $\theta = \dfrac{2\pi}{\tau}x$。因为每隔 2 mm 即绕组的一个节距 τ，具有相同的电磁耦合状态，故称 τ 为检测周期。

当位移超过节距 τ 时，感应同步器的输出电动势不能反映位移的绝对值，只能反映滑尺与定尺的相对位移。为了在较大距离位移后仍能测出位移的绝对值，需要对上述的基本感应同步器加以改进，三重直线感应同步器就能在测量范围 4 m 内都可得到位移的绝对值,总分辨力小于 0.01 mm。三重直线感应同步器的定尺上有粗、中、细三组绕组,组成三个独立的传感通道,其中细绕组的检测周期 τ 为 2 mm,用来确定 2 mm 以内的位移,中绕组的 τ 为 200 mm,用来确定 2～200 mm 以内的位移,粗绕组的 τ 为 4 000 mm,用来确定 200～4 000 mm 以内的位移,这样就建立了一个绝对坐标测量系统,但这种测量系统的电路较复杂。

如果采用标准型直线式感应同步器,其定尺长度为 250 mm,当测量长度超过 250 mm 时,需要用多块定尺接长使用。定尺接长后全行程的测量误差一般大于单块定尺的最大误差。

适当加大激磁电压,可获得较大的感应电动势,但过大的激磁电压将引起过大的激磁电流,使温升过高而不能正常工作,一般选用激磁电压为 1～2V。

10.2.3 感应同步器输出信号的检测

根据感应同步器的工作原理知道,感应同步器的输出信号,是一个能反映定尺和滑尺相对位移的交变电动势,因而对输出信号的处理,可归结为对交变电动势的检测和处理。当频率恒定时,交变电动势的特征可用幅值和相位两个物理量来描述,所以感应同步器有鉴幅型和鉴相型两种检测方式。

1. 鉴相型——根据感应电动势的相位来鉴别位移量

对滑尺上两绕组供以同频、等幅,但相位相差 90°电角度的激磁电压。考虑到感应同步器定尺和滑尺之间的气隙有 0.25 mm,可以近似认为绕组的阻抗是纯电阻性的。因此,当正弦绕组单独激磁时,设激磁电压 $u_s = U_m \sin\omega t$,定尺绕组中的感应电动势为

$$e_s = -k\omega U_m \cos\omega t \sin\theta$$

式中 k——电磁耦合系数。

当余弦绕组单独激磁时,激磁电压 $u_c = U_m \cos\omega t$,定尺绕组中的感应电动势为

$$e_c = k\omega U_m \sin\omega t \cos\theta$$

上面两式中的 $\sin\theta$ 和 $\cos\theta$ 是滑尺激磁绕组和定尺绕组间的的相对位置而引入的。实际上正弦、余弦绕组同时供电,这时总的感应电动势为

$$e = e_c + e_s = k\omega U_m \sin\omega t \cos\theta - k\omega U_m \cos\omega t \sin\theta$$

$$= k\omega U_m \sin(\omega t - \theta) \tag{10-4}$$

上式把感应同步器两尺间的相对位移 $\theta(=\frac{2\pi}{\tau}x)$ 和感应电动势的相位(ωt
$-\theta$)联系起来,所以可以通过检测 e 的相位来测量机械位移量。

2. 鉴幅型——根据感应电动势的幅值来鉴别位移量

对滑尺上正弦、余弦绕组供以同频、同相,但幅值不等的交流激磁电
压

$$u_s = U_s\cos\omega t \qquad U_s = U_m\sin\varphi$$
$$u_c = U_c\cos\omega t \qquad U_c = U_m\cos\varphi$$

式中　U_m——激磁电压幅值;

　　　φ——给定的电相角。

滑尺上的交流激磁电压分别在定尺绕组中感应电动势 $e_c = k\omega U_c\sin\omega t\cos\theta$ 和 $e_s = k\omega U_s\sin\omega t\sin\theta$,此时定尺绕组总的感应电动势为

$$e = e_c + e_s = k\omega U_m\cos\varphi\sin\omega t\cos\theta + k\omega U_m\sin\varphi\sin\omega t\sin\theta$$
$$= k\omega U_m\cos(\varphi - \theta)\sin\omega t \qquad\qquad (10-5)$$

上式把感应同步器两尺的相对位移 θ 和感应电动势的幅值 $k\omega U_m\cos(\varphi-\theta)$ 联系起来,所以可以通过检测 e 的幅值变化来测量机械位移量。

10.2.4　感应同步器位移数字显示装置(鉴相型检测系统)

感应同步器位移数字显示装置用于大型、精密机床的位移量数字检
测和显示,图10-11是该装置的原理框图。它可分为三个主要部分。

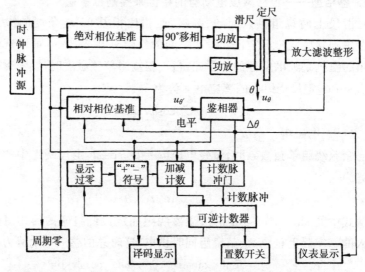

图 10-11　感应同步器位移数字显示装置方框图

1. 位移-相位变换

功能是通过感应同步器把机械位移量转换为感应电动势的相位变化。主要组成部分有绝对相位基准（n 倍分频器）、$90°$移相器、功放以及放大、滤波、整形电路等。

时钟脉冲源产生的高频脉冲，经绝对相位基准分频后，频率为 f（即感应同步器的激磁频率），再经 $90°$移相和功率放大，产生两个幅度相等而相位差为 $90°$的矩形波，分别输入滑尺的正弦和余弦绕组，感应同步器定尺绕组的感应电动势 $e = k\omega U_m \sin(\omega t - \theta)$（式中 $\omega = 2\pi f$，θ 为对应于滑尺与定尺的相对位移），该感应电动势经放大、滤波、整形后，形成一个频率为 f，而相位为 θ 的矩形波 u_θ。

2. 模-数转换

功能是把代表机械位移量的定尺输出感应电动势相位的变化（模拟量）转换为相应的数字量。主要组成部分有相对相位基准（脉冲移相器）、鉴相器、计数脉冲门等。

相对相位基准实际上是一个数-模转换器，是把加减脉冲数转换成电的相位变化，它由 n 倍分频器和加、减脉冲电路组成。由时钟脉冲源产生的高频脉冲也输入到相对相位基准，经 n 倍分频后，供给鉴相器频率为 f，相位为 θ' 的方波 u'_θ。当无加、减脉冲信号时，其相位 θ' 与机械相对位移相位同相；当有加、减脉冲信号时，其相位 θ' 可相应作超前或滞后的变化。

鉴相器是一个相位比较装置，它是实现模-数转换的核心部分。鉴相器的输入分别来自相对相位基准输出 u'_θ 和机械位移相位变换的输出 u_θ。它的输出有两个，一个是脉冲输出，其脉宽代表 u_θ 与 u'_θ 的相位差 $\Delta\theta$（$\Delta\theta = \theta - \theta'$）。$\Delta\theta$ 的出现，一方面去控制加、减脉冲电路，使之输出相应的加脉冲或减脉冲信号，另一方面控制计数脉冲门。鉴相器的另一个输出是电平信号，它反映滑尺移动的方向，当输出高电平"1"，代表 θ' 滞后于 θ；输出低电平"0"时，代表 θ' 超前于 θ。

鉴相器的脉冲输出去控制相对相位基准的加、减脉冲电路，使其输出信号 u'_θ 产生相位移，移相的趋势是力图使 $\theta' \approx \theta$（即 $\Delta\theta \approx 0$），达到新的平衡状态，所以鉴相器与相对相位基准（脉冲移相器）实际上组成了一个相位跟踪系统，θ 就是相位跟踪系统的给定相位，而 θ 与滑尺位移量 x 在 2 mm 以内呈线性关系。静态时 θ' 与 θ 之间的相位差近于零，每当定、滑尺之间有相对位移时，相位 θ 发生变化，这就造成 θ 与 θ' 之间有相应的相位差，鉴相器有输出，一方面使相对相位基准的 u'_θ 产生相移，同时将相应的计数脉冲通过计数脉冲门送到计数显示部分,直到 $\Delta\theta\approx 0$,所以,此数字就代表位移量。这就完成了将相位 θ 的变化转换为数字量。

3. 计数及显示

功能是将脉冲数正确地累计并显示。计数器除在数值上需将送来的脉冲正确地累计以外,还要求能辨别送来的脉冲应该是加计数还是减计数,显示的数值应该是正数还是负数。为此设有显示过零、"＋"、"－"符号以及加减计数等逻辑电路。

当开始通电时,滑尺尚未移动,θ' 与 θ 总是近似对齐,即 $\theta'\approx\theta$,计数器置零,此时尺子的位置称为"相对零点"。假定滑尺向右移动为正向运动,向左移动为反向运动,并定义当滑尺在相对零点以右运动,不论其运动方向如何,符号显示为"＋",滑尺在相对零点以左运动,不论其运动方向如何,符号显示为"－"。

显示过零电路的作用是,当所有数字显示均为零时(尺子在相对零点),输出为高电平"1"。

"＋""－"符号电路的作用是正向运动时,若显示过零,则应显示"＋"符号。反向运动时,若显示过零,则应显示"－"符号。

加减计数电路的作用是,当显示为"＋"符号时,正向运动应作加计数,反向运动应作减计数;而当显示"－"符号时,正向运动应作减计数,反向运动应作加计数。

周期零显示是当绝对相位基准与相对相位基准相同时,就有信号输出,使周期零指示灯亮一下。因此,指示灯每亮一次表示机械位移了一个周期(2 mm)。

关于该位移数字显示装置的详细电路,可参阅有关参考文献。

综上所述,鉴相型检测系统的工作原理可归纳如下:当检测装置通电以后,θ 与 θ' 总是近似地对齐的($\theta\approx\theta'$),即它们之间的相位差在一个脉冲当量以内。然后将计数器置"0",表明这时尺子的位置是"相对零点"。若以此为基准,当滑尺向正方向移动时,出现 $\Delta\theta$ 的变化,它反映了位移大小,通过鉴相器输出脉宽为 $\Delta\theta(\Delta\theta=\theta-\theta')$ 的脉冲信号和反映 θ' 滞后于 θ 的高电平信号,这两个信号送到相对相位基准,使 θ' 产生相移,移相的方向是力图使 θ' 趋近于 θ,当到达新的平衡点时,相位跟踪停止,这时又达到 $\theta'\approx\theta$。在这个相位跟踪过程中,同时有计数脉冲送到计数器计数,并通过译码显示出尺子的位移量。滑尺往反方向运动,其工作原理相仿,不再重复。

位移数字显示装置是一种用电子线路组成的高精度测量装置。数字显示器的末位数每加或减 1,需要一个脉冲,如果末位数以 1 μm 计量位移时,则每一脉冲代表 1 μm,简称脉冲当量为 1 μm。前面介绍的位移数显装置中,若激磁频率 $f=2.5$ kHz,它的一个周期相当于感应同步器 2 mm位移(或360°电角度),又设时钟脉冲信号频率为 2 MHz,时钟的周期是励磁电压周期的 1/800,所以该装置的脉冲当量为 $\frac{2 \text{ mm}}{800}=2.5$ μm

(或 $\frac{360°}{800}=0.45°$电角度)。也可以讲这台数显装置的分辨力为 2.5 μm。这就说明该台装置不仅能反映每一个节距数(2 mm)的变化,而且可以反映 2.5 μm 的变化,因此数显又有"脉冲细分"的名称。

要进一步提高测量精度,就应提高测量装置的分辨率。例如上述装置,要得到 1 μm 的分辨率,时钟脉冲频率就要达到 $2.5 \times 10^3 \times 2\,000 = 5$ MHz,但这又将受到元器件极限工作频率的制约。

10.3   计量光栅

光栅的种类很多,按作用原理和用途,可分物理光栅和计量光栅。物理光栅是利用光栅的衍射现象,应用于光谱分析等物理光学仪器中。计量光栅利用光栅的莫尔条纹现象,以线位移和角位移为基本测试内容,应用于高精度加工机床、光学坐标镗床、制造大规模集成电路的设备及检测仪器等。

计量光栅按应用范围不同有透射光栅和反射光栅两种;按用途不同有测量线位移的长光栅和测量角位移的圆光栅;按光栅的表面结构不同,又可分幅值(黑白)光栅和相位(闪耀)光栅。

光栅传感器的测量精度高,分辨力强(长光栅 0.05 μm,圆光栅 0.1″),适合于非接触式的动态测量,但对环境有一定要求,灰尘、油污等会影响工作可靠性,且电路较复杂,成本较高。

本节主要介绍黑白透射型长光栅。

10.3.1   黑白透射型长光栅的结构和工作原理

黑白透射型长光栅就是在一块长条形的光学玻璃上,均匀地刻上许多明暗相间,宽度相等的刻线,如图 10 - 12 所示。图中在 1 020 mm 内,都是光栅刻线,A 为光栅刻线的局部放大图。a 为刻线宽(不透光),b 为刻线间宽(透光),$W=a+b$ 称为光栅的节距或栅距,通常 $a=b=\frac{W}{2}$。目前常用的每毫米刻线数目有 10,25,50,100,250 几种。

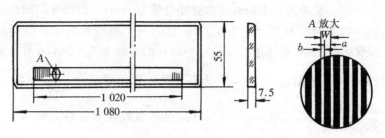

图 10-12　透射长光栅

　　两块具有相同栅距的长光栅叠合在一起,使它们的刻线之间交叉一个很小的角度 θ,如图 10-13 所示,在与光栅刻线大致垂直的方向,产生明暗相间的条纹,这些条纹叫莫尔条纹。由图 10-13 可见,在 $a-a$ 线上,两块光栅的刻线重合,透光面积最大,形成条纹的亮带;在 $b-b$ 线上,两块光栅刻线错开,形成条纹的暗带,当夹角 θ 减小时,条纹间距 B 增大,适当调整 θ,可获得所需的条纹间距。

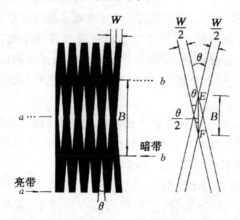

图 10-13　横向莫尔条纹

　　由图 10-13 得,条纹间距

$$B = \frac{\dfrac{W}{2}}{\sin\dfrac{\theta}{2}} \approx \frac{\dfrac{W}{2}}{\dfrac{\theta}{2}} = \frac{W}{\theta} \; (\text{mm}) \qquad (10-6)$$

式中　W——光栅栅距;

　　　θ——刻线夹角。

由式(10-6)知,θ 越小,B 越大,这相当于把栅距放大了 $1/\theta$ 倍。例如每毫米有 50 条刻线的光栅,$a=b=0.01$ mm,$W=0.02$ mm,若取刻线夹角 $\theta=0.1°$,则条纹间距 $B=11.459$ mm,相当于把栅距放大了 573 倍,说明光栅具有放大位移的作用。

在图 10-13 中,还可看到透光条纹 $a-a$,近于垂直光栅刻线,故称为横向莫尔条纹。严格地说,条纹与刻线夹角的平分线 EF 保持垂直。当两块光栅沿着垂直于刻线的方向相对移动时,莫尔条纹将沿着刻线的方向移动。光栅每移动一个光栅节距 W,条纹也跟着移动一个条纹宽度 B。如果光栅作反向移动,条纹移动方向也相反,所以辨向十分容易。

利用光栅具有莫尔条纹的特性,我们可以通过测量莫尔条纹的移动数,来测量两光栅的相对位移量,这要比直接计数光栅的线纹容易得多;而且由于条纹是由光栅的大量刻线共同形成的,因而对光栅刻线的本身刻划误差有平均作用,所以成为精密测量位移的有效手段。

图 10-14 是某透射型圆光栅,光栅盘内圆($\phi42$ mm)是定位圆,圆光栅上每根刻线的延长线都通过圆心,W 为中径 $\phi80$ mm 处节距,同样采用 $a=b=\dfrac{W}{2}$,两条相邻刻线间的夹角称为角节距。在整个圆周上通常刻 1 080 至 64 800 条线。

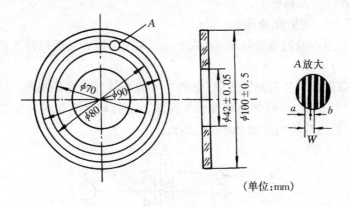

(单位:mm)

图 10-14　辐射圆光栅

将两块具有相同栅距 W 的圆光栅叠合在一起,它们的圆心分别为 O 和 O',彼此间保持一个不大的偏心量 e。这时在光栅各个部分夹角 θ 不同。形成不同曲率半径的圆弧形莫尔条纹,如图 10-15 所示。关于圆光栅的详细情况请参看有关资料。

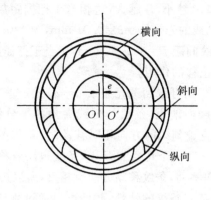

图 10-15　圆光栅的莫尔条纹

10.3.2　光电转换

　　用光栅的莫尔条纹测量位移,需要两块光栅。长的称主光栅,与运动部分连在一起,它的大小与测量范围一致。短的称指示光栅,固定不动,主光栅与指示光栅之间的间距为 d

$$d = \frac{W^2}{\lambda} \tag{10-7}$$

式中　W——光栅栅距;

　　　　λ—— 有效光波长。

　　若采用一般的硅光电池 $\lambda = 0.8\ \mu m$,对 25 条/mm 刻线的光栅 $d = 2mm$。

　　现以黑白透射长光栅为例,它的光电转换装置示意图见图 10-16。它由光源、透镜、光栅和光电元件等组成。通过读数装置对莫尔条纹计数,从而测出两块光栅相对移过的距离。

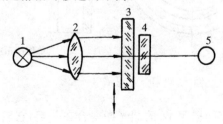

图 10-16　光电转换装置示意图

1—光源;2—透镜;3—主光栅;

4—指示光栅;5—光电元件

由图 10-17 可以观察莫尔条纹在光栅移动一个光栅节距时的变化规律。图中(a)为两块光栅刻线重叠,通过的光最多,为"亮区";(b)光线被刻线宽度遮去一半,为"半亮区";(c)光线被两块光栅的刻线正好全部遮住,出现"暗区";(d)和(e)透光又逐步增加,直至恢复"亮区"。此时主光栅正好移过一个栅距,而其莫尔条纹也亮暗变化一次。

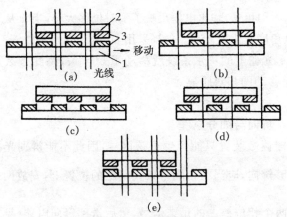

图 10-17　光栅位置放大图

1—主光栅;2—指示光栅;3—刻线

上述的遮光作用和光栅位移成线性变化,所以光通量的变化是理想的三角形,如图 10-18 中虚线所示。但实际情况并不这么理想,为了使两块光栅不致发生摩擦,它们之间有间隙存在,再加上衍射、刻线边缘总有毛糙不平和弯曲等原因,于是最后输出的波形被削顶、削底,近似为正弦曲线。当光电元件接受到明暗变化的光信号,就将它转换成电信号,见图 10-18。图中横坐标是位移 x,纵坐标是光电元件的输出电压 u,可以用直流分量叠加一个交流分量来表示:

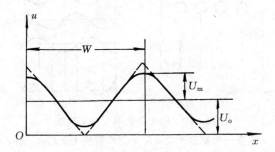

图 10-18　实际光通量和光电元件输出信号波形图

$$u = U_0 + U_m \sin\left(\frac{\pi}{2} + \frac{2\pi x}{W}\right) \tag{10-8}$$

式中 U_0——直流分量电压；

$\quad\quad U_m$——交流分量电压幅值；

$\quad\quad W$——光栅节距；

$\quad\quad x$——光栅位移。

由式(10-8)可见,输出电压反映了瞬时位移大小,当 x 从 0 变化到 W 时,相当于电角度变化了 360°。如果采用 50 线/mm 的光栅,若主光栅移动了 $x$mm,指示光栅上的莫尔条纹就移动了 $50x$ 条,将此条数用计数器记录,就可知道移动的相对距离。

10.3.3　辨向与细分原理

上述光栅读数装置只能产生正弦信号,因此不能辨别光栅移动的方向。为了能够辨向,应当在相隔 $\frac{1}{4}$ 条纹间距的位置上,安放两个光电元件 1 和 2,得到两个相位差 $\frac{\pi}{2}$ 的正弦信号,然后送到辨向电路(见本章图 10-7)处理,这样光栅传感器就能够辨向,因而可以进行正确的测量。

随着对现代测量仪器不断提出高精度的要求,数字读数的最小分辨值也逐步缩小。细分就是为了得到比栅距更小的分度值。在莫尔条纹信号变化一周期内,发出若干个计数脉冲,以减小脉冲当量,即减小每个脉冲所相当的位移。常用的细分方法有倍频细分法、电桥细分法等。

图 10-19 所示为四倍频细分法,图(a)表示在一个莫尔条纹宽度上

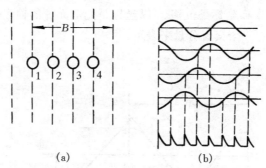

(a)　　　　　　　　　　　(b)

图 10-19　用 4 个光电元件实现细分

(a) 在一个莫尔条纹宽度上并列安放 4 个光电元件；

(b) 波形图

并列安放四个光电元件,得到相位分别相差 $\frac{\pi}{2}$ 的 4 个正弦周期信号,用电子电路对这一列信号进行处理,得到一列电脉冲信号,每个脉冲分别和其周期信号的零点相对应,则电脉冲的周期为 $\frac{1}{4}$ 个莫尔条纹宽度,见图 10‐19(b)。用计数器对这一列脉冲信号计数,就可以读到 $\frac{1}{4}$ 个莫尔条纹宽度的位移,比光栅固有分辨率提高了 4 倍。这种细分方法的缺点是光电元件安装困难,细分数不可能高,但对信号无严格要求,电路简单。利用近代电子技术,还可能使分辨率提高几百倍甚至更高。

10.4　频率式数字传感器

频率式传感器是将被测非电量转换为频率量,即转换为一列频率与被测量有关的脉冲,然后在给定的时间内,通过电子电路累计这些脉冲数,从而测得被测量;或者用测量与被测量有关的脉冲周期的方法来测得被测量。频率式传感器体积小、重量轻、分辨率高,由于传输的信号是一列脉冲信号,所以具有数字化技术的许多优点,是传感器技术发展的方向之一。

频率式传感器基本上有三种类型:

• 利用力学系统固有频率的变化反映被测参数的值。

• 利用电子振荡器的原理,使被测量的变化转化为振荡器的振荡频率的改变。

• 将被测非电量先转换为电压量,然后再用此电压去控制振荡器的振荡频率,称压控振荡器。

本节将以三个实例分别说明以上三种类型的频率式传感器的工作原理。

10.4.1　改变力学系统固有频率的频率传感器

图 10‐20(a)是振弦式传感器的原理图。振弦由一根很细的金属丝组成,放置在永久磁铁所产生的磁场内,振弦的一端固定,另一端与传感器的运动部分相连。振弦由运动部分拉紧,作用于振弦上的张力 T 就是传感器的输入物理量。

振弦的固有振动频率

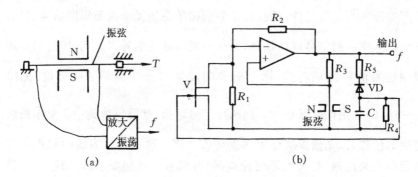

图 10 - 20 振弦式传感器

(a) 原理图；(b) 激励电路

$$f_0 = \frac{1}{2l}\sqrt{\frac{T}{\rho_l}} \tag{10-9}$$

式中 l——振弦的有效长度；

   T——弦的张力（$T = S\sigma$，σ 为弦的应力，S 为弦的截面积）；

   ρ_l——振弦线密度（单位长度的质量 $\rho_l = \dfrac{m}{l}$）。

  式（10-9）说明，对于 l，ρ_l 已定的振弦，其固有振动频率由张力 T 决定。

  振弦本身作为测量电路的一部分，和运算放大器一起组成自激振荡器。当电路接通时，有一个初始电流流经振弦，振弦在磁场中受到作用力，从而激发起振弦的振动。由图 10-20(b)可见，振弦在激励电路中组成一个选频的正反馈网络，振弦振动所需能量可不断得到补充，振荡器产生等幅的持续振荡。

  根据力电类比关系，振弦在测量系统中可等效为一个并联的 LC 电路。假设振弦的整个长度 l 都处在磁感应强度为 B 的磁场中，当振弦振动时，振弦上有感应电动势 e 产生和电流 i 流过，振弦所受的电磁力为 $F = Bli$，该力的一部分用来克服弦的质量所产生的惯性力 $F_c = Bli_c$，使它获得速度 v；另一部分用来克报振弦作为一个横向刚度弹簧所产生的弹性反作用力 $F_1 = Bli_1$，其中 $i = i_c + i_1$。

  振弦作为一个质量为 m 的惯性体被加速时，其惯性力为

$$F_c = Bli_c = m\frac{\mathrm{d}v}{\mathrm{d}t}$$

$$v = \int \frac{Bli_c}{m}\mathrm{d}t$$

磁场中运动速度为 v 的导线产生的感应电动势为

$$e = Blv = \frac{B^2 l^2}{m} \int i_c dt$$

对比一般电容充电公式 $e = \frac{1}{C} \int i_c dt$，可见在磁场中运动的质量为 m 的弦，相当于电容的作用，其等效电容为

$$C = \frac{m}{B^2 l^2} \qquad\qquad (10-10)$$

振弦偏离初始平衡位置，产生一个横向变形 δ，它的弹性反作用力为

$$F_1 = -k\delta = Bli_1$$

式中　　K——振弦的横向刚度系数。

由 $v = \frac{d\delta}{dt}$ 可得由速度 v 所产生的感应电动势为

$$e = Blv = -\frac{B^2 l^2}{k} \frac{di_1}{dt}$$

对比一般电感的反电动势公式 $e = -L \frac{di_1}{dt}$，可见一根位于磁场中的拉紧的弦，产生横向运动时，相当于电感的作用，其等效电感为

$$L = \frac{B^2 l^2}{k} \qquad\qquad (10-11)$$

综上所述，一根位于磁场中拉紧的弦，如同一个并联的 LC 回路，这一等效的 LC 振荡回路与放大器一起组成振荡器，其振荡频率也可按一般计算 LC 回路的方法，即

$$\omega = \frac{1}{\sqrt{LC}}$$

将等效的 L, C 代入，得 $\omega = \sqrt{\dfrac{k}{m}}$。因振弦的横向刚度系数与张力 T 的关系是 $k = \dfrac{\pi^2 T}{l}$，而 $m = \rho_1 l$，所以

$$\omega = \frac{\pi}{l} \sqrt{\frac{T}{\rho_1}}$$

即

$$f = \frac{1}{2\pi} \omega = \frac{1}{2l} \sqrt{\frac{T}{\rho_1}}$$

上式说明激励电路输出的频率等于振弦的固有振动频率，这样当被测张力 T 变化时，振荡器输出信号的频率也跟着变化，于是张力 T 被转换为频率信号 f。

实际应用的振弦传感器包括振弦、磁铁、夹紧装置等三个主要部分，与其它一些装置配合，可以组成振弦式压力传感器，振弦式扭矩传感器等。后者可以测量发动机轴的扭矩，当被测量的轴产生扭矩时，振弦被拉紧或放松，改变了振动频率，从而可由测量的频率值来得知扭矩的大小。

图 10-20(b)所示激励电路，是一个由运算放大器和振弦等元件组成的自激振荡器。电路中 R_3 和振弦支路形成正反馈，R_1，R_2 和场效应管 V 组成负反馈电路。R_4，R_5，C 和二极管 VD 组成的支路，提供对场效应管的控制信号。负反馈支路和场效应管控制支路的作用是控制起振条件和自动稳幅。

自动稳幅的原理是：当工作条件变化，引起振荡器的输出幅值增加，这个输出信号经过 R_5，R_4，VD 和 C 检波后，成为场效应管的栅极控制信号，并具有较大的负电压，使场效应管漏源间的等效电阻增加，从而使负反馈支路的负反馈增大，运算放大器的闭环增益降低，以致输出信号的幅值减小，趋向于增加前的幅值。当输出幅值减小时，也可采用类似的分析方法。这样，就起到了自动稳定振幅的作用。

如果振荡器停振，输出信号等于零，这时场效应管处于零偏压状态，其漏源极对 R_1 的并联作用，使反馈电压近似等于零，从而大大削弱了电路负反馈回路的作用，使电路的正增益大大提高，为起振创造了有利条件。

这种激励方式能连续测量被测参数的变化，但是由于振弦通以电流，被连续激励，容易疲劳；同时还需考虑振弦与外壳的绝缘，而绝缘材料与金属的热膨胀系数差别很大，易产生温度误差。除了这种电流激励法以外，还有电磁连续激励法和间歇激励法等，它们各有优缺点。具体使用时，选用哪一种，要根据被测量的工作状况和要求而定。

式 10-9 表示，振弦式传感器的输出频率 f_0 与被测的张力 T 的平方根成正比，从测量的角度，希望输出频率与被测参数呈线性关系，所以需要进行线性化处理。图 10-21 是振弦式传感器的线性化框图。图中两个 f/U 方框代表相同的两个频率-电压变换兼乘法运算电路，U_R 为基准电压。经过第一个电路之后输出的电压 $U_1 = K_1 f_0 U_R$，U_1 与 f_0 同时输入到第二个电路，得电路的输出电压 $U_2 = K_2 f_0 U_1 = K_1 K_2 f_0^2 U_R = K_3 f_0^2$，这里 K_1，K_2 为两电路的运算常数，K_3 为 $K_1 K_2$ 和 U_R 相乘后的常数。于是电压 U_2（$U_2 = \dfrac{K_3}{4 l^2} \dfrac{T}{\rho_1}$）就和被测的张力 T 成线性关系。美国 Foxboro 公司生产的振弦式差压变送器就是按上述原理工作的，其基本误差小于 $\pm 0.2\%$。

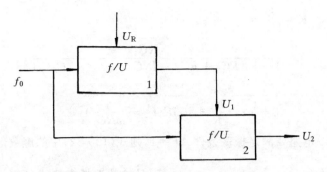

图 10-21　振弦式传感器线性化框图

10.4.2　振荡器式频率传感器

图 10-22 是接有热敏元件的温度-频率传感器,这是一个由运算放大器和外部的反馈网络构成的一种 RC 振荡器,即文氏电桥正弦波发生器。复阻抗 Z_1 和 Z_2 是文氏电桥的两臂,由它们组成选频网络(正反馈网络),电阻 R_f 和 R_F 组成负反馈电路。从放大器的同相端到它的输出端为主通道,主通道为同相比例运算电路,其闭环放大倍数

$$A = \frac{U_o}{U_a} = 1 + \frac{R_F}{R_f}$$

因为是同相端输入,所以输出电压 $\dot{U}_o$ 与 $\dot{U}_a$ 同相,即 $\varphi_a = 0°$。

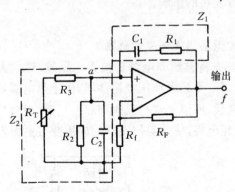

图 10-22　RC 振荡器式频率传感器

选频网络中 $Z_1 = R_1 + \dfrac{1}{j\omega C_1} = \dfrac{1 + j\omega R_1 C_1}{j\omega C_1}$,

令 $(R_3 + R_T) \mathbin{//} R_2 = R = \dfrac{(R_3 + R_T)R_2}{R_3 + R_T + R_2}$, $Z_2 = R \mathbin{//} \dfrac{1}{j\omega C_2} = \dfrac{R}{1 + j\omega R C_2}$

反馈系数

$$\dot{F} = \frac{\dot{U}_a}{\dot{U}_0} = \frac{Z_2}{Z_1 + Z_2}$$

$$= \frac{j\omega RC_1}{1 + j\omega(RC_2 + RC_1 + R_1C_1) + RR_1C_1C_2(j\omega)^2}$$

$$= \frac{1}{1 + \frac{C_2}{C_1} + \frac{R_1}{R} + j(\omega R_1 C_2 - \frac{1}{\omega RC_1})} \tag{10-12}$$

图 10-22 电路要满足振荡条件 $\dot{A}\dot{F} = 1$，则式(10-12)中的虚数部分应等于零，于是得 $\omega = \omega_0 = \left(\frac{1}{RR_1C_1C_2}\right)^{\frac{1}{2}}$，而且参数选择应使式(10-12)中分母的实数部分等于 $1 + \frac{R_F}{R_f}$。此时图10-22电路就会产生角频率为 ω_0 的正弦振荡，即输出信号的频率

$$f_0 = \frac{\omega_0}{2\pi} = \frac{1}{2\pi}\left[\frac{R_3 + R_T + R_2}{C_1C_2R_1R_2(R_3 + R_T)}\right]^{\frac{1}{2}} \tag{10-13}$$

当温度变化引起热敏电阻 R_T 阻值变化时，振荡频率发生变化，所以通过测量频率的变化就可以测量温度。

这类传感器一般用于测量 10℃~45℃ 的温度，其相应的频率变化为 350~600 Hz。为得到正确指示，流过热敏电阻的电流必须尽量小。以减少热敏电阻自身发热的影响。

10.4.3　压控振荡器式频率传感器

这类传感器首先将被测非电量转换为电压量，然后去控制振荡器的频率。图 10-23 是一个热电偶压控振荡器，由于热电偶输出的电动势仅为几毫伏到几十毫伏，所以先进行放大，然后再转换成相应的频率。目前已有专用 U/F 芯片出售，使这类传感器的应用变得更为方便。

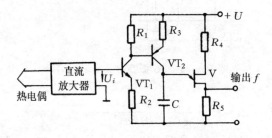

图 10-23　热电偶压控振荡器

图 10-23 中,VT_1,VT_2 为晶体管,构成放大电路,V 为单结晶体管,组成弛张振荡电路。当热电动势增大时,U_i 增大,VT_1 管的集电极电流 I_{C1} 增大,使 VT_1 的集电极电位 U_{C1},即 VT_2 的基极电位降低,I_{C2} 随之增大,这相当于晶体管 VT_2 的内阻减小。同理,当 U_i 减小时,VT_2 的内阻变大。因此随着 U_i 的变化,改变了对 C_1 的充电时间常数,也就改变了输出脉冲信号的频率。

10.4.4　频率式传感器的基本测量电路

当被测非电量已经转换为一系列频率与被测量有关的脉冲之后,测量频率的方法基本有两种,可以是计数方式或计时方式。计数式和计时式测量电路的基本原理,可概括在图10-24中。

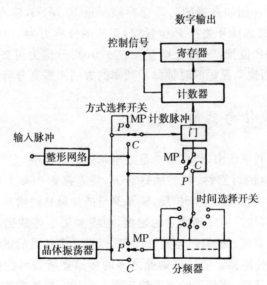

图 10-24　计时式和计数式测量原理图

从传感器来的输入脉冲,经过整形网络接至方式选择开关。晶体振荡器用以产生基准频率(或基准时间)。

方式选择开关有三个位置,即 C,P 和 MP。当开关放在位置 C 时,为计数式测量电路。晶体振荡器输出的信号,经分频器分频后产生时间基准,通过时间选择开关,控制门电路的开门时间。输入待测脉冲接到门电路的另一个输入端,于是输入脉冲按照选定的时间基准,在计数器中累计。当门电路关门时,控制信号将计数器的输出转移给寄存器,同时令计数器复位和开始另一次计数。所以测量结果是在一个基准时间内的脉冲数。

当输入脉冲周期比晶体振荡器的时钟脉冲周期大得多时,采用计时式测量电路。将方式选择开关置于位置 P(图 10-24 中所示位置),此时输入脉冲直接作为门电路的控制信号,控制门电路的开门时间。而晶体振荡器的输出作为标准时钟脉冲,在门电路的开门时间内,通过门电路进入计数器计数。此时计数器所计的数能反映被测脉冲周期的时间。在这种情况下,分频器和时间选择开关不工作。

为了改善分辨力,将方式选择开关置于 MP 位置,目的是把输入脉冲的周期扩大。输入脉冲在分频器中分频后,通过时间选择开关,控制门电路的开门时间。于是晶体振荡器的输出时钟脉冲在所选定的时间内,在计数器中计数。例如晶振的时钟脉冲频率是 10 MHz,输入脉冲频率为 10 kHz,当方式选择开关在 P 位置时,系统的分辨力为 $1/10^3$;如果方式选择开关在 MP 位置,时间选择开关在 100,则分辨力可提高到 $1/10^5$。另外,还可以用提高晶振的时钟脉冲频率的方法来提高分辨力。

10.5 智能传感器简介

在自动控制系统中,传感器总是处于系统的最前端,它是获取信息的工具,所获信息的可靠性、特性的好坏等,将直接影响整个系统的质量。而且随着自动化领域的不断扩展,需要测量的参量日益增多,例如宇宙飞船在太空中飞行时,需要测量它的速度、位置和姿态等数据,还要控制舱内温度、气压、湿度、加速度、空气成份等,以保证宇航员的正常生活,所以更需要大量的传感器。要处理如此之多的传感器所获得的信息,需要一台大型电子计算机,这在飞船上无法实现。为了不丢失数据和降低成本,就提出了分散处理数据的设想。而传统的传感器只能获取信息,并且结构尺寸大,性能不够稳定,可靠性及精度都不够理想,这就对传感器提出了数字化、智能化的要求。所以智能传感器(Intelligent Sensor 或 Smart Sensor)是科学技术发展的需要,也是科学技术发展的结果,代表了传感器的发展方向。

10.5.1 智能传感器的功能和特点

智能传感器是传感器与微处理器赋予智能的结合,兼有信息检测与信息处理功能的传感器。但由于智能传感器是当今正在迅速发展的新技术,所以至今尚无公认的规范化定义。

智能传感器具有自校正功能;能对外界信息进行检测、判断和自诊断;具有数据存储、记忆和信息处理功能;具有随机整定和自适应能力;内含的特定算法可根据需要改变;还具有与主机互相对话的功能和自行决策处理功能。

由上述智能传感器的主要功能可见,它的精度、稳定度、可靠性、分辨力和信噪比等都比传统传感器要高,然而其价格却更低。因为它是采用廉价的集成电路工艺和芯片以及强大的软件来实现的。

10.5.2   智能传感器实现的技术途径

按照智能传感器实现的技术途径可分为非集成化实现、集成化实现和混合实现三种。非集成化实现就是将传统的传感器、信号调理电路、带数字总线接口的微处理器组合为一整体而构成的。例如美国罗斯蒙特公司、SMAR 公司生产的电容式智能压力(差)变送器系列产品。近十年来迅速发展起来的模糊传感器也是一种非集成化的智能传感器。集成化实现是采用微机械加工技术和大规模集成电路工艺技术,利用硅作为基本材料制成敏感元件、信号调理电路和微处理器单元,并把它们集成在一块芯片上构成的,所以又称为集成智能传感器(Integrated Smart /Intelligent Sensor)。集成化智能传感器按其具有的智能化程度又可分为初级、中级和高级三种形式,集成化程度越高,其智能化程度越可达到更高的水平。由于在一块芯片上实现智能传感器存在许多困难,而且有时也不一定是必须的,所以混合实现是更切合实际的途径。混合实现是将各集成化环节,如敏感元件、信号调理电路、微处理器单元、数字总线接口等,以不同的组合方式集成在二块或三块芯片上,并装在一个外壳里。

10.5.3   智能传感器举例

智能传感器目前尚处于研究开发阶段,但已出现不少实用的产品。

例 1:具有 CMOS 放大器的单片集成压阻式压力传感器。它属集成化智能传感器的初级形式,此种形式没有微处理器。这种压阻式压力传感器采用硅盒结构,将压敏单元与 CMOS 信号调理电路集成在同一块硅芯片上,整个芯片面积为1.5 mm^2,其电路如图 $10-25$ 所示,$R_1 \sim R_4$ 组成的压阻全桥构成了力敏感传感单元,CMOS 运算放大器 A_1,A_2,A_3 构成了仪器放大器,整个放大电路的差模放大倍数为

$$A_{\mathrm{d}} = \left(1 + \frac{R_5 + R_6}{RP}\right)\frac{R_9}{R_8}$$

改变 RP 可以调整差模放大倍数 A_{d}，该电路要求 A_3 的外接电阻严格匹配，即 $R_{10} = R_9$，$R_7 = R_8$。因为 A_3 是基本差动输入放大器，电路的失调主要由 A_3 引起，所以降低 A_3 增益，有益于减小输出温漂。实际测试表明该传感器具有较高灵敏度和精度，并有良好的线性。

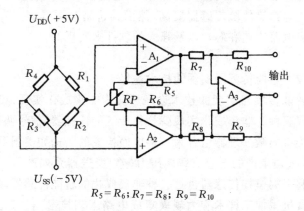

$$R_5 = R_6；R_7 = R_8；R_9 = R_{10}$$

图 10-25　带 CMOS 放大器的集成压力传感器

　　例 2：美国霍尼韦尔公司 ST—3000 系列智能变送器。它是美国霍尼韦尔(Honeywell)公司于 1983 年推出的智能化的压力变送器，属集成化智能传感器的中级形式，是世界上第一台智能变送器。ST—3000 由两部分组成，一部分为传感芯片及调理电路，另一部分为微处理器、存储器以及 I/O 接口等，具有双向通信能力和完善的自诊断功能，它的输出有标准的 4～20 mA 模拟信号及数字信号两种形式。图 10-26 为 ST—3000

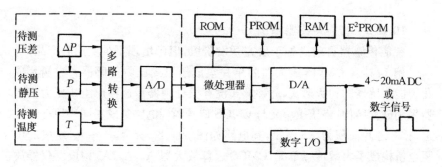

图 10-26　ST—3000 智能压力变送器的结构框图

智能变送器的结构框图。

　　ST—3000 智能变送器量程比最大可达 400：1，一般传感器仅为 10：1；模拟输出时的精度达量程的 ±0.075％，数字输出时可达读数的 0.125％；可以与智能现场通信器（SFC）连接，进行远距离通信，用户可以方便地调节变送器的有关参数，还具有诊断变送器存在问题的功能，操作人员可不必处于恶劣的工作现场，又可大大节省时间和人力，降低维修成本，保证了维修质量。

　　例 3：用超大规模集成电路工艺制作的三维结构智能传感器。高级智能形式的传感器将达到或超过人类五官对环境的感测能力，部分代替人的认识活动，能高效地从复杂对象中提取有效信息。然而，目前传感器的整体水平尚未达到如此高级的智能程度，不过有一些传感器已具备了部分高级智能的特征，三维结构的固体图像传感器就是其中的一例。

　　图 10-27 为用三维集成技术实现的智能固体图像传感器，它可以提取待测物体的轮廓图。从其工作原理而言，可大致分为三层：第一层为光电转换面阵，第一层输出的信号并行进行入第二层，第二层为电流型 MOS 模拟信号调理电路，由第二层输出的模拟信号进入第三层，转换成二进制数，并存储在存储器中。与第三层相连的是信号放大单元，其作用是通过地址译码读取存储器中的信号信息。集成化智能传感器的高级形式是智能传感器的一个重要发展方向。

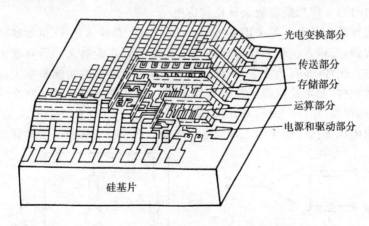

图 10-27　三维结构多功能智能传感器

第 11 章 信号的放大和调理电路

11.1 信号放大电路

传感器输出信号一般比较微弱，所以信号的检测通常都要经过放大器，以增大信号幅值，适应进一步处理的要求。在信号传输过程中，放大器可以在各部分电路之间起隔离作用，实现阻抗匹配。在模-数和数-模转换电路中，可利用运算放大器实现各种常规的运算功能，例如电压和电流的求和、积分、比较等等。为了保证信号检测的精度、响应速度等要求，放大器应具有高增益、高稳定度、宽通带、低零漂和低噪声等性能。

市场上有各种 IC(集成电路芯片)运算放大器出售，所以在一般情况下，都采用运算放大器作放大电路。本章针对测量系统中常用的放大电路，在《电子技术》课程内容的基础上，进行概括、引深和扩展。

11.1.1 理想运算放大器及其应用

运算放大器是一种采用直接耦合的高增益、高输入阻抗、低漂移的差动放大器，其输入信号的频率范围可以从直流到几千赫芝。运算放大器一般是在闭环(具有负反馈)条件下工作的，这时电路的功能基本上取决于外接元件，而不是依赖运算放大器本身。运算放大器通常有两个输入端，即同相端(用"+"表示)和反相端(用"−"表示)，以及一个输出端，输出端的电压正比于两个输入端的电压之差。图 11 − 1 表示一个运算放大

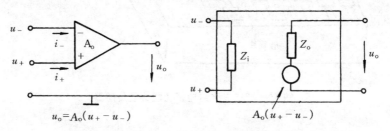

图 11 − 1 运算放大器的电路符号及简单的等效电路

器的符号和其简单的等效电路。图中 A_o 为运算放大器的开环电压增益，Z_i 和 Z_o 分别为运算放大器的输入和输出阻抗。

运算放大器的开环电压增益很高（$A_o > 100dB$ 或 10^5），远大于用运放所构成的线性放大电路的电压增益，而运放的输入阻抗 Z_i 也很高（一般都在 MΩ 以上，有些可高达 10^{12} Ω）。由于运算放大器的高性能，所以在实际应用运算放大器时，常将其用理想运算放大器模型来表示，它和真实模型的分析在多数情况下相差无几。表 11-1 为理想运放和实际通用运放的主要特性参数。

表 11-1　理想和实际通用的运算放大器的主要特性参数

参　数	理想运放	通用运放
开环电压增益 A_o	∞	$80\sim140$ dB（$10^4\sim10^7$）
输入阻抗 Z_i	∞	2 MΩ
输出阻抗 Z_o	0	75 Ω
输入失调电压 U_{os}	0	1 mV
输入失调电压的温漂 γ	0	5 μV/℃
输入失调电流 I_B	0	80 nA
单位增益带宽（$0\sim f_B$）	$0\sim\infty$	$0\sim1$ MHz
共模抑制比 CMRR	∞	90 dB

应用运算放大器的理想模型来分析电路，即在分析线性电路时应用下述两条重要结论：

· 运算放大器的输入电流为零，即 $i_- = i_+ = 0$。因为当运算放大器的输入阻抗认为无穷大时，它就不会从外部电路取用电流，所以在同相端和反相端都不会有任何输入电流。

· 运算放大器的差动输入电压为零，即 $u_+ = u_-$。因为运算放大器的输出电压是一个有限的数值，所以当开环电压增益 $A_o \to \infty$ 时，输入信号（$u_+ - u_-$）$\to 0$，即 $u_+ = u_-$。

应用上述两条结论，可分析推导下面几种测量系统中常用电路的输出信号和输入信号之间的关系式。

1. 反相比例放大器

图 11-2 所示的反相比例放大器其输出信号与输入信号的关系为：

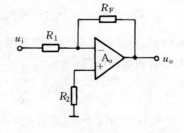

图 11-2　反相比例放大器

$$u_o = -\frac{R_F}{R_1}u_i \qquad\qquad (11-1)$$

反相比例放大器的特点是:

① 输出与输入信号反相;

② 电压放大倍数的绝对值$\dfrac{R_F}{R_1}$可以>1,也可以<1;

③ 放大器的输入阻抗小($R_i = R_1$);

④ 只能放大对地的单端信号。

例如用反相比例放大器来放大如图 11-3 所示的单臂电桥的输出电压信号。由于 u_i 必须是单端信号,所以电桥的一个输出端就必须接地。这就要求电桥的电源必须是浮地的,否则接地就会影响电桥的工作状态。

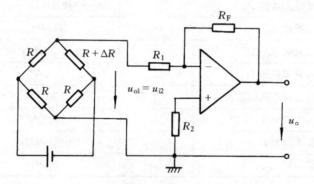

图 11-3　单臂电桥输出接反相比例放大器

由第 3 章已知单臂电桥的输出电压在负载开路时为

$$u_{o1k} = \frac{E}{4}\frac{\Delta R}{R}$$

由于反相比例放大器的输入阻抗小,所以当电桥的输出接到放大器的输入端,则电桥的输出电压就会减小,令此时电桥的输出电压为 u_{o1},由电桥的戴维南等效电路可得

$$u_{o1} = u_{o1k}\frac{R_i}{R_{o1}+R_i} = u_{o1k}\frac{R_1}{R+R_1} = \frac{E}{4}\frac{\Delta R}{R}\frac{R_1}{R+R_1} = u_{i2}$$

式中 $R_{o1} \approx R$ 为电桥的输出电阻;$R_i = R_1$ 是放大电路的输入电阻;u_{i2} 为放大电路的输入电压;

$$u_o = -\frac{R_F}{R_1}u_{i2} = -\frac{E}{4}\frac{\Delta R}{R}\frac{R_F}{R+R_1} \qquad (11-2)$$

在这种情况下,也可以把电阻 R_1 省掉,如果采用对称的正负电源给电桥供电则还可省去电桥的两个桥臂,得到图 11-4 所示的半桥式放大器。

$$u_o = -(\frac{E}{2}\frac{\Delta R}{R})(-\frac{R_F}{R/2}) = E\frac{R_F}{R}\frac{\Delta R}{R} \qquad (11-3)$$

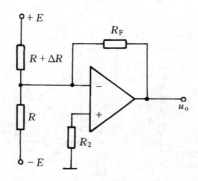

图 11 - 4　半桥放大器

2. 同相比例放大器

图 11 - 5 所示的同相比例放大器其输出信号与输入信号的关系为

$$u_o = (1 + \frac{R_F}{R_1})u_i \qquad (11-4)$$

同相比例放大器的特点为：

① 输出信号与输入信号同相；

② 电压放大器倍数≥1；

③ 放大器的输入阻抗很大；

④ 只能放大单端信号。

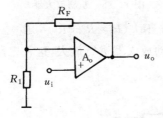
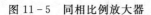
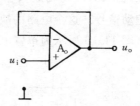

图 11 - 5　同相比例放大器　　　　图 11 - 6　电压跟随器

图 11 - 6 所示电压跟随器是同相比例放大器中电压放大倍数$(1+\frac{R_F}{R_1})=1$的特例。它一般在电路中用作缓冲放大器,把具有高输出阻抗的电路和低输入阻抗的电路连接起来。

用同相比例放大器来放大单臂电桥的输出信号如图 11 - 7 所示,由于同相比例放大器的输入电阻很高,所以它与反相比例放大器的最大区别是在分析电路时根本不用考虑它的输入电阻对电桥输出的影响。

$$u_o = \frac{E}{4}\frac{\Delta R}{R}(1+\frac{R_F}{R_1}) \qquad (11-5)$$

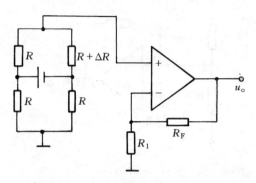

图 11-7 用同相比例放大器放大电桥信号

3. 差动放大器

差动放大器如图 11-8 所示。当 $R_1 = R_2$，$R_F = R_3$ 时,差动放大器输出信号与输入信号的关系为:

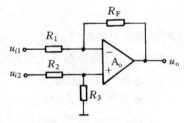

$$u_o = \frac{R_F}{R_1}(u_{i2} - u_{i1}) \qquad (11-6)$$

差动放大器的输出与两输入端的电压之差成正比,即差动放大器可以用来放

图 11-8 差动放大器

大差动信号。这个电路的缺点是其输入阻抗不大($R_i = R_1 + R_2 = 2R_1$)。

图 11-9 所示为单臂电桥的输出接差动放大器进行放大,这种电路

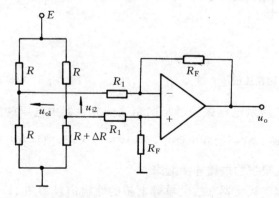

图 11-9 单臂电桥接差动放大器

对电桥电源的选择及连接的要求非常宽松。只要输入端电压满足运算放大器的共模电压范围就行了。由于差动放大电路的输入电阻不大,所以在分析电路时要考虑其对电桥输出的影响。当电桥开路时,其输出为:

$$u_{\text{o1k}} = \frac{E}{4} \frac{\Delta R}{R}$$

接放大电路后的电桥输出信号为:

$$u_{\text{o1}} = \frac{R_{\text{i2}}}{R_{\text{o1}} + R_{\text{i2}}} u_{\text{o1k}} = \frac{2R_1}{R + 2R_1} \frac{E}{4} \frac{\Delta R}{R} = u_{\text{i2}}$$

式中 R_{o1} 是电桥的输出电阻, R_{i2} 为差动放大电路的输入电阻。则图 11-9 电路的输出电压

$$u_{\text{o}} = \frac{R_{\text{F}}}{R_1}(u_{\text{i2}}) = \frac{R_{\text{F}}}{R_1}(\frac{2R_1}{R + 2R_1} \frac{E}{4} \frac{\Delta R}{R}) = \frac{E}{2} \frac{R_{\text{F}}}{R + 2R_1} \frac{\Delta R}{R} \quad (11-7)$$

若取 $R_1 = 0$,电路就成为电流放大式电桥放大器

其输出信号

$$u_{\text{o}} = \frac{E}{2} \frac{R_{\text{F}}}{R} \frac{\Delta R}{R} \quad (11-8)$$

4. 交流放大器

图 11-10 所示的交流放大器,可用于低频交流信号的放大,其输出信号与输入信号的关系为

$$u_{\text{o}} = -\frac{Z_{\text{F}}}{Z_1} u_{\text{i}} \quad (11-9)$$

式中

$$Z_1 = \frac{1}{\text{j}\omega C_1} + R_1 , Z_{\text{F}} = \frac{R_{\text{F}}}{1 + \text{j}\omega C_{\text{F}} R_{\text{F}}}$$

由于 Z_1 和 Z_{F} 都与频率 ω 有关,所

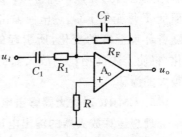

图 11-10　交流放大器

以放大器的放大倍数也与频率有关,其频带宽度在图 11-11 中的 f_1 和 f_2 之间,因此在信号放大时,可以抑制直流漂移和高频干扰电压。

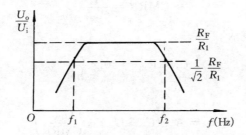

图 11-11　交流放大器的频响特性

11.1.2 实际运算放大器存在的问题

表 11-1 中的参数 U_{OS}, γ, I_B 和 CMRR 影响放大器的直流性能。

1. U_{OS} 和 γ 对放大器输出电压的影响

输入失调电压 U_{OS} 的存在,意味着当 $U_+ = U_- = 0$V 时,输出电压 U_o 不等于零,即

$$U_o = A_o(U_+ - U_-) + A_o U_{OS} \qquad (11-10)$$

绝大多数运算放大器都可以采取措施,使 $U_{OS} = 0$,即使得 $U_+ = U_- = 0$ 时,$U_o = 0$。然而,U_{OS} 取决于放大器的周围环境温度 T_E(℃),γ 是其相应的温度系数。因此,假设在 $T_E = 15$ ℃ 时,U_{OS} 被调整到零,而当 T_E 逐步升到 25 ℃ 时,输入失调电压 $U_{OS} = \gamma(25 - 15) \approx 50$ μV,它对开环运算放大器的输出端将造成近似于 50×10^5 μV 的变化。对于闭环运算放大器,这种影响虽然能被抑制,使输出端的电压变化减小,但仍然是需要重视的。例如,对一个反相比例放大器,可得

$$U_o = -\frac{R_F}{R_1}U_i + \left(1 + \frac{R_F}{R_1}\right)U_{OS} \qquad (11-11)$$

若用热电偶测温,若 $U_i \approx 40T$ μV,即被测温度 T 每变化 1 ℃,热电偶输出 40 μV,而随着环境温度的变化,所引起的 U_{OS} 的变化,将使上述反相比例放大器的输出产生很大的漂移。

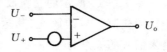

图 11-12 U_{OS} 对运放的影响

2. CMRR 对放大器输出电压的影响

理想运算放大器的输出电压仅取决于差动电压($U_+ - U_-$),应该和共模电压 $U_{CM} = (U_+ + U_-)/2$ 无关。而对一个实际运算放大器,有下式存在

$$U_o = A_o(U_+ - U_-)A_{CM}U_{CM} \qquad (11-12)$$

式中 A_{CM} 是共模增益,而更为通用的是共模抑制比 CMRR

$$\text{CMRR} = \frac{A_o}{A_{CM}} \qquad (11-13)$$

或用分贝(dB)表示

$$\text{CMRR}_{dB} = 20\lg\frac{A_o}{A_{CM}} \qquad (11-14)$$

由式(11-12)得

$$U_o = A_o\left((U_+ - U_-) + \frac{U_{CM}}{\text{CMRR}}\right) \qquad (11-15)$$

即对于一个开环放大器的等效电路是图 11-13。

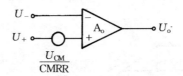

图 11-13 CMRR 对运放的影响

例如,运算放大器的 $CMRR_{dB}=90dB$(即 $CMRR=3\times10^4$),对于图 11-8 的差动放大器,我们得到

$$U_{o}\approx\frac{R_F}{R_1}(U_2-U_1)+(1+\frac{R_F}{R_1})\frac{U_{CM}}{CMRR} \qquad (11-16)$$

如果差动放大器与应变电桥相连,设 $U_2-U_1=300\ \mu V$,$U_{CM}=7.5\ V$,所以 $\dfrac{U_{CM}}{CMRR}=\dfrac{7.5}{3\times10^4}=250\ \mu V$,即实际存在的共模输入电压和差动输入数量相当,不可忽视。

3. 交流性能

实际运算放大器的交流性能取决于其动态特性,可以用一个惯性环节来适当地描述,即

$$\frac{\Delta U_o}{\Delta(U_+-U_-)}(j\omega)=\frac{A_o}{1+\tau j\omega} \qquad (11-17)$$

式中 A_o 是开环电压增益,τ 是时间常数,$\Delta(U_+-U_-)$ 和 ΔU_o 是相应的输入和输出的微小变化。开环放大器的增益和频率 f 的关系是

$$A_o(f)=\left|\frac{\dot U_o}{\dot U_+-\dot U_-}(f)\right|=\frac{A_o}{\sqrt{1+(f/f_B)^2}} \qquad (11-18)$$

式中 $f_B=\dfrac{1}{2\pi\tau}$ 是上限带宽频率,典型的运算放大器开环增益 A_o 为 10^5,开环带宽 f_B 为 10 Hz,则开环增益带宽积 $A_o f_B$ 典型值是 $10^5\times10=10^6$ Hz。图 11-14 表示开环和闭环放大器的增益随频率变化的关系。由图可见,放大器的闭环增益越低,频带越宽。这是因为闭环放大器的增益-带宽积也等于开环时的值 $A_o f_B$。图 11-11 交流放大器的频率响应,在很大程度上取决于运算放大器的频率特性和其外接元件。

实际工作中,在选择 IC 运算放大器时,应根据使用要求,查阅有关的产品目录。表 11-2 介绍几种我国生产的 IC 运算放大器(每一种类型介绍一种型号的元件),以供参考。

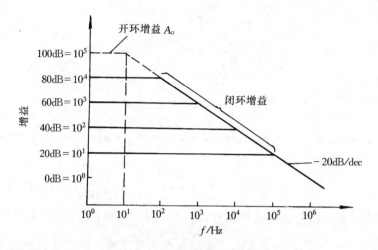

图 11-14　运算放大器典型的增益-频率特性

表 11-2　几种 IC 运算放大器的特点

类型	统一型号	国外型号	特　　点
通用型	F007	μA741	不需外接补偿,价格低。CMRR≥80dB,广泛用于模拟运算、电压比较器、程序控制、信号的放大处理等电路。
四运算放大器	F124	LM124	在同一基片上由四个独立的性能相同的高增益运算放大器构成,为多路工作提供一致的性能创造了极好的条件。可单电源或双电源工作,价格低。
低功耗	F011	μPC253(仿日)	功耗低(静态功耗≤3mW),增益高,工作点稳定等。
高速	XFC76	LM318(仿美)	具有较高的上升速率和较宽的小信号带宽。转换速率典型值为 50 V/μs,单位增益带宽 14 MHz
低漂移低噪声	FXOP-07A	OP07A	用于微弱信号检测,输入噪声电压低(0.35 μV_{p-p}),失调电压温漂 0.2 μV/℃
高精度低漂移	F508	AD508L (仿美)	是一种高级运算放大器,有优良的通用性、十分低的漂移、噪声及较高的输入阻抗。
高输入阻抗	F071	μAE157	输入阻抗高($10^{10} \sim 10^{11}$ Ω),增益高,功耗低,漂移小。

11.1.3　仪器放大器(测量放大器)

前面讨论了图 11-8 所示的差动放大器,它只用一个运算放大器,为了获得高增益,输入电阻 R_1 的阻值必须小,这意味着低的输入阻抗和低的共模抑制能力,往往不能满足仪器的使用要求。

仪器放大器是一种高性能的差动放大器系统,由几个闭环的运算放大器组成。一个理想的仪器放大器的输出电压,仅取决于其输入端的两个电压 U_1 和 U_2 之差,即

$$U_o = A(U_2 - U_1) \tag{11-19}$$

式中增益 A 是已知的,它可以在一个宽广的范围内变化。实际的仪器放大器应该具有设计时所要求的增益、高输入阻抗、高共模抑制比、低输入失调电压和低的失调电压温度系数。

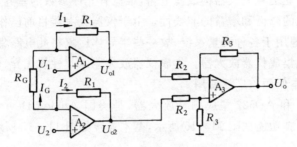

图 11-15　典型的仪器放大器

图 11-15 表示一个典型的仪器放大器。它包含有 A_1,A_2 和 A_3 三个运算放大器,其中 A_1,A_2 为两个同相输入的放大器,它们提供了 $(1+2\dfrac{R_1}{R_G})$ 的总差动增益和单位共模增益。证明如下:

因为　　$I_G = \dfrac{U_2 - U_1}{R_G}$,　$I_1 = \dfrac{U_1 - U_{o1}}{R_1}$,　$I_2 = \dfrac{U_2 - U_{o2}}{R_1}$

由 $I_G = I_1$,得　　　　$U_2 R_1 + U_{o1} R_G = U_1(R_1 + R_G)$ $\tag{11-20}$

又由 $I_G = -I_2$,得　　$U_2(R_1 + R_G) = U_{o2} R_G + U_1 R_1$ $\tag{11-21}$

式(11-21)减式(11-20)得

$$R_G(U_{o2} - U_{o1}) + R_1(U_1 - U_2) = (R_1 + R_G)(U_2 - U_1)$$

经整理得差模增益

$$\frac{U_{o2} - U_{o1}}{U_2 - U_1} = 1 + 2\frac{R_1}{R_G}$$

对于共模增益,因为 $U_1 = U_2$,所以 $I_G = 0$,即 $I_1 = I_2 = 0$,则 $U_{o1} = U_1$,U_{o2}

$=U_2$,因此为单位共模增益。

输出放大器 A_3 为差动放大器,其增益为:

$$\frac{U_o}{U_{o2} - U_{o1}} = \frac{R_3}{R_2}$$

仪器放大器的总增益为:

$$\frac{U_o}{U_2 - U_1} = \frac{R_3}{R_2}(1 + 2\frac{R_1}{R_G}) \tag{11-22}$$

这种形式的仪器放大器,其输入阻抗约为 $300 \sim 5\,000$ MΩ,共模抑制比 $CMRR_{dB} \approx 74 \sim 110$ dB,输入失调电压 $U_{OS} \approx 0.2$ mV,失调电压温漂 $\gamma \approx 0.25 \sim 10$ μV/℃。

在上述的仪器放大器中,元件的匹配问题是影响放大器性能的主要因素。用分立运算放大器构成此电路,难免有元件参数的差异,因而造成共模抑制比的降低和增益的非线性。由于仪器放大器目前已作为标准接法,被广泛地用于各种测量系统,故一些半导体厂家将此电路集成到一块芯片上做成集成仪器放大器。集成仪器放大器以其性能优异、体积小、结构简单、成本低而被广泛使用。

AD521 和 AD522 集成测量放大器,是美国 Analog Devices 公司的产品。其引脚功能如图 11-16 所示,基本连接如图 11-17 所示。

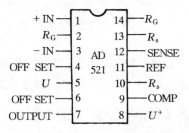

图 11-16   AD521 引脚功能

以 AD522 为例,它的 1 号和 3 号脚是仪器放大器的一对高输入阻抗输入端子。2 脚和 14 脚用来连接电阻 R_G。4 脚和 6 脚用于放大器调零,13 脚为数据屏蔽端,用于连接输入信号引线的屏蔽端,以减少外电场对信号的干扰。

放大器的增益由外接电阻 R_G 来调节,输出电压 u_o 由下式给出

$$u_o = (1 + \frac{200 \text{ k}\Omega}{R_G})(u_{i1} - u_{i2})$$

其中 u_{i1} 是同相端输入电压,u_{i2} 是反相端输入电压,当放大倍数为 100 时,AD522 的非线性仅为 0.005%。共模抑制比大于 120 dB。

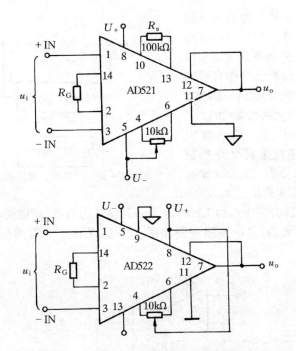

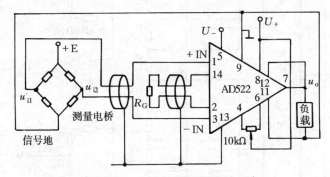

图 11 - 17 AD521 和 AD522 的基本连接方法

图 11 - 18 是 AD522 应用于测量电桥的典型电路。

图 11 - 18 AD522 的电桥测量电路

11.1.4 程控增益放大器

系统的 CPU 根据检测到的信号大小,向程控放大器的控制接口发送不同的控制数码。此控制数码控制电阻反馈网络产生不同的反馈系数,从而改变放大器的闭环增益。

程控放大器是智能仪器的常用部件之一,在对动态信号进行自动检测时,如果检测系统的增益是固定的,则会出现信号大时超量程与信号小时测

量精度低的矛盾。为了保证测
量系统在信号大和信号小时都
有较高性能,要求系统增益能够
根据信号的检测情况作自适应
调节(自动换档)。而这一功能一
般是由程控放大器来实现的。

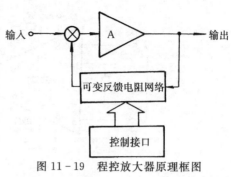

程控放大器一般由放大
器、可变反馈电阻网络和控制
接口三个部分组成,其原理框
图如图 11-19 所示。

图 11-19　程控放大器原理框图

美国 AD 公司生产的 LH0084 是一种完整的高速、高精度、数字程控
增益仪器放大器,其电路原理图如图 11-20 所示。它有两位数字信号

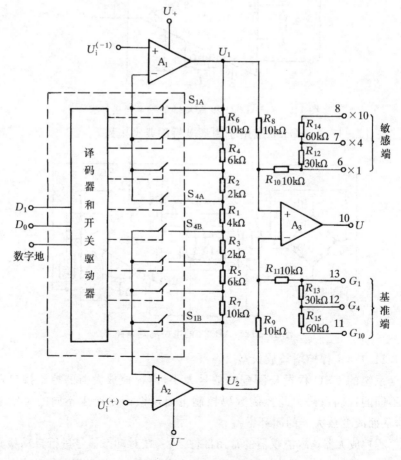

图 11-20　LH0084 电原理图

D_0, D_1, 经译码后产生四个状态, 分别驱动 $S_{1A}-S_{1B}$, $S_{2A}-S_{2B}$, $S_{3A}-S_{3B}$ 和 $S_{4A}-S_{4B}$ 闭合, 获得四个不同的输入级增益。此外 LH0084 也可以通过改变后一级放大器的接线来改变放大器的增益, 但这个改变是不能用程序控制的。LH0084 增益的确定如表 11-3 所示。

表 11-3　LH0084 增益真值表和连接表

数字输入		一级增益	引脚连接	第二级增益	总增益
D1	D0	$A_v(1)$		$A_v(2)$	A_v
0	0	1			1
0	1	2	6—10	1	2
1	0	5	13—地		5
1	1	10			10
0	0	1			4
0	1	2	7—10	4	8
1	0	5	12—地		20
1	1	10			40
0	0	1			10
0	1	2	8—10	10	20
1	0	5	11—地		50
1	1	10			100

11.1.5　隔离放大器

模拟量的隔离放大主要是用于高共模电压环境下的微弱信号放大, 以保证系统的可靠性。

隔离放大器的电路符号如图 11-21 所示。它由输入电路和输出电

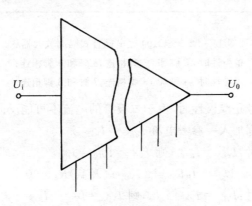

图 11-21　隔离放大器的符号

路两部分组成。输入电路和输出电路之间没有直接的电路联系,两部分之间的耦合方式有:光电耦合、变压器耦合和电容耦合三种。

图 11-22 是光电耦合隔离放大器 ISO100 的电原理图。当输出信号是单极性信号时($I_{in} \geqslant 0$)参考电流 I_{REF1} 和 I_{REF2} 都可不接,这时流过光敏二极管的电流就应该是 I_{in},由于在制造时已保证发光二极管的发光能等量地照射到两个光敏二极管 VD_1 和 VD_2。因此,光敏二极管 VD_2 中的电流和光敏二极管 VD_1 中的电流相等,也为 I_{in},所以输出电压

$$U_o = I_{VD_2} R_F = I_{in} R_F$$

在电路中用 VD_1 作为反馈回路,是为了利用 VD_1 和 VD_2 的对称性来改善光电耦合中的非线性。

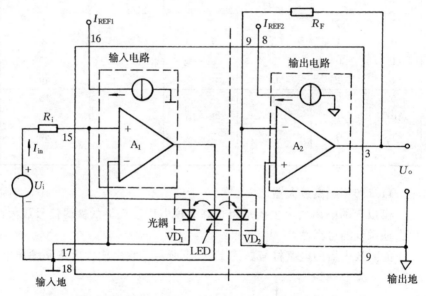

图 11-22 ISO100 光电耦合式隔离放大器
单极性时 16 脚和 17 脚相连,8 脚和 9 脚相连;
双极性时 15 脚和 16 脚相连,7 脚和 8 脚相连。

当输入信号是双极性时,由于二极管的电流不可能反向,所以在输入和输出电路中都加入一参考电流 $I_{REF1} = I_{REF2}$。

当 $I_{in} = 0$ 时:$I_{VD_1} = I_{REF1}$,则 $I_{VD_2} = I_{VD_1} = I_{REF1}$

$$U_o = I_R R_F = (I_{VD_2} - I_{REF2}) R_F = 0$$

当 $I_{in} \neq 0$ 时:$I_{VD_1} = I_{REF1} + I_{in}$,则 $I_{VD_2} = I_{VD_1} = I_{REF1} + I_{in}$

$$U_o = I_R R_F = (I_{VD_2} - I_{REF2}) R_F = I_{in} R_F$$

　　图 11 - 23 是变压器耦合式隔离放大器 Model 277 的结构框图。
Model 277 的输入电路由精密运算放大器 A_1 组成,6,7,8 三个引脚用于
放大器调零,2 脚为运放 A_1 的输出。供外接元件以组成反馈放大器。
A_1 的输出由调制器变为交流,通过变压器耦合到输出模块。在输出模块
中解调器把由变压器得到的交流耦合信号,转变为直流信号,并经运算放
大器 A_2 放大输出。

　　Model 277 的电源是由 14,15,16 引脚接入,由于输入模块和输出模
块之间不能有电的连接,所以输出模块中的电源不能直接接到输入模块。
在 Model 277 中是用逆变器将直流电源逆变为交流,通过变压器耦合到
输入模块,再通过整流滤波电路把它变回为直流。此电源不但供给运算
放大器 A_1,还由 1,5,9 引脚输出,供前级的电路或传感器使用。

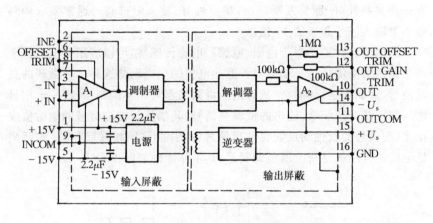

图 11 - 23　　Model 277 隔离放大器结构框图

11.1.6　调制型直流放大器

　　当传感器输出微弱的直流或缓变信号时,检测遇到的最大困难问题
是:信号电路受到的外部低频(如工频)干扰和放大器的漂移。为了减小
放大电路的漂移,提高电路抗低频干扰的能力,可以把微弱的直流或缓变
信号先变换成较高频率的交流信号(调制),经过交流放大,再把交流信号
变回直流或缓变信号(解调)。这种由调制、交流放大器和解调器等环节
所构成的直流放大电路称为调制型直流放大器,其框图如图 11 - 24 所
示。由于调制型直流放大器中的放大环节是一个高频交流放大器,它本
身没有漂移问题,并对低频信号有较强的抑制能力,所以调制型直流放大
器具有很低的直流漂移和较强的抑制低频干扰能力。

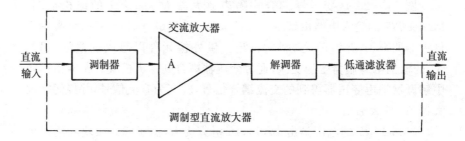

图 11-24　调制型直流放大器框图

1. 调制器

调制器的功能是将直流或缓变信号变换成交流信号,对调制器的要求是开关特性好,漂移及噪声小,稳定性好,输入阻抗高。通常要求调制频率为输入信号频率的 10 倍以上。

前面已经讨论了对于电阻、电感和电容传感器,可以应用交流电桥来产生调制的交流信号。如果对于像热电偶的热电动势这样一种微弱的直流信号,该如何进行调制? 从理论上讲乘法器可用作调制器,将一个信号电压与正弦电压相乘,输出的被调制信号,其幅值与被测信号的绝对值成正比,而信号的极性则反映在输出信号的相位上(同相或反相)。实际测量电路中常用的是斩波器型调制器,其工作原理如图 11-25 所示。

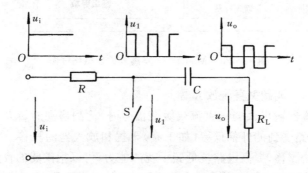

图 11-25　斩波器的工作原理

当开关 S 打开时,$u_1 = u_i$,当开关 S 闭合时 $u_1 = 0$,若开关以某一工作频率连续切换时,u_1 为一正脉冲波,通过电容隔直后,得到一交流信号 u_o。此交流信号的峰峰值等于输入信号 u_i。如果 u_i 的极性相反时(< 0),则 u_1 的极性相反(负脉冲波),而 u_o 仍为交流但相位相反。可见通过斩波器后直流信号变为交流信号,而且交流信号的幅值与直流信号

的大小成正比。交流信号的相位则反映出直流信号的极性。

　　实际用作斩波器开关的可以是机械振动子,也可以是二极管、三极管或场效应管。

　　机械振动子具有开关特性比较理想,稳定性好,噪声低,漂移小等优点,缺点是调制频率低(一般在 50 至 400 Hz 之间),耐振性差,触点易磨损,因而寿命低(且工作频率越高,寿命越短)等。与机械振动子比较,晶体管和场效应管调制器寿命长,调制频率高,耐振动,体积小,但漂移性能不及机械振动子。

　　场效应管调制器具有输入阻抗高,温漂低,噪声低,极间漏电流小等优点。结型场效应管和 MOS 型场效应管都可用于调制器,但后者的极间漏电流更小,极间电容也小,更有利于小信号下工作,所以用得较多。在各类 MOS 场效应管中,又多数采用 N 沟道耗尽型,因它的导通电阻低,所需驱动电压摆幅也小。

　　图 11-26 所示是一种较理想的双管串并联 MOS 场效应管调制器,我国生产的 GZB—1—6 型场效应管调制器就采用了这种电路,图中 V_1 为串联管,V_2 为并联管,在它们栅源极上作用的调制电压幅值相同,但相位相差 180°,所以 V_1 导通时,V_2 夹断;反之,V_2 导通时,V_1 夹断。在输出端得到一系列脉冲,其幅值的包络线就是输入信号。

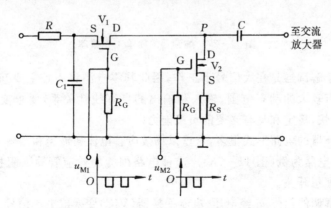

图 11-26　串并联 MOS 场效应管调制器

　　此种电路,由于 V_1 夹断时,V_2 导通,尽管 V_2 的导通电阻较大,但和 V_1 的夹断电阻相比是非常小的,所以可以认为在 P 点不会出现输入信号的残留电压。这也就是采用双管串并联 MOS 场效应管电路的原因。

2. 解调器

输入信号经过调制器与交流放大后,还要把它变为与输入信号相对应的直流信号,进行这种变换的装置称为解调器或相敏整流电路。

解调器的简单工作原理如图 11-27 所示,它与调制器的工作过程相反。开关 S 的切换与信号保持同步,如果开关闭合时输入信号为负,开关打开时输入信号为正,则 u_1 只保留了输入信号的正半周,经滤波后 u_o 为一正的直流信号,其值与输入信号的幅值成正比。反之,如果开关闭合时输入信号为正,开关打开时输入信号为负,则输出为一负的直流信号。当然也可以采用两个开关电路差动工作,这样输出信号可以增大一倍。

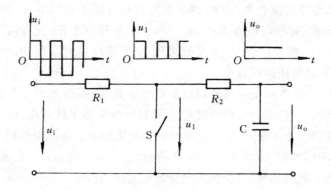

图 11-27 解调器的简单工作原理

由于解调器是在大信号下工作,因此其零点漂移不是主要问题。一般要求有较大的动态范围,输入和输出的良好线性关系,要求变换效率高、反应快、稳定和具有必要的负载能力。

解调器的电路形式很多,这里以场效应管电流斩波型相敏解调(或相敏检波)电路为例(图 11-28)。这种电路因为场效应管输入阻抗高,可以构成理想开关。

被解调的信号 u_i 经电压-电流变换器(VIC)变换成电流信号,使场效应管能作为电流开关方式工作,以消除其残余电压的影响。

场效应管的开关状态由方波 $+u_M$ 和 $-u_M$ 控制,使场效应管 V_1 和 V_2 交替接通和断开,达到相敏检波的目的。A_1,A_2 为微电流放大器,选择失调电流尽可能小的集成运放。A_3 的作用是将两个极性相反的半波相敏检波合成为全波相敏检波。

本电路由于相敏检波及 $A_1 \sim A_3$ 的输入电平不需转换,且为单端全

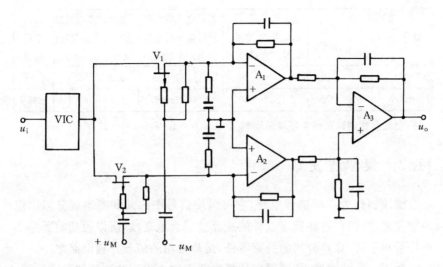

图 11-28　场效应管电流斩波型相敏解调电路

波相敏检波输出,因此给后面的低通滤波器带来方便。

3. 集成电路调制解调器简介

集成化的调制解调器较之分立元件的器件,具有重量轻、体积小、可靠性高及使用调整方便等优点。现在国产的型号也有多种,如 XFC1596 型双平衡调制解调器,F1496/F1596 型双平衡调制解调器,LZX15 调制解调变换放大器,LZX1 全波相敏整流放大器,LZX16 半波相敏解调器等。这里以 ZF6007 型全波调制解调器为例,其接线如图 11-29 所示,共有七根引出线。

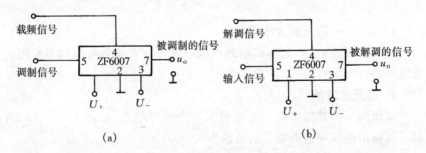

图 11-29　ZF6007 组件接线圈

(a) ZF6007 作调制器用；(b) ZF6007 作解调器用

该组件可以作为调制器或解调器使用,其技术参数典型值如下:

型号	输出失调电压(mV)	功耗(mW)	最大输出幅度(V)	频带宽度(kHz)	调制电压增益(倍)	解调电压增益(倍)	增益线性度误差(%)	增益对称度误差(%)	工作电压范围
ZF6007A	1	220	±12	20	2±0.3	1.8±0.5	0.3	0.3	±3V
ZF6007B	1	220	±12	20	2±0.3	1.8±0.5	0.1	0.1	±18V

注：上述参数测试条件为环境温度 25 ℃, $U_+ = +15$ V, $U_- = -15$ V

11.2 模拟滤波器

滤波器作为一种选频电路,它可以使信号中的某些频率成分以固定的增益通过,而在这些频率以外的成分被极大地衰减,所以说滤波器是实现信号和干扰、噪声分离的关键器件,是最常用的信号处理电路之一。

对于一个滤波器,能通过它的频率范围称之为该滤波器的频率通带,被它抑制或极大地衰减的频率范围称之为频率阻带,通带与阻带的交界点称之为截止频率。

滤波器可以用不同的方法进行分类。如按通带和阻带的分布不同,滤波器可分为低通、带通、高通和带阻滤波器,以及其它类型的通带滤波器;按处理信号的性质来分有模拟滤波器和数字滤波器两大类;按滤波器电路中是否含有有源器件,滤波器可分为有源滤波器和无源滤皮器;若按滤波器以何种方法逼近理想滤波器来分,则有巴特沃斯滤波器、切比雪夫滤波器、贝塞尔滤波器等,还可按电路的阶数把滤波器分为一阶滤波器、二阶滤波器……。

11.2.1 一阶无源滤波器

用无源元件电阻、电容和电感可以很方便地组成各种简单而实用的滤波网络。

1. 低通滤波器

常用的一阶滤波器由一个电阻和一个电容组成,如图 11-30(a)所示。其输出电压和输入电压的关系为

$$\dot{U}_\circ = \frac{\dot{U}_i}{1 + j\omega RC}$$

则频率特性函数

$$H(j\omega) = \frac{\dot{U}_\circ}{\dot{U}_i} = \frac{1}{1 + j\omega RC}$$

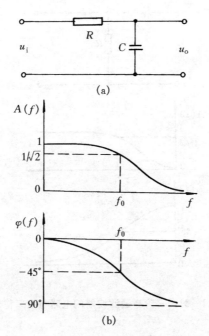

图 11 - 30　一阶低通滤波器的电路与频率特性

$$= \frac{1}{\sqrt{1+(\omega RC)^2}} \angle -\arctan(\omega RC) \tag{11-23}$$

其中 $\dfrac{1}{\sqrt{1+(\omega RC)^2}} = A(\omega)$，是滤波器的幅频特性，$-\arctan(\omega RC) = \varphi(\omega)$，是滤波器的相频特性，其图形如图 11 - 31(b) 所示。该电路的截止频率 $f_0 = \dfrac{1}{2\pi RC}$，当信号频率 $f \ll f_0$ 时，$A(\omega) \approx 1$，信号几乎不衰减通过，而 $f \gg f_0$ 时，信号极大衰减，当 $f = f_0$ 时，$A = 1/\sqrt{2}$，如用分贝数来表示则为 $-3 \ \mathrm{dB}$。

2. 高通滤波器

一阶 RC 高通滤波器的电路及频率特性如图 11 - 31 所示。其频率特性为

$$H(\mathrm{j}\omega) = A(\omega) \angle \varphi(\omega) = \frac{\mathrm{j}\omega RC}{1 + \mathrm{j}\omega RC}$$

$$= \frac{\omega RC}{\sqrt{1+(\omega RC)^2}} \angle 90° - \arctan(\omega RC) \tag{11-24}$$

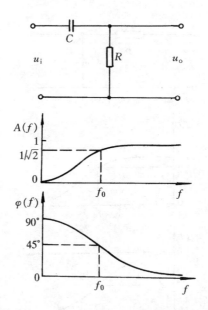

图 11 - 31　一阶高通滤波器的电路与频率特性

滤波器的截止频率为 $f_0 = \dfrac{1}{2\pi RC}$，当 $f > f_0$ 为通带，$f < f_0$ 为阻带。

3. 带通滤波器

RC 带通滤波器可以用一个高通滤波器和一个低通滤波器串联构成。串联所得的带通滤波器，以其高通滤波器的截止频率和低通滤波器的截止频率为其上、下截止频率。但要注意前后级的相互影响，后一级的阻抗是前一级的负载，前一级的阻抗是后一级的信号源内阻抗，它们相互关系会对滤波器的参数产生较大影响，最好采取隔离处理。例如用运算放大器的阻抗变换特性来进行前后级隔离，所以实际的带通滤波器常常是有源的。

无源滤波器电路简单，具有非常低的噪声，不需要电源，具有宽广的动态范围。但一阶滤波器的幅频特性从通带到阻带的过渡很缓慢。一阶低通滤波器的幅频特性在截止频率外的斜率为 -6 dB/oct（频率增加一倍,衰减 6 分贝）。频率选择性不佳，当信号中的有用部分和无用部分的频率相差不是太大时，无法在保留有用信号的情况下，滤除无用信号。要提高滤波器的选择性，就要选择高阶滤波器，但无源滤波器受级间耦合的影响，高阶无源滤波网络计算复杂，而且信号的幅值也将逐渐减弱，所以高阶滤波器大都采用有源滤波器。

11.2.2　二阶有源滤波器

由于高阶滤波器可以由低阶滤波器串联得到,所以二阶有源滤波器是应用最广泛的有源滤波器,二阶滤波器中最常见的两种形式为有限电压放大型和多路负反馈型。

有限电压放大型二阶有源滤波器的一般形式如图 11-32(a)所示。Y 是各元件的导纳,根据电路可以写出它的频率特性函数为

$$H(j\omega) = \frac{\dot{U}_o}{\dot{U}_i} = \frac{A_f Y_1 Y_4}{Y_5(Y_1 + Y_2 + Y_3 + Y_4) + Y_4[Y_1 + Y_3 + Y_2(1 - A_f)]}$$

$$(11-25)$$

式中 $A_f = (1 + \dfrac{R_F}{R_1})$ 为运放的闭环增益,在 $Y_1 \sim Y_5$ 5 个元件中选 2 个为电容,其它选为电阻,则可组合出二阶低通、高通、带通和带阻等不同类型的滤波器。图 11-32 的(b),(c)和(d)分别为低通、高通和带通的有限电压放大型滤波器。

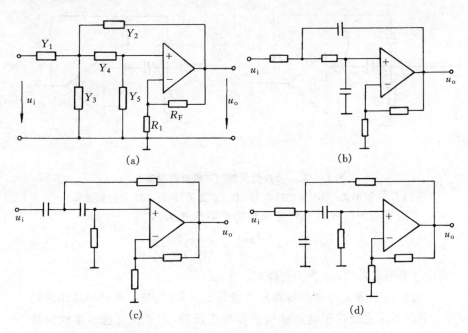

图 11-32　有限电压放大型二阶有源滤波器

(a) 一般形式；(b) 低通滤波器；(c) 高通滤波器；(d) 带通滤波器

图 11-33(a)为多路负反馈型二阶有源滤波器的一般形式,根据电

路可写出它的频率特性函数为

$$H(j\omega) = \frac{\dot{U}_o}{\dot{U}_i} = \frac{-Y_1 Y_3}{Y_3 Y_4 + Y_5 (Y_1 + Y_2 + Y_3 + Y_4)} \qquad (11-26)$$

在 $Y_1 \sim Y_5$ 5 个元件中选 2~3 个为电容,其它选为电阻,则可组合出二阶低通、高通和带通等不同类型的滤波器,如图 11-33 中(b),(c),(d)所示。

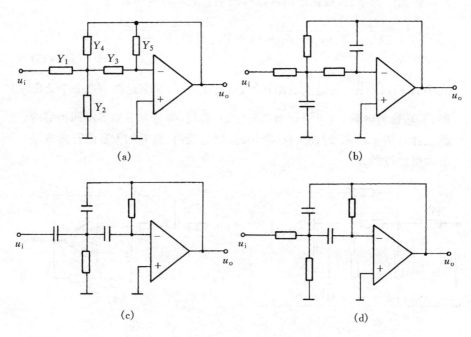

(a)　　　　　　　　　　　　　　　(b)

(c)　　　　　　　　　　　　　　　(d)

图 11-33　多路负反馈型二阶有源滤波器
(a) 一般形式;(b) 低通滤波器;(c) 高通滤波器;(d) 带通滤波器

二阶有源滤波器频率特性函数的普遍形式为:

$$H(j\omega) = \frac{b_0 (j\omega)^2 + b_1 (j\omega) + b_2}{(j\omega)^2 + 2\zeta(j\omega) + \omega_0^2} \qquad (11-27)$$

式中 ξ 为阻尼系数,ω_0 为固有频率。

有限电压放大型滤波器对放大器的要求不高,是一种经济实用的形式,它的不足之处在于电路结构中存在正反馈,为了保证滤波器性能稳定,要求 $\xi > 0$,放大器的闭环增益 $A_f = (1 + \frac{R_F}{R_1})$ 应选低一些。

多路负反馈型滤波器的特点是运放工作在负反馈状态,由于 $\xi > 0$,其动态稳定性不存在问题。

一般地说,二阶滤波器的特性与阻尼系数 ξ 关系密切,ξ 越大,幅频特

性和相频特性随 ω 的变化越缓慢。ξ 越小，幅频特性曲线在固有频率 ω_0 附近的凸出越明显，通频带的增益波动也越大。图 11 - 34 为二阶低通滤波器幅频特性与阻尼系数 ξ 的关系。

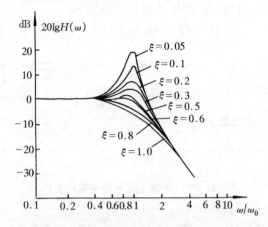

图 11 - 34　二阶低通滤波器的幅频特性

　　根据幅频特性的不同，滤波器可分为巴特沃斯(Butterworth)型滤波器、切比雪夫(Chebyshev)型滤波器和贝塞尔(Bessel)型滤波器。

　　巴特沃斯型滤波器要求在滤波器的通带和阻带内具有最平直的幅频特性，由图 11 - 34 可见，当 $\xi = \sqrt{2}/2$ 时，可得到此特性，但巴特沃斯型滤波器过渡带宽变化缓慢，相频特性是非线性的。

　　切比雪夫型滤波器是在通带允许纹波的情况下，由通带到阻带所给定的衰减值所需的过渡带最小，例如当通带允许的纹波为 1 dB 时，$\xi = 0.522\ 728$。

　　贝塞尔型滤波器的相频特性是线性的，即各种频率信号的相移与频率成正比。这样，各种频率的正弦波经过滤波后，其延时相等，不产生波形失真。当 $\xi = \sqrt{3}/2$ 时，可近似满足这一要求。

　　各种滤波器元件参数值的选择可参阅有源滤波器设计的专业书籍。

11.2.3　开关电容滤波器

　　开关电容滤波器是一种全新型的适合集成化的滤波器，由于其适用范围广、功耗低、可靠性高、成本低和体积小等优点而发展迅速。

　　开关电容滤波器的基本原理是采用开关和电容来取代传统 RC 有源

滤波器中的电阻,而等效电阻的阻值由开关频率来决定。

在图 11 - 35 所示电路中,当开关打向"1"时,电容上的电荷 $Q_1 = CU_1$,当开关打向"2"时,电容上的电荷变为 $Q_1 = CU_2$,开关重复动作,每一次通过电容 C 由"1"向"2"传递的电荷量为

$$Q = Q_1 - Q_2 = C(U_1 - U_2)$$

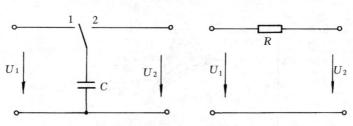

图 11 - 35 开关电容等效电阻的实现

如果开关的动作周期为 T,动作频率 $f = \dfrac{1}{T}$,则由"1"流到"2"的等效平均电流

$$I = \frac{Q}{T} = \frac{C(U_1 - U_2)}{T} = fC(U_1 - U_2)$$

在"1"和"2"之间的等效电阻为:

$$R = \frac{U_1 - U_2}{I} = \frac{1}{fC} \qquad (11 - 28)$$

在集成电路中开关是用 MOS 场效应管来实现的,在图 11 - 36 所示的电路中,只要给两个 MOS 场效应管加以同频反相的驱动信号就可以得到图 11 - 35 中的开关效果,而图 11 - 36(a)所示的一阶低通滤波器即可用图 11 - 36(b)所示的电路来实现。

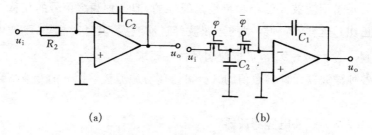

(a)   (b)

图 11 - 36 有源低通滤波器及其等效的开关电容滤波器

11.2.4　集成电路滤波器

1. 集成电路模拟滤波器

UAF42 是美国 Burr Brown 公司专门针对模拟滤波器的应用场合而设计的通用滤波器,其电原理图如图 11-37 所示,UAF42 的内部电路采用了典型的状态变量滤波器形式,它的第一级、第二级和第三级输出分别是输入信号的高通、带通和低通滤波输出。UAF42 只须 2~3 个外接元件即可组成典型结构(如巴特沃斯、切比雪夫、贝塞尔等)的滤波器。为了方便用户具体设计,Burr Brown 公司开发了一个 DOS 兼容的 UAF42 专用滤波器设计程序 FilterPro™,用这个计算机辅助设计软件可以很快地设计出各种类型的滤波器。

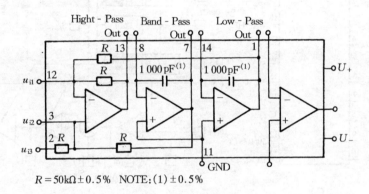

图 11-37　UAF42 的电原理图

2. 集成电路开关电容滤波器

开关电容滤波器能在集成电路水平上实现大的等效电阻,并能用脉冲频率来控制其截止频率,滤波器的特性只取决于开关频率和网络中的电容比,而集成电路的工艺水平可以精确稳定地达到这一要求。

集成电路开关电容滤波器产品,自 20 世纪 70 年代后期起就得到迅速开发,到 80 年代初已形成系列。这些产品主要针对迅猛发展的通讯技术而研制,但在动态测试领域也得到广泛的应用。

(1) MF10 通用单片双开关电容滤波器。MF10 由两个独立的,极易使用的有源滤波模块组成。每个模块加上外部时钟和 3~4 个电阻,便可组成各种二阶滤波器。每个模块提供 3 个输出端:第 1 个输出端可得到信号的全通、高通或陷波变换结果,其余两个输出端是信号的低通和带通输出。滤波器的固有频率由时钟频率或时钟频率和外部的电阻比所决定。将 MF10 的两个模块级联起来可得到四阶滤波器,超过四阶的滤波

器可由多片 MF10 级联得到。用 MF10 可形成任何经典的滤波器模式
（如巴特沃斯、切比雪夫、贝塞尔等）。

图 11-38 是 MF10 芯片的管脚图和内部电原理图。用 MF10 构成
的四阶巴特沃斯低通滤波器如图 11-39 所示。

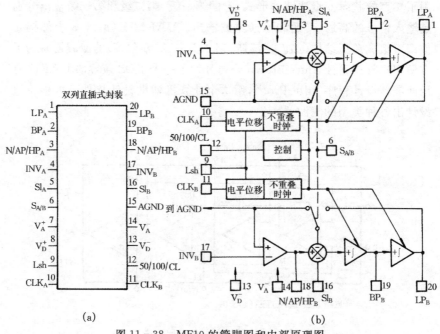

图 11-38 MF10 的管脚图和内部原理图

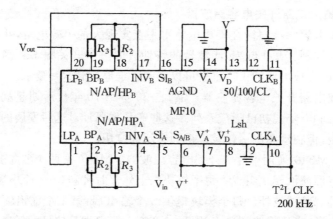

图 11-39 用 MF10 构成的四阶巴特沃斯低通滤波器

（2）MAX29X 系列八阶有源滤波器。MAX291 ～ MAX297 是 MAXIM 公司研制的八阶开关电容有源低通滤波器，其中 MAX291/295 是巴特沃斯滤波器；MAX292/296 是贝塞尔滤波器；MAX293/294/297 是切比雪夫滤波器。其截止频率既可由外部时钟控制，也可利用片内时钟源（需外接一电容）产生时钟信号对它进行控制。截止频率范围是 0.1 Hz～25 Hz（MAX291～294），或者是 0.1 Hz～50 kHz（MAX295～297）。图 11 - 40 是 MAX29X 的结构图。

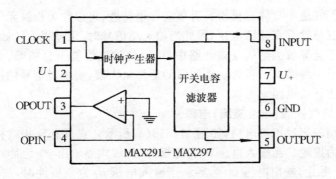

图 11 - 40　MAX29X 结构图

MAX29X 系列器件的使用方法十分简便。只要按如图 11 - 41 所示的典型电路连接电路，根据截止频率 f_0 确定时钟频率 f_{CLK}，截止频率和时钟频率的关系为

$$f_{CLK} = 100 f_0 \qquad \text{MAX291} \sim 294$$

$$f_{CLK} = 50 f_0 \qquad \text{MAX295} \sim 297$$

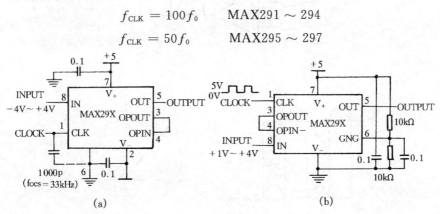

图 11 - 41　MAX29X 的典型工作电路

（a）双电源供电；（b）单电源供电

如要采用内部时钟,则再由时钟频率确定外接电容的数值,外接电容应采用漏电小,非极化的高质量电容。

11.3 信号处理电路

11.3.1 绝对值转换电路

绝对值电路能将双极性信号变为单极性的信号,主要用在幅值检测等方面。

我们知道半导体二极管具有单向导电特性,可以作为检波元件使用。但由于二极管存在死区电压,因此当输入小信号时,误差很大。如果把二极管置于运算放大器的反馈回路中,可以使检波性能十分精确。绝对值电路就是一种带有二极管反馈回路的运算放大器,实现对信号的检波,故又称精密整流电路。

1. 线性检波(半波整流)电路

常用的半波整流电路,如图 11 - 42(a)所示。它具有反相结构,反相输入端为虚地。当输入电压 u_i 为正极性时,放大器输出 u_o' 为负,VD_2 导通,VD_1 截止,输出电压 u_o 为零。当输入电压 u_i 为负极性时,放大器输出为正,VD_1 导通,VD_2 截止,电路处于反相比例运算状态。根据上述分析可得

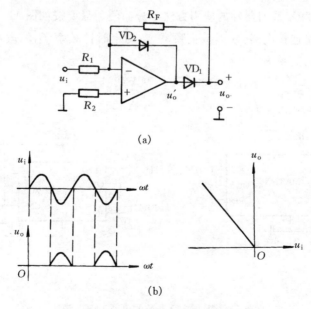

(a)

(b)

图 11 - 42　精密半波整流电路
(a)电路;(b)波形和特性

$$u_o = \begin{cases} 0 & (当\ u_i > 0) \\ \dfrac{R_F}{R_1}\mid u_i\mid & (当\ u_i < 0) \end{cases}$$

显然,只要运算放大器的输出电压 u'_o,在数值上大于整流二极管的正向导通电压,VD_1 和 VD_2 中总有一个处于导通状态,另有一处于截止状态,电路就能正常检波。所以这个电路能检波的最小输入电压为 U_D/A_o,式中 U_D 为二极管正向压降,A_o 运算放大器开环电压增益。可见二极管正向压降的影响被削弱了 A_o 倍,从而使检波特性大大改善。例如运算放大器开环电压增益为 5×10^4,二极管的正向压降为 $0.5\ V$,则最小检波电压为 $10\ \mu V$。

如果需要检波的是正极性的输入电压,只要把电路中的两个二极管同时反接即可。

2. 绝对值(全波整流)电路

(1) 简单绝对值电路。在半波整流电路的基础上,加一级加法运算放大器,就组成了简单的绝对值电路,如图 11 - 43(a)所示。图中 $R_1 =$

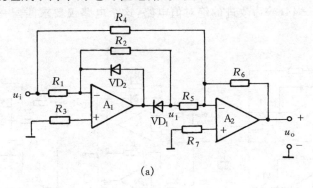

(a)

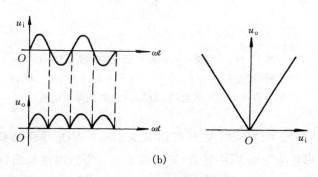

(b)

图 11 - 43　简单绝对值电路

(a) 电路;(b) 波形和特性

R_2，$2R_5 = R_4 = R_6$，$R_3 = R_1 /\!/ R_2$，$R_7 = R_4 /\!/ R_5 /\!/ R_3$。$A_1$ 组成半波整流电路，在 $R_1 = R_2$ 的条件下，u_1 与输入电压 u_i 的关系为

$$u_1 = \begin{cases} 0 & (\text{当 } u_i < 0) \\ -u_i & (\text{当 } u_i > 0) \end{cases}$$

u_1 与 u_i 由反相加法运算放大器 A_2 求和。当 $u_i < 0$ 时，$u_1 = 0$，由于 $R_4 = R_6$，所以 $u_o = -u_i$。当 $u_i > 0$ 时，$u_1 = -u_i$，由于 $R_5 = \frac{1}{2} R_6$，所以 $u_o = -2u_1 - u_i = u_i$，即 $u_o = |u_i|$。这样，不论输入信号极性如何，输出信号总为正，且数值上等于输入信号的绝对值。特性如图 11-43(b) 所示，实现了绝对值输出。

这种电路的缺点是要达到高精度，必须严格的匹配电阻，使 $R_1 = R_2$，$2R_5 = R_4 = R_6$。在实际中，这是较困难且不方便的。另外，上述电路由于是在运算放大器反相端输入，所以输入电阻较低，仅为 $R_1 /\!/ R_4$。

（2）改进的绝对值电路。如果适当地改变电路的连接，可以改变电路的性能，如电路元件更容易匹配或具有较高的输入电阻。

图 11-44(a) 为改进的绝对值电路，这个电路仅要求匹配一对电阻，即 $R_1 = R_2$。

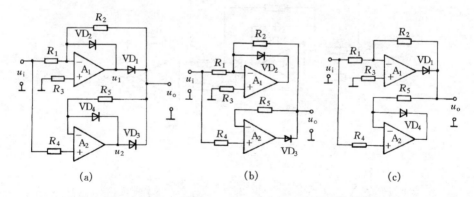

图 11-44　只需一对匹配电阻的绝对值电路
(a) 电路匹配电阻 $R_1 = R_2$，补偿电阻 $R_3 = R_1 /\!/ R_2$，$R_4 = R_5$；
(b) $u_i > 0$ 时的等效电路；(c) $u_i < 0$ 时的等效电路

当输入信号 $u_i > 0$ 时，A_1 的输出电压 $u_1 < 0$，VD_2 导通，VD_1 截止；A_2 的输出电压 $u_2 > 0$，VD_3 导通，VD_4 截止。其等效电路如图(b)所示。这时 A_1 的输出 u_1 与总输出 u_o 脱开，通过 VD_2 维持反相运算状态，使 $|u_1|$ 不超过一个二极管的正向压降。输入信号 u_i 通过接成同相跟随电

路的 A_2 反映到输出端上,所以 $u_o=u_i$。 A_2 反馈回路和输入回路的电阻 R_5 和 R_4 不需严格匹配,因它们与闭环增益无关。选 $R_5=R_4$ 是为了减小放大器偏置电流的影响,它们的失配仅影响电路的平衡。

当输入信号 $u_i<0$ 时, $u_2<0$,VD$_4$ 导通,VD$_3$ 截止,其等效电路如图 11-44(c)所示。A_2 处于同相工作状态,它的输出电压与输入电压仅差一个二极管的正向压降。此时,VD$_1$ 导通,VD$_2$ 截止,A_1 处于反相比例运算状态,在满足 $R_1=R_2$ 的条件下,$u_o=-u_i$。

图 11-44(a)中二极管 VD$_1$ 和 VD$_3$ 都处于反馈回路中,它们的正向压降对整流电路灵敏度的影响被减小 A_o(运算放大器的开环电压增益)倍,因此不会引入较大误差。二极管 VD$_2$,VD$_4$ 的作用是防止运算放大器 A_1 和 A_2 在 VD$_1$ 和 VD$_3$ 断开时进入饱和,使下半周再次来到时,电路能立即投入工作。

综合上述,整个电路只需一对匹配电阻,其输出输入关系仍是 $u_o=|u_i|$,实现了绝对值输出,因此电路的精度较高。存在的缺点是此电路的输入电阻 R_1 仍很低。

图 11-45 所示电路为高输入阻抗的绝对值电路,此电路的输入信号,由于是直接接在运算放大器的同相输入端,所以具有较高的输入阻抗。电路电阻的匹配要求为 $R_1=R_2=R_5=\frac{1}{2}R_6$。

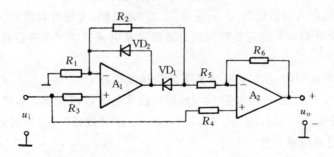

图 11-45　高输入阻抗的绝对值电路

11.3.2　有效值转换电路

工程上经常要遇到有效值的测量,因为有效值是一种常见的重要参数,它是信号能量容量的量度。例如,在电工技术中,它反映了交流电压和电流的大小;在机械振动中,它反映了动能和位能的大小。

通用的测量交流电压有效值的仪表,实际上是测量整流后的平均值,然后在表头刻度乘以正弦波的波形系数 1.11。这种测量方法在波形有畸变(即含有谐波成分)时,就不能适用。而大量被测非电量的变化波形,都不可能是纯正弦的,所以有必要介绍能直接测量任意波形信号有效值的方法,常常称为真有效值测量。

根据交流有效值的定义,以电压为例,则有

$$U_{rms} = \sqrt{\frac{1}{T}\int_0^T u_i^2(t)\,dt} \qquad (11-29)$$

式中　U_{rms}——交流电压有效值;

　　　$u_i(t)$——随时间变化的任意波形的电压;

　　　T——平均时间,可理解为加上被测信号后,达到稳定指示,所需要的时间。对周期信号则为周期。

电压有效值的测量方法归纳起来有几种:

• 通过对已被量化的离散值进行运算,得出式(11-29)的数值解。这需要应用微型计算机来实现。

• 利用晶体二极管的特性曲线,在起始部分比较接近抛物线(二次型曲线),采用折线逼近法,实现有效值的检测。由于一般晶体二极管正向特性有较大的电压不灵敏区,反向又有漏电流,所以不可能获得准确的测量结果。若要提高测量精度,需采用精密整流器作为电路中的整流元件。

• 利用真空热电偶具有较精确的抛物线特性来实现有效值检测。但热电偶的惯性大,反应慢,且过载能力差,易烧毁。

• 根据有效值的定义,采用专用的测量电路,实现有效值的转换。

本文介绍一种通用性较强的有效值转换电路及两种有效值转换的集成芯片。

1. 应用对数-反对数技术的有效值转换电路

图11-46所示为应用对数-反对数技术的有效值转换电路简化原理图。四个晶体三极管 VT_1,VT_2,VT_3,VT_4 作对数元件,通过对数-反数运算实现方均根变换。

在图11-46中,晶体管 VT_1,VT_2,VT_3,VT_4 的发射结电压之间应满足下列关系式

$$u_{be1} + u_{be3} = u_{be2} + u_{be4}$$

根据半导体理论,若把晶体管的集-基极短路(或使其电压为零),则它的基-射极电压和集电极电流之间,具有相当精密的对数关系。若设四个晶体管处于相同温度 T,可以写出下式

$$U_T\ln\frac{i_1}{I_{s1}} + U_T\ln\frac{i_3}{I_{s3}} = U_T\ln\frac{i_2}{I_{s2}} + U_T\ln\frac{i_4}{I_{s4}} \qquad (11-30)$$

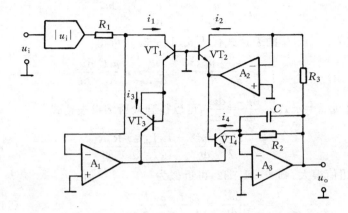

图 11-46 应用对数-反对数技术的有效值电路

式中 $U_T = \dfrac{kT}{q}$(当室温为 25 ℃时，$U_T \approx 26$ mV)；

q——电子电荷量($q = 1.602 \times 10^{-19}$ C)；

T——绝对温度(单位 K)；

k——波尔兹曼常数($k = 1.38 \times 10^{-23}$ J/K)；

$I_{s1} \sim I_{s4}$——分别是四个晶体管的基-射结反向饱和电流(当温度不变时，它是常数)；

$i_1 \sim i_4$——分别是四个晶体管的集电极电流。

式(11-30)可简化为

$$i_4 = \frac{I_{s2} I_{s4} i_1 i_3}{I_{s1} I_{s3} i_2} \tag{11-31}$$

图 11-46 中的绝对值电路是为了给晶体管提供单极性信号电流，因为晶体管作为对数元件使用，只允许电流单方向流过。如果设运算放大器 A_1,A_2,A_3 为理想元件(忽略其输入失调电压和输入偏置电流)，则 VT_1 的集电极电流

$$i_1 = \frac{|u_i|}{R_1}$$

式中 u_i 为需要转换的任意波形信号。VT_3 的集电极电流为

$$i_3 = \frac{\alpha_3 |u_i|}{\alpha_1 R_1} = \frac{\alpha_3}{\alpha_1} i_1$$

式中 α_1,α_3 为 VT_1,VT_3 的共基极电流增益。VT_2 和 VT_4 的集电极电流为

$$i_2 = \frac{u_o}{R_3}, \; i_4 = \frac{u_o}{R_2} + C\frac{\mathrm{d}u_o}{\mathrm{d}t}$$

将上述 i_1, i_2, i_3, i_4 的表达式代入式(11-31),可得

$$\frac{I_{s2}I_{s4}}{I_{s1}I_{s3}}\frac{\alpha_3}{\alpha_1}\frac{|u_i|^2}{R_1^2} = \frac{u_o^2}{R_2R_3} + \frac{u_oC}{R_3}\frac{\mathrm{d}u_o}{\mathrm{d}t}$$

考虑到 $|u_i|^2 = u_i^2, \; 2u_o\frac{\mathrm{d}u_o}{\mathrm{d}t} = \frac{\mathrm{d}u_o^2}{\mathrm{d}t}$,可以得到最后结果表达式

$$u_o^2 + \frac{R_2C}{2}\frac{\mathrm{d}u_o^2}{\mathrm{d}t} = \frac{I_{s2}I_{s4}}{I_{s1}I_{s3}}\frac{\alpha_3}{\alpha_1}\frac{R_2R_3}{R_1^2}u_i^2 \qquad (11-32)$$

设 R_2 阻值很大,则式(11-32)可近似为

$$\frac{\mathrm{d}u_o^2}{\mathrm{d}t} = \frac{I_{s2}I_{s4}}{I_{s1}I_{s3}}\frac{\alpha_3}{\alpha_1}\frac{R_3}{R_1^2}\frac{2u_i^2}{C} \qquad (11-33)$$

式(11-33)的解是

$$u_o^2(t) = \frac{I_{s2}I_{s4}}{I_{s1}I_{s3}}\frac{\alpha_3}{\alpha_1}\frac{R_3}{R_1^2C}\int_0^{t_0} u_i^2(t)\mathrm{d}t + u_c(0) \qquad (11-34)$$

通过调整 R_3,满足下式

$$\frac{I_{s2}I_{s4}}{I_{s1}I_{s3}}\frac{\alpha_3}{\alpha_1}\frac{R_3}{R_1} = 1$$

通过短路积分电容 C,使 $u_c(0) = 0$,因此式(11-34)可化简为

$$u_o(t) = \sqrt{\frac{2}{R_1C}\int_0^{t_0} u_i^2(t)\mathrm{d}t} \qquad (11-35)$$

若取积分时间间隔 $t_0 = \frac{R_1C}{2}$,就可以完成某固定时间间隔中,任意波形的方均根值测量。

如果把图 11-46 中的 VT_4 集电极与地短接,可以实现输出方均根值的记忆和保持。为降低保持电压的漂移率,集成运算放大器 A_3 应选用高输入阻抗型。

2. 有效值转换的集成芯片

20 世纪 80 年代以来,真有效值的理论和技术都有了很大的发展。国外在单片真有效值转换器方面发展很迅速,而且随着制造工艺和集成度的提高,已在向高精度方向发展,功能也趋于复杂,有些与计算机的接口电路、显示/驱动电路、温度平衡电路等相匹配。以下介绍两种单片有效值转换器,可供应用时参考。

(1) AD637 有效值转换器。AD637 是一个高精度真有效值转换器。它由绝对值电路、平方/开方电路、电流镜电路和缓冲放大器四个主要部分组成。图 11-47 是它的原理电路图。

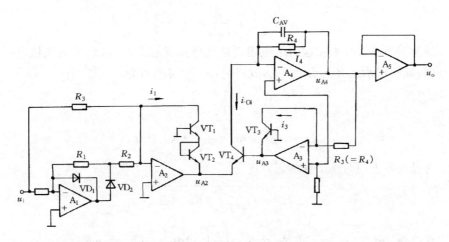

图 11-47　AD637 有效值转换器的电路原理图

　　运算放大器 A_1，A_2 和二极管 VD_1，VD_2 及若干电阻组成绝对值电压-电流转换器。即 $i_1 = K|u_i|$，K 为转换系数，u_i 为输入的任意波形电压。根据对数运算放大器的原理，又设晶体管 VT_1，VT_2，VT_3，VT_4 的特性参数完全相同，则

$$u_{A2} = -2U_T \ln \frac{i_1}{I_S}$$

$$u_{A3} = -U_T \ln \frac{i_3}{I_S}$$

式中

$$U_T = \frac{kT}{q}。$$

晶体管 VT_4 的基射结电压

$$u_{be4} = u_{A3} - u_{A2} = -U_T \left[\ln \frac{i_3}{I_S} - \ln \left(\frac{i_1}{I_S} \right)^2 \right]$$

$$= -U_T \ln \frac{i_3 I_S^2}{I_S i_1^2} = U_T \ln \frac{i_1^2}{i_3 I_S}$$

根据 $u_{be4} = U_T \ln \dfrac{i_{C4}}{I_S}$，又由于 C_{AV} 为外接滤波电容，流过 R_4 的平均电流 I_4 与 i_{C4} 的平均值相等，即

$$I_4 = -\frac{1}{T} \int_0^T i_{C4} \, dt = -\frac{1}{T} \int_0^T I_S e^{\frac{u_{be4}}{U_T}} \, dt$$

$$= -\int_0^T I_S e^{\frac{u_{A3} - u_{A4}}{U_T}} \, dt = -\frac{1}{T} \int_0^T I_S e^{\ln \frac{i_1^2}{i_3 I_S}} \, dt$$

$$=-\frac{1}{T}\int_0^T I_S \frac{i_1^2}{i_3 I_S}\mathrm{d}t = -\frac{1}{T}\int_0^T \frac{i_1^2}{i_3}\mathrm{d}t \qquad (11-36)$$

因为 $R_3=R_4$，且加在这两个电阻两端的电压又相等，所以形成电流镜电路，即按图示正方向 $I_4=-i_3$，故式 $(11-36)$ 可改写为

$$I_4 = -\frac{1}{T}\int_0^T \frac{i_1^2}{I_4}\mathrm{d}t$$

$$I_4^2 = \frac{1}{T}\int_0^T i_1^2\,\mathrm{d}t = \frac{1}{T}\int_0^T (Ku_i)^2\,\mathrm{d}t$$

考虑实际方向与图上标的正方向

$$I_4 = -\sqrt{\frac{1}{T}\int_0^T (Ku_i)^2\,\mathrm{d}t}$$

最终得 $u_o = u_{A4} = -I_4R_4 = K'\sqrt{\frac{1}{T}\int_0^T u_i^2\,\mathrm{d}t}$ $(K'=KR_4)$

完成了对输入信号的有效值的转换。

AD637 在 $0\sim2V$ 真有效值输入时，最大非线性误差是 0.02%，波形因数（信号峰值与信号有效值之比）为 3 时的最大误差为 0.10%，电路的频带在测量信号输入为 $200\,\mathrm{mV}$ 有效值时达 $600\,\mathrm{kHz}$，输入为 $2V$ 有效值时达 $8\,\mathrm{MHz}$。

图 $11-48$ 是 AD637 作为低频（$<10\,\mathrm{Hz}$）有效值转换时的连接图。

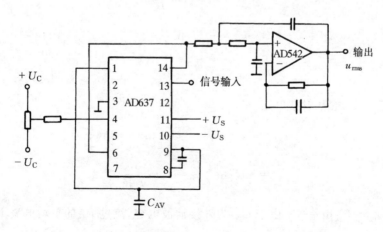

图 11-48　AD637 作为低频有效值转换时的连接图

（2）单片半导体热式有效值转换器。这种转换器采用两个配对的加热电阻和晶体管混合集成在一块单片上，然后将芯片封装在具有优良热绝缘，抽成真空的管壳内，构成有效值转换器。图 11-49 是包括单片热

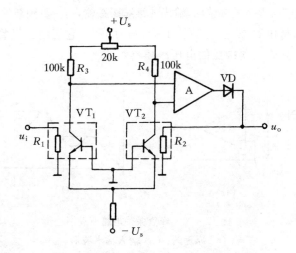

图 11-49　热式有效值转换器

式有效值转换器、运放反馈电路在内的电路图。

　　输入电压 u_i 加到热电阻 R_1 上,按输入电压的有效值将它加热,从而引起晶体管 VT_1 的基极至发射极的电压变化,进而使 VT_1 集电极电流、电压随之改变。这个变化了的电压与 VT_2 的集电极电压通过运放 A 进行比较,并将放大后的电压加到热电阻 R_2 上,使它也加热,直到两者平衡。显然,当电路达到平衡时,输出的直流电压等于输入交流电压的有效值,即 $U_o = u_{irms}$。

　　由于不论正极性还是负极性的电压均会使 R_2 发热,为了保证反馈的输出电压仅为正极性,所以在运放 A 的输出端加接二极管 VD。

　　这种新型的转换电路,不像热电偶,它具有较短的热平衡时间,故其响应速度快(响应时间小于 100 ms),并且能在很宽的电平、波形和频率范围内工作,误差不大于 0.3%。

11.3.3　峰值保持电路(峰值检波器)

　　在实际测量时,往往对被检测对象动态参数最大值感兴趣。因此为了检测被测对象动态参数的瞬时峰值,就必须使持续周期短的信号,在时间上加以扩展(即所谓保持),以便于指示和记录。

1. 原　理

　　峰值保持电路要求,当输入信号未达到最大值时,输出信号自动跟踪输入信号,当输入信号从最大值下降时,输出能自动保持峰值,直到输入信号的幅值大于先前所保持的峰值时,输出才继续跟踪输入,一直到新的峰值。

峰值保持电路原理图见图 11-50(a)所示。它们由二极管 VD、电容 C 以及由运算放大器构成的电压跟随器组成。

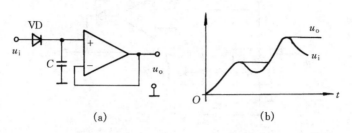

图 11-50　峰值保持电路原理图
(a)原理图；(b)输入输出波形

当信号输入时,由于二极管 VD 正向电阻很小,电容 C 很快被充电到输入电压 u_i 的峰值,输出电压 u_o 也很快达到最大值,这是电容 C 的充电过程,也称跟踪阶段。当 u_i 过峰值下降,二极管 VD 就截止。由于 VD 的反向电阻及运算放大器的输入阻抗都很高,所以电容 C 上电荷放得很慢,这样使输出电压保持下来,此时电路处于保持阶段。

上述电路采用一般晶体二极管,由于二极管有 0.5~0.7V 的不灵敏区,所以精度不高。另外,要增加峰值保持时间,主要受二极管 VD 截止时漏电流和输出级放大器的输入阻抗的大小的限制,而二极管的反向漏电流又随反向电压的增高而增加。

2. 实用的峰值保持电路

实用的峰值保持电路是半波整流电路、存储电容和缓冲放大器组成的闭环电路。在存储电容上还并联有一只复位开关。图11-51给出了同相型峰值保持电路。图中运算放大器 A₁ 具有半波整流结构,A₂ 组成电

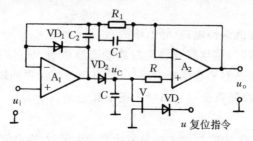

图 11-51　同相型峰值保持电路

压跟随器,其输出电压 $u_o = u_C$,它在存储电容和输出负载之间起缓冲作用。

当 $u_o < u_i$ 时,VD_2 导通,VD_1 截止,A_1 将误差电压放大,通过 VD_2 对 C 充电,使 u_o 跟踪 u_i。当 $u_o > u_i$ 时,VD_1 导通,VD_2 截止,存储电容 C 与 A_1 的联系隔断,$u_o = u_C$,不再跟踪 u_i,保持过去检出的 u_i 的峰值。VD_1 的导通是为 A_1 提供反馈通路,防止当 VD_2 截止时,A_1 被深度饱和。当复位指令 u 出现,场效应管 V 导通,C 通过 V 放电,u_C 回到零。u 消失后,V 截止,又开始新的峰值保持过程。

这种电路由于 VD_1 的作用,使 VD_2 的反向电压大大减小,因而反向漏电流很小(lnA 左右),增加了峰值保持时间。如果还要进一步增加保持时间,可选输入级为场效应管的运算放大器作为 A_2,以提高放大器的输入阻抗。

图中电容 C_1,C_2 是为了提高电路的稳定性和改善瞬态响应。R 为保护电阻,防止电压突变损坏 A_2。

前面介绍的是正向峰值保持电路,如果需要负向峰值保持,可以把正向峰值保持电路中的二极管及其它有关元件适当改接,就能实现。

图 11-52 是一个反相型峰值保持电路。图中二极管 VD_2 是否导通,完全取决于 $|-u_i|$ 与 u_o 的差值。当 $|-u_i| - u_o > 0$ 时,VD_2 导通,电路处于跟踪状态;$|-u_i| - u_o < 0$ 时,VD_2 截止,电路处于保持状态。此电路的输入信号 u_i 应为负极性,而输出 u_o 为正极性。其功能可等效为一个同相型负峰值保持电路加一个反相器。

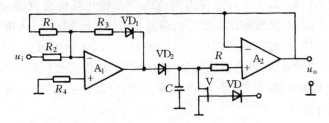

图 11-52　反相型峰值保持电露

把正向峰值保持电路和负向峰值保持电路组合起来,就可以得到峰-峰值保持电路。

图 11-53(a),(b)分别是峰-峰值检波的组成框图和原理电路。图(b)中 A_1,A_2 构成跟随器,作负峰值检波;A_3,A_4 构成跟随器,作为正峰值检波,其正、负峰值电压经差动运算放大器 A_5 输出。

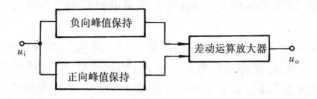

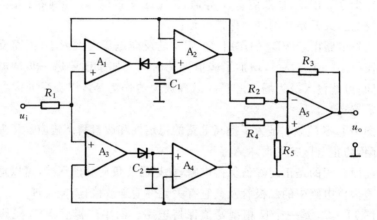

图 11-53 峰-峰值检波器组成框图和原理电路

(a) 框图；(b) 原理电路

　　集成组件峰值检波器国内已有生产。如 ZF020 系列峰值检波器，适用于检测各种波形的峰值电压，输入信号可以是周期波，也可以是非周期的任意波形。以 ZF022 型组件为例，ZF022A 是正峰值检波器，ZF022B 是负峰值检波器，检波精度≤0.5％，带宽 10 Hz～10 kHz，输入电压幅度 ≥+12～−12 V，输出电压幅度≥+12～−12 V，输出电流≥+15 mA，静态功耗≤260 mW，输入阻抗≥10⁹ Ω，电源电压范围±6～±18 V。图 11-54 是其典型接线。图中 S_1 为复零开关，可以是手动开关，或其它形式的控制开关。

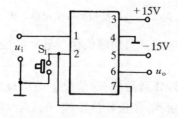

图 11-54 ZF020 系列组件典型接线

第 12 章　信号的转换

在各种仪器仪表和控制系统中,与被测量或被控量有关的参量,往往是一些与时间成连续函数关系的模拟量,如温度、压力、流量、速度、位移等。在数字化测量及数据处理系统中,尤其是采用微型计算机进行实时数据处理和实时控制时,所加工的信息总是数字量,所以都需要将输入的模拟量转换成数字量。而由计算机加工处理了的数字量,经常也需要转换为模拟量,以便送入执行机构,对被控对象进行控制或调节。前者称为模数(A/D)转换,后者称为数模(D/A)转换。实现相应转换功能的设备,称为 A/D 转换器和 D/A 转换器。U/F 转换是把模拟输入电压转换为频率信号。由于计算机可以简单地通过其定时和计数功能将频率信号转换为数字,所以 U/F 转换也可以看作为一种 A/D 转换。

12.1　D/A 转换电路

D/A 转换电路的基本组成部分为:电阻网络、模拟切换开关、基准电源和运算放大器。

电阻网络——D/A 转换中的主要部分。为提高转换精度,要选用温度系数小的精密电阻来组成。

基准电源——它的电压精度将直接影响 D/A 转换电路的转换精度,所以要求能达到一定的精度。此外,还要求纹波小、内阻小和具有一定的负载能力。

模拟开关——要求饱和压降及泄漏电流小,开关速度快。

运算放放大器——D/A 转换电路的输出端一般都接运算放大器。其作用是将电阻网络中各支路电流进行总加,同时为 D/A 转换电路提供低的输出阻抗和较强的负载能力。要求运算放大器零漂小,当 D/A 转换电路作快速转换时,还要考虑其动态响应及输出电压的摆率。

D/A 转换电路可分为并行和串行两种。并行 D/A 转换电路是将数字量各位代码同时进行转换,因此转换速度较快,但使用的元件多,成本高。串行 D/A 转换电路,其数字量各位代码是串行输入的,在时钟脉冲的作用下,控制转换电路一位接一位地工作,其转换速度比并行转换慢得多,但电路简单,并且在某些情况下,采用串行 D/A 转换最方便。

本节主要介绍并行 D/A 转换电路。

12.1.1 D/A 转换电路的工作原理

根据 D/A 转换电路中电阻网络的不同,D/A 转换电路有权电阻、T 形电阻网络和反 T 形电阻网络等几种类型,我们以 T 形电阻网络 D/A 转换电路为例,介绍 D/A 转换的工作原理。

T 形电阻 D/A 转换电路如图 12-1 所示,电阻网络中只有 R 和 2R 两种电阻,整个网络由相同的电路环节组成。每个环节有两个电阻和一个开关,相当于二进制的一位数码,其中双向开关由该位数码控制。相应的数码为"0"时,开关接地;数码为"1"时,开关接基准电源 U_{REF}。由于电路形状成 T 形,故称 T 形网络。在集成 D/A 转换器中,多采用该种电阻网络。

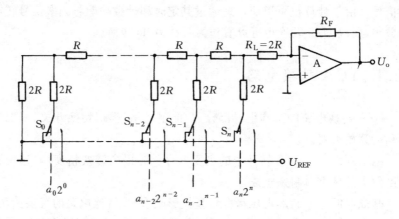

图 12-1 T 形电阻网络 D/A 转换器

T 形电阻网络的特点是任何一个节点的三个分支的等效电阻都是 2R,并且由一个分支流进节点的电流 I,对半分成两个 I/2 电流,经另外两个分支流出。现在通过对两种输入情况的分折,来说明图 12-1 电路的工作情况。

当输入信号中 $a_n=1$,其余 $a_{n-1} \sim a_0$ 均为零时,开关 S_n 把右面第一条路与基准电源 U_{REF} 相连,其它开关都把对应的支路接地。此时的等效电路为图 12-2(a)所示。流过第一条支路的电流 $I = \dfrac{U_{REF}}{3R}$，产生输出电流为 $\dfrac{I}{2}$。

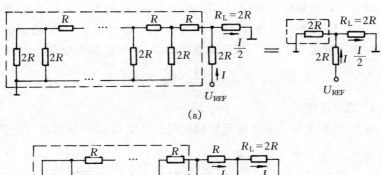

(a)

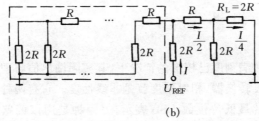

(b)

图 12-2　两种输入情况下 T 形电阻网络的等效电路

(a) $a_n = 1, a_{n-1} \sim a_0 = 0$ 时的等效电路；

(b) $a_{n-1} = 1, a_n = 0, a_{n-2} \sim a_0 = 0$ 时的等效电路

当输入信号中 $a_{n-1} = 1$，其余 a_n 及 $a_{n-2} \sim a_0$ 均为零时，其等效电路为图 12-2(b)所示。此时流过第二条支路的电流 $I = \dfrac{R_{REF}}{3R}$，产生输出电流为 $\dfrac{I}{4}$。

根据线性电路的迭加原理，对于输入为 n 位的二进制数码，可以写出其总的输出电流为

$$\sum I = \frac{U_{REF}}{3R2^n}(a_{n-1}2^{n-1} + a_{n-2}2^{n-2} + \cdots + a_0 2^0) = \frac{U_{REF}}{3R2^n}\sum_{i=0}^{n-1} a_i 2^i$$

$$(12-1)$$

D/A 转换电路输出的模拟电压为

$$U_o = -\sum I R_F = -\frac{U_{REF}R_F}{3R}\frac{1}{2^n}\sum_{i=0}^{n-1} a_i 2^i \qquad (12-2)$$

U_o 不仅与二进制数码有关，且与运算放大器的反馈电阻 R_F、基准电源

U_{REF}也有关。

12.1.2 D/A 转换电路的主要参数

1. 分辨率

指输入量的最低位数字(LSB)变化,所引起的输出模拟量的变化。例如,一个 10 位的D/A转换器(指该 D/A 转换器能输入 10 位数字量,其最高位数字量为 03FFH),如果其输出在0~10V范围内变化,则分辨率定义为$\dfrac{10}{2^{10}-1}=9.78 \text{ mV}$ 或定义为$\dfrac{10}{2^{10}}=9.76 \text{ mV}$。

2. 绝对精度

指 D/A 转换器对应于给定的满刻度数字量,其实际输出与理论值之间的误差,一般应低于$\dfrac{1}{2}$LSB。

3. 相对精度

指 D/A 转换器在满刻度已校准的情况下,其实际输出值与理论值之差。对于线性的 D/A 转换器,相对精度就是非线性度。它有两种表示方法,一种是用数字量的最低位位数 LSB 表示;另一种是用该偏差相对满刻度的百分比表示。

4. 线性误差

理想的 D/A 转换器中,相等的单位数字量输入的增量,应该产生相等的输出模拟量的增量,即转换特性是线性的。偏离理想转换特性的最大值称线性误差。

5. 转换时间

指 D/A 转换器数据变化量是满刻度时,达到终值$\pm\dfrac{1}{2}$LSB 所需的时间。转换时间的长短与所用元器件有关,尤其是双向开关和运算放大器。

12.1.3 D/A 集成芯片

D/A 转换芯片就是将 T 形电阻网络、双向开关和某些功能电路,集成在单一的芯片上。根据实际应用的需要,不同型号的 D/A 转换芯片,具有各种特性和功能。例如通用的 DAC0808 系列(8 位,转换时间 0.15 μs),DAC1210(12 位,转换时间 1 μs),高速的 DAC0800(8 位,转换时间 0.1 μs),高分辨率的 DA7546(16 位,10 μs)等。各种不同型号的芯片,由于它们的基本功能相同,即把数字量转换为模拟量,因此它们的功能管脚基本相同。D/A 转换电路中的基准电压由外部的电源供给。许多 D/A 芯片内设置了输入数据寄存器,因为计算机的 CPU 输送数据到 D/A 芯片输入端时,仅在 CPU 输出指令"写"操作的瞬间内,数据才能在输入端保留,当该"写"操作命令撤去时,数据线上的数据立即消失,这样就不能得到时间上连续的模拟信号。如果具有输入数据寄存器,就可利用$\overline{WR}$信号选通输入寄存器,以保存 CPU 输送来的数据,直到新的数据到来为止。对于内部没有数据寄存器的芯片,由于 D/A 转换需要时间,所以 CPU 须通过并行接口或锁存器与 D/A 转换器交换信息,保证 D/A 转换的可靠性。

1. DAC0832

DAC0832 是一个具有两个输入数据缓冲区的 8 位 D/A 转换芯片,其框图如图 12-3 所示。图中 U_{REF} 端是由外电路提供的基准电源(+10 V 到 −10 V);I_{OUT1} 与 I_{OUT2} 是两个电流输出端;R_{fb} 是片内电阻,它是为外部运算放大器提供的反馈电阻,用以提供适当的输出电压;LE (Lock Enable)是锁存命令,控制片内的输入数据寄存器工作。当 LE=1 时,寄存器的输出随输入变化;LE=0 时,数据存在寄存器中,不再随数据总线上的数据变化而变化。芯片的 1,2,17,18,19 管脚均为 D/A 转换的控制信号。

如果 DAC0832 的数字输入是由微处理器的数据总线输出时,则其数据输入端可直接连在微处理器的数据总线上。

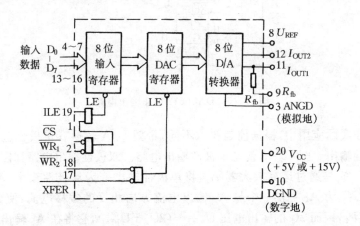

图 12-3　DAC 0832 框图

许多 D/A 芯片输出量是电流,而实际应用常常需要模拟电压,因此需要有将电流转换为电压的电路。图 12-4(a)是反相电压输出,输出电

压 $U_o = -IR$。(b)是同相电压输出,输出电压 $U_o = IR(1 + \dfrac{R_2}{R_1})$。

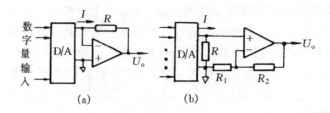

图 12-4 电流转换为电压输出的电路

(a) 反相输出;(b) 同相输出

DAC0832 的输出电流转换为电压输出的电路,如图 12-5 所示。当 U_{REF} 接 +5V(或 -5V)时,输出电压范围是 0~5V 或(0~-5V)。当输入数字量变化时,将引起输出模拟量的变化。

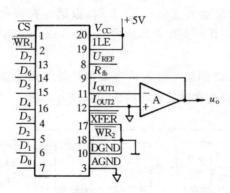

图 12-5 DAC0832 电压输出电路

在实际应用中,根据控制要求不同,希望 D/A 转换有单极性输出或双极性输出。图 12-5 就是单极性输出电路。双极性输出电路如图 12-6 所示,它是通过运算放大器 A_2,将单极性输出变为双极性输出。基准电源 U_{REF} 为 A_2 提供一个与 A_1 输出电流方向相反的偏移电流,使 $R_1 = R_3 = 2R_2$,因而 A_2 的输出电压 $U_o = -(2U_1 + U_{REF})$,它将在 A_1 输出的基础上产生偏移。

为了满足 D/A 转换精度要求,需对 D/A 转换电路进行零点和满刻度校准,影响精度的因素有运放的零点,各电阻间严格的比例关系及其精度、基准电压 U_{REF} 的精度等。

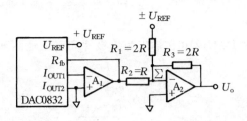

图 12 - 6　DAC0832 双极性输出电路

2. DAC1210

DAC1210 是 12 位 D/A 转换芯片，12 位 D/A 与 8 位 D/A 相比较具有更高的分辨率，在许多转换精度要求高，8 位 D/A 转换器不能满足的应用场合，可选用 12 位甚至 16 位 D/A 转换器。

DAC1210 集成 D/A 转换芯片的功能框图如图 12 - 7 所示。它与 8 位的 DAC0832 的不同之处，主要是有 12 位数据输入端，为了使 D/A 转换器能与 8 位或 16 位微处理器总线直接相连，故将输入锁存器分为 8 位和 4 位两个锁存器，如和 16 位数据总线相连，两个锁存器同时选通，数据

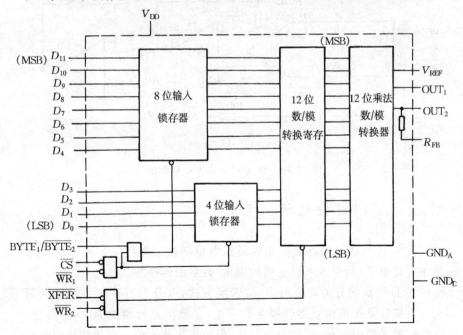

图 12 - 7　DAC1210 功能框图

一次写入，如和 8 位数据总线相连，两个锁存器分别选通，数据分两次写入。

图 12-8 为 DAC1210 在输出为单极性和双极性两种情况下的典型接法。

单极性输入模式

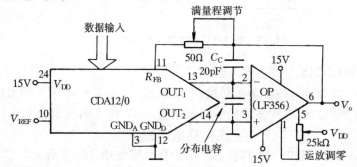

(a)

双极性输出模式

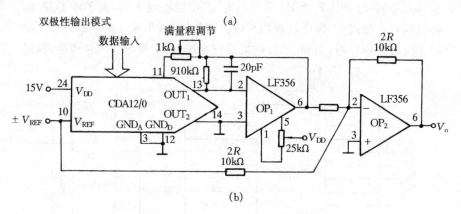

(b)

图 12-8 DAC1210 典型应用电路

12.2 A/D 转换电路

A/D 转换就是把连续变化的模拟电量转换成数字量。由于模拟电量主要是电压，所以本节讨论模拟电压-数字的转换。

A/D 转换的分类方法很多，按转换方式，可分为直接法和间接法两类。直接法是把电压直接转换为数字量，如逐次比较型的 A/D 转换器。这类转换是瞬时比较，转换速度较快，但抗干扰能力差。间接法是把电压先转换成某一种中间量，再把中间量转换成数字量。目前使用较多的是电压-时间间隔（U-T）型和电压-频率（U-F）型两种，它们的中间转换量分别是 T 和 F。实现这类转换的方法也不少,如双积分型,脉冲调宽型等。这类转换是平均值响应,抗干扰能力较强,精度高,但转换速度较慢。

12.2.1　转换原理

A/D 转换的方法虽然有多种,但最常用的是逐次比较型和双积分型两种,在与计算机连接时,多用前一种转换器。在数字电压表、数字万用表中则常用后一种转换器。本节将分别叙述这两种形式转换器的转换原理。

1. 逐次比较型

图 12-9 是逐次比较型 A/D 转换器的简化框图。它是一个具有反馈回路的闭环系统,包括四个基本部分:D/A 转换器、数码设定器、电压比较器和控制器。电路的工作原理是由数码设定器给出二进制数,经 D/A 转换为模拟电压 U_f,这个反馈电压作为比较标准电压,与输入的模拟电压 U_i 在比较器中进行比较,比较结果通过控制器去修正输入到 D/A 转换器的数字量。这样逐次比较,直到加到比较器两个输入端的模拟量十分接近(其误差小于最低一位数字量)为止,此时数码设定器输出的二进制数,就是对应于输入模拟量的数字量。这种方法也称逐次逼近法。

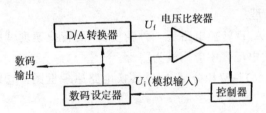

图 12-9　逐次比较型 A/D 转换框图

现在举例说明上述电路的工作过程。假设 8 位 A/D 转换器的模拟输入电压 $U_i = 163$ mV,并令用于比较的标准电压为 2^i mV($i = 0,1,\cdots,7$)的八个数值。根据上面介绍的原理,其转换过程如下:

• 控制器使数码设定器的数码为 10000000(80H),即 $U_f = 2^7 = 128$ mV,由于 $U_i > U_f$,所以最高位的"1"被保留,即保留 128 mV。

• 使下一位数码为"1",即数码设定器的码数为 11000000(C0H),由于 $U_i < U_f$(128+64=192 mV),所以把该位的"1"变为"0"。

• 再使下一位数码为"1",即数码设定器的数码为 10100000(A0H),由于 $U_i > U_f$(128+32=160 mV),于是保留这一位"1"。

......

直到最后得出转换结果为数码 A3H。可见,逐次比较法是从数码设定器的最高位开始,依次逐位进行比较,有几位二进制数就须做几次比较,直到反馈电压 U_f 与模拟电压 U_i 相等(或十分相近)。图 12-10 是上例 U_f 波形图,可见 U_f 是逐位逼近模拟输入电压 U_i。

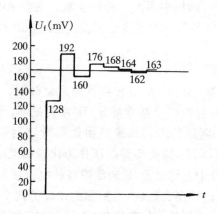

图 12-10   A/D 转换器输出(U_f)的波形

2. 双积分型

双积分型 A/D 转换电路是一种精度高,而转换速度低的 A/D 转换电路,在数字式电压表中应用极为广泛。

图 12-11(a)是双积分型 A/D 转换电路原理框图。它由积分器、零

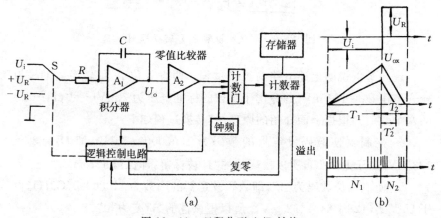

图 12-11   双积分型 A/D 转换

(a) 电路原理框图;(b) 波形图

值比较器、时钟脉冲控制门、计数器及控制开关 S 等所组成。其工作过程分成两个阶段：

（1）采样阶段。控制电路将控制开关 S 与模拟输入电压 U_i 接通,积分器对 U_i 进行积分,同时使时钟脉冲计数门打开,计数器计数。当 U_i 为直流电压或缓慢变化的电压时,积分器将输出一斜变电压（见图 b）。经过一个固定时间 T_1 后,计数器达到满限量 N_1 值,计数器复零,并送出一个溢出脉冲,该溢出脉冲使逻辑控制电路发出信号,将开关 S 接向与 U_i 极性相反的参考电压 U_R,采样阶段结束。

此阶段的特点是采样时间是固定的,积分器最后的输出电压 U_{ox} 值决定于模拟输入电压 U_i 的平均值。采样阶段又称定时积分阶段。

（2）测量阶段。当开关 S 接向与 U_i 极性相反的参考电压后（图 12 - 11(b)中 U_i 为负,则接于 $+U_R$）,积分器开始反方向积分,即积分器输出电压 U_o 值向零电平方向斜变。与此同时,计数器又从零开始计数,当积分器输出电压达到零时,零位比较器动作,发出关门信号,计数器停止计数,并发出记忆指令,将此阶段中计得的数字 N_2 送存储器并输出。

此阶段的特点是被积分的电压是固定的参考电压 U_R,因而积分器输出电压的斜率固定,而最终计得的数 N_2 所对应的积分时间 T_2 则决定于 U_{ox} 之值。这个阶段又称为定值积分阶段,定值积分结束时得到的数字 N_2 就是转换结果。

转换过程的波形示于图 12 - 11(b)。由于在转换过程中,积分器输出是两个斜变电压,故称双斜式积分 A/D 型转换器。

由上述工作过程可见,输出数字值 N_2 决定于定时积分阶段积分器最后的输出电压 U_{ox},而 U_{ox} 又决定于模拟输入电压 U_i,所以 N_2 决定于 U_i,其关系式可推导如下：

在采样阶段,输入模拟电压 U_i 在恒定的 T_1 期间积分,T_1 终了时,积分器的输出电压 $U_o = -\dfrac{1}{RC}\displaystyle\int_0^{T_1} U_i \mathrm{d}t$,$U_i$ 为模拟输入电压,且包括其上叠加的噪音（干扰）电压,它在 T_1 期间的平均值为

$$U_{iav} = \frac{1}{T_1}\int_0^{T_1} U_i \mathrm{d}t$$

则
$$U_{ox} = -\frac{T_1}{RC}U_{iav}$$

由于图 12 - 11 中的输入模拟电压 U_i 为负值,所以 $U_{ox} = \dfrac{T_1}{RC}|U_{iav}|$,经测量阶段,积分器最终输出为

$$0 = \frac{T_1}{RC}U_{iav} - \frac{1}{RC}\int_0^{T_2} U_R \, dt$$

式中 U_R 是常数,因此

$$0 = \frac{T_1}{RC}U_{iav} = \frac{T_2}{RC}U_R,$$

$$T_2 = \frac{T_1}{U_R}U_{iav} \tag{12-3}$$

式(12-3)说明,在 T_1 和 U_R 均为常数的情况下,测量阶段的时间间隔 T_2,正比于模拟输入电压的平均值。

将时间间隔转换为数字量,只需用已知周期为 T_C 的时钟脉冲去填充 T_1 和 T_2,由计数器计得脉冲个数 N_1 和 N_2,则

$$N_2 T_C = \frac{N_1 T_C}{U_R}U_{iav}$$

$$N_2 = \frac{N_1}{U_R}U_{iav} \tag{12-4}$$

最终的结果表明,计数器输出的数字量正比于模拟输入电压的平均值。

双积分型 A/D 转换电路的特点是:

• 这种转换过程本质上是积分过程,所以是平均值转换,因此对叠加在信号上的交流干扰有较好的抑制能力。

• 转换速度较低。特别是为了提高对工频(50 Hz)和工频的整数倍信号干扰的抑制能力,一般选择 T_1 时间为工频周期(20 ms)的整数倍,如 40 ms,80 ms 等,所以转换速度一般不高于 20 次/s。

• 最终转换结果与电路参数 R,C 无关,可大大降低对 R,C 的精度要求。

12.2.2 A/D 转换电路的主要参数

1. 量化和量化误差

用一基本量对与基本量具有同一量纲的某一模拟量进行比较(测量)的过程称为量化或量化过程。显然,比较的结果分为两部分:

整数部分——基本单位的整数倍。

余数部分——不足一个基本单位,这部分称量化误差。

A/D 转换就是一种实际的量化过程。

设被转换的模拟量 A 可用下式表示:

$$A = U_R\left(\frac{b_1}{2} + \frac{b_2}{2^2} + \cdots + \frac{b_i}{2^i} + \frac{b_n}{2^n} + \frac{b_{n+1}}{2^{n+1}} + \cdots\right)$$

式中 U_R 称为参考电压,一般为满刻度模拟输入电压,常用 FS(Full scale)表示 $b_i=0$ 或 $1(i=1,2,\cdots,\infty)$。由于受二进制字长(或位数)的限制,设变换到第 n 位停止,因此

$$A \approx U_R(\frac{b_1}{2} + \frac{b_2}{2^2} + \cdots + \frac{b_n}{2^n}) \qquad (12-5)$$

被忽略的项 $\frac{b_{n+1}}{2^{n+1}}$,$\frac{b_{n+2}}{2^{n+2}}$……表示了转换误差。式(12-5)中 $\frac{U_R}{2^n}$ 就是基本单位,称量化单位或量化当量 q,表示二进制数字中末位数字(LSB)变化 1 所对应的模拟信号数值。

若按我们通常所说的"四舍五入"原则,把不足半个量化当量的余数舍去,把大于或等于半个量化当量的余数算作一个量化当量计入整数,则最大量化误差为半个量化当量,即 $\pm\frac{q}{2}$。

从图 12-12 所示的量化与量化误差中可得

$$E_{nom} - \frac{1}{2}\frac{U_R}{2^n} < A < E_{nom} + \frac{1}{2}\frac{U_R}{2^n} \qquad (12-6)$$

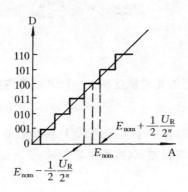

图 12-12　量化与量化误差

其中 E_{nom} 为理论输入

$$E_{nom} = U_R(\frac{b_1}{2} + \frac{b_2}{2^2} + \cdots + \frac{b_n}{2^n}) \qquad (12-7)$$

式(12-6)说明,实际上 A/D 转换器对应于同一个数字量,其输入模拟量不是固定值,而是一个范围。对应一个已知数字量,模拟量定义为模拟量输入范围的中间值。例如一个 8 位 A/D 转换电路,理论上 2.51V 对应数字量 80H,而实际上输入 2.49V 至 2.51V 都产生数字量 80H。

2. 分辨率

输出一个最低位变化的数字量,所对应的输入模拟量的变化。对于 n 位 A/D 的转换器,它的分辨率就等于满标度输入电压值被 2^n 除所得的商。有时也用与满标度值对应的百分数或二进制位数表示。

3. 转换时间

完成一次 A/D 转换所需的时间。它除了与位数有关外,还与转换器的形式和输入信号大小有关,如逐次比较型 A/D 转换时间与位数有关,而与输入信号大小无关;双积分型 A/D 转换器的转换时间就与输入信号的幅值有关。

4. 精 度

A/D 转换器的绝对精度定义为产生输出数字量的理论输入 E_{nom} 和产生同一数字量所需的实际输入电压 A 的差 $|E_{nom}-A|$。由此可得相对精度或相对误差的表达式如下:

$$\varepsilon_a = \frac{|E_{nom}-A|}{U_R}$$

根据

$$|E_{nom}-A| \leqslant \frac{1}{2}\frac{U_R}{2^n}$$

所以

$$\varepsilon_a \leqslant \frac{1}{2}\frac{1}{2^n} \tag{12-8}$$

它表示在理想情况下的相对精度在 $\pm\frac{1}{2}$LSB 的范围内。

5. 误 差

使用时还需注意,在一个实际的 A/D 转换器中,除已介绍过的量化误差外,尚有零位偏置误差、非线性误差等等。

(1) 偏置误差

使最低 LSB 位置"1"时,A/D 转换器的实际输入电压与理论上使 LSB 置"1"时的电压($\frac{1}{2}\frac{1}{2^n}U_R$)之差,此差值电压称为偏置电压,如图 12-13所示。

在一定温度下,偏置电压可以通过外部电路予以抵消,但当温度变化时,偏置电压又将出现。

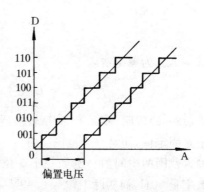

图 12-13 偏置电压和误差

（2）线性误差

线性误差是指理论值 E_{nom} 和实际传递特性（用图12-14中的虚线表示）上，对应于同一个数字量时，不同水平阶梯中点所代表的电压之差。图 12-14 中所示的线性误差为绝对误差，它们在各处是不同的。把其中最大者除以满度值 U_R 即为最大相对线性误差。

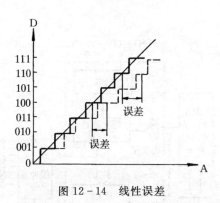

图 12-14　线性误差

12.2.3　A/D 集成芯片

A/D 转换芯片有多种型号，根据应用场合的不同，可选用不同性能的芯片。例如廉价通用的 AD570，ADC0804 等；高速高精度的 AD574（$25\mu s$），AD578（$4\mu s$）；高分辨率的 ADC1140（16 位）等等。

不同型号的 A/D 转换器，从使用角度来看，它的外部引脚包括：（1）模拟信号输入端；（2）数字量的并行输出端；（3）起动转换的控制信号；（4）转换器发出的转换结束信号等。

在选用 A/D 芯片时，除满足使用要求的各种技术指标外，还必须掌握数字输出的方式和对启动信号的要求。A/D 转换电路的输出基本有两种方式：（1）具有可控的三态门，此时输出线允许与微机系统的数据总线直接相连，并在转换结束后，通过 CPU 的输入指令"读"操作，利用 $\overline{RD}$ 信号控制三态门，将数据送至总线，例如 ADC0804。（2）数据输出寄存器不具备可控的三态门电路（三态门由 A/D 转换电路自己在转换结束时接通，例如 AD570）或者根本没有三态门电路，由数据输出寄存器直接与芯片管脚相连。此时芯片的数据输出线必须通过 I/O 通道与 CPU 交换信息，而不允许与系统的数据总线直接相连。A/D 转换芯片的启动转换信号有电位和脉冲两种区别，对要求用电位启动的芯片（如 AD570），在转换过程中，如果撤去启动信号，一般将停止转换，而得到错误的转换结果。

下面以两种 A/D 转换芯片为例作简要介绍。

1. ADC0809 芯片

ADC0809 是一种单片 CMOS 器件，图 12-15 是其内部结构框图。包括 8 位的 A/D 转换器，8 通道多路转换开关和三态输出锁存缓冲器。8 位 A/D 转换器采用逐次逼近技术，包括梯形电阻网络、模拟开关树、逐次逼近寄存器及控制和时序电路。图 12-16 是 ADC0809 的引脚图。各引脚功能如下：

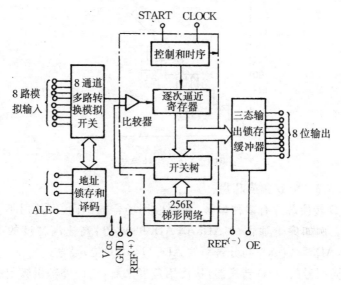

图 12-15   ADC0809 内部结构框图

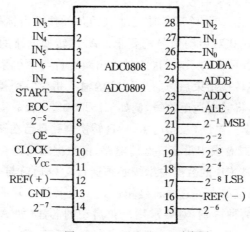

图 12-16   ADC0809 引脚图

IN$_0$～IN$_8$:8 路模拟信号输入端,由 8 通道多路转换开关选通其中的一路,进行转换。

ADDA,ADDB,ADDC:输入模拟通道的地址端,由这三个端输入的三位地址码经地址锁存译码单元控制 8 通道多路转换开关,选通 8 个单端模拟信号中的任何一个。

2^{-1}～2^{-8}:8 位数字量的输出端。

CLOCK:时钟脉冲输入端。时钟脉冲一般由外电路提供。

START:启动信号输入端。启动 A/D 转换的信号,一般由微机提供。此信号的上升沿将逐次比较寄存器清零,下降沿启动 A/D 转换。

EOC:转换结束信号输出。EOC 输出为低电平时表明 A/D 转换正在进行,转换结束后,EOC 变为高电平,通知微机或外设读取数据。

OE:输出选通。微机接受"转换结束"信号后,提供信号给 OE,输出三态缓冲器才能输出数据,送至微机的数据总线。在 A/D 转换的输出直接送数显时,OE 的信号也可由 EOC 提供。

ALE:地址锁存允许。

REF(+)和 REF(−)分别为参考电压的正端和负端。

ADC0809 不需要在外部进行零点和满度调节。由于多路转换器的地址输入受到锁存和译码,且具有锁存的 TTL 三态输出,所以几乎能与所有的微处理器相连,也可单独工作。

该芯片为单+5V 供电,转换时间为 10μs,转换精度±1LSB,模拟输入电压范围为 0～5V,输出与 TTL 电平兼容。

2. AD574 芯片

AD574 为逐次比较型 12 位 A/D 转换器,它的芯片内部包含微机接口控制逻辑电路和三态输出缓冲器,可以直接与 8 位或 16 位微处理器的数据总线相连。读写及转换命令由控制总线提供,输出可以是 12 位一次读出,也可以先读高 8 位,再读低 4 位,分两次读出。输入电压可以是单极性或双极性。对外可提供一个+10V 基准电压。

AD574 内部结构如图 12−17 所示,除了包含 D/A 转换器(12 位)、逐次逼近寄存器(SAR)、比较器等基本结构外,还包含有时钟、控制逻辑、基准电压和三态输出缓冲器等部分。

由于芯片内部的比较器输入回路有改变量程的电阻(5 kΩ 或 5 kΩ+5 kΩ)和双极型输入偏置电阻 10 kΩ,因此 AD574 的输入模拟电压量程范围有 0V～+10V,0V～+20V,−5V～+5V,−10V～+10V 四种。

图 12−18 是 AD574 的引脚图,各引脚的功能如下:

- D_0～D_{11}:12 位数据输出。
- 10V_{IN}:10V 量程输入端。

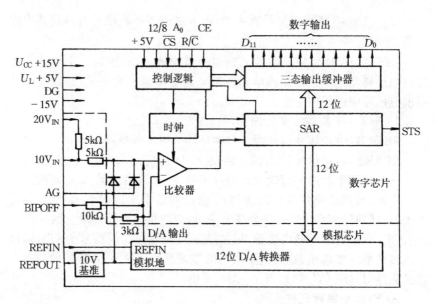

图 12 - 17 AD574 内部结构图

- $20V_{IN}$:20V 量程输入端。

- REFOUT:基准电压输出。
芯片内部基准电压为 $10V\pm1\%$。

- REFIN:基准电压输入。可
在此端调整量程。

- BIPOFF:双极性补偿。此端
还可以用于调零。

- $12/\overline{8}$:数据模式选择。

此线输入信号为"1"时,12 位输
出同时进行;此线输入信号为"0"时,
输出分高 8 位和低 4 位两次进行。

- A_0:字节地址/短周期。在读
数状态,如果 $12/\overline{8}$ 低电平,$A_0=0$ 时,

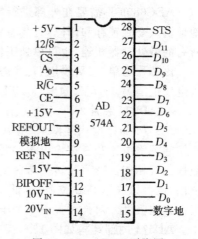

图 12 - 18 AD574 引脚图

则输出高 8 位数;当 $A_0=1$ 时,则输出低 4 位数;如果 $12/\overline{8}$ 为高电平,则
A_0 不起作用。A_0 的另一作用是控制转换状态,在启动转换时 $A_0=0$,则
产生 12 位转换,转换周期为 $25\mu s$;当 $A_0=1$ 时,产生 8 位转换,转换周期
为 $16\mu s$。

- $\overline{CS}$:芯片选择。当 $\overline{CS}=0$ 时,芯片被选中。

- $R/\overline{C}$:读/转换信号。当 $R/\overline{C}=1$ 时,读 A/D 转换结果,当 $R/\overline{C}=0$

时,启动 A/D 转换。

　　· CE:芯片允许。CE=1 允许转换或读 A/D 转换结果,从此端输入启动脉冲。

　　· STS:状态信号。STS=1 时,表示 A/D 转换正在进行;STS=0 时,表示转换完成。

　　AD574 的工作控制主要是控制 A/D 转换的启动和控制读取数据。在启动 A/D 转换时,在上升沿之前先使 $\overline{CS}=0$,$R/\overline{C}=0$,CE 的上升沿启动 A/D 转换,控制信号在转换过程中不起作用。当检测到 STS=0,表明 A/D 转换过程结束,就可以从 A/D 转换器中读数。在读数过程中,先使 $\overline{CS}=0$,$R/\overline{C}=1$,由 CE 的前沿启动读数。

　　AD574 单极性信号输入和双极性信号输入的两种电路和接法如图 12-19 和图 12-20 所示。图中 REFIN 和 REFOUT 之间所接的电位器是用来调整增益的,BIPOFF 所接的电位器是用来调零的。

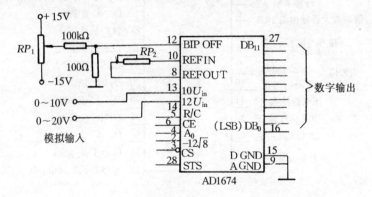

图 12-19　AD574 的单极性输入接法

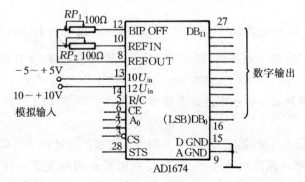

图 12-20　AD574 的双极性输入接法

3. 双积分型 A/D 转换芯片

双积分型 A/D 转换器,转换精度高,但转换速度慢,因此常用于测量精度要求较高,但对测量速度要求很低的仪表中。

ICL7135 是一种双积分型 A/D 转换芯片,其转换时间为 100ms,模拟输入电压范围$-2\sim+2V$,芯片的引脚图如图 12-21 所示。在使用时需外接存贮电容 C_R、积分电阻 R_{INT}、积分电容 C_{INT} 及校零存贮电容 C_{AZ}。单极性的参考电压和时钟信号由外部提供。可对双极性输入的模拟电压进行 A/D 转换,并输出自动极性判别信号。它采用了自校零技术,可保证零点的长期稳定性。

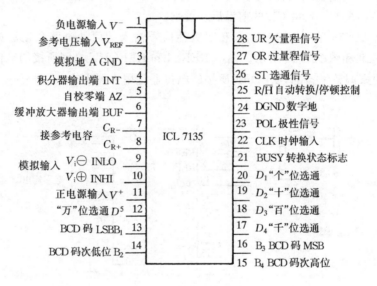

图 12-21 ICL7135 引脚图

ICL7135 的输出是 $4\frac{1}{2}$ 位的 BCD 码,为了减少引出线数目,它采用动态字位扫描输出的方式,即万、千、百、十、个各位数字 BCD 的码轮流出现在 B_8,B_4,B_2,B_1 端上,并在 $D_5\sim D_1$ 各端上同步出现字位选通脉冲,这种输出使其数字显示电路非常简单。图 12-22 为 LCL7135 的典型用法。

当使用 A/D 转换芯片时,可采用以下方法提高转换分辨率:

① 当输入模拟电压小于 A/D 转换电路的满刻度所对应的电压值时,应放大输入信号,使输入电压的最大值对应 A/D 满刻度值,以充分利用 A/D 转换电路的满刻度。

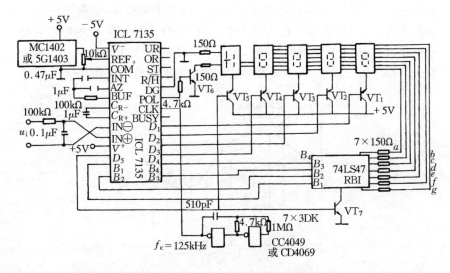

图 12-22 ICL7135 的典型用法

② 当输入电压在某一电压基值之上有小范围的变化,而我们需要精确测量这个电压变化范围时,应在电路中引入一个电压信号,它与上述电压基值大小相等,而方向相反,这样,A/D 转换电路的满刻度将对应小范围变化的电压增量信号,也就是只对电压增量信号进行转换。

③ 有些 A/D 芯片,如 AD0804 具有差动输入端,即 $V_{IN}(+)$ 和 $V_{IN}(-)$,只要将输入信号的基值加于 $V_{IN}(-)$ 端,输入电压范围可以从非零伏开始,即从基值电压到最大输入电压,缩小了输入电压范围,这样可提高芯片的分辨率。

12.3 A/D 转换器的外围电路

12.3.1 采样/保持电路

1. 采样/保持电路的原理和结构

A/D 转换是把随时间连续变化的模拟信号转换为离散的数字信号,因此数字信号是原模拟信号在一系列特殊时刻(采样时刻)的值。而A/D转换本身从启动转换到转换结束输出数字量,需要一定的转换时间。在这个转换时间内,如果输入模拟信号发生变化,就会产生转换误差。要限制这个误差,就要限制输入信号的变化速率,也就限制了输入信号的频率。为了改善这种情况,常在 A/D 转换器之前加一个采样保持电路,它的功能是:在 A/D 转换开始时将输入信号的电平保持住,以保证在 A/D 转换期间,A/D 转换器的输入不变化。在 A/D 转换结束后跟踪输入信号变化,以保证下次 A/D 转换时,输入 A/D 转换器的是新的采样时刻的输入信号电压。采样/保持电路的输入输出波形如图 12-23 所示。

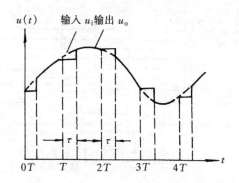

图 12-23 采样/保持电路的输入和输出波形

采样/保持电路的基本结构有串联型和反馈型两种,如图 12-24 所示。图中 A_1 和 A_2 分别是输入和输出缓冲放大器,用以提高采样/保持电路的输入阻抗,减小输出阻抗,以便与前级和后级电路连接。S 是模拟开关,它由控制信号电压 U_K 控制其断开或闭合。C_H 是保持电容。

当开关 S 闭合时,采样/保持电路为跟踪采样状态。由于 A_1 是高增益放大器,其输出电阻很小,模拟开关 S 的导通电阻也很小,输入信号通过 A_1 对 C_H 的充电速度很快,C_H 的电压将跟踪输入电压 u_i 的变化,而 A_2 也接成电压跟随器,所以在这段时间里 $u_o = u_C = u_i$。

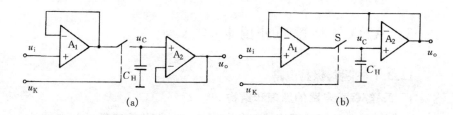

图 12-24 采样/保持电路
(a) 串联型;(b) 反馈型

当开关 S 打开时,采样保持电路为保持状态,C_H 没有放电回路,C_H 的电压 u_C 将保持在 S 断开瞬间的 u_i 值,输出电压也同样保持不变。

对串联型采样/保持电路而言,影响其精度的因素有,两个运放的失调电压和开关 S 的误差电压。而反馈型采样/保持电路,影响其精度的只有运放 A_1 的失调电压。所以,其精度要高于串联型采样/保持电路。

2. 采样/保持电路的有关参数

(1) 捕捉时间 T_{AC}。当发出采样命令后,采样/保持电路的输出,从原来所保持的值,到达当前输入信号的值所需的时间,称为捕捉时间(见图 12-25)。该时间影响采样速率。

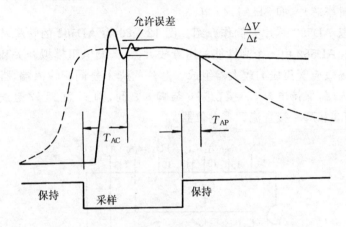

图 12-25 采样/保持电路特性

(2) 孔径时间 T_{AP}。理想的采样过程是在采样时刻瞬间,使开关 S 闭合,而其它时间则开关断开,并不考虑开关的动作时间,而实际的采样/保持电路中,由逻辑输入控制的开关 S,有一定的动作时间。在保持命令发出后,直到完全断开所需的时间,称孔径时间。由于这个时间的存在,延迟了采样时间。如果保持命令与 A/D 转换启动信号同时发出,则由于孔径时间的存在,所以转换的值在前面 T_{AP} 时间内是一个输入信号的变化值,其后才是保持值,这将影响转换精度。当输入信号的频率低时,T_{AP} 对精度的影响变小。

(3) 保持电压的衰减率。采样/保持电路在保持期间,由于泄漏电流的存在,将引起保持电压的衰减。衰减速率用下式计算

$$\frac{\Delta u_C}{\Delta t} = \frac{I}{C} \tag{12-9}$$

式中 I 包括运放偏置电流,开关 S 的断开漏电流和保持电容内部泄漏电流等,C 为保持电容的电容量。

3. 采样/保持电路集成芯片

目前采样/保持电路大都是集成在单一芯片中,芯片内不包含保持电容,故保持电容须外接,由用户根据需要选择,一般来讲,采样频率越高,保持电容越小。保持电容小时电压衰减快,精度较低。反之,如果采样频率较低,但要求精度较高时可选取比较大的电容。

采样/保持电路集成芯片有以下三类:①用于通用目的的芯片,如AD583K,AD582,LF398;②高速芯片,如 THS—0025,THC—0300 等;③高分辨率芯片,如 SHA1144 等。

现以 AD582 芯片为例作介绍。图 12-26 为 AD582 的管脚及结构示意图。AD582 由一个高性能的运算放大器,低漏电阻模拟开关和一个由结型场效应管集成的放大器组成。芯片的脚 1 是同相输入端,脚 9 是反相输入端,保持电容 C_H 接在脚 6 与脚 8 之间,脚 11 和脚 12 是逻辑控制端,脚 3 和脚 4 接直流调零电位器。

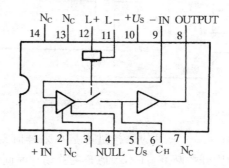

图 12-26 AD582 的管脚及结构示意图

AD582 供电电源的工作范围为 ±9V 至 ±18V,输入信号电平可达电源电压。

输入阻抗约高达 30 MΩ,具有较高的采样/保持电流比,比值可达 10^7,该值是存贮电容充电电流与保持期的电容漏电流之比值,它也是采样/保持电路质量标志。AD582 捕捉时间较小,最低达 6 μs。捕捉时间的长短还与所选择的保持电容值有关,电容越大,捕捉时间越长,它影响采样频率。因此,电容值的选择应综合考虑精度、衰减误差、采样/保持偏差及采样频率等,一般保持电容应选取聚苯乙烯电容(环境温度在 +85 ℃以下)或聚四氟乙烯电容。

由于电路中分布电容的存在,所以在保持状态时,该分布电容储存的

电荷要向保持电容 C_H 转移,转移时形成偏差电压 $U_{OPP}=\dfrac{\Delta Q}{C_H}$,式中 ΔQ 为转移电荷,在一定的 U_{OPP} 条件下,若 ΔQ 小,可以采用较小的保持电容,因而可提高捕捉输入信号的速度。AD582 的转移电荷较小,一般小于 2pC。

AD582 的逻辑控制端 L+ 和 L− 的电位,可在 $+U_{CC}\sim -U_{EE}$ 间相当大的范围内偏置工作。L+ 相对 L− 的输入电压范围是 +15V~−6V,所以当 L−端接地(零电平)可以用 TTL 输出电平($U_{OH}\geqslant 2.4V$, $U_{OH}\leqslant 0.4V$)直接控制 L+ 端实现采样或保持,也可以用 COMS 电路控制。

AD582 的典型实用电路如图 11−27 所示,这是一个反馈型采样/保持电路,保持电容 C_H 接在 A_2 的反相输入端和输出端之间,可等效为在反相输入端和地之间接有电容 $C_H'=(1+A_2)C_H$(A_2 为运算放大器的放大倍数),一般选 $C_H=100\sim 1\,000\mathrm{pF}$。

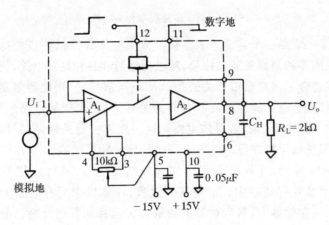

图 12−27　AD582 典型接法

12.3.2　多路模拟开关

1. 多路模拟开关结构及应用举例

在实际的系统中,被测量的回路往往是几路或几十路,不可能对每一个回路的参量配置一个 A/D 转换器,常利用多路开关,轮流切换各被测回路与 A/D 转换器间的通路,以达到各回路分时占用 A/D 转换电路。

图 12−28 表示一个 8 通道的模拟开关的结构图,它由模拟开关 $S_0\sim S_7$ 及开关控制与驱动电路组成。8 个模拟开关的接通与断开,通过用二进制代码寻址来指定,从而选择特定的通道。例如当开关地址为 000 时,S_0 开关接通,$S_1\sim S_7$ 均断开,当开关地址为 111 时,S_7 开关接通,其它七

个开关断开。模拟开关一般采用 MOS 场效应管,如果后级电路具有足够的输入阻抗,则可以直接连接。

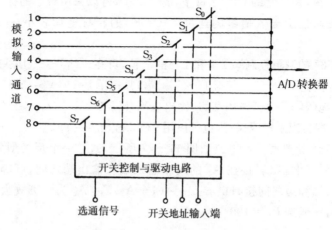

图 12 - 28　多路模拟开关结构

图 12 - 29 是一个典型的多路模拟开关与微计算机接口的框图。实际系统中的多种被测量或被控量,经过传感器和各种处理电路,把模拟信号变换成适合于多路模拟开关的 0~5V 电压信号,分别接到多路开关的各输入通道上,微计算机通过 PIO 口地址选通信号,使某一路开关接通。然后发出采样命令,采样/保持电路对这一路模拟量采样,当采样命令结束时,模拟量被保持在保持电容上,同时启动 A/D 转换。A/D 转换结束信号送到计算机,计算机测得转换过程结束信号,就可以把数据取入 CPU,并且放在存储器中。重复这一过程,计算机把所有通路的模拟量逐个地采入存储器中,然后对被测的量进行运算和数据处理。处理的结果可以输出到显示器(LED 显示或 CRT 显示)、打印机,也可以通过 D/A

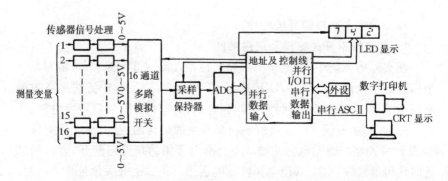

图 12 - 29　多路模拟开关与计算机接口的框图

转换输出,对执行机构进行模拟控制。

2. 多路模拟开关集成芯片

以 AD7501 为例,它是具有 8 个输入通道,一路公共输出的多路开关 CMOS 集成芯片。其管脚图见图12-30。由三个地址线(A_0,A_1,A_2)的状态及 EN 端来选择 8 个通道中的一路,片上的所有逻辑输入端与 TTL 及 CMOS 电路兼容。

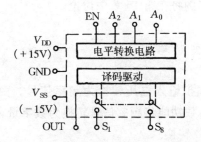

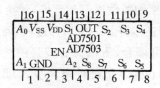

图 12-30　AD7501 管脚图

AD7501 与 AD7503 除了 EN 端的控制逻辑电平相反外,其它完全一样。下面列出 AD7501 的真值表,多路通道的接通逻辑关系:

A_2	A_1	A_0	EN	"ON"
0	0	0	1	1
0	0	1	1	2
0	1	0	1	3
0	1	1	1	4
1	0	0	1	5
1	0	1	1	6
1	1	0	1	7
1	1	1	1	8
×	×	×	0	空

在实际应用中,对于多路 A/D 通道的切换开关,要求多路模拟输入,输出是公用的一条线(称多输入-单输出),而对于多路 D/A 通道切换开关,则要求输入是公用一条信号线,输出是多通道(称单输入-多输出)。上述 AD7501~AD7503 都是多输入-单输出的多路开关。CD4051,CD4052 芯片允许双向使用,既可用于多输入-单输出的切换,也可以用于单输入-多输出的切换。

数据采集系统实例将在第 15 章中讨论。

12.4 U/F 转换电路

U/F 转换是把模拟输入电压转换为频率信号。由于计算机可以简单地通过其定时和计数功能将频率信号转换为数字量,所以 U/F 转换也可以看作为一种 A/D 转换。

U/F 转换的精度和线性度都比较好,转换速度不低于双积分型 A/D 转换。由于 U/F 转换本身是一个积分过程,而其转换结果送给计算机时可以简单地采用光电耦合,所以具有较强的抗干扰能力,U/F 转换电路与微机的接口简单,占用微机硬件资源少,应用电路简单,对外围器件性能要求不高,价格较低,其输出的频率信号还可以通过调制进行远距离传输。U/F 转换在要求数据传输距离长,转换速度不高,资金有限的情况下具有很好的实用价值。

12.4.1 U/F 转换电路的工作原理

能实现 U/F 转换的电路很多,但集成 U/F 转换芯片多采用电荷平衡式 U/F 转换电路。电荷平衡式 U/F 转换电路的原理框图如图 12-31

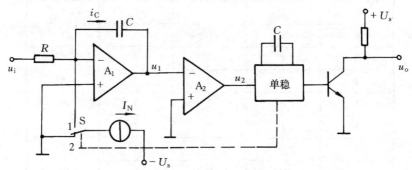

图 12-31 电荷平衡式 U/F 转换电路原理框图

所示。A_1 构成一个积分器，A_2 是零电压比较器，A_2 的输出去触发单稳态触发器，得到输出频率信号。整个 U/F 电路可以看作一个振荡频率受输入电压 u_i 控制的多谐振荡器。其工作原理如下：

当积分器的输出电压下降至零时，零电压比较器产生一个正跳变，触发单稳电路产生一个宽度为 I_0 的脉冲，此脉冲控制模拟开关 S 打向 1，接通电流源 I_N，这时电容器 C 的充电电流 $i_C = -I_N + \dfrac{u_i}{R}$，由于电路的设计保证 $I_N > \dfrac{u_{imax}}{R}$，所以这时 i_C 为负值，$u_1 = -\displaystyle\int_{t_1}^{t} \dfrac{i_C}{C} dt$ 上升，当 $t = t_2$ 时，暂态结束，模拟开关 S 打向 2，电流源断开，这时电容 C 的充电电流 $i_C = \dfrac{u_i}{R}$，电压 $u_1 = -\displaystyle\int_{t_2}^{t} \dfrac{i_C}{C} dt + u_1(t_2)$ 下降，直至 u_1 到零值，零电压比较器跳变，重复上述过程。电容电压 u_1 和输出电压 u_o 的变化波形如图 12-32 所示。在这样一个周期中，电容 C 的端电压由零变到最大值，再变回零，可见

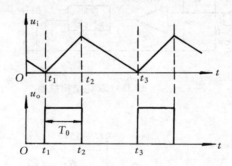

图 12-32 电荷平衡式 U/F 转换波形图

反向充电的电荷量和正向充电的电荷量相等，即电荷平衡，有

$$\int_{t_1}^{t_2} \left(I_N - \frac{u_i}{R}\right) dt = \int_{t_2}^{t_3} \frac{u_i}{R} dt$$

$$\int_{t_1}^{t_2} I_N dt = \int_{t_1}^{t_3} \frac{u_i}{R} dt$$

$$I_N T_0 = \frac{1}{R} \int_{t_1}^{t_3} u_i dt = \frac{\overline{u_i}}{R} T$$

输出电压信号 u_o 的频率为：

$$f = \frac{1}{T} = \frac{1}{I_N T_0 R} \overline{u_i} \tag{12-10}$$

其中 $\overline{u_i}$ 是输入电压 u_i 在一个转换周期中的平均值，由式(12-10)可见输

出电压 u_o 的频率与输入电压的平均值成正比。

12.4.2 集成 U/F 转换器

目前 U/F 集成芯片产品有 BG832，VFC32，AD651，LM331 等多种，下面以 LM331 为例介绍 U/F 转换器的用法。

LM331 的简化结构框图如图 12-33 所示。由输入比较器，定时比较器，RC 触发器，电流开关，电流源和输入驱动等部分组成。其典型应用电路如图 12-34 所示。

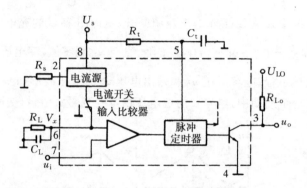

图 12-33 LM331 简化结构框图

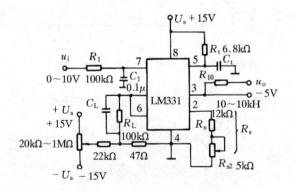

图 12-34 LM331 的典型应用电路

输入电压信号经过由 $R_1 C_1$ 组成的低通滤波器接到 LM331 的输入电压端(脚 7)；$C_L R_L$ 回路的充放电过程决定着输出信号的周期，在其接地端(脚 4)所加电阻网络为偏移调节电路；脚 5 所接 $R_t C_t$ 用来决定定时器的定时时间；脚 2 所接 R_s 电阻用来调整电流源的基准电流，以校正输出频率;输出端(脚 3)所接的电阻为上拉电阻(输出是集电极开路输出)。

　　LM331 使用单电源(5V~40V)工作,其输出与 TTL 和 CMOS 电平兼容,为了防止外电场及电源干扰,LM331 的输出可直接接光耦以使模拟电路和数字电路(计算机)隔离,图 12-35 为 LM331 经光电隔离输出的电路。

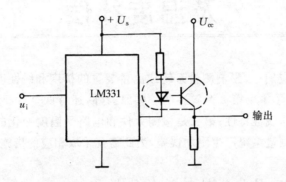

图 12-35　LM331 通过光电隔离输出的电路

第13章 传感器特性的线性化及温度补偿

在实际应用中,影响测量系统或测量装置的精度和线性度等性能指标的因素,除了本书第2章叙述的一些原因外,还有两个主要方面:第一是传感器的非线性特性;第二是检测元件和电路受温度变化的影响。这些都将会使测量系统产生附加误差,为此需要采取相应的措施加以补偿。

13.1 传感器非线性特性的线性化

一般希望测量仪表的输出量与输入量之间具有线性关系,即仪表的刻度方程是线性方程,以保证仪表在整个测量范围内灵敏度相同,有利于读数和分析,也便于处理测量结果。实际上,在非电量电测中,利用各类传感器把许多物理量转换成电量时,大多数传感器的输出电量与被测物理量之间的关系,不是线性关系。例如在温度测量中,热电偶或热电阻的输出电信号与输入温度之间就是非线性关系。又如变间隙式电容传感器,极片间的电容量 C 与极片间距离 δ 的关系也是非线性的。产生非线性的原因,一方面是由于上述传感器变换原理的非线性;另一方面,非电量转换电路也会出现一定的非线性。

为了保证测量仪表的输出与输入之间具有线性关系,除了对传感器本身在设计和工艺上采取一定措施之外,还必须对其输出(参阅图13-1)参量的非线性进行补偿,或称线性化处理。线性化处理方法很多,目前一般可分成两大类:一类是模拟线性化;另一类是数字线性化。本节介绍传感器特性线性化的一般理论和实现的方法。

13.1.1 模拟线性化

这类方法是采用在模拟量的输入通道中加非线性补偿环节来进行线性化处理。线性集成电路的出现,为这种线性化方法提供了简单而可靠的物质手段。

1. 开环式非线性特性补偿

具有开环式非线性静特性补偿的结构原理可用图 13-1 来表示。传感器将被测物理量 x,变换成电量 u_1。设传感器具有非线性静特性,放大器一般具有线性特性,引入非线性补偿环节的作用是利用该环节本身的非线性静特性(又称校正曲线),补偿传感器静特性的非线性,从而使整台仪表的输出 u_o 与输入 x 之间具有线性关系。

图 13-1 开环式非线性补偿原理框图

工程上,从已知的传感器静特性(非线性的 $u_1 - x$ 关系)、放大器输出-输入特性(线性的 $u_2 - u_1$ 关系)和期望的 $u_o - x$ 线性关系,求取非线性补偿环节静特性,其方法有两种。

(1)解析计算法。设图 13-1 所示仪表组成环节中,已知传感器的输出-输入关系的解析表达式为

$$u_1 = f_1(x) \qquad (13-1)$$

放大器的输出-输入关系解析表达式为

$$u_2 = a + Ku_1 \qquad (13-2)$$

要求整台仪表的刻度方程为

$$u_o = b + Sx \qquad (13-3)$$

将式(13-1),(13-2)和(13-3)联立,消去中间变量 u_1 和 x,得到非线性补偿环节输出-输入关系的解析表达式为

$$u_o = b + SF\left(\frac{u_2 - a}{K}\right) \qquad (13-4)$$

式中 $F = f_1^{-1}$,即 F 是 f_1 的反函数。

(2)图解法。当传感器的非线性特性用解析表达式比较复杂或比较困难时,用图解法求取非线性补偿环节的输出-输入特性,比用解析法简单实用。应用图解法时,必须根据试验数据或方程,将已知环节的输出-输入特性以特性曲线形式给出。求取非线性补偿环节特性曲线的具体方法如图 13-2 所示。

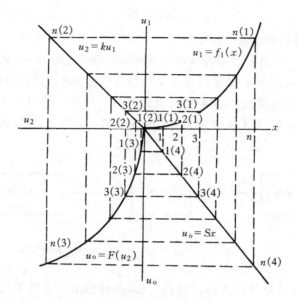

图 13-2 图解法求非线性补偿环节特性

① 将传感器的非线性曲线 $u_1 = f_1(x)$ 画在直角坐标的第 Ⅰ 象限,被测量 x 为横坐标,传感器输出电压 u_1 为纵坐标。

② 将放大器的线性特性曲线 $u_2 = Ku_1$ 画在第 Ⅱ 象限,放大器的输入 u_1 为纵坐标,输出 u_2 为横坐标。

③ 将整台测量仪表的输出-输入特性 $u_o = Sx$ 画在第 Ⅳ 象限,该象限的横坐标仍为 x,纵坐标为 u_o。

④ 将 x 轴分成 $1, 2, 3, \cdots, n$ 段(段数 n 由精度要求而定)。由引点 1 引垂线与曲线 $f_1(x)$ 交于点 1(1),与直线 $u_o = Sx$ 交于点 1(4),通过点 1(1) 引水平线,交于直线 $u_2 = Ku_1$ 的点 1(2)。最后,通过点 1(2) 引垂线,并从点 1(4) 引水平线,此两线在第 Ⅲ 象限相交于点 1(3),则点 1(3) 就是所求非线性补偿环节特性曲线上的一点。同理,用上述步骤可求得非线性补偿环节特性曲线上的点 2(3),3(3),$\cdots$,n(3),通过点 1(3),2(3),$\cdots$,n(3)作光滑曲线,就得到了所要求的非线性补偿环节特性曲线 $u_o = F(u_2)$。

2. 闭环式非线性反馈补偿

闭环式非线性反馈补偿原理框图见图 13-3 所示。传感器将被测量 x 变换成电压 u_1,设该变换是非线性变换,其非线性变换规律由传感器工作所根据的物理定律决定。引入非线性反馈环节的目的是利用非线性反馈环节本身的非线性静特性,来补偿传感器的非线性,从而使整台仪表刻度特性 u_o-x 具有线性特性。

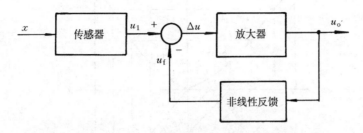

图 13-3　闭环式非线性反馈补偿原理框图

工程上,从已知的传感器非线性特性和所要求的整台仪表线性刻度特性,求取非线性反馈环节静特性的方法也有两种:

(1) 解析计算法。设图 13-3 中,传感器输出-输入关系的解析表达式为

$$u_1 = f_1(x)$$

放大器的输出-输入关系解析表达式为

$$u_o = K \Delta u$$

整台仪表的刻度特性为

$$u_o = Sx$$

根据框图还可列出

$$\Delta u = u_1 - u_f$$

将上述四式联立,消去中间变量 $x, u_1, \Delta u$,可解得所要求的非线性反馈环节的非线性特性解析表达式为

$$u_f = f_1 \left(\frac{u_o}{S} \right) - \frac{u_o}{K} \qquad (13-5)$$

(2) 图解法。当传感器的非线性特性规律十分复杂,很难用解析表达式表示时,可以用图解法求取非线性反馈环节的输出-输入特性。

应用图解法时,根据实验测试数据或已知的解析表达式,绘出传感器和整台仪表的输出-输入特性曲线,具体方法如图 13-4 所示。

① 将传感器的输出-输入特性曲线 $u_1 = f_1(x)$ 画在直角坐标的第 I 象限,横坐标表示被测量 x,纵坐标表示传感器的输出电压 u_1。

② 将整台测量仪的输出-输入特性 $u_o = Sx$ 画在第 IV 象限,该象限的横坐标仍为 x,纵坐标表示 u_o。

③ 考虑到主放大器的放大倍数 K 足够大,保证在正常工作时放大

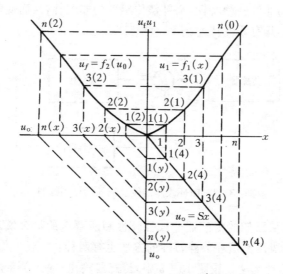

图 13-4   图解法求非线性反馈环节的特性曲线

器输入信号 Δu 非常小,并满足 $\Delta u \ll u_1$,因此 $u_1 \approx u_f$,从而可以把所要求取的非线性反馈环节的输出-输入特性画在 Ⅱ 象限。纵坐标表示反馈电压 u_f(与 u_1 取相同比例尺),横坐标表示 u_o。

将 x 轴分成 $1, 2, \cdots, n$ 段(由精度要求决定段数),并由点 1 引垂线,分别与 $f_1(x)$ 交于点 $1(1)$,与 $u_o = Sx$ 交于点 $1(4)$,将 $1(4)$ 点投影到纵坐标轴上,求得 $1(y)$ 点,以坐标原点为圆心,通过 $1(y)$ 点划一圆弧,交横坐标 u_o 轴,得点 $1(x)$。

④ 通过 $1(x)$ 点引垂线,通过 $1(1)$ 点引水平线,此两线在第 Ⅱ 象限交于点 $1(2)$,则 $1(2)$ 就是所要求取的非线性反馈环节输出-输入特性曲线上的一点。

同理,重复上述步骤,可求得 $2(2), 3(2), \cdots, n(2)$ 点,将这些点连成光滑曲线,就得到了所要求取的非线性反馈环节的输出-输入特性。

需要指出,采用上述图解法的前提条件是主放大器的放大倍数必须很高,这样才能近似认为 $\Delta u \approx 0$,$u_1 \approx u_f$。这样的前提条件,在工程上一般是容易达到的。

3. 实现非线性补偿的具体方法

通过上面分析,我们已知不经过任何处理,要满足整台仪表的输出-输入特性呈线性关系,是有困难的。这里介绍一种采用分段直线化方法或称折线逼近法来实现非线性补偿。其具体方法是在特性曲线的不同范围内,分段地用直线拟合非线性特性曲线,只要拟合的精度保证在一定范围内,这些直线的关系就可以代替非线性的函数关系。再用相应的电路来实现这些直线关系,就可达到目的。这种分段直线化方法,可以直接将传感器的非线性特性曲线,用连续有限的折线来代替,也可以对非线性补偿或非线性反馈补偿环节的非线性特性采用折线逼近。

分段直线化方法,需要有非线性元件来生产折线的转折点,例如利用二极管的导通、截止特性,更普遍的是采用运算放大器和二极管、电阻等组成的模拟电路。

(1) 二极管组成的折点电路。图 13-5(a)是最简单的折点电路,其中 E 决定了转折点偏置电压,二极管 VD 作开关用。该电路的转折电压 $U_1 = E + U_D$,式中 U_D 是二极管正向压降。

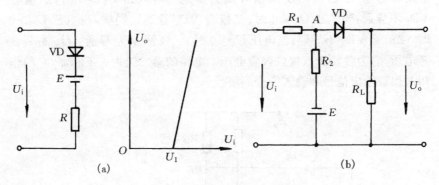

图 13-5　二极管组成的折点电路

(a) 最简单的折点电路；(b) 另一种折点电路

图 13-5(b)是另一种用二极管组成的折点电路。由 $U_A = U_D$,可求得该电路的转折电压 U_1。因为 $U_A = \dfrac{E+U_i}{R_1+R_2}R_2 - E$,当 $U_i \geqslant U_1$ 时,使 $U_A \geqslant U_D$,才可能有电压输出,所以 U_1 就是该电路的转折电压

$$U_1 = E\frac{R_1}{R_2} + U_D(1 + \frac{R_1}{R_2}) \tag{13-6}$$

可见转折点电压与电势 E、电路参数 R_1,R_2 以及与二极管正向压降 U_D 有关。

(2) 运算放大器和二极管组成的非线性补偿电路。如果把图 13-1 简化为图 13-6 形式,输入非电量用 x 表示,传感器的输出电量及整台仪表的输出电量分别用 u 和 u_o 表示。设 $u = f(x)$,则 $x = F(u)$,其中 $F = f^{-1}$,若要求 $u_o = Sx$,则非线性补偿环节的输出-输入特性,应具有和传感

特性的反函数成正比的函数关系,即 $u_o = SF(u)$。所以线性化的工作,就在于设计和实现上述非线性补偿环节。

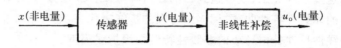

图 13-6　线性化框图

① 斜率渐减型折线函数电路。图 13-7 是一种输出与输入关系为折线函数的电路,在分析其工作原理时,假设二极管 VD_2,VD_3 均为理想二极管。电路的前一级为折线特性的形成电路,因为第一级运算放大器是闭环的,所以运放的反向输入端为虚地。当电压 $U_2 > 0$ 时,二极管 VD_2 不导通;当电压 $U_2 < 0$ 时,二极管 VD_2 导通。同样,当电压 $U_3 > 0$ 时,二极管 VD_3 不导通;当电压 $U_3 < 0$ 时,二极管 VD_3 导通。U_R 是一参考电压,它为各转折点提供偏置电压。电路的第二级为一反相器,它的作用是保证输出信号和输入信号同极性。

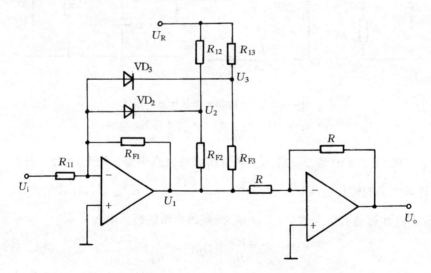

图 13-7　斜率渐减型折线函数电路

当输入电压 U_i 小于某一电压 U_{i1} 时,U_2 和 U_3 都大于零,则二极管 VD_2,VD_3 均不导通(截止)。这时可得

$$U_o = -U_1 = \frac{R_{F1}}{R_{11}} U_i \qquad (13-7)$$

输出和输入的关系如图 13-8 的 Oa 段所示，线段的斜率为 $\dfrac{R_{F1}}{R_{11}}$。

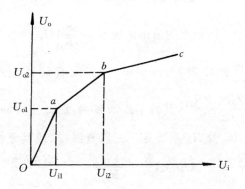

图 13-8　斜率渐减型折线函数

当输入电压 U_i 满足 $U_{i1} < U_i < U_{i2}$ 时，则二极管 VD_2 导通，VD_3 截止。这时第一级的反馈电阻为 R_{F1} 和 R_{F2} 并联，第一级为反相加法器。其输出电压为：

$$U_1 = -\left(\frac{R_{F1} /\!/ R_{F2}}{R_{11}} U_i + \frac{R_{F1} /\!/ R_{F2}}{R_{12}} U_R \right)$$

则

$$U_0 = \frac{R_{F1} /\!/ R_{F2}}{R_{11}} U_i + \frac{R_{F1} /\!/ R_{F2}}{R_{12}} U_R \qquad (13-8)$$

此时输出-输入电压关系如图 13-8 的 ab 段所示。其中 $\dfrac{R_{F1} /\!/ R_{F2}}{R_{11}}$ 为这段直线的斜率，$\dfrac{R_{F1} /\!/ R_{F2}}{R_{12}} U_R$ 为直线段的延长线在纵轴上的截距，转折点的输出电压 U_{o1} 可由分压关系求得

$$U_{21} = U_R - \frac{U_R - U_{11}}{R_{12} + R_{F2}} R_{12} = 0$$

$$U_{o1} = -U_{11} = \frac{R_{F2}}{R_{12}} U_R$$

其中 U_{11} 和 U_{21} 分别是输入电压和输出电压为 U_{i1}，U_{o1} 时 U_1 和 U_2 的值。

当输入电压 $U_i > U_{i2}$ 时，二极管 VD_2，VD_3 都导通，这时第一级的反馈电阻为 R_{F1}，R_{F2} 和 R_{F3} 并联，输出电压为：

$$U_o = \frac{R_{F1} /\!/ R_{F2} /\!/ R_{F3}}{R_{11}} U_i + (\frac{R_{F1} /\!/ R_{F2} /\!/ R_{F3}}{R_{12}} +$$

$$\frac{R_{F1} /\!/ R_{F2} /\!/ R_{F3}}{R_{13}}) U_R \qquad (13-9)$$

此时输出-输入电压关系如图 $13-8$ 的 bc 段所示。线段的斜率为 $\dfrac{R_{F1} /\!/ R_{F2} /\!/ R_{F3}}{R_{11}}$，线段的延长线在纵轴上的截距为 $(\dfrac{R_{F1} /\!/ R_{F2} /\!/ R_{F3}}{R_{12}} + \dfrac{R_{F1} /\!/ R_{F2} /\!/ R_{F3}}{R_{13}})U_R$，转折点的输出电压 $U_{o2} = \dfrac{R_{F3}}{R_{13}}U_R$。

由上面的分析可知 Oa，ab 和 bc 三段直线的斜率分别为 $\dfrac{R_{F1}}{R_{11}}$，$\dfrac{R_{F1} /\!/ R_{F2}}{R_{11}}$ 和 $\dfrac{R_{F1} /\!/ R_{F2} /\!/ R_{F3}}{R_{11}}$，其斜率逐渐减小，而每一段的斜率可以通过选择适当的 R_{F1}，R_{F2} 及 R_{F3} 来确定。三段直线段（或其延长线）在纵轴的截距分别为零，$\dfrac{R_{F1} /\!/ R_{F2}}{R_{12}}U_R$ 及 $(\dfrac{R_{F1} /\!/ R_{F2} /\!/ R_{F3}}{R_{12}} + \dfrac{R_{F1} /\!/ R_{F2} /\!/ R_{F3}}{R_{13}})U_R$。截距或转折点电压 U_{o1}，U_{o2} 可以通过改变电阻 R_{12} 和 R_{13} 来调节。

② 斜率渐增型折线函数电路。如果需要实现的非线性函数是上翘的，则可选用斜率渐增型电路。如图 $13-9$ 所示。电路的第一级为反相器，它的作用是使电路的输出和输入同极性。电路的第二级为折线特性的形成电路。

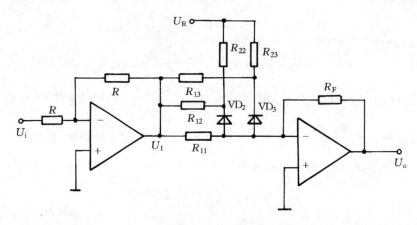

图 $13-9$ 斜率渐增型折线函数电路

当 $U_i < U_{i1}$ 时，二极管 VD_2 和 VD_3 都不导通。此时输出和输入的关系为

$$U_o = -\frac{R_F}{R_{11}}U_1 = \frac{R_F}{R_{11}}U_i \qquad (13-10)$$

如图 $13-10$ 的 Oa 段所示。他是一段过原点的直线段，斜率为 $\dfrac{R_F}{R_{11}}$。

当 $U_{i1} < U_i < U_{i2}$ 时，VD_2 导通，VD_3 截止。电阻 R_{11} 和 R_{12} 并联，第二级成为反相加法器。输出电压为

$$U_o = -\left(\frac{R_F}{R_{11} /\!/ R_{12}}U_1 + \frac{R_F}{R_{22}}U_R\right) = \frac{R_F}{R_{11} /\!/ R_{12}}U_i - \frac{R_F}{R_{22}}U_R$$

$$(13-11)$$

此时输出-输入电压关系如图 13-10 的 ab 段所示。线段的斜率为 $\frac{R_F}{R_{11} /\!/ R_{12}}$，线段的延长线在纵轴上的截距为 $-\frac{R_F}{R_{22}}U_R$，转折点电压可由分压关系求得

$$U_R - \frac{U_R - U_{11}}{R_{22} + R_{12}}R_{22} = 0$$

$$U_{i1} = -U_{11} = \frac{R_{12}}{R_{22}}U_R$$

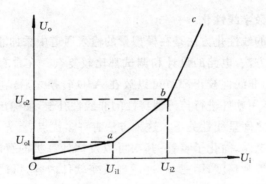

图 13-10　斜率渐增型折线函数

当 $U_i > U_{i2}$ 时，VD_2，VD_3 都导通，电阻 R_{11}，R_{12} 和 R_{13} 并联，输出电压为

$$U_o = \frac{R_F}{R_{11} /\!/ R_{12} /\!/ R_{13}}U_i - \left(\frac{R_F}{R_{22}} + \frac{R_F}{R_{23}}\right)U_R \qquad (13-12)$$

对应的输出-输入电压关系如图 13-10 的 bc 段所示。直线的斜率为 $\frac{R_F}{R_{11} /\!/ R_{12} /\!/ R_{13}}$，在纵轴上的截距为 $-\left(\frac{R_F}{R_{22}} + \frac{R_F}{R_{23}}\right)U_R$，转折点电压 $U_{i2} = \frac{R_{13}}{R_{23}}U_R$。

由上面的讨论可知，三段直线的斜率分别为 $\frac{R_F}{R_{11}}$，$\frac{R_F}{R_{11} /\!/ R_{12}}$ 及 $\frac{R_F}{R_{11} /\!/ R_{12} /\!/ R_{13}}$，逐渐增大，直线在纵轴上的截距分布为零，$-\frac{R_F}{R_{22}}U_R$ 及

$-(\dfrac{R_F}{R_{22}} + \dfrac{R_F}{R_{23}})U_R$。可通过调节 R_{11}，R_{12} 和 R_{13} 来确定各段直线斜率。在此基础上通过调节 R_{22}，R_{23} 来改变截距（或转折点电压）。

在上述两个电路的介绍中，为了分析简便而假设二极管为理想二极管。但在实际使用中，一定要考虑二极管的压降。在一些精密测量中，甚至还要考虑到二极管的压降会随温度变化，并由此为每个二极管引入一个运放，构成精密折线函数电路。这类电路可参阅相关的文献和参考书。

在用直线段逼近非线性函数时，需要选几段直线来逼近原函数，要根据函数的非线性程度及测量精度要求来决定，一般非线性程度越严重，精度要求越高则线段应选得多，反之线段选得少。

如果一个非线性函数既有上翘部分又有下弯部分，则需将前面讨论的两种电路结合起来使用。

13.1.2 数字线性化

上面介绍的线性化方法是在模拟量的输入通道中添加非线性补偿电路。采用这种方法，电路的设计和调试都比较复杂。在含有微型计算机的测量系统中，非线性校正环节可以放在 A/D 转换之后，利用计算机处理数据的能力，用软件进行传感器特性的非线性补偿，使输出的数字量与被测的物理量之间呈线性关系。这种方法有许多优点，首先，它可省去复杂的硬件补偿电路，简化了装置；其次可以发挥计算机的智能作用，提高了检测的准确性和精度；第三，通过适当改变软件内容，可以对不同性质的传感器特性进行补偿，并可以利用一台微机对多个通道、多个参数进行补偿。采用软件实现数据线性化，常用方法有计算法、查表法、插值法和拟合法等，下面分别予以介绍。

1. 计算法

当传感器的输出与输入量之间有确定的数学表达式时，就可采用计算法进行非线性补偿。计算法就是在软件中编制一段实现数学表达式的计算程序，当被测参量经过放大，滤波和 A/D 变换后，直接用计算程序对其进行计算，计算后的数值即为经过线性化处理的输出量。其框图如图 13 - 11 所示。

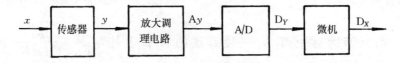

图 13 - 11　计算法实现非线性校正的框图

例如用热敏电阻测温,传感器的输入和输出的关系为 $R_\mathrm{T}=R_0\exp(\frac{B}{T}$ $-\frac{B}{T_0})$。由于输入和输出间的非线性关系有确切的数学表达式。所以可以用计算法进行非线性补偿。传感器的输出为电阻 R_T,经放大调理电路得到一个与电阻 R_T 成正比的电压 $U_\mathrm{o}=KR_\mathrm{T}$。经 A/D 转换送入微机,而微机只需将此数值代入原来的非线性函数的反函数式中进行计算,就可以得到线性的输出结果,即

$$T = B(\frac{B}{T_0} + \ln \frac{R_\mathrm{T}}{R_0})^{-1} = B(\frac{B}{T_0} + \ln \frac{U_\mathrm{o}}{KR_0})^{-1} \qquad (13-13)$$

2. 查表法

当传感器的输出与输入为非线性关系,且无法用一个数学表达式来描述时,就不能采用上述方法。有时虽然有数学表达式,但涉及到指数、对数、三角函数等较复杂的计算,用计算法不仅程序冗长,而且费时,更何况有时微机无现成的程序可调用(如单片机、单板机等),在这些情况下可采用查表法。

这种方法就是把测量范围内参量变化分成若干等分点,然后,由小到大顺序计算或测量出这些等分点相对应的输出数值,这些等分点和其对应输出数据组成一张表格,把这张数据表格存放在计算机的存储器中。软件处理方法是在程序中编制一段查表程序,当被测参量经采样等转换后,通过查表程序,直接从表中查出对应的输出数值。

在实际测量时,输入参量往往并不正好与表格数据相等,一般介于某两个表格数据之间,若不作插值计算,仍按其最相近的数据所对应的输出数值作为结果,必然有较大的误差。所以查表法大都用于测量范围比较窄,对应的输出量间距比较小的列表数据,例如室温用数字式温度计等。不过,此法也常用于测量范围较大,但对精度要求不高的情况下。应该指出,这是一种常用的基本方法。

查表法的优点是速度快,编程简单。但查表法的转换精度与表格的密度直接相关,表格越密、数据越多则精度越高。反之则误差较大。另外,表格的密度高,数据多,就要占用相当大的内存,会使前期的表格制作工作量很大。因此,工程上常采用插值法代替单纯查表法,以减少标定点,对标定点之间的数据采用各种插值计算来减少误差,提高精度。

3. 线性插值法

插值法是计算法和查表法的结合,是使用较多的一种方法。

设传感器的输出-输入特性如图 13-12 所示。x 为被测参量,y 为输出电量,它们呈非线性关系。根据精度的要求,把曲线分为 n 段,用实验

或计算的方法得到各分段点输出和输入的对应值(坐标值)。将这些对应值(x_1,y_1),…,(x_n,y_n)编制成表格存储起来。实际的传感器输出值y_i,一定落在某个区间(y_k,y_{k+1})之内,即$y_k<y_i<y_{k+1}$。插值法就是用一段简单的曲线,近似代替这段区间里的实际曲线,随后由简单曲线的表达式计算出被测量x_i。线性插值法则是用(x_k,y_k)和(x_{k+1},y_{k+1})两点间的直线。近似代替两点间的函数曲线,此时被测量的计算公式为:

$$x_i = x_k + \frac{x_{k+1} - x_k}{y_{k+1} - y_k}(y_i - y_k) = x_k + K_k(y_i - y_k) \quad (13-14)$$

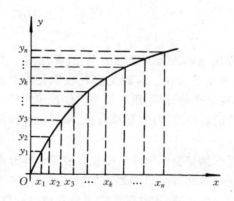

图 13 - 12　传感器的输出-输入特性

其算法流程如图 13 - 13 所示,先用查表法找出y_i所在区间,再用计算法

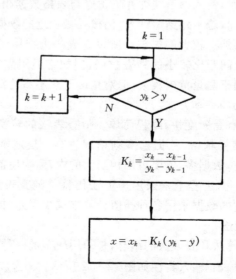

图 13 - 13　线性插值计算流程图

算出 x_i。

4. 二次插值法(抛物线插值法)

线性插值法仅仅利用两个结点上的信息,一般精度较低。为了在不增加分段数的条件下改善精度,可以采用二次插值法。它的基本思想是利用 n 段抛物线(每段抛物线通过三个相邻的插值结点)替代原函数 $y=f(x)$,从而实现非线性校正。可以证明,二次插值法的 x_i 计算公式为:

$$x_i = \frac{(y_i - y_{k+1})(y_i - y_{k+2})}{(y_k - y_{k+1})(y_k - y_{k+2})}x_k + \frac{(y_i - y_k)(y_i - y_{k+2})}{(y_{k+1} - y_k)(y_{k+1} - y_{k+2})}x_{k+1}$$

$$+ \frac{(y_i - y_k)(y_i - y_{k+1})}{(y_{k+2} - y_k)(y_{k+2} - y_{k+1})}x_{k+2} \qquad (13-15)$$

它和线性插值不同之处,仅仅在于用抛物线代替直线,这样做的结果是计算值有可能更接近实际的函数值。

5. 曲线拟合法

在使用计算法校正非线性时,需要有非线性函数关系的解析表达式。在无法写出解析表达式时,则可用能写出解析表达式的 n 段直线或 n 段抛物线去近似原函数关系,即线性插值法和二次插值法。曲线拟合法则是用一个 n 次多项式曲线来逼近非线性曲线。如图 13 - 14 所示。

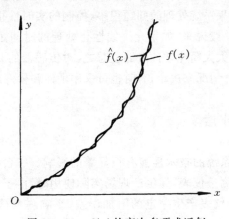

图 13 - 14　$f(x)$ 的高次多项式近似

n 次多项式的一般形式为:

$$\hat{f}(y) = a_0 + a_1 y + a_2 y^2 + \cdots + a_n y^n \qquad (13-16)$$

多项式的系数 $a_0, a_1, a_2, \cdots, a_n$ 可用最小二乘法确定,即对非线性的测量系统进行标定,得到 N 个标定点(或在已知的函数曲线上选 N 个点)。对每一个点都有一个实际的输出值 y_i 和输入值 x_i,用多项式由 y_i 算出的近似

值 $\hat{x}_i = a_0 + a_1 y_i + a_2 y_i^2 + \cdots + a_n y_i^n$ 最小二乘法来确定系数的原则是使

$$Z^2 = \sum_{i=1}^{N} [x_i - \hat{x}_i]^2 =$$

$$\sum_{i=1}^{N} [x_i - (a_0 + a_1 y_i + a_2 y_i^2 + \cdots + a_n y_i^n)]^2$$

为最小。所以令

$$\frac{\partial Z^2(a_0, a_1, \cdots, a_n)}{\partial a_0} = 0$$

$$\frac{\partial Z^2(a_0, a_1, \cdots, a_n)}{\partial a_1} = 0$$

$$\vdots$$

$$\frac{\partial Z^2(a_0, a_1, \cdots, a_n)}{\partial a_n} = 0$$

从这个 $n+1$ 方程中就可解出 $a_0, a_1, \cdots, a_n$ 等 $n+1$ 个系数。有了非线性测量系统反函数的 n 次多项式近似表达式,就可利用此表达式编写计算法非线性校正程序。

用软件进行线性化处理,不论采用哪种方法,都要花费一定的程序运行时间,因此,这种方法也并不是在任何情况下都是优越的。特别是在实时控制系统中,如果系统处理的问题很多,控制的实时性很强时,采用硬件处理是合适的。一般说来,如果允许线性化处理的时间足够时,应尽量采用软件方法,从而大大简化硬件电路。总之,对传感器的非线性补偿方法,应根据系统的具体情况来决定,有时也可采用硬件和软件兼用的方法。

13.2 温度补偿

温度对测量系统的技术性能有很显著的影响。一台在实验室或恒温条件下调试好的测量仪表,到生产现场实际使用时,由于外界环境温度的变化,将会使测量仪表产生一定的附加误差,影响测量精度,因此有必要对温度进行补偿,本节对此作专题讨论。

13.2.1 温度补偿原理

测量仪表一般由传感器、放大器、调理电路和显示器等单元组成,这些单元在温度变化时,其技术性能都会产生不同程度的变化,尤其是传感器受温度影响更为显著。如电感式传感器,当周围环境温度升高时,线圈电阻变大,磁场强度减弱及气隙间的磁感应强度减小等,使特性变化。不仅如此,温度上升还会引起零部件热胀,使传感器的机械尺寸产生变形,亦将使特性变化。又如在光电转换中,由于温度升高,光电元件的暗电流增大,会产生误动作。在应变测量中,一种电阻值 $R=145\ \Omega$,电阻丝的应变灵敏系数为 2.375 的 6CT 型电阻应变片,粘贴在铝质试件上,当温度变化 1 ℃,虚假应变可达 48 $\mu\varepsilon$,相当于试件受到 33.6 kg/cm^2 的应力。对于测量电路而言,二极管和三极管的特性参数,电阻的阻值等也都随温度变化,因此造成放大器的放大倍数不稳定及使直流放大器产生零点漂移,这些也都会引起测量仪表的附加误差。

为此,我们必须采取各种措施,以抵消或削弱环境温度变化对仪表特性的影响,这就叫温度补偿。

为了讨论环境温度对仪表工作的影响,图 13 - 15 所示框图表示仪表的输入量(即被测量)x、环境温度T 与仪表输出量 y 之间的关系。仪

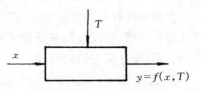

图 13 - 15 温度 T 对仪表输出的影响

表的输出量 y 是输入量 x 和环境温度 T 的函数,$y=f(x,T)$。当仪表的输出量 x 与输入量 y 之间是非线性关系时,其函数表达式可表示为

$$y = f(x,T) = a_0(T) + a_1(T)x + a_2(T)x^2 + \cdots + a_n(T)x^n$$
$$(13-17)$$

式中 $a_0(T)$——输入量 x 为零时,仪表的输出值;

$a_i(T)$——仪表各次分量的传递系数($1\sim n$)。

在某一输入量 x 下,由温度变化引起的仪表输出变化的灵敏度可表示为

$$S_T = \frac{\mathrm{d}f(x,T)}{\mathrm{d}T} = \frac{\mathrm{d}a_0(T)}{\mathrm{d}T} + \frac{\mathrm{d}a_1(T)}{\mathrm{d}T}x + \frac{\mathrm{d}a_2(T)}{\mathrm{d}T}x^2 + \cdots + \frac{\mathrm{d}a_n(T)}{\mathrm{d}T}x^n$$

式中 $\dfrac{da_0(T)}{dT}$——仪表零点随温度的变化率;

$\dfrac{da_i(T)}{dT}$——仪表各次分量的传递系数随温度的变化率。

为便于分析,若略去 x 的高次项,只取一次分量,即近似地把系统看成线性系统,则上式可简化为

$$S_T \approx \frac{\mathrm{d}a_0(T)}{\mathrm{d}T} + \frac{\mathrm{d}a_1(T)}{\mathrm{d}T}x \qquad (13-18)$$

式中$\dfrac{da_1(T)}{dT}$为仪表输出特性曲线斜率随温度的变化率,它的大小反

映了仪表灵敏度随温度变化的大小。

由式(13-18)可见，温度变化引起零点温漂和仪表灵敏度变化。要减小温度对仪表的影响，也得从上述两个方面着手，即设法使

$$\frac{\mathrm{d}a_0(T)}{\mathrm{d}T}\approx 0 \qquad (13-19)$$

$$\frac{\mathrm{d}a_1(T)}{\mathrm{d}T}\approx 0 \qquad (13-20)$$

13.2.2　温度补偿方法

实现温度补偿的方法很多，常用的形式有自补偿、并联补偿和反馈式补偿等，本节简要介绍它们的原理。

1. 自补偿

自补偿是利用传感器元件本身一些特殊结构，来达到消除温度影响，即满足式(13-19)和(13-20)。例如组合式温度自补偿应变片就是这类元件，其结构

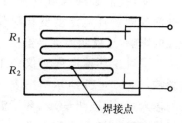

图 13-16　自补偿应变片

参见图 13-16。它是利用电阻材料的电阻温度系数有正有负的特性，将两种不同的电阻丝栅(R_1,R_2)串联制成一个应变片，温度变化时，两段电阻丝栅随温度变化，产生两个大小相等，符号相反的增量，即满足$-(\Delta R_1)_T=(\Delta R_2)_T$，从而实现温度补偿。两段丝栅的电阻大小，可按下式选择

$$\frac{R_1}{R_2}=\frac{\left(\frac{\Delta R_2}{R_2}\right)_T}{\left(\frac{\Delta R_1}{R_1}\right)_T}=\frac{\alpha_{R2}}{\alpha_{R1}} \qquad (13-21)$$

式中 α_{R1} 和 α_{R2} 分别为两种电阻的电阻温度系数($\alpha_R=\frac{\Delta R}{R}\Big/T$)。

2. 并联补偿

并联补偿是在原有的测量系统中，人为地增加一个温度补偿环节，该补偿环节与主测量系统并行相联，其目的是使它们的合成输出不随环境温度变化。其框图如图 13-17 所示。

设温度补偿环节的输出特性为 $y'=a'_0(T)+a'_1(T)x$。按

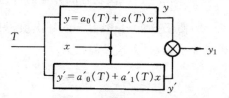

图 13-17　并联补偿结构框图

图 13-17 所示的框图,可以写出其总输出增量 Δy_1 与输入量 x 及温度 T 的增量之间的关系式为

$$\Delta y_1 = \Delta y + \Delta y' = \left[\frac{da_0(T)}{d(T)} + \frac{da_1(T)}{d(T)}x\right]\Delta T + a_1(T)\Delta x$$

$$+ \left[\frac{da'_0 T}{dT} + \frac{da'_1 T}{dT}x\right]\Delta T + a'_1(T)\Delta x$$

$$= \left[\frac{da_0(T)}{dT} + \frac{da'_0(T)}{dT}\right]\Delta T + x\left[\frac{da_1(T)}{d(T)} + \frac{da'_1(T)}{dT}\right]\Delta T$$

$$+ \left[a_1(T) + a'_1(T)\right]\Delta x \qquad (13-22)$$

从式 13-22 可见,为了实现温度补偿,使仪表输出与温度变化无关,应使

$$\frac{da_0(T)}{dT} = -\frac{da'_0(T)}{dT}$$

$$\frac{da_1(T)}{dT} = -\frac{da'_1(T)}{dT} \qquad (13-23)$$

于是 $\Delta y_1 = \left[a'_1(T) + a_1(T)\right]\Delta x$,输出增量只与输入增量有关,其中 $\left[a'_1(T) + a_1(T)\right]$ 是实现温度补偿后的测量灵敏度,当 $a'_1(T) = a_1(T)$ 时,灵敏度为 $2a(T)$。

由此可见,在进行并联补偿时,须满足下列条件:

① 补偿环节输出对温度的反应与被补偿环节输出对温度的反应大小相等,符号相反,才可能实现全补偿。实际上就是两个温度性能相反的传感器,在同一温度条件下,作差动输出。但有时由于两个环节的温度性能和温度变化,不可能完全相同,因此在工程上有时只能做到在某些点实现全补偿。

② 补偿环节对输入量 x 的反应与被补偿环节对 x 的反应符号相同,以提高灵敏度。

例如在应变测量中采用半桥(或全桥)电路,其原因之一就是它们具有温度补偿功能。

由图 13-18 所示半桥电路可知其输出电压

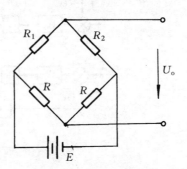

图 13-18   半桥电路

$$U_o = E\left(\frac{R_2}{R_1 + R_2} - \frac{1}{2}\right)$$

$$= \frac{E}{2}\frac{R_2 - R_1}{R_2 + R_1} \qquad (13-24)$$

则有

$$\frac{\mathrm{d}a_0(T)}{\mathrm{d}T} + \frac{\mathrm{d}a_0'(T)}{\mathrm{d}T} = \frac{\mathrm{d}}{\mathrm{d}T}\left[\frac{E}{2}\frac{R_2(T)-R_1(T)}{R_2(T)+R_1(T)}\right]_{\varepsilon=0}$$

当两个应变片的特性相同(电阻值、电阻温度系数相同),即 $R_1(T)$ $= R_2(T)$,$\dfrac{\mathrm{d}R_1(T)}{\mathrm{d}T} = \dfrac{\mathrm{d}R_2(T)}{\mathrm{d}T}$,则满足式 $\dfrac{\mathrm{d}a_0(T)}{\mathrm{d}T} + \dfrac{\mathrm{d}a_0'(T)}{\mathrm{d}T} = 0$ 即实现了零点温漂的全补偿。

要实现灵敏度系数温度漂移的补偿,则要求 $\dfrac{\mathrm{d}a_1(T)}{\mathrm{d}T}$ 与 $\dfrac{\mathrm{d}a_1'(T)}{\mathrm{d}T}$ 符号相反。即温度变化时一个通道的灵敏度增加而另一个通道的灵敏度减小,两者进行补偿。但应变测量的半桥电路中 $\dfrac{\mathrm{d}a_1(T)}{\mathrm{d}T}$ 与 $\dfrac{\mathrm{d}a_1'(T)}{\mathrm{d}T}$ 具有相同的符号,所以半桥和全桥电路只有零点漂移补偿作用而没有灵敏度漂移的补偿作用。

3. 反馈式补偿

反馈式温度补偿就是应用负反馈原理,通过自动调整过程,使仪表的零点和灵敏度尽可能不随环境温度而变化。图 13-19 是反馈式温度补偿的原理框图。图中 M_0 和 M_1 分别是仪表零点 $a_0(T)$ 和灵敏度 $a_1(T)$ 的检测环节;B_0,B_1 是信号变换环节,其输出是能反映 $a_0(T)$ 和 $a_1(T)$ 的电压信号 U_{fa0} 和 U_{fa1};U_{a0} 和 U_{a1} 是给定的参比电压;A_0,A_1 是电子放大器;D_0,D_1 是执行环节;仪表补偿部分的特性是 $y = f(x, T, x_{a0}, x_{a1})$。

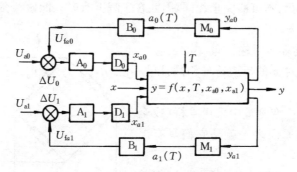

图 13-19   反馈式温度补偿原理框图

由图 13-19 可见,反馈式温度补偿的关键问题是:

① 如何将仪表的输出零点 $a_0(T)$、灵敏度 $a_1(T)$ 通过 M_0,M_1 检测出来,并经 B_0,B_1 变换成电压信号 U_{fa0} 和 U_{fa1}。

② 如何用 A_0,A_1 的输出,通过 D_0,D_1 产生控制作用,自动改变

$a_0(T)$ 和 $a_1(T)$，以达到自动补偿环境温度 T 对 $a_0(T)$ 和 $a_1(T)$ 的影响。

　　当采用硬件电路进行反馈式温度补偿时，应先通过理论分析，找出仪表刻度方程的表达式，进而分析刻度方程，找出能反映 $a_0(T)$ 和 $a_1(T)$ 值变化的参数，最后确定控制 $a_0(T)$ 和 $a_1(T)$ 的手段。

　　智能测试系统常通过软件来实现温度的反馈式补偿，例如压阻式压力传感器，由于它是由半导体材料制成的，故其特性受环境温度影响较大，传感器的零位温度漂移特性和灵敏度温度漂移如图 13-20 和图 13-21 所示。只要传感器的温度特性具有稳定的重复性，微机就可由温度信号，通过图 13-20 和图 13-21 所示的零位温漂特性和灵敏度温漂特性求得 $a_0(T)$ 和 $a_1(T)$。根据已知的 $a_0(T)$ 和 $a_1(T)$，计算机可对信号数据进行简单的加减以补偿零点漂移，对信号数据简单的乘以系数来进行灵敏度漂移补偿。

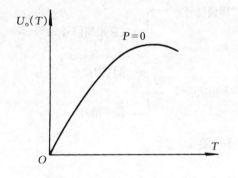

图 13-20　压阻传感器的零位漂移

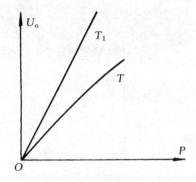

图 13-21　压阻传感器的灵敏度漂移

第 14 章　信号分析和处理基础

14.1　信号概述

由于被测对象是各种各样的,所以由各种传感器或放大和调理电路输出的信号也是各不相同的,按信号随时间变化的特点可分类如下:

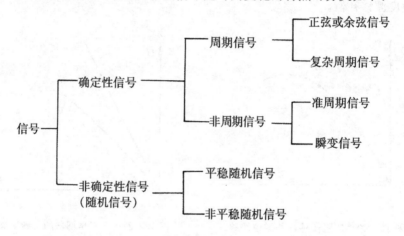

可以用明确的数学关系式描述的信号称为确定性信号,它可以进一步分为周期信号和非周期信号。

最简单的周期信号是正(余)弦信号,它可以用幅值、频率和初相角三个参数加以描述。除了正(余)弦波以外还有各种矩形波、三角波、锯齿波、脉冲波以及其它形式的周期信号。我们可以在时域用一个时间的周期函数来描述这样一种周期信号,也可以用傅里叶级数将其分解为平均值、基波和它的各次谐波。即用平均值、基波及其各次谐波的幅值和初相来描述周期信号。

非周期信号指在时域上不按周期重复出现的,但仍可用明确的数学关系式描述的信号,它包括准周期信号和瞬变非周期信号。

准周期信号是由有限个周期信号合成的,但各周期信号的频率比不是有理数,所以没有周期的整数公倍数,即没有共同的周期。它们在合成后不可能经过某一周期重演,所以不是周期信号。这种信号的频谱和周期信号类似为离散谱,所以称为准周期信号。

除了准周期信号以外的非周期信号都属于瞬变非周期信号,我们通常所说的非周期信号就是指这种信号。非确定性信号又称为随机信号,它无法用确切的数学关系式描述,其幅值、频率和相位的变化都是随机的,我们往往用统计参数的概念和数学公式描述它们。

14.1.1　周期信号

满足下列关系的信号为周期信号。

$$x(t) = x(t + nT)$$

$$n = \pm 1, \pm 2, \cdots \tag{14-1}$$

周期信号每隔一定的时间 T 又重复出现同一值,时间 T 则是该周期信号的周期。最简单的周期信号为正弦信号

$$x(t) = A\sin(\omega t + \varphi)$$

这里 A 为正弦信号的幅值,ω 为正弦信号的角频率,φ 为正弦信号的初相角。利用这三个基本要素就可以确切地描述一个正弦信号,并使问题简单化。在电路分析中正是利用三要素来描述交流电压和交流电流,使交流电路的分析变得简便可行。

除了简单的正弦信号外,常见的还有许多其它的周期信号,例如矩形波、三角波、锯齿波、各种形式的周期脉冲波等等,一般的工程技术中所遇到的周期信号都能满足狄里赫利条件,所以都可以用傅里叶级数展开

$$x(t) = a_0 + \sum_{k=1}^{\infty} (a_k \cos k\omega_0 t + b_k \sin k\omega_0 t) \tag{14-2}$$

其中
$$a_0 = \frac{1}{T} \int_0^T x(t)\,\mathrm{d}t \tag{14-3}$$

$$a_k = \frac{2}{T} \int_0^T x(t) \cos k\omega_0 t\,\mathrm{d}t \tag{14-4}$$

$$b_k = \frac{2}{T} \int_0^T x(t) \sin k\omega_0 t\,\mathrm{d}t \tag{14-5}$$

T 是非正弦周期信号的周期,$\omega_0 = \dfrac{2\pi}{T}$ 为周期信号的基频。

若令
$$a_k = A_k \sin\varphi_k, \quad b_k = A_k \cos\varphi_k,$$

则
$$x(t) = a_0 + \sum_{k=1}^{\infty} (A_k \sin(k\omega_0 t + \varphi_k)) \tag{14-6}$$

式中 $\qquad A_k = \sqrt{a_k^2 + b_k^2}, \quad \varphi_k = \arctan(\frac{a_k}{b_k})$ $\qquad (14-7)$

可见一个周期信号可以用该信号的平均值 a_0 及各频率成分(包括基波和各次谐波)的幅值 $A_1, A_2, \cdots, A_k \cdots$ 和初相位 $\varphi_1, \varphi_2, \cdots, \varphi_k \cdots$ 来描述。

例如图 14-1 所示的周期性矩形波信号

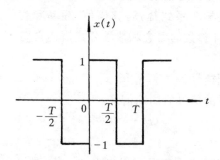

图 14-1 周期性非对称矩形波

$$ x(t) = \begin{cases} 1 & (KT < t < KT + \dfrac{T}{2}) \\[2mm] 0 & (t = KT, KT + \dfrac{T}{2}) \qquad (K = 0, \pm 1, \pm 2, \cdots) \\[2mm] -1 & KT - \dfrac{T}{2} < t < KT) \end{cases} $$

上述周期信号用傅里叶级数展开。并由式(14-3),(14-4),(14-5),(14-7)求出 a_0, A_k 及 φ_k,得到其展开傅里叶级数式为:

$$ x(t) = \frac{4}{\pi}(\sin\omega_0 t + \frac{1}{3}\sin 3\omega_0 t + \frac{1}{5}\sin 5\omega_0 t + \cdots + \frac{1}{k}\sin k\omega_0 t + \cdots) $$

我们把信号中各次谐波的幅值和相位随频率不同而变化的规律叫信号的频谱特性,其中幅值随频率变化的规律为幅值频谱特性,相位随频率变化的规律为相位频谱特性。以频率为横坐标,以对应的幅值或相位为纵坐标画出的图形叫做信号的频谱图。

周期性非对称矩形波的幅值频谱如图 14-2 所示。

傅里叶级数除了用三角函数表示外还可以用复指数形式表示,根据欧拉公式:

$$ \cos k\omega_0 t = \frac{1}{2}(\mathrm{e}^{-\mathrm{j}k\omega_0 t} + \mathrm{e}^{\mathrm{j}k\omega_0 t}) $$

$$ \sin k\omega_0 t = \frac{\mathrm{j}}{2}(\mathrm{e}^{-\mathrm{j}k\omega_0 t} - \mathrm{e}^{\mathrm{j}k\omega_0 t}) \qquad (14-8) $$

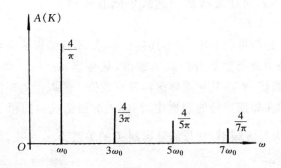

图 14-2 周期性矩形波的幅值频谱

将此式代入式(14-2)得：

$$x(t) = a_0 + \sum_{k=1}^{\infty} (a_k \cos k\omega_0 t + b_k \sin k\omega_0 t)$$

$$= a_0 + \sum_{k=1}^{\infty} \left[\frac{a_k}{2} (\mathrm{e}^{-\mathrm{j}k\omega_0 t} + \mathrm{e}^{\mathrm{j}k\omega_0 t}) + \frac{\mathrm{j}b_k}{2} (\mathrm{e}^{-\mathrm{j}k\omega_0 t} - \mathrm{e}^{\mathrm{j}k\omega_0 t}) \right]$$

$$= a_0 + \sum_{k=1}^{\infty} \left[\frac{a_k - \mathrm{j}b_k}{2} \mathrm{e}^{\mathrm{j}k\omega_0 t} + \frac{a_k + \mathrm{j}b_k}{2} \mathrm{e}^{-\mathrm{j}k\omega_0 t} \right]$$

令　　　　$C_0 = a_0, \quad C_k = \dfrac{a_k - \mathrm{j}b_k}{2}, \quad C_{-k} = \dfrac{a_k + \mathrm{j}b_k}{2}$

则　　　　$x(t) = C_0 + \sum_{k=1}^{\infty} \left[C_k \mathrm{e}^{\mathrm{j}k\omega_0 t} + C_{-k} \mathrm{e}^{-\mathrm{j}k\omega_0 t} \right]$

或　　　　$x(t) = \sum_{k=-\infty}^{\infty} C_k \mathrm{e}^{\mathrm{j}k\omega_0 t}$　　　　　　(14-9)

其中 C_k 可由下式计算

$$C_k = \frac{1}{T} \int_{-T/2}^{T/2} x(t) \mathrm{e}^{-\mathrm{j}k\omega_0 t} \mathrm{d}t \qquad (14-10)$$

也可表示为　　$C_k = |C_k| \mathrm{e}^{\mathrm{j}\varphi_k}$

$$|C_k| = \frac{A_k}{2} = \frac{1}{2} \sqrt{a_k^2 + b_k^2}$$

$$\varphi_k = \arctan\left(\frac{a_k}{b_k}\right)$$

　　由于在信号的傅里叶级数三角函数展开式(式 14-6)中 $k \geqslant 0$，所以三角函数展开式的频谱为单边频谱，而信号的傅里叶级数的复指数展开式(式 14-9)中 k 是从 $-\infty$ 到 $+\infty$，所以复指数展开式的频谱为双边频谱，即对于某一频率 $k\omega_0$ 的分量在三角函数表达式中只有一项

$A_k \sin(k\omega_0 t + \varphi_k)$，而在复指数表达式中则有两项 $C_{-k} \mathrm{e}^{-jk\omega_0 t} + C_k \mathrm{e}^{jk\omega_0 t}$ 但 $|C_{-k}| = |C_k| = A_k/2$。

由前面的分析可以看出：①对周期性信号，不管是以三角函数展开的单边频谱还是用复指数展开的双边频谱，只有当 $\omega = k\omega_0$（而 k 为整数）时，频谱才有数值，而在其它点频谱都没有数值。所以说周期信号的频谱是离散谱。②在周期信号的频谱中，相邻的两根谱线的间距 $\Delta\omega = \omega_0$，我们常把 ω_0 称为基波频率，它与信号周期 T 的关系为 $\omega_0 = \dfrac{2\pi}{T}$，可见周期越大则谱线越密集。

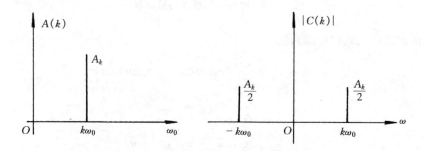

图 14 - 3　单边频谱与双边频谱

14.1.2　非周期性信号的频谱

非周期信号由于没有重复周期，所以无法用傅里叶级数展开。但如果把非周期信号看成是重复周期为无穷大的周期信号，根据式（14 - 9）和（14 - 10）有

$$x(t) = \lim_{T \to \infty} \sum_{k=-\infty}^{\infty} C_k \mathrm{e}^{jk\omega_0 t} \qquad (14-11)$$

$$C_k = \lim_{T \to \infty} \frac{1}{T} \int_{-T/2}^{T/2} x(t) \mathrm{e}^{-jk\omega_0 t} \mathrm{d}t \qquad (14-12)$$

由前面讨论可知，当周期 T 趋于无穷大时，频谱谱线之间的间隔 $\Delta\omega = \omega_0 = \dfrac{2\pi}{T}$ 趋于零，信号的频谱无限密集，于是离散谱就变成了连续谱。同时，由于周期无穷大，信号中各频率分量的振幅 C_k 都是无穷小量，为此在式（14 - 12）两边同乘以周期 T，并令

$$X(\omega) = \lim_{T \to \infty} T C_k = \lim_{T \to \infty} \int_{T/2}^{T/2} x(t) \mathrm{e}^{-jk\omega_0 t} \mathrm{d}t$$

考虑到 $T \to \infty$ 时，$\omega_0 \to \mathrm{d}\omega$，$k\omega_0 \to \omega$

$$X(\omega) = \int_{-\infty}^{\infty} x(t) e^{-j\omega t} dt \qquad (14-13)$$

这里 $X(\omega)$ 称为信号 $x(t)$ 的频谱密度函数,简称频谱函数。式(14-13)
也可以写成

$$X(\omega) = |X(\omega)| e^{j\varphi(\omega)}$$

$|X(\omega)|$ 称为 $x(t)$ 的幅值谱,$\varphi(\omega)$ 称为 $x(t)$ 的相位谱,将此结果代入式
(14-11),并考虑到 $T \to \infty$ 时 $T = \dfrac{2\pi}{\omega_0} \to \dfrac{2\pi}{d\omega}$

$$x(t) = \lim_{T \to \infty} \sum_{k=-\infty}^{\infty} C_k e^{jk\omega_0 t} = \lim_{T \to \infty} \sum_{k=-\infty}^{\infty} \frac{X(\omega)}{T} e^{jk\omega_0 t}$$

$$= \frac{1}{2\pi} \int_{-\infty}^{\infty} X(\omega) e^{j\omega t} d\omega \qquad (14-14)$$

这就是非周期性信号 $x(t)$ 的傅里叶积分表达式,式(14-13)和式(14-14)构成一对傅里叶变换式。前者称为傅里叶正变换式,后者称为傅里反
变换式,分别记为:

$$X(\omega) = F\{x(t)\} = \int_{-\infty}^{\infty} x(t) e^{-j\omega t} dt$$

$$x(t) = F^{-1}\{X(\omega)\} = \frac{1}{2\pi} \int_{-\infty}^{\infty} X(\omega) e^{j\omega t} d\omega$$

傅里叶变换有许多性质,这些性质揭示了信号的时域特性和频域特性之
间某些方面的重要联系,这些性质的实际应用常使计算工作简化。表 14-1 列出了其中的一些主要性质。

表 14-1　傅里叶变换主要特性

性质名称	时域	频域
线性迭加性质	$ax(t) + by(t)$	$aX(\omega) + bY(\omega)$
对称性质	$X(t)$	$2\pi x(-\omega)$
尺度改变性质	$x(kt)$	$\dfrac{1}{k} X(\dfrac{\omega}{k})$
时移性质	$x(t \pm t_0)$	$X(\omega) e^{\pm j\omega t_0}$
频移性质	$x(t) e^{\mp j\omega_c t}$	$X(\omega \pm \omega_c)$
微分性质	$\dfrac{d^k x(t)}{dt^k}$	$(j\omega)^k X(\omega)$
积分性质	$\displaystyle\int_{-\infty}^{t} x(t) dt$	$\dfrac{1}{j\omega} X(\omega)$

性质名称	时域	频域
卷积性质	$x(t) * y(t)$ $x(t)y(t)$	$X(\omega)Y(\omega)$ $\dfrac{1}{2\pi}X(\omega) * Y(\omega)$
巴什瓦尔等式	$\displaystyle\int_{-\infty}^{\infty} [x(t)]^2 \,\mathrm{d}t = \dfrac{1}{2\pi}\int_{-\infty}^{\infty} |X(\omega)|^2 \,\mathrm{d}t$	

* 表示卷积符号

例 1 求单边指数函数 $\mathrm{e}^{-\alpha t}$ $(\alpha > 0, t \geqslant 0)$ 的频谱。

解：
$$X(\omega) = \int_{-\infty}^{\infty} x(t)\mathrm{e}^{-\mathrm{j}\omega t}\,\mathrm{d}t = \int_{0}^{\infty} \mathrm{e}^{-\alpha t}\mathrm{e}^{-\mathrm{j}\omega t}\,\mathrm{d}t$$
$$= \int_{0}^{\infty} \mathrm{e}^{-(\alpha+\mathrm{j}\omega)t}\,\mathrm{d}t = \frac{1}{\alpha + \mathrm{j}\omega} = \frac{1}{\sqrt{\alpha^2 + \omega^2}}\mathrm{e}^{-\mathrm{j}[\arctan\frac{\omega}{\alpha}]}$$

$\mathrm{e}^{-\alpha t}$ 的时域和频域表示分别如图 14 - 4 所示。

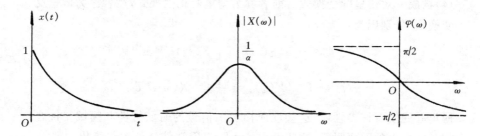

图 14 - 4 单边指数函数及其幅频谱和相频谱

例 2 求矩形脉冲图（矩形窗函数）的频谱。

矩形脉冲图形如图 14 - 5 所示，时域表达式为：

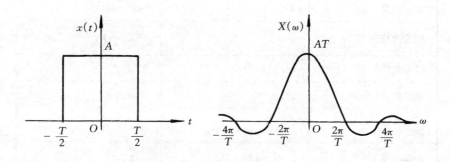

图 14 - 5 矩形脉冲函数及其频谱

$$x(t) \begin{cases} A & |t| \leqslant \dfrac{T}{2} \\ 0 & |t| > \dfrac{T}{2} \end{cases}$$

解：
$$X(\omega) = \int_{-\infty}^{\infty} x(t) e^{j\omega t} dt = \int_{T/2}^{T/2} A e^{-j\omega t} dt$$

$$= \frac{A}{-j\omega}(e^{-j\omega\frac{T}{2}} - e^{j\omega\frac{T}{2}}) = AT \frac{\sin(\omega\frac{T}{2})}{\omega\frac{T}{2}} = AT \operatorname{sinc} \frac{\omega T}{2}$$

其中函数 $\operatorname{sinc}(x) = \dfrac{\sin(x)}{x}$ 称为采样函数。

由于 $X(\omega)$ 是一个实数，没有虚部，所以其幅频谱为：

$$|X(\omega)| = AT |\operatorname{sinc} \frac{\omega T}{2}|$$

其相频谱为：

$$\varphi(\omega) = \arctan \frac{0}{AT \operatorname{sinc} \dfrac{\omega T}{2}}$$

其图形如图 14-6 所示。

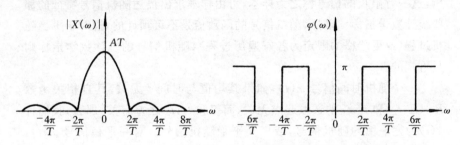

图 14-6 矩形脉冲函数的幅频谱和相频谱

例 3 求单位冲击函数的频谱。

解： 单位冲击函数的定义为：

$$\delta(t) = \begin{cases} \infty & t = 0 \\ 0 & t \neq 0 \end{cases}, \qquad \int_{-\infty}^{\infty} \delta(t) dt = 1$$

$$X(\omega) = \int_{-\infty}^{\infty} \delta(t) e^{-j\omega t} dt = 1$$

单位冲击函数 $\delta(t)$ 及其频谱如图 14-7 所示。

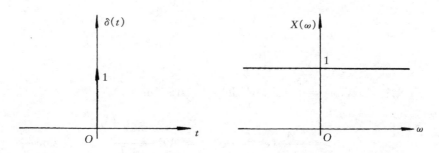

图 14-7　单位冲击函数 $\delta(t)$ 及其频谱

14.1.3　随机信号

随机信号是非确定性信号，它不是一个确定的时间函数，且幅值、相位的变化是不可预知的。例如，汽车奔驰时受道路作用而产生的振动，飞机在飞行时受大气湍流作用而发生的颠簸，树叶随风飘荡，环境噪声等这些物理过程中的很多信号都是随机信号。

由于随机信号的非确定性，对于一个无限长存在的随机信号似乎要用无限长的信号内容才能描述整个过程，得到分析结果。但这在实际情况中是不可能的，我们只能根据仪器的容量取一个有限长的信号来作分析，这一有限长的信号称之为样本，可由样本求出描述随机信号特征的那些统计数学指标。虽然，随机信号的函数值是不可预计的，但对于平稳随机过程（或更严格的限定为各态遍历过程），随机信号的统计数学指标则是可知的。

一个随机时间信号 $x(t)$，如果其均值与时间 t 无关，其自相关函数 $R_{xx}(t_1,t_2)$ 和 t_1,t_2 的选取起点无关，而仅和 t_1,t_2 之差有关，那么，我们称 $x(t)$ 为宽平稳的随机信号，或广义平稳随机信号。对一平稳信号 $x(t)$，如果它的所有样本函数在某一固定时刻的一阶和二阶统计特性和单一样本函数在长时间内的统计特性一致，我们则称 $x(t)$ 为各态遍历信号。

工程上的随机信号大多假设为各态遍历信号来处理，并能取得较好的结果。如果己知随机信号不是平稳随机信号，那就不能采用这种简化处理的方法，只好对整个过程进行检测，化随机信号为确定信号。

下面我们简要介绍随机信号的主要统计参数。

1. 平均值

平均值是随机信号的样本记录在整个时间坐标上的平均，即

$$\mu_x = E[x(t)] = \lim_{T \to \infty} \frac{1}{T} \int_0^T x(t)\,dt \qquad (14-15)$$

在实际处理时,由于无限长时间的采样是不可能的,所以,取有限长的样本作估计

$$\hat{\mu}_x = \frac{1}{T}\int_0^T x(t)\,\mathrm{d}t \tag{14-16}$$

平均值表示了信号中直流分量的大小。

2. 方均值

方均值是信号平方值的均值,或称平均功率,其表达式为:

$$\varphi_x^2 = E[x^2(t)] = \lim_{T\to\infty}\frac{1}{T}\int_0^T x^2(t)\,\mathrm{d}t \tag{14-17}$$

或

$$\hat{\varphi}_x^2 = \frac{1}{T}\int_0^T x^2(t)\,\mathrm{d}t \tag{14-18}$$

方均值表达式表示了信号的强度或功率。

方均值的正平方根称为方均根值 x_{rms},又称为有效值

$$\hat{x}_{\mathrm{rms}} = \sqrt{\hat{\varphi}_x^2} = \sqrt{\frac{1}{T}\int_0^T x^2(t)\,\mathrm{d}t} \tag{14-19}$$

它是信号平均能量(功率)的另一种表达。

3. 方　差

信号 $x(t)$ 的方差定义为:

$$\sigma_x^2 = E[(x(t) - E[x(t)])^2] = \lim_{T\to\infty}\frac{1}{T}\int_0^T [x(t) - \mu_x]^2\,\mathrm{d}t \tag{14-20}$$

显然方差是信号减去平均值后的方均值,所以它反映了信号相对于均值的分散程度。

均值 μ,方均值 φ_x^2 和方差 σ_x^2 三者之间具有下述关系:

$$\varphi_x^2 = \mu_x^2 + \sigma_x^2 \tag{14-21}$$

4. 概率密度函数

随机信号的概率密度函数定义为:

$$P(x) = \lim_{\Delta x\to 0}\frac{P[x < x(t) \leqslant x + \Delta x]}{\Delta x} \tag{14-22}$$

对于各态历经过程

$$P(x) = \lim_{\Delta x\to 0}\frac{1}{\Delta x}\lim_{T\to\infty}\frac{T_x}{T} \tag{14-23}$$

式中　$P[x < x(t) \leqslant \varphi + \Delta x]$ 表示瞬时值落在 Δx 范围内可能出现的概率;

　　　$T_x = \Delta t_1 + \Delta t_2 + \cdots$ 表示在 $0 \sim T$ 这段时间里,信号瞬时值落在 Δx

区间的时间,如图 14-8 所示,一般在有限长时间取样长度上求出其估计值。

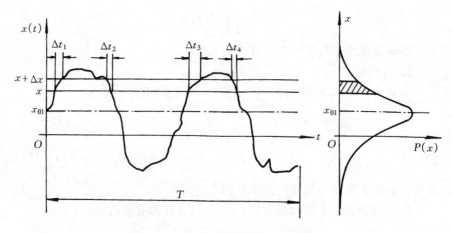

图 14-8　随机信号的概率密度函数

$$\hat{P}(x) = \frac{T_x}{T\Delta x} = \frac{\Delta t_1 + \Delta t_2 + \cdots}{T\Delta x}$$

5. 随机信号的相关函数

相关函数是描述两个信号之间的关系或其相似程度,也可以描述同一个信号的现在值与过去值的关系。

(1) 自相关函数。自相关函数 $R_{xx}(t)$ 是信号 $x(t)$ 与其经 τ 时移后得到的信号 $x(t+\tau)$ 相乘,再作积分平均运算,即

$$R_{xx}(\tau) = \lim_{T\to\infty} \frac{1}{T} \int_0^T x(t)x(t+\tau)\mathrm{d}t \qquad (14-24)$$

在实际处理时常用它的估计值

$$\hat{R}_{xx}(\tau) = \frac{1}{T} \int_0^T x(t)x(t+\tau)\mathrm{d}t \qquad (14-25)$$

(2) 互相关函数。两个随机信号的互相关函数定义为:

$$\hat{R}_{xy}(\tau) = \frac{1}{T} \int_0^T x(t)y(t+\tau)\mathrm{d}t \qquad (14-26)$$

(3) 相关系数函数。由于相关函数与信号 $x(t)$,$y(t)$ 本身的大小有关,所以仅根据相关函数值的大小并不能确切反映信号的相关程度。故把相关函数作归一化处理,除去信号本身幅值大小对度量结果的影响,引入相关系数函数。

自相关系数函数为：

$$P_{xx}(\tau) = \frac{R_{xx}(\tau)}{R_{xx}(0)} \qquad (14-27)$$

互相关系数函数为：

$$P_{xy}(\tau) = \frac{R_{xy}(\tau)}{\sqrt{R_{xx}(0)R_{yy}(0)}} \qquad (14-28)$$

其中 $R_{xx}(0)$ 和 $R_{yy}(0)$ 分别为时差 τ 取零值时自相关函数 $R_{xx}(\tau)$ 和 $R_{yy}(\tau)$ 的值。

6. 功率谱密度函数

随机信号是时域无限信号，不具备可积分条件，因此不能直接进行傅里叶变换，又因为随机信号的频率、幅值、相位都是随机的，因此，一般不作幅值谱和相位谱分析，而是用具有统计特性的功率谱密度来作谱分析。随机信号的自功率谱密度函数是其自相关函数的傅里叶变换。

$$S_x(\omega) = \int_{-\infty}^{\infty} R_{xx}(\tau)\mathrm{e}^{-j\omega\tau}\,\mathrm{d}\tau$$

所以

$$R_{xx}(\tau) \frac{1}{2\pi}\int_{-\infty}^{\infty} S_x(\omega)\mathrm{e}^{j\omega\tau}\,\mathrm{d}\omega \qquad (14-29)$$

同样可以定义两个随机信号之间的互功率谱密度函数

$$S_{xy}(\omega) = \int_{-\infty}^{\infty} R_{xy}(\tau)\mathrm{e}^{-j\omega\tau}\,\mathrm{d}\tau$$

$$R_{xy}(\tau) = \frac{1}{2\pi}\int_{-\infty}^{\infty} S_{xy}(\omega)\mathrm{e}^{-j\omega\tau}\,\mathrm{d}\omega \qquad (14-30)$$

利用谱密度函数可以定义相干函数 $\gamma_{xy}^2(\omega)$

$$\gamma_{xy}^2(\omega) = \frac{|S_{xy}(\omega)|^2}{S_x(\omega)S_y(\omega)} \qquad (14-31)$$

相干函数是在频域内鉴别两信号相关程度的指标。

14.2 测试系统特性

在第 1 章中，我们已对测量仪表或测量系统的特性及性能指标（主要是他们的静态特性）进行了讨论，这里我们针对系统的动态特性再作一些讨论。

系统特性的分析方法常分为时域分析法和频域分析法。时域分析法直接分析时间变量的函数，研究系统的时间响应特性，利用经典方法或用卷积积分方法求解常微分方程。频域分析法将时域函数变换成相应频域的函数,研究其频域特性。频域分析可将时域分析中的微分、积分运算转换为乘法、除法运算,在解决实际问题时,处理较为简单方便。

14.2.1　测试系统特性的频域描述和频率响应函数

一个线性系统如图 14-9 所示,它的输入信号为 $x(t)$,输出为 $y(t)$,输入和输出的关系可以用一个线性微分方程(把代数方程看作零阶微分方程)来描述,即系统的特性可以用一个线性微分方程来描述。如果对此微分方程作傅里叶变换,则 $x(t)$ 的傅里叶变换为 $X(\omega)$,$y(t)$ 的傅里叶变

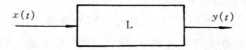

图 14-9　线性系统示意图

换为 $Y(\omega)$,则有

$$H(\omega) = \frac{Y(\omega)}{X(\omega)} \qquad (14-32)$$

$H(\omega)$ 称为系统的频率响应函数,简称频响函数。

例如在第 1 章中提到的动圈式仪表,它的输出是线圈或指针的偏转角度 $\theta(t)$,输入是流过仪表线圈的电流 $i(t)$,输出和输入的关系可用一个二阶微分方程来描述。

$$J \frac{d^2\theta}{dt^2} + D \frac{d\theta}{dt} + K_\theta \theta = \frac{K_\theta}{k} i; \qquad (14-33)$$

对此微分方程进行傅里叶变换

$$(j\omega)^2 J\Theta(\omega) + (j\omega)^2 D\Theta(\omega) + K_\theta \Theta(\omega) = \frac{K_\theta}{k} I(\omega)$$

可得动圈式仪表的频响函数

$$H(\omega) = \frac{\Theta(\omega)}{I(\omega)} = \frac{K_\theta/k}{J(j\omega)^2 + D(j\omega) + K_\theta}$$

$H(\omega)$ 是一个复数,可以把它分解为幅值和相位两方面的表达

$$H(\omega) = |H(\omega)| e^{j\varphi(\omega)}$$

其中 $H(\omega)$ 的模 $|H(\omega)|$ 称为系统的幅频特性,而 $H(\omega)$ 的相角 $\varphi(\omega)$ 称为系统的相频特性。

图 14-10 是式(14-33)所示方程中的系数取某一组特定值时,根据 $|H(\omega)|$ 和 $\varphi(\omega)$ 函数绘制的动圈式仪表的幅频特性曲线和相频特性曲线。

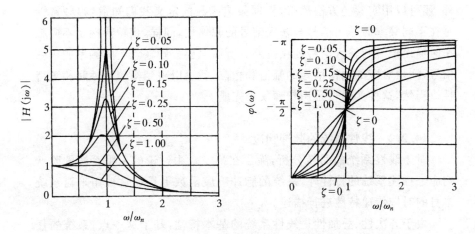

图 14 - 10　动圈式仪表的幅频特性曲线和相频特性曲线

实际作图时常用分贝数 dB($20\lg|H(\omega)|$)表示幅值坐标,而频率坐标采用对数分度,这样绘制的幅频特性和相频特性曲线称为波特(Bode)图,上述动圈式仪表的波特图如图 14 - 11 所示。

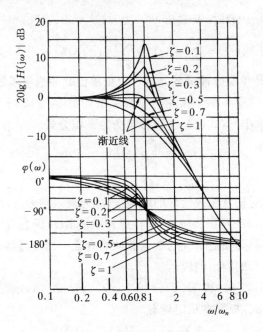

图 14 - 11　动圈式仪表的波特图

系统的频响函数除了可以由系统的微分方程通过傅里叶变换求得以

外,还可以用实验的方法测得,根据频响函数的定义我们知道:幅频特性是在不同频率时输出信号与输入信号的幅值比,同样,相频特性是不同频率时输出信号与输入信号的相位差。所以只要分别输入不同频率的正弦信号,测量对应的输出信号的幅值和相位,就可以得到幅频特性和相频特性。当然,这种实验可采用扫频仪来完成。

14.2.2 线性系统的脉冲响应

对于线性系统的时域分析,除了在第 1 章中讨论的采用系统的阶跃响应来描述系统的特性外,系统的脉冲响应函数更是经常被用来对系统本身的时域传递特性进行描述。

由于齐次性、叠加性是线性系统的基本特性,基于这一点,系统的任意输入信号 $x(t)$ 可以沿着时间轴以小间隔 Δt 等分为窄脉冲信号,而每一个窄脉冲信号 $x_i(t)$ 单独输入系统,都会在系统的输出得到相应的响应 $y_i(t)$,因为

$$x(t) = \sum_{i=0}^{n} x_i(t) \approx \sum_{i=0}^{n} x(t_i) \Delta t \delta(t - t_i) \qquad (14-34)$$

所以,当输入为 $x(t)$ 时,其输出 $y(t)$ 为:

$$y(t) = \sum_{i=0}^{n} y_i(t) \approx \sum_{i=0}^{n} x(t_i) \Delta t h(t - t_i) \qquad (14-35)$$

这里 $\delta(t-t_i)$ 是单位脉冲函数,$h(t-t_i)$ 是单位脉冲响应函数。

任意输入响应和单位脉冲响应的关系如图 14-12 所示。当时间间隔 Δt 趋于无限小时,式(14-35)将转变为一积分式

$$y(t) = \int_0^t x(t) h(t - \tau) d\tau$$

即
$$y(t) = x(t) * h(t) \qquad (14-36)$$

可见系统对任意输入信号的响应 $y(t)$ 为输入信号 $x(t)$ 与系统的单位脉冲响应 $h(t)$ 的卷积。所以,单位脉冲响应 $h(t)$ 标志着一个系统的信号传输特性。只要知道系统的单位脉冲响应就可以通过卷积运算求出任意一个输入信号的输出响应。

如果 $X(\omega),Y(\omega)$ 和 $H(\omega)$ 分别是 $x(t),y(t)$ 和 $h(t)$ 通过傅里叶变换在频域的表达式,根据卷积定理有

$$Y(\omega) = X(\omega) H(\omega)$$

显然,$h(t)$ 和 $H(\omega)$ 为一组傅里叶变换对,即:

$$F[h(t)] = H(\omega)$$

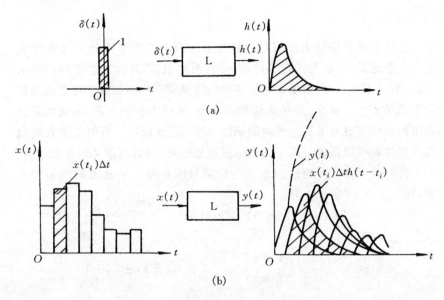

图 14 - 12　单位脉冲响应和任意输入响应

$$F^{-1}\left[H(\omega)\right] = h(t) \qquad\qquad (14-37)$$

　　若已知系统时域的单位脉冲响应,可以通过傅里叶变换得到系统频域的频响函数。反过来,若已知系统频域的频响函数通过傅里叶反变换也可求得系统时域的单位脉冲响应。

14.3　信号的采样和窗函数

14.3.1　采样定理与抗混迭滤波

　　前面所讨论的系统中的输入和输出信号,都是连续时间变量 t 的函数。信号的波形,除了某些间断点外,都是光滑的曲线。这样的信号称为模拟信号,实际的测量信号大多属于此类信号。

　　随着数字技术的发展,很多情况下,被测信号要求数字显示,或可用于数控系统以及能够送入数字计算机进行处理。要把模拟信号送入数字系统的先决条件就是把模拟信号转换为数字信号。

　　模数(A/D)转换是把连续的时间信号转换为离散的数据,其离散化的过程是通过采样来完成的。为了采样控制和数据处理的方便,一般都采用等间隔采样,即采样间隔 T 为一常数。采样频率 f_s 则为采样间隔的倒数。

$$f_{\text{s}} = \frac{1}{T}$$

采样频率要根据被测信号的特性并综合考虑数字系统的特点来确定。一般地说：如果采样频率过高，一方面对 A/D 转换器等硬件的要求较高，另一方面，数据量增加对计算机的存储空间和数据处理速度也会提出更高的要求。反之，如果采样频率太低，采样点相距太远，无法由采样所得的数据复现原来的连续时间函数 $x(t)$，造成误差。所以应该正确地选择采样频率以保证可以不失真地复现原信号，而数据量又不至于过大。

我们可以把采样的过程看成是原信号函数和一个开关函数 $s(t)$ 相乘，如图 14 - 13 所示。即

$$x_{\text{s}}(t) = x(t)s(t) \qquad (14 - 38)$$

其中

$$s(t) = \begin{cases} 1 & t = kT \\ 0 & t \neq kT \end{cases} \qquad (k = 0, \pm 1, \pm 2, \cdots)$$

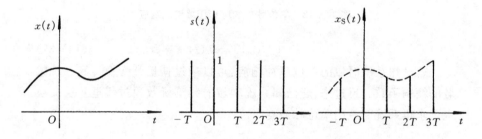

图 14 - 13　信号的采样

把 $s(t)$ 用单位脉冲函数来表示，有

$$s(t) = \lim_{\tau \to 0} \tau \sum_{k=-\infty}^{\infty} \delta(t - kT) = \lim_{\tau \to 0} \tau \delta_{\text{T}}(t)$$

式中 $\delta_{\text{T}}(t)$ 表示以 T 为间隔的脉冲序列，根据卷积定理，式(14 - 38)所示采样得到的离散信号 $x_{\text{s}}(t)$ 的频谱

$$X_{\text{s}}(\omega) = \frac{1}{2\pi}X(\omega) * S(\omega) \qquad (14 - 39)$$

式中 $X(\omega)$ 如图 14 - 14(b)所示，为原信号 $x(t)$（如图 14 - 14(a)所示）的频谱函数。$S(\omega)$ 为开关函数 $s(t)$ 的频谱函数，开关函数是一无穷小量 τ 与一脉冲序列的乘积，而脉冲序列的频谱函数也是一脉冲序列，即

$$F[\delta_{\text{T}}(t)] = \sum_{k=-\infty}^{\infty} \omega_{\text{s}}\delta(\omega - k\omega_{\text{s}}) = \omega_{\text{s}}\delta_{\omega_s}(\omega) \qquad (14 - 40)$$

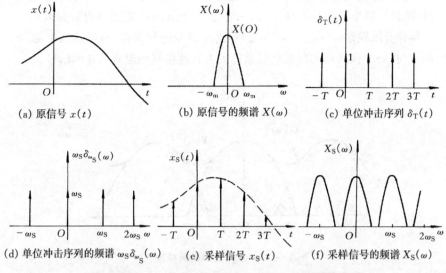

(a) 原信号 $x(t)$　　　　(b) 原信号的频谱 $X(\omega)$　　　　(c) 单位冲击序列 $\delta_T(t)$

(d) 单位冲击序列的频谱 $\omega_S\delta_{\omega_S}(\omega)$　　(e) 采样信号 $x_S(t)$　　(f) 采样信号的频谱 $X_S(\omega)$

图 14-14　离散信号的频谱与原信号频谱的关系

其中 $\omega_S=2\pi f_S=\dfrac{2\pi}{T}$ 为采样角频率，$\delta_{\omega s}$ 是以 ω_S 为间隔的脉冲序列。所以

$$S(\omega) = \lim_{\tau\to 0}\tau \sum_{k=-\infty}^{\infty} \omega_S\delta(\omega - k\omega_S) = \lim_{\tau\to 0}\tau\omega_S\delta_{\omega_s}(\omega) \qquad (14-41)$$

如果将此函数带入式(14-39)，卷积后得到的 $X_S(\omega)$ 的幅值将为无穷小量，因此将开关函数 $s(t)$ 及其频谱函数 $S(\omega)$ 都除以无穷小量，即令

$$s(t) = \delta_T(t) \qquad S(\omega) = \omega_S\delta_{\omega_s}(\omega) \qquad (14-42)$$

如图 14-14(c)和(d)和所示。

通过采样得到的离散信号如图 14-14(e)所示，离散信号的频谱可由式(14-39)得出，如图 14-14(f)所示。

由图 14-14(f)可见，由等间隔采样所得到的离散信号，其频谱函数是原信号的频谱以采样角频率 ω_S 为周期而重复得到的一周期性函数。如果要求能由采样得到的离散信号 $x_S(t)$ 复现原信号 $x(t)$，则必须能由 $X_S(\omega)$ 得到不失真的 $X(\omega)$。但如果在输入信号一定的情况下，降低采样频率，则 $X_S(\omega)$ 的重复周期将减小，当 $\omega_S<2\omega_m$ 时，$X_S(\omega)$ 中原信号的频谱将重叠，如图 14-15 所示。重叠合成的频谱失去了原信号频谱的波形形状，即使采用理想滤波器也无法得到原信号频谱的波形，由于频谱失真则时域信号也必然失真，这种由于采样频率过低，而导致频谱混叠，产生的失真称为混叠失真。

为了避免因发生混叠现象而导致信号的失真,必须对采样频率加以限制,即采样频率应满足采样定理,采样定理(Shannon 定理)指出:如果对一个具有有限频谱($-\omega_{max} < \omega < \omega_{max}$)的连续信号进行采样,当采样频率 $\omega_S \geqslant 2\omega_{max}$ 时,则采样所得的离散信号就能无失真地恢复到原来的连续信号。

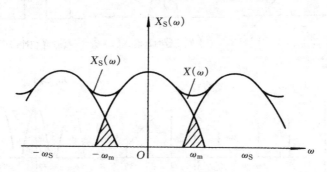

图 14-15　采样信号的混叠现象

要使采样频率满足采样定理,最直接的方法就是提高采样频率,使 $f_S \geqslant 2f_m$,但是这样做会增加数据量,而且在一些情况下还受到设备能力的制约。另一方法是降低信号中的最高频率 f_m,因为在很多情况中,信号中的高频成分是一些干扰信号。这些干扰信号是人们不需要的。有些情况下信号中的高频部分虽不是干扰,但没有这些高频成分并不影响信息的传递。在这些情况下,就可以采用低通滤波器滤除信号中的高频部分,降低了信号的最高频率 f_m,于是采样频率不用太高也能满足采样定理。这里所采用的低通滤波就称为抗混叠滤波。

现以数字电话系统中对语音信号的处理来描述抗混叠滤波器的作用。人的耳朵所能感受到的声音信号的频带范围一般从十几 Hz 到二十 kHz,人所能发出的声音范围一般从几十 Hz 到十几 kHz,如果要把人的声音信息全部采集,根据采样定理,则采样频率最低也得 30~40 kHz,考虑到背景噪声,采样频率还要高。但为了在已有的设备上传输更多路的电话信号,同时考虑到,从保证语音的可懂度的角度来讲,只需保留 3.4 kHz 以下的频谱成分就够了。因此,实际应用中,多选用 8 kHz 的采样频率,并把 3.4 kHz 以上的频率成分滤除。

图 14-16 为数字电话系统中常用抗混叠滤波器的典型特性。为了保证滤波器从通带到阻带的过渡较为陡峭,此滤波器为一个高阶的低通滤波器,其带宽为 4 kHz,3.4 kHz 以下的信号基本上不衰减,3.4 kHz~4.6 kHz 为过渡带,4.6 kHz 以上的信号被衰减到误差允许的范围内。

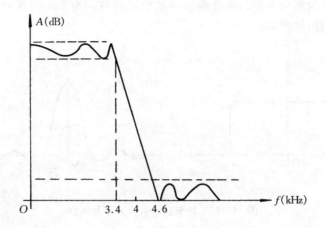

图 14-16　抗混叠滤波器的典型特性

这样采样获得的信号只是在 $3.4\,\text{kHz}\sim4.6\,\text{kHz}$ 有混叠,而对 $3.4\,\text{kHz}$ 以下的有用信号无影响。

14.3.2　窗口函数

计算机所能处理的数据长度是有限的,而一个被测量却可能是无限长的,这样,计算机在处理信号时就必然要将信号截断,一段一段地分别处理,截断本身相当于对被测信号加了一个矩形窗,即在时域乘了一个矩形窗函数

$$w(t) = \begin{cases} 1 & |t| \leqslant T \\ 0 & |t| > T \end{cases} \qquad (14-43)$$

在频域,此矩形窗的频谱函数为一个 sinc(采样)函数

$$W(\omega) = 2T \frac{\sin(\omega T)}{\omega T} = 2T\text{sinc}(\omega T) \qquad (14-44)$$

图 14-17 是矩形窗函数的图形及其经傅里叶变换得到的频谱函数图形。由于在时域加窗是在信号上乘以一个窗函数,根据卷积定理,加窗以后信号的频谱函数应为原信号的频谱函数和窗函数的频谱函数卷积,可见加窗的结果会使频谱失真。

不加窗的情况可以看作为加一个时间无限长的矩形窗,这样一个理想窗函数的频谱函数为一个单位冲击函数,与此理想情况比较可见加窗之所以会产生失真,是由于卷积的函数由集中一点的 δ 函数分散为包含主瓣与旁瓣的窗函数。这种情况使频域分辨率降低,并由于能量泄漏(主

瓣的能量泄漏到旁瓣),而使频谱函数出现皱波。为了改善这种情况,可采用下列两种措施:

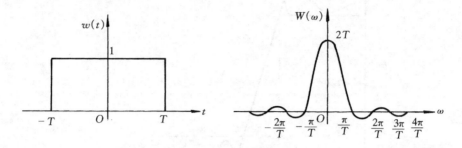

图 14-17 矩形窗函数及其频谱函数

(1) 增加窗口长度。由式(14-44)可见增加窗口长度 T,可以使主瓣变窄,主瓣高度增加,旁瓣向主瓣密集,减小泄漏。但增加窗口长度会使每一帧数据处理的计算量大大增加,有可能会与计算机的处理能力产生矛盾,另外在实时处理系统中会增加系统的延时。

(2) 选用不同的窗函数。矩形窗函数的频谱函数之所以有较大的旁瓣出现,主要是其截断处不连续所致,如果改善窗函数在截断处的不连续性,将会减小泄漏。

常用的窗函数除了矩形窗外,还有三角窗、汉宁窗、海明窗、高斯窗(指数窗)。

三角窗如图 14-18 所示,其表达式为:

$$w(t) = \begin{cases} \left(1 - \dfrac{|t|}{T}\right), & |t| \leqslant T \\ 0, & |t| > T \end{cases} \tag{14-45}$$

$$W(\omega) = T\left(\dfrac{\sin\dfrac{\omega T}{2}}{\dfrac{\omega T}{2}}\right)^2 = T\left(\mathrm{sinc}\,\dfrac{\omega T}{2}\right)^2 \tag{14-46}$$

汉宁(Hanning)窗的表达式为:

$$w(t) = \begin{cases} \dfrac{1}{2} + \dfrac{1}{2}\cos\left(\dfrac{\pi t}{T}\right), & |t| \leqslant T \\ 0, & |t| > T \end{cases} \tag{14-47}$$

$$W(\omega) = \dfrac{T}{1 - \left(\dfrac{\omega T}{\pi}\right)^2}\,\mathrm{sinc}\,\omega T \tag{14-48}$$

海明(Hamming)窗的表达式为:

$$w(t) = \begin{cases} 0.54 + 0.46\cos\dfrac{\pi t}{T}, & |t| \leqslant T \\ 0, & |t| > T \end{cases} \qquad (14-49)$$

$$W(\omega) = 2T\left[\frac{0.54 - 0.08(\frac{\omega T}{\pi})^2}{1 - (\frac{\omega T}{\pi})^2}\right]\text{sinc}\omega T \qquad (14-50)$$

高斯窗的表达式为:

$$w(t) = \begin{cases} \text{e}^{-\alpha t}, & |t| \leqslant T \\ 0, & |t| > T \end{cases} \qquad (14-51)$$

式中 α 为常数,决定着函数曲线衰减的快慢,若取值适当,则可使截断点的函数值比较小,截断造成的影响就比较小。

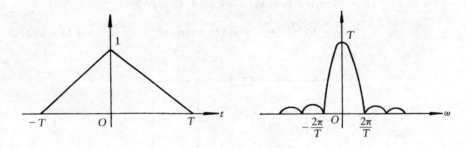

图 14-18　三角窗

表 14-2 列出了五种典型窗函数的性能特点,一般地说,主瓣越窄则信号的频域分辨力越高,而旁瓣越小,则泄漏越小。

表 14-2　典型窗函数的性能特点

窗函数类型	-3dB 带宽	等效噪声带宽	旁瓣幅(dB)	旁瓣衰减速度 (dB/10oct)
矩形	0.89B	B	-13	-20
三角形	1.28B	1.33B	-27	-60
汉宁	1.20B	1.23B	-32	-60
海明	1.30B	1.36B	-42	-20
高斯	1.55B	1.64B	-55	-20

14.4　数字滤波

　　滤波器是对信号进行加工处理的一个很重要的环节,当信号的频率与噪声的主要频率成分处于不同频段时,可以采用滤波器滤除噪声,选出信号,提高测量精度。数字滤波则是针对离散时间系统对输入信号的波形(或频谱)进行加工处理。从广义讲,数字滤波是由计算机处理程序来实现的,是具有某种算法的数字处理过程。

　　数字滤波器与模拟滤波器相比,它们的作用是相同的,但它们的构成及分析方法却又不同,模拟滤波器是由电阻、电容、运算放大器等电路元件构成的,而数字滤波器则是由计算机某一特定的算法程序构成的;模拟滤波器的电路方程为微分方程,而数字滤波器的数学模型为差分方程。例如图 14-19 所示一阶 RC 低通滤波器的电路方程为:

$$RC\frac{\mathrm{d}u_2(t)}{\mathrm{d}t}+u_2(t)=u_1(t) \qquad (14-52)$$

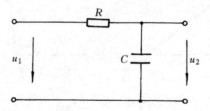

图 14-19　一阶 RC 低通滤波电路

而要用计算机来完成这项工作,则必须把输入信号 $u_1(t)$ 离散化,得到的输出信号 u_2 也是离散的。如果是等间隔采样,并且采样间隔足够小,则有:

$$u_2(t)\rightarrow u_2(nT)\rightarrow u_2(n)$$

$$\frac{\mathrm{d}u_2(t)}{\mathrm{d}t}\rightarrow\frac{u_2(t+T)-u_2(t)}{T}\rightarrow\frac{u_2(nT+T)-u_2(nT)}{T}\rightarrow u_2(n+1)-u_2(n)$$

于是式(14-52)对应的一阶低通滤波器的差分方程为:

$$RC[u_2(n+1)-u_2(n)]+u_2(n)=u_1(n)$$

写成一般形式:　　　$y(n+1)=b_1x(n)-a_1y(n)$

或　　　　　　　　$y(n)=b_1x(n-1)-a_1y(n-1) \qquad (14-53)$

式中 $y(n)$ 为输出信号,$x(n)$ 为输入信号,a_1 和 b_1 是滤波器系数。

14.4.1　数字滤波器的分类

数字滤波器一般有下列几种分类。

1. 按照滤波器的频率特性分类

和模拟滤波器相类似,数字滤波器按照其频率特性可分为低通滤波器、高通滤波器、带通滤波器和带阻滤波器。

2. 按照数字滤波器的单位冲击响应 $h(n)$ 的时间特性分类

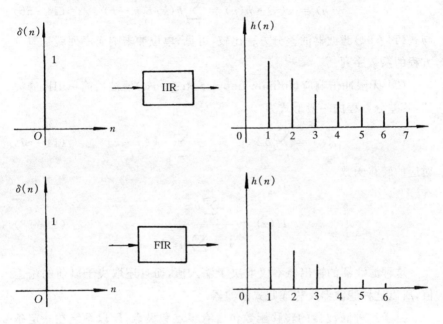

图 14 - 20　IIR 与 FIR 滤波器

根据滤波器的单位冲击响应 $h(n)$ 是一个有限长序列还是一个无限长的序列,滤波器可分为有限冲击响应滤波器和无限冲击响应滤波器。

(1) 有限冲击响应(Finite Impulse Response)滤波器简称 FIR 滤波器,其差分方程的一般形式为:

$$y(n) = \sum_{r=0}^{M} b_r x(n-r) \qquad (14-54)$$

它的输出值只与输入值(包括现在的输入和以前的输入)有关,而与输出无关,所以这种滤波器又被称为非递归滤波器。

这时滤波器的转移函数[①]

$$H(z) = b_n + b_1 z^{-1} + \cdots + b_m z^{-m} \qquad (14-55)$$

可见,滤波器的转移函数只有零点而没有极点,所以也称全零点滤波器,这种滤波器的系统总是稳定的。

把输出 $y(n)$ 写成输入 $x(n)$ 与单位脉冲响应的卷积形式

$$y(n) = x(n) * h(n) = \sum_{k=0}^{\infty} h(k) x(n-k) \qquad (14-56)$$

与式(14-54)滤波器的差分方程比较,可见,单位冲击响应序列就是差分方程的系数序列。

(2) 无限冲击响应(Infinite Impulse Response)滤波器简称 IIR 滤波器,其差分方程的一般形式为:

$$y(n) = \sum_{r=0}^{M} b_r x(n-r) - \sum_{k=1}^{N} a_k y(n-k) \qquad (14-57)$$

对应的转移函数:

$$H(z) = \frac{\displaystyle\sum_{r=0}^{M} b_r z^{-r}}{1 + \displaystyle\sum_{k=1}^{N} a_k z^{-k}} \qquad (14-58)$$

这种滤波器的输出值不仅取决于输入值,而且还取决于以前的输出值,所以这种滤波器又称递归式滤波器。

由于这种滤波器的转移函数包含有零点和极点,所以系统在一定条件下才能稳定。

14.4.2 数字滤波器的算法结构

一个数字滤波器,可以用一个差分方程来表示,也可以其单位冲击响应 $h(n)$ 来表示,当然亦可用转移函数 $H(z)$ 来表示。但在描述系统的运算过程及实验方法时,一般采用运算结构图。例如由差分方程式(14-53)所表示的一阶低通滤波器则可由图 14-21(a)所示的算法结构图来描述。算法结构图中各运算符的含义如图 14-21(b)所示。

---

① 在离散系统中,一般采用 Z 变换来代替连续时间系统中的傅里叶变换或拉普拉斯变换。$H(z)$ 是 Z 变换下系统的转移函数,$H(z) = Y(z)/X(z)$。其中 $X(z)$ 和 $Y(z)$ 分别是输入和输出信号的 Z 变换。有关 Z 变换的内容可参阅其他有关书籍。

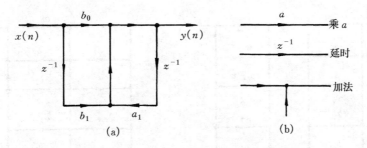

图 14-21　一阶低通数字滤波器的运算结构图

FIR 滤波器的差分方程一般可表示为：

$$y(n) = \sum_{r=0}^{M} b_r x(n-r)$$

则它的运算结构图的一般式如图 14-22 所示。

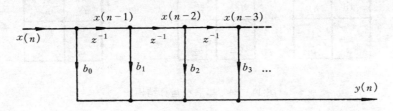

图 14-22　FIR 滤波器的运算结构

IIR 滤波器的差分方程一般形式为：

$$y(n) = \sum_{r=0}^{M} b_r x(n-r) - \sum_{k=1}^{M} a_k y(n-k)$$

所以它的运算结构图可表示为图 14-23(a) 所示结构。对图 14-23(a) 的结构作一些改变就得到如图 14-23(b) 所示的标准型结构。

也可以把 IIR 滤波器转移函数式(14-58)分解为：

$$H(z) = b_0 \prod_{k=1}^{K} \frac{1 + b_{k1} z^{-1} + b_{k2} z^{-2}}{1 + a_{k1} z^{-1} + a_{k2} z^{-2}}$$

或

$$H(z) = \sum_{k=1}^{K} \frac{c_{k0} + c_{k1} z^{-1}}{1 + a_{k1} z^{-1} + a_{k2} z^{-2}}$$

则对应的串联型结构和并联型结构如图 14-24 和图 14-25 所示。

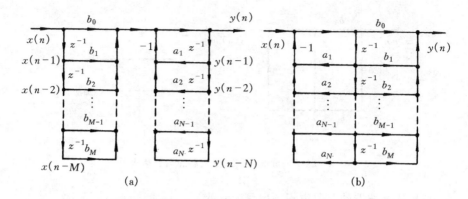

图 14 - 23   IIR 滤波器的运算结构图

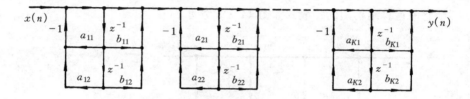

图 14 - 24   串联型运算结构图

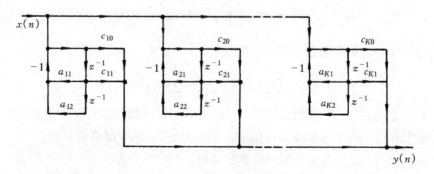

图 14 - 25   并联型运算结构图

14.5   相关检测

在科学研究和生产过程的检测中,有时会遇到被测信号很微弱的情况,由于背景噪声和检测仪器本身噪声的存在,信号往往被噪声淹没,或者说信噪比极低,例如有用信号比噪声小 10 倍,甚至 100 倍。在这种情况下,常规的检测方法就显得无能为力,而相关检测则是对微弱信号检测的常用方法之一。

相关检测技术是应用信号周期性和噪声随机性的特点,通过自相关或互相关运算,达到去除噪声的一种技术。

14.5.1　自相关检测

设一个混有随机噪声的信号

$$f_i(t) = s_i(t) + n_i(t) \qquad (14-59)$$

其中 $s_i(t)$ 为纯信号,$n_i(t)$ 为噪声。如果对此输入信号进行自相关运算,则 $f_i(t)$ 的自相关函数为:

$$
\begin{aligned}
R(\tau) &= \lim_{T \to \infty} \frac{1}{2T} \int_{-T}^{T} f_i(t) f_i(t-\tau) \mathrm{d}t \\
&= \lim_{T \to \infty} \frac{1}{2T} \int_{-T}^{T} \left[s_i(t) + n_i(t) \right] \left[s_i(t-\tau) + n_i(t-\tau) \right] \mathrm{d}t \\
&= \lim_{T \to \infty} \frac{1}{2T} \left[\int_{-T}^{T} s_i(t) s_i(t-\tau) \mathrm{d}t + \int_{-T}^{T} s_i(t) n_i(t-\tau) \mathrm{d}t + \right. \\
&\quad \left. \int_{-T}^{T} n_i(t) s_i(t-\tau) \mathrm{d}t + \int_{-T}^{T} n_i(t) n_i(t-\tau) \mathrm{d}t \right] \\
&= R_{ss}(\tau) + R_{sn}(\tau) + R_{ns}(\tau) + R_{nn}(\tau)
\end{aligned}
$$

由于信号与噪声是互不相关的随机过程,如果信号或噪声的平均值为零(一般噪声的平均值为零),则信号 $s_i(t)$ 与噪声 $n_i(t)$ 的互相关函数 $R_{sn}(\tau)$ 及 $R_{ns}(\tau)$ 为零,即

$$R(\tau) = R_{ss}(\tau) + R_{nn}(\tau)$$

式中 $R_{nn}(\tau)$ 是噪声的自相关函数,它随 τ 的增加很快衰减,而信号成分(信号的自相关函数)$R_{ss}(\tau)$ 则被检出。

例如,信号为一正弦函数 $s_i(t) = U_m \sin(\omega t + \varphi)$,则输入信号为:

$$f_i(t) = U_m \sin(\omega t + \varphi) + n_i(t)$$

求出它的相关函数

$$R(\tau) = \frac{1}{2} U_m^2 \cos\omega\tau + R_{nn}(\tau)$$

当 $R_{nn}(\tau)$ 很快衰减后,留下的则是与原信号同频的 $R_{ss}(\tau)$。如图 14-26 所示。

自相关检测的流程可由图 14-27 所示框图表示。

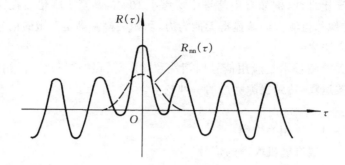

图 14-26   正弦波与噪声之和的自相关函数

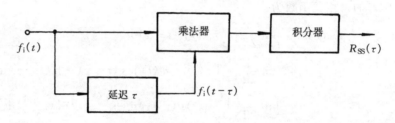

图 14-27   自相关检测的流程框图

14.5.2   互相关检测

如果含噪信号中信号的频率或周期是已知的,则可产生一个与信号频率相同的参考信号(如果本身就有参考信号当然更好)。用这个参考信号与混有噪声的输入信号进行相关,可以得到比自相关检测更好的效果。

设输入信号为:

$$f_1(t) = s_1(t) + n(t)$$

参考信号为:

$$f_2(t) = s_2(t)$$

则互相关函数为:

$$
\begin{aligned}
R_{12}(\tau) &= \lim_{T \to \infty} \frac{1}{2T} \int_{-T}^{T} f_1(t) f_2(t-\tau) \mathrm{d}t \\
&= \lim_{T \to \infty} \left[\frac{1}{2T} \int_{-T}^{T} s_1(t) s_2(t-\tau) \mathrm{d}t + \frac{1}{2T} \int_{-T}^{T} n(t) s_2(t-\tau) \mathrm{d}t \right] \\
&= R_{s_1 s_2}(\tau) + R_{n s_2}(\tau) \\
&= R_{s_1 s_2}(\tau)
\end{aligned}
$$

由于参考信号与噪声不相关,$R_{n s_2}(\tau)$项为零,因此输出中只有

$R_{s1s2}(\tau)$ 项，所以互相关检测的抗干扰性比自相关检测更好。

互相关检测的流程框图如图 14-28 所示

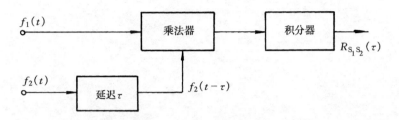

图 14-28　互相关检测框图

14.5.3　锁定放大器

锁定放大器是利用互相关原理设计的一种同步相干检测仪，其原理如图 14-29 所示。

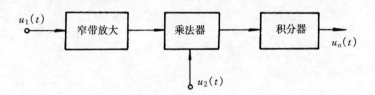

图 14-29　锁定放大器

图 14-29 中 $u_1(t)$ 为输入信号，$u_2(t)$ 为与输入信号同频的参考信号，这两个信号同时送入乘法器进行运算，再经积分器平均后输出。

设 $u_1(t)$ 为正弦信号电压，$u_1(t) = U_{1m}\sin(\omega t + \varphi_1)$，而 $u_2(t) = U_{2m}\sin(\omega t + \varphi_2)$，也为正弦信号电压，则锁定放大器的输出为：

$$
\begin{aligned}
u_o(t) &= \frac{1}{T}\int_0^T K u_1(t) u_2(t)\,\mathrm{d}t \\
&= \frac{1}{T}\int_0^T K U_{1m}\sin(\omega t + \varphi_1) U_{2m}\sin(\omega t + \varphi_2)\,\mathrm{d}t \\
&= \frac{K}{2T} U_{1m} U_{2m}\int_0^T \{\cos[\varphi_1 - \varphi_2] - \cos[2\omega t + (\varphi_1 + \varphi_2)]\}\,\mathrm{d}t
\end{aligned}
$$

由于后一项的积分总是等于零，只剩下前一项的积分，这时

$$
u_o = \frac{K}{2} U_{1m} U_{2m}\cos(\varphi_1 - \varphi_2)
$$

其中 K 是系统增益，由于 $\varphi_1 - \varphi_2$ 为常数，所以锁定放大器在参考信号与

被测信号同频时输出的是一个与被测信号幅值成正比的直流电压。说明锁定放大器对噪声的抑制能力很强。

第15章 计算机与测量系统的接口

近些年来,随着计算机的发展和普及,特别是微型计算机的迅速发展,其性能不断提高,价格日趋低廉,越来越多的测量系统中引入了计算机。由计算机对测量过程进行控制;对测量信号进行分析、处理;对测量结果进行存储、显示、打印和通信等。借助计算机的优势扩大测量系统的功能,改善测量值的处理技术,实现了用以前的技术所不能获得的高性能。

15.1 微型计算机系统的基本结构

一个完整的微型计算机系统由微处理器、存储器、系统总线、接口电路、外部设备和软件等部分组成,其关系如下:

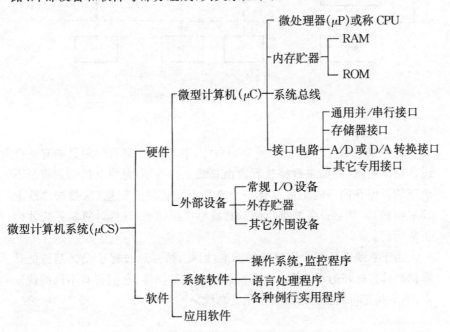

其硬件结构框图如图 15-1 所示。

总线是各种信号线的集合,它为计算机系统中各模块间提供了标准的信息通路,计算机各模块间经常大量而高速地交换信息。如 CPU 要从存储器读取指令和数据,从设备控制器读取状态信息,或将命令写入设备控制模块以启动和控制设备工作,以及磁盘存储模块和内存间交换的大量数据等等,这一切信息都是通过总线来传递的。通常根据总线中各信号线所传递的信息是地址、数据或控制信号,又把它们分类为地址总线、数据总线和控制总线。

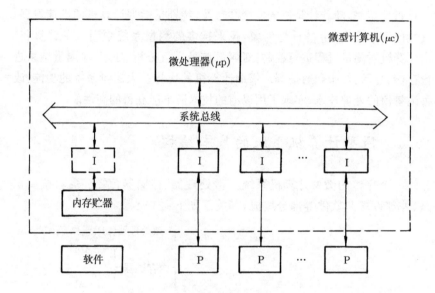

图 15-1 典型的微机硬件框图

I—各种接口电路;P—各种外部设备

在一条总线上所连接的所有设备中,在某一特定的时刻只能有一个设备输出信息(例如将数据放到数据总线上),否则,总线上的信息将是不确定的。但在同一时刻可以有一个或几个设备接受信息(从数据总线上读取数据)。其它设备的接口则对总线呈高阻状态,这样计算机系统才能正常运行。

由于总线都具有严格规定的标准,因此,按照总线标准设计制造的计算机都具有良好的开放性。计算机总线有多种标准,它们各有不同的优缺点,本章我们将简要介绍几种常用的总线。

15.2　PC 机总线

15.2.1　PC/XT 总线

PC 机较早采用的系统总线是 PC/XT 机的系统总线,它是 62 引脚的并行总线(如图15-2 所示)。

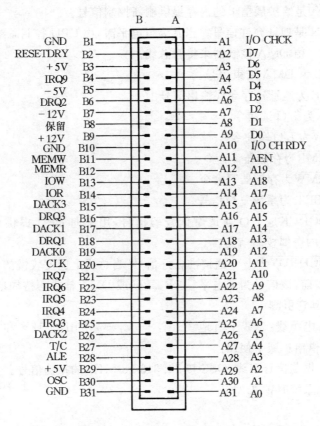

		B	A		
GND	B1			A1	I/O CHCK
RESETDRY	B2			A2	D7
+5V	B3			A3	D6
IRQ9	B4			A4	D5
−5V	B5			A5	D4
DRQ2	B6			A6	D3
−12V	B7			A7	D2
保留	B8			A8	D1
+12V	B9			A9	D0
GND	B10			A10	I/O CH RDY
MEMW	B11			A11	AEN
MEMR	B12			A12	A19
IOW	B13			A13	A18
IOR	B14			A14	A17
DACK3	B15			A15	A16
DRQ3	B16			A16	A15
DACK1	B17			A17	A14
DRQ1	B18			A18	A13
DACK0	B19			A19	A12
CLK	B20			A20	A11
IRQ7	B21			A21	A10
IRQ6	B22			A22	A9
IRQ5	B23			A23	A8
IRQ4	B24			A24	A7
IRQ3	B25			A25	A6
DACK2	B26			A26	A5
T/C	B27			A27	A4
ALE	B28			A28	A3
+5V	B29			A29	A2
OSC	B30			A30	A1
GND	B31			A31	A0

图 15-2　PC/XT 总线插槽

1. 地址总线

PC/XT 总线中有 20 条地址线 A0~A 19,可直接寻址的内存范围为 1 MB。其中低位地址 A0~A9 还用于对 I/O 端口寻址,寻址范围为 1 K。

2. 数据总线

总线中共有 8 条数据线 D0~D7,为双向总线,用来在 CPU、存储器和 I/O 端口间传送数据,每次传送一个 8 位字节。

3. 控制总线

IRQ2~IRQ7 为 6 个外部中断请求信号,该信号上升沿有效,优先级依次是 IRQ2 最高,IRQ7 最低。

DRQ1~DRQ3 为 3 个通道的 DMA(直接存储器存取)请求信号,该信号高电平有效。DRQ1 优先级最高,DRQ3 最低。

DACK0~$\overline{\text{DACK3}}$为 4 个 DMA 通道的响应信号,低电平有效。其中$\overline{\text{DACK0}}$是给扩展槽上的内存提供刷新控制信号。

AEN 是地址允许信号。当其为低电平时,由 CPU 控制总线;当其为高电平时,由 DMA 控制器来接管总线。

T/C 为 DMA 结束信号。

ALE 为地址锁存允许输出信号。

$\overline{\text{IOR}}$为 I/O 读命令。

$\overline{\text{IOW}}$为 I/O 写命令。

$\overline{\text{MEMR}}$为存储器读命令。

$\overline{\text{MEMW}}$为存储器写命令。

RESET 为系统复位信号。

$\overline{\text{I/OCHCK}}$是 I/O 通道奇偶校验信号,用来向 CPU 提供总线上的 I/O设备的奇偶校验信息。

$\overline{\text{I/OCHRDY}}$为 I/O 通道准备好信号,当总线上速度较慢的外设没有准备好以前,该信号为低电平,要求 CPU 或 DMA 插入等待周期。

4. 其它引脚

(1)电源线:总线上有地线.tif,$+5V$,$-5V$.tif,$+12V$ 和 $-12V$ 电源,以提供给扩展卡使用。

(2)振荡信号引线:OSC 接 14.318 18 MHz 的振荡信号。

(3)系统时钟:CLK。

15.2.2 ISA 总线

PC/XT 总线只有 8 位数据线,传输速率较低,同时由于地址线较少,内存和 I/O 的寻址范围也较小。20 世纪 80 年代中期 PC/AT 机问世,微机的设计者采用兼容的方式,在保留原 62 脚插槽的基础上再扩展一个 36 脚插槽(如图 15-3 所示),形成了 ISA 总线,也称为 AT 总线。

AT 总线引脚的功能,除与 PC/XT 总线引脚功能一致的以外,我们对新增加的 36 脚及原 62 脚中与 PC/XT 总线略有差异的引脚介绍如下:

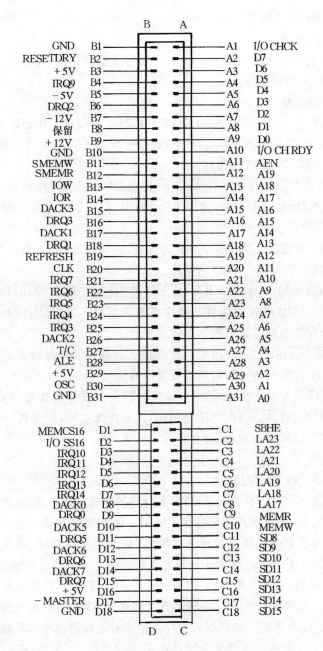

B　A

GND　B1────A1　I/O CHCK
RESETDRY　B2────A2　D7
+ 5V　B3────A3　D6
IRQ9　B4────A4　D5
- 5V　B5────A5　D4
DRQ2　B6────A6　D3
- 12V　B7────A7　D2
保留　B8────A8　D1
+ 12V　B9────A9　D0
GND　B10────A10　I/O CH RDY
SMEMW　B11────A11　AEN
SMEMR　B12────A12　A19
IOW　B13────A13　A18
IOR　B14────A14　A17
DACK3　B15────A15　A16
DRQ3　B16────A16　A15
DACK1　B17────A17　A14
DRQ1　B18────A18　A13
REFRESH　B19────A19　A12
CLK　B20────A20　A11
IRQ7　B21────A21　A10
IRQ6　B22────A22　A9
IRQ5　B23────A23　A8
IRQ4　B24────A24　A7
IRQ3　B25────A25　A6
DACK2　B26────A26　A5
T/C　B27────A27　A4
ALE　B28────A28　A3
+ 5V　B29────A29　A2
OSC　B30────A30　A1
GND　B31────A31　A0

MEMCS16　D1────C1　SBHE
I/O SS16　D2────C2　LA23
IRQ10　D3────C3　LA22
IRQ11　D4────C4　LA21
IRQ12　D5────C5　LA20
IRQ13　D6────C6　LA19
IRQ14　D7────C7　LA18
DACK0　D8────C8　LA17
DRQ0　D9────C9　MEMR
DACK5　D10────C10　MEMW
DRQ5　D11────C11　SD8
DACK6　D12────C12　SD9
DRQ6　D13────C13　SD10
DACK7　D14────C14　SD11
DRQ7　D15────C15　SD12
+ 5V　D16────C16　SD13
- MASTER　D17────C17　SD14
GND　D18────C18　SD15

D　C

图 15 - 3　ISA 总线插槽

1. 地址总线

在 36 引脚插槽上新增加了不经锁存的地址线 LA17～LA23,使寻址范围由 1 MB 扩大到 16 MB。

2. 数据总线

在 36 引脚插槽上新增加了 SD8～SD15 8 条数据线,用于 16 位数据传输时的高 8 位数据传送。

3. 控制总线

增加了五条外部中断申请线(IRQ10,IRQ11,IRQ12,IRQ14,IRQ15),增加了 DRQ0,DRQ5～DRQ7 四条 DMA 请求信号输入线。DRQ5～DRQ7 用于 16 位传送。

增加了$\overline{\text{DACK0}}$,$\overline{\text{DACK5}}$～$\overline{\text{DACK7}}$四条 DMA 通道响应信号,分别对应于 DRQ0,DRQ5～DRQ7,将原 62 线槽中的$\overline{\text{DACK0}}$改为存储器刷新信号$\overline{\text{REFRESH}}$。

新增的 SBHE 为总线高字节允许信号,它与地址线 A0 组合在一起,可实现对高字节、低字节和字的操作。

将原 62 线槽中的$\overline{\text{MEMR}}$和$\overline{\text{MEMW}}$改为$\overline{\text{SMEMR}}$和$\overline{\text{SMEMW}}$,这两个信号只对 1MB 以内的读或写操作有效。新增了$\overline{\text{MEMR}}$和$\overline{\text{MEMW}}$信号,对整个存储空间读或写操作有效。

$\overline{\text{MEMCS16}}$和$\overline{\text{I/OSS16}}$用于区别总线上的存贮器或外设是进行 8 位还是进行 16 位数据传送而向系统板发出的信号。

$\overline{\text{MASTER}}$为主设备控制信号,总线上的某一设备当其发出 DRQ 请求并接收到响应$\overline{\text{DACK}}$后,立即将$\overline{\text{MASTER}}$置低电平,经等待一个系统时钟周期后,就可以占用总线。

15.2.3 PCI 局部总线

由于微处理器技术的飞速发展,微处理器的速度越来越快,致使对微处理器与硬盘、图形卡及一些高速的外设之间数据交换速度的要求也越来越高。为了充分利用微处理器的资源,为其配备高性能、高带宽的总线,Intel,IBM,Compaq 和 Apple 等公司联合制定了 PCI 总线标准。

PCI 总线是一种局部总线,是在 PC 系列计算机中主要使用的一种标准总线。从结构上看,PCI 总线是介于高速的 CPU 总线和低速的 ISA 系统总线之间新增的一级总线。这样就使多种总线通过桥芯片而共存于一个系统。高速和低速设备分别挂在不同的总线上,例如,把磁盘控制器、图形卡等一些高速接口从 ISA 总线上卸下来,挂接到高速的 PCI 总线上。从而解决了由于系统总线和接口的速度低而限制数据传送速度的矛盾,局部总线结构示意图如图 15 - 4。

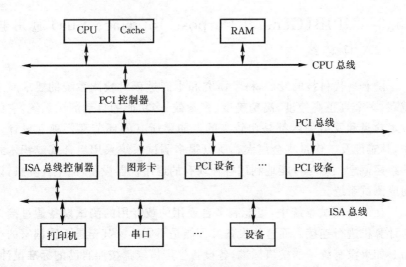

图 15 - 4　局部总线结构示意图

PCI 总线为地址数据线复用的总线,总线宽度为 32 位或 64 位。而标准的 PCI 卡在 32 位的系统中和 64 位的系统中都能工作。

PCI 总线的时钟为 33MHz,在 32 位总线的 PCI 系统中,数据传输的最高速度为 133MB/s。在 64 位总线的 PCI 系统中,数据传输的最高速度为 264MB/s。传输速度远比 ISA 总线的 5MB/s 快。PCI 总线支持突发传输,确保总线不断满载数据,有效地利用了总线的最大传输速度,并且支持外围设备与 CPU 并行工作,当 CPU 访问 PCI 设备时,先快速将数据写入总线缓冲器,在数据由缓冲器传入 PCI 设备时,CPU 可以执行其它操作,这种并行操作进一步提高了总线的性能。

PCI 总线具有即插即用功能。当 PCI 卡插入 PCI 插槽后,无需用户设置跳线和选择中断。配置软件会自动选择未被使用的地址和中断,以解决可能出现的资源冲突问题。

PCI 局部总线具有很好的兼容性。其结构使总线控制器相当于一个缓冲器,将 PCI 设备与 CPU 分开。PCI 外设是针对 PCI 总线设计的,所以它不受 CPU 的限制,可用于任何具有 PCI 总线的系统。适用于不同的工作平台。

由于 PCI 局部总线的高性能和高速度,PCI 总线已成为使用最广泛的计算机总线。

15.3 GPIB(General Purpose Interface Bus)通用接口总线

随着现代科技的发展,科学研究和生产过程对检测系统的要求越来越高,一个真正高速度、高精确度、多参数、多功能的自动测试系统,它的技术含量和复杂程度都是比较高的。如果所有的环节都要独立设计制作,其难度及工作量将会很大。所以很多测试系统采用组合式或积木式的组建概念。即尽可能地利用各种现有的通用仪器设备,加上计算机,以构成测试系统。

在一个测试系统中,可能有多台通用的或专用的测试设备通过接口与计算机进行连接。而这些设备又可能是不同厂家甚至是不同国家的产品。如果没有统一的接口标准,各设备生产厂家都按照自己的标准设计、生产接口,那么由于接口的规格不统一,就会给用户带来极大的不便,需要花费很大的气力去更改或重新设计各种接口转接电路。

早在20世纪60年代,美国HP公司就致力于接口标准问题,1972年设计出标准接口系统HP—IB,这种接口标准得到迅速地推广,先后得到IEEE和IEC等组织的承认,并分别制订为IEEE—std488和IEC625标准。现在其更为广泛使用的名称为GPIB,即通用接口总线。

由于GPIB标准的广泛使用,世界上一些大的仪器生产厂家所生产的仪器设备很多都具有GPIB接口(例如具有GPIB接口的打印机、绘图仪、电压表、电源、信号源、示波器等),所以人们只需把计算机和具有GPIB接口的各种仪器设备用电缆简单地连接,就可组建成为各种各样的自动检测系统。图15-5为采用GPIB总线组成的计算机测试系统框

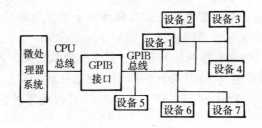

图15-5 GPIB接口系统

图。GPIB的一个特点就是用一个接口连接多个设备(最多可达14个)。

15.3.1　GPIB 总线的结构

GPIB 总线是一条 25 芯(美国、日本使用 24 芯)电缆,其中 16 条用作信号线,其余被用作逻辑地或屏蔽线。16 条信号线又分为三组,其中数据线 8 根,挂钩线 3 根,控制线 5 根,如图 15 - 6 所示。

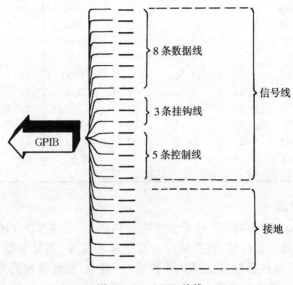

图 15 - 6　GPIB 总线

GPIB 总线使用负逻辑(高电平为 0、低电平为 1),总线电缆互连的装置总数不得超过 15 个,总线上任意两设备的最大间距为 4m。总线电缆总长度不超过 20m。数据传输速度可达 1Mb/s。

总线连接器引脚排列如表 15 - 1 所示,两种总线连接器如图 15 - 7 所示。

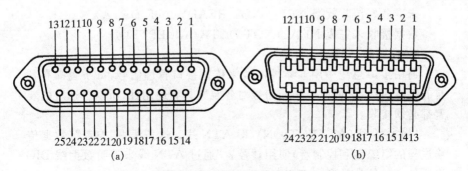

图 15 - 7　GIPB 总线连接器

(a) 25 脚连接器；(b) 24 脚连接器

表 15 - 1   GPIB 总线连接器引脚排列表

25 脚连接器				24 脚连接器			
接点	信号线	接点	信号线	接点	信号线	接点	信号线
1	DIO1	14	DIO5	1	DIO1	13	DIO5
2	DIO2	15	DIO6	2	DIO2	14	DIO6
3	DIO3	16	DIO7	3	DIO3	15	DIO7
4	DIO4	17	DIO8	4	DIO4	16	DIO8
5	REN	18	5 地	5	EOI	17	REN
6	EOI	19	6 地	6	DAV	18	6 地
7	DAV	20	7 地	7	NRFD	19	7 地
8	NRFD	21	8 地	8	NDAC	20	8 地
9	NDAC	22	9 地	9	IFC	21	9 地
10	IFC	23	10 地	10	SRQ	22	10 地
11	SRQ	24	11 地	11	ATN	23	11 地
12	ANT	25	12 地	12	屏蔽	24	逻辑地
13	屏蔽						

1. 数据线

数据线 DIO1~DIO8 用于传送数据和命令,由 ANT 线的状态来决定信号是数据还是命令,数据信号一般指程控命令、测量数据、状态字节等,而命令信号包括控者发送的各种通令、指令、地址令和副令。通令为无需寻址即可接收的命令;指令为寻址后可接收的命令;地址令为地址编码;副令为与通令、指令、地址令配合才能被接收的命令。

2. 挂钩线

为了保证在数据母线上准确无误地传输数据,GPIB 总线设置了三条在"讲者"(信号发送者)与"听者"(信号接受者)之间用于控制和管理数据传送的联络线,即挂钩线,它们是:

数据有效 DAV (DATA VALID)

未准备好接收数据 NRFD(NOT READY FOR DATA)

数据接收未完成 NDAC(NOT DATA ACCEPTED)

3. 控制线

通用接口总线中用 5 条控制线来传送接口管理信号,每条线都有各自的特殊用途,它们所传送的信号对各装置具有通用性,所以各选定的装置都必须接收。

(1) 注意线(ATTENTION),即 ATN 线。这条线由"控者"(数据传输过程的组织者和控制者)使用,"控者"通过 ATN 线来表明数据线 DIO 上所传递的信息类型。

当 ATN=1(低电平)时,表示 DIO 线上传递的信号是接口消息(命令或地址),系统中的其它装置则从 DIO 线上接收由"控者"发出的接口消息,并据此动作。

当 ATN=0(高电平)时,表示 DIO 线上传递的信号是装置消息(数据)。这类消息由"控者"通过地址指定为"讲者"的装置发出,被由"控者"通过地址指定为"听者"的装置接收。而系统中未被指定为"讲者"和"听者"的装置,则不进行任何操作,处于空闲等待状态。

(2) 接口清除线(INTERFACE CLEAR),即 IFC 线。由系统"控者"来发出接口清除消息。

IFC=1(低电平)时,表示系统"控者"发出接口清除消息,系统中一切装置的接口功能都回到初始状态。

IFC=0(高电平)时,各装置的接口功能不受影响,系统正常运行。

(3) 远控可能线(REMOTE ENABLE),即 REN 线。一台可程控的装置,当其没有接入系统时,REN 线悬空相当于高电平,则装置由面板上的开关旋钮控制单独使用。而当装置接入系统后,REN 线由系统"控者"来控制。

当 REN=1(低电平)时,总线上的所有装置都进入了可远控状态。此时,只要"控者"发出某装置的听地址,该装置就被寻址,进入系统远控状态,接受系统"控者"的控制。

当 REN=0(高电平)时,一切装置都返回本地(面板)控制状态。

(4) 服务请求线(SERVICE REQUEST),即 SRQ 线。总线上的任意一台装置都可以使 SRQ 线变为低电平,用来向"控者"提出服务请求。即提请"控者"注意,本装置有紧急的事情要讲,请"控者"中断当前总线上的通信,以便让它先通信。

当 SRQ=1(低电平)时,系统中至少有一台装置向"控者"提出服务请求。

当 SRQ=0(高电平)时,表示系统工作正常,没有任何装置有服务请求。

(5) 结束或识别线(END OR INDENTFY),即 EOI 线。结束或识别线是"讲者"发布数据发送结束消息(END),或者是"控者"发布并行点名识别消息(IDY)时用的。EOI 线必须与 ATN 线一起使用来发布 EOI 消息,即 EOI 消息是双线组合消息。

① 讲者使用:当讲者的数据发送结束后,发出 END 消息,EOI=1,ATN=0,表示一次数据传送过程结束。

② 控者使用:当 EOI=1,ANT=1,表示控者发布并行点名识别消息 IDY。总线上的各装置接收到识别信号 IDY 后,开始响应,以使控者识别出哪一台装置发出了服务请求。

GPIB 总线中 16 条信号线的功能归纳如表 15-2 所示。

表 15－2 标准接口总线的信号线

组别	信号线代号	信号线名称	信号线的使用者	传输消息类型	用途
数据输入输出总线	DIO1	数据输入输出母线 1	讲者 听者 控者	远地消息,包括通用指令 VC、寻址指令 AS,地址 AD、状态数据 ST、副地址 SE、装置消息 DD	传输全部 7 比特或 8 比特接口消息和装置消息
	DIO2	数据输入输出总线 2			
	DIO3	数据输入输出总线 3			
	DIO4	数据输入输出总线 4			
	DIO5	数据输入输出总线 5			
	DIO6	数据输入输出总线 6			
	DIO7	数据输入输出总线 7			
	DIO8	数据输入输出总线 8			
数据字节传输控制总线	DAV	数据有效线	源	远地单线消息	传送 DAV 消息。当此线为低电平(1,真)时,表示 DIO 线上的数据有效
	NRFD	未准备好接收数据线	接受者	远地单线消息	传送 RFD 消息。当此线为高电平(0,假)时,表示各装置已为接收数据作好了准备
	NDAC	数据接收未完成	接受者	远地单线消息	传送 DAC 消息。当此线为高电平(0,假)时,表示各装置已接收完数据
通用接口管理总线	ATN	注意线	控者	远地单线消息	传送 ATN 消息,用来指出 DIO 线上的数据类型。当此线为低电平时,表示 DIO 线上是接口消息;当此线为高电平时,表示 DIO 线上是装置消息
	IFC	接口清除线	控者	远地单线消息	传送 IFC 消息。当此线为低电平时,使接口系统回到初始状态
	REN	可遥控线	控者	远地单线消息	传送 REN 消息。当此线为低电平时,使装置处于遥控之下
	EOI	结束或识别线	讲者 控者	远地单线消息	当此线为低电平,且 ATN 线为高电平时,表示 DIO 线上的数据传输结束;当此线为低电平,且 ATN 线为低电平时,表示控者执行点名
	SRQ	服务请求线	欲讲者	远地单线消息	传送 SRQ 消息。当此线为低电平时,表示该装置提请注意,要求成为讲者,报告装置的工作状态

15.3.2　三线挂钩原理

为了确保数据线上的信号能在信号的发送者和接收者之间准确无误地发送和接收,就需要在信号的发送者和接收者之间有其它信号线来进行一定的应答联络,在 GPIB 总线中 DAV,NRFD 和 NDAC 三条挂钩线就是用来在信号发送者和接收者之间进行应答联络,即所谓三线挂钩。

三线挂钩制字节传送过程如下:

在数据传送之前 NRFD 和 NDAC 两条信号线都应为低电平,DAV 为高电平。当数据传送开始时:

① 发送者首先将数据放到数据总线上,但仍保持 DAV 为高电平(数据无效)。同时接收者准备好接收数据,并检测到 DAV 为高电平后,将自己的 NRFD 置为高电平(数据接收已准备好)。

② 信号的发送者检测 NRFD 线,由于同一时刻可以有多个信号接收者,只有当所有的接收者都将 NRFD 置为高电平时,NRFD 线才为高电平,当信号发送者检测到 NRFD 线为高电平后(表明所有的接收者都已准备好),即将 DAV 置为低电平(数据有效)。

③ 接收者检测到 DAV 为低电平,先将 NRFD 变回低电平,然后从数据线上接收数据,数据接收完成后将自己的 DNAC 置为高电平。由于各装置接收数据的速度不一样,所以只要还有一个装置数据没有接收完,NDAC 线就保持为低电平,只有当所有接收者的 NDAC 都为高电平时,NDAC 线才为高电平。

④ 发送者检测到 NDAC 线为高电平后,重新将 DAV 置为高电平,宣布数据无效,并撤去数据总线上的数据。

⑤ 接收者检测到 DAV 为高电平后将 NDAC 线置低电平。这样又回到了数据传送之前的状态,第二个字节传送过程又可开始。数据传送的三线挂钩时序波形如图 15-8 所示,请读者根据上述数据传送过程的

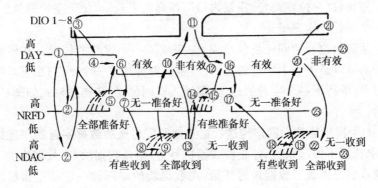

图 15-8　三条挂钩线的波形和时序

介绍自行分析。

15.4 串行接口

计算机系统中各设备之间的数据传送,既可以采用并行的方式,也可以采作串行的方式。在串行方式中,数据是一位一位地传送,显然传送速率要比并行方式低很多,但它只需要一根数据线就能传送数据,因而使得通信线路极为简单,特别适用于远距离通信。

15.4.1 串行通信的一般概念

1. 串行通信两种基本方式——异步通信和同步通信

串行通信中,在两个通信对象之间传输的是一组二进制("0"或"1")的位串,但在不同的位置,某一位可能有不同的含义。有的位是通信中所要传输的数据本身,有些是为了差错检测或纠正而加上去的冗余位,有的位是一些控制信号,有的位只是用于同步。这些都要在通信协议中约定好,才能使接收设备正确识别。

(1)异步通信。在信息发送时,不必和数据一起发送同步时钟脉冲的传送方式叫异步通信。

异步传送的每一个字符必须由起始位开始,起始位用逻辑"0",即低电平表示,它占用一位,放在各字符的最前面,用来通知接收设备一个字符开始传送。

起始位之后是5~8位(具体几位视采用何种字符编码而定)数据位,数据的低位在前,高位在后。根据需要还可以在数据位之后加一奇偶校验位。

停止位(一位或两位)用逻辑"1",即高电平表示,位于字符的最后,表示一个字符传送完毕。

从起始位开始到停止位结束,即完成了一个字符的传送。在停止位的后面可以是下一个字符的起始位,紧接着传送下一个字符;也可以维持高电平,等待下一个字符的传送,即插入空闲位,异步传送格式如图15-9所示。

(2)同步通信。同步传送数据是把所要传送的数据字符顺序连接起来(字符间不加起始位,停止位或帧信号等)组成数据块,在数据块的开头加同步字符来表示数据块的开始,在数据块的尾部加一定的差错校验字符,其格式如图15-10所示。

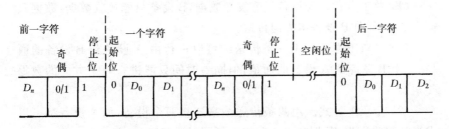

图 15 - 9　异步传送格式

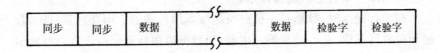

图 15 - 10　同步数据传送格式

同步传送的速度要高于异步传送,但它要求接收器的时钟和发送器的时钟严格保持同步。这就不仅要有同步时钟脉冲,而且在传送时对同步时钟脉冲信号的相位一致性要求非常高,因此硬件设备较为复杂。时钟信号可以通过一根独立的信号线进行传送,也可以通过将信息中的时钟代码化来实现。

2. 数据传送速率

数据传送速率即波特率(Baud rate)是指每秒串行发送或接收的二进制位数(bit),单位为 bps(每秒波特数),它是衡量数据传送快慢或传送通道频宽的指标。目前常用的标准波特率有:300,600,1 200,2 400,4 800,9 600,19 200bps。

3. 串行通信中数据的传送方向

在串行通信中,根据数据的传送方向,数据传输方式可分为单工、半双工和全双工三种,如图 15 - 11 所示。

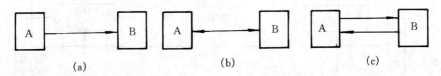

图 15 - 11　数据的三种传送方式
(a)单工;　(b)半双工;　(c)全双工

（1）单工方式。A 设备只能发送数据，B 设备只能接收数据，数据只能由 A 设备向 B 设备单方向传送。

（2）半双工方式。用一条传送线可以进行由 A 设备到 B 设备的通信，或由 B 设备到 A 设备的通信，但同一时间只能进行一个方向的数据传送。

（3）全双工方式。用两条传送线来连接两个设备，两个设备都可以发送和接收数据，数据的发送和接收可同时进行。

15.4.2　串行通信的接口电路

在串行通信时，数据是一位一位地按顺序传送的。而在计算机中，数据却是并行存取，并行处理的。因此，当数据以串行通信的方式进行发送时，首先得把并行的数据转换成串行的数据，而接收设备在接收到串行传送的数据时，也需要将其转换成并行数据才能加工处理。这种对串行和并行数据进行相互转换的工作，既可以由 CPU 通过软件方法来实现，也可以用硬件方法来实现。但由于在采用软件方法实现时，CPU 要用相当多的时间来进行并→串和串→并的转换工作，增加了 CPU 的负担，降低了其处理其它工作的速度，因此目前往往采用硬件的方法来实现。

典型的串行接口电路的结构如图 15-12 所示。电路包含一个与系统总线相连的接口。CPU 可以通过系统总线接口把命令送到串行接口

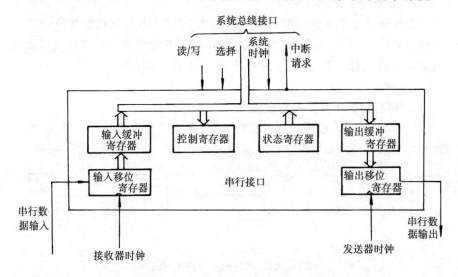

图 15-12　典型串行接口的结构图

电路,读取该接口电路的状态和访问它的输入和输出缓冲寄存器。串行接口与系统总线的连接是并行的,一次操作就传送 8 位(或 16 位)数据。而它与外部设备的连接则是串行的数据线,数据以每一位随时间顺序地出现在这条线上,进行发送或接收。

　　一般认为串行接口电路由接收器、发送器和控制电路三部分组成。发送器将并行输入的数据转换成串行数据,并按通信协议的要求加上起始位和终止位。还可选择要不要加校验位,是奇校验还是偶校验,终止位取几位等,最后由串行输出端输出。接收器则正好相反,按通信协议接收串行数据,并将其转换成并行数据输出给数据总线。接收器还同时能检验数据的传送是否正确进行。控制部分则用来接收 CPU 的控制信号,执行 CPU 所要求的操作,并输出状态信号。串行接口组成框图如图15-13。

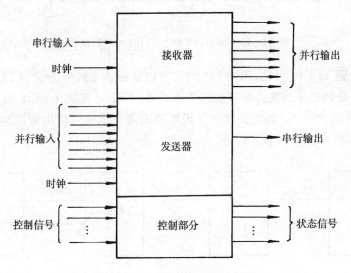

图 15-13　串行接口组成框图

　　很多制造厂家都生产有用于串行通信的接口芯片产品。例如 Motorola 公司的 MC6850,MC6852,MC6851,MC6854,Intel 公司的 8273,8251;Zilog 公司的 Z80—SI0 等等。某些 CPU 芯片本身就带有串行通信功能,即生产厂家把串行接口集成在 CPU 芯片之内,例如 MCS—51 系列 CPU 芯片等,这就使串行接口的硬件设计大为简化。

15. 4. 3　RS—232C 接口

RS—232C 是由美国电子工业协会 EIA(Electronic Industry Association)制定的一种串行接口标准,它采用负逻辑,由于 RS—232 是早期为促进公用电话网络进行数据通信而制定的标准,其逻辑电平与 TTL(或 MOS)完全不同,规定逻辑"0"电平为+5V～+15V,逻辑"1"电平为-5V ～-15V。为此要采用电平转换电路来进行 TTL 电平和 RS—232 电平间的转换。图 15-14 中给出的 MC1488 和 MC1489 就是常用的转换器。

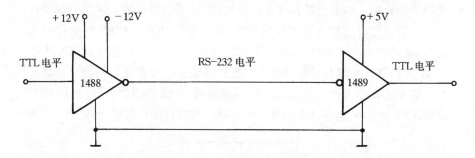

图 15-14   MC1488 和 MC1489 电平转换器

由图 15-14 可见,RS—232 的信号幅值高达±12V,较之 TTL 电平具有更强的抗干扰能力和更长的传输距离(TTL 一般为 1～2 m 而 RS—232C 可达 15 m)。如果要求信号传输的距离更长则可采用调制器(Modem)来实现。如图 15-15 所示。

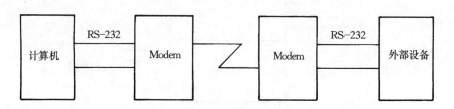

图 15-15   长距离的通信

一个完整的 RS—232 接口有 22 根线,采用标准的 25 芯插头。22 根引线中的 15 根组成主信道通信,其它则为辅助信道使用的引线,辅助信道也是一个串行通道。但其速率比主信道低得多,只是在相连的两设备之间传送一些辅助的控制信息,一般很少使用。即使是主信道,也不是所有的引线都一定使用,而是根据通信手续的繁杂程度选用其中的一些信号线,最常用的信号线有 10 条,如表 15-3 所示。

表 15-3 RS—232 常用信号线

引脚号	符号	方向	功能
1			保护地
2	TXD	O	发送数据
3	RXD	I	接收数据
4	RTS	O	请求发送
5	CTS	I	为发送清零
6	DSR	I	DCE 就绪
7	GND		信号地
8	DCD	I	载波检测
20	DTR	O	DTE 就绪
22	RI		振铃指示

常用的信号线的说明如下：

(1) 数据信号线。发送数据线(TXD)：计算机、终端或智能设备(DTE)通过此线将串行数据发送给通信对象，例如 Modem 或其它设备(DCE)。

接收数据线(RXD)：计算机或外部设备通过此线接收通信对象发来的串行数据。

(2) 控制信号线。请求发送线(RTS)，用于向通信对象表示发送数据的请求。

为发送清零(CTS)，用来表示通信对象已准备好接收对方发来的数据，它经常作为对 RTS 信号的回答。

在半双工通信方式中，由于数据的发送和接收只能分时进行，RTS 和 CTS 常用作应答信号来协调通信的状态。而在全双工方式下，由于发送和接收能同时进行，故一般不用这两条信号线。

DCE 就绪(DSR)与 DTE 就绪(DTR)这两条信号线分别表示本方和对方是否已处于可进行通信的状态。

图 15-16(a)所示的连接图为 RS—232 接口较为常见的一种连接。如果相互通信的两设备随时都可以进行全双工数据交换，那么就可以省去握手联络，RS—232 接口的标准连接就可简化。图 15-16(b)所示的连接图就是这种情况下所采用的全双工最简单系统连接。

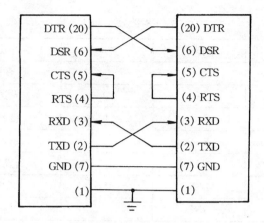

图 15 - 16(a)   RS—232 的全双工通信

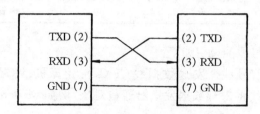

图 15 - 16(b)   全双工最简单系统连接

15.4.4   USB 接口

随着计算机技术的发展以及计算机应用的普及,人们对串行通信提出了更高的要求。通用串行总线 USB (Universal Serial Bus) 是由 Intel,Compaq ,Digital,IBM,Microsoft,NEC,Northern Telecom 等七家计算机和通信公司共同推出的新一代总线接口标准。

USB 的接口协议标准有:USB1.1,USB2.0 和 USB OTG。其中 USB1.1 是最先推出的 USB 总线标准,它的传输速度最高可达 12MB/s。为了能对更大量的数据(例如视频信号)进行传输,其后推出的 USB2.0 的传输速率最高可达 480MB/s。而 USB OTG 则对 USB 协议进行了补充,使具有 USB 接口的设备之间可以进行通信。例如,数码相机和打印机都可以作为 PC 机的 USB 设备,而数码相机也可以不通过 PC 机,直接通过 USB 接口将照片传输给打印机。

USB 总线的结构如图 15 - 17 所示,由 USB 主机、USB 设备和 USB 的连接构成。USB 与主机的接口称为 USB 主机控制器。USB 主机控制器对数据进行并行到串行的转换,建立 USB 的传输处理,并传给根集线器在总线上发送。根集线器为 USB 设备提供连接点,并控制端口电源、激活或禁止端口、检测端口的连接状况以及识别端口上的设备。USB 设备应具有标准的 USB 接口。USB 连接电缆包含 4 根信号线。其中 D+和 D-为一对信号线,D+为绿色,D-为白色。另两根为电源线和地线,用来为 USB 设备提供电源,电源为红色,地线为黑色。D+和 D-在主机端口的下拉电阻使两条信号线在没有设备接入端口时电压接近零,当设备接入端点时两条信号线的电压都高于 2.5V,由此主机可检测设备的接入情况。设备端的上拉电阻可帮助主机判断设备是高速设备还是低速设备。

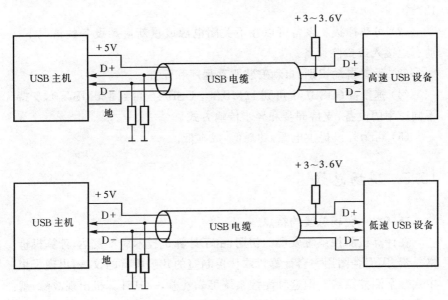

图 15－17　USB 总线的结构

　　UBS 设备接入总线,总线电源为设备供电(USB 设备也可以自供电),主机检测到设备,向设备发出复位信号。设备从总线上接收到复位信号后,使用默认地址(00H)对其寻址。当主机接收到设备对默认地址的响应后,为其分配一个空闲地址,以后设备就只对这个地址进行响应。主机读取设备描述信息,确认设备属性,并据此对设备进行配置。当设备从端口上移走时,集线器通知主机发生了设备移走事件。主机关闭端口,改变接口的拓扑信息。

　　USB 传输的数据包括四种基本类型:

（1）控制类数据。控制类数据用来发布命令,配置设备,读取状态等。

（2）批量数据。用来传输大量的数据,如与打印机、扫描仪之间的数据传输。

（3）中断传输。一般用于设备的服务请求,例如主机与鼠标、键盘间的通信。

（4）同步传输。这种传输的特点是要求传输速率固定,时间性强。例如音频、视频信号的传输。

作为通用串行数据总线,USB 具有如下优点:

（1）连接灵活,使用方便。USB 设备是连接到集线器上的,如果集线器的端点不够,可在端点上再接集线器。USB 的端口最多可扩展到 127 个。

（2）可热插拔。设备可以在不关闭电源或重新启动设备的情况下,动态地接入或摘除设备。

（3）设备自动识别,自动安装驱动程序和配置。

（4）速度高（USB1.1 可到 12MB/s , USB2.0 可到 480MB/s）,支持不同速率的设备,支持同步和异步传输方式。

（5）可为外设提供电源,功耗低,成本低。

15.5　现场总线

15.5.1　现场总线的特点

在计算机测控系统发展的初期,由于计算机技术尚不发达,计算机价格昂贵,人们企图用一台计算机取代控制室的几乎所有的仪表,出现了集中式数字测控系统。但这种测控系统可靠性差,一旦计算机出现故障,就会造成整个系统瘫痪。随着计算机可靠性的提高,价格的大幅度下降,出现了集中、分散相结合的集散测控（DCS）系统。在 DCS 系统中,由测量传感器、变送器向计算机传送的信号为模拟信号,下位计算机和上位计算机之间传递的信号为数字信号,所以它是一种模拟数字混合系统。这种系统在功能和性能上有了很大的提高,曾被广泛采用。然而随着工业生产的发展,控制、管理水平及通信技术的提高,相对封闭的 DCS 系统已不能满足需要。

现场总线是 20 世纪 90 年代初兴起的一种先进工业测控技术,与 DCS 相比有许多优点。它是一种全数字化、全分散式、全开放、多点通信的底层控制网络,是计算机技术、通信技术和测控技术的综合及集成。

仪表的智能化是现场总线的基础,带有微处理器的仪表具有复杂的计算功能,能够把原 DCS 系统中处于控制室中的信号处理和控制功能分散到生产现场,从而实现测控系统的全分散性,简化了系统的结构,提高了系统的可靠性。现场设备的智能化使设备具有了数字通信的能力,同原 DCS 系统中现场仪表与控制室的信号传递为 $0\sim10\mathrm{mA}$,$4\sim20\mathrm{mA}$ 及 $1\sim5\mathrm{V}$ 模拟信号相比具有更强的抗干扰能力,并为信息的远程传送创造了条件。

现场总线的接线十分简单,一对双绞线或一条电缆上通常可挂接多个设备,因而电缆、端子、槽盒、桥架的用量大大减少,连线设计与接头校对的工作量也大为减少。当需要增加现场控制设备时,无需增设新的电缆,可就近连接在原有的电缆上,既节省了投资,也减少了设计、安装工作量。

因为现场总线产品都符合统一的标准,用户可以自由选择不同厂家的设备来集成系统,不会为系统集成过程中不兼容的协议、接口而花费大量精力,使系统集成的主动权掌握在用户手中。

15.5.2 现场总线协议模型

要使不同厂家的计算机设备接入同一系统进行互联操作,就必须有一套对接口、服务协议的规范要求。为此,国际标准化组织 ISO 制定了开放系统互连的分层模型(Open System Interconnection),简称 OSI 参考模型。OSI 参考模型为不同厂家的计算机互连提供了一个共同的基础和标准框架,并为保持相关标准的一致性和兼容性提供共同的参考。一个系统是开放的,是指它可以与世界上任何地方的遵守相同标准的其他系统通信。

OSI 参考模型将开放系统的通信功能划分为七个层次,将相似的功能集中在同一层中,功能差别较大的则分层处理,每层只对相邻的上下层定义接口。每一层的功能是独立的,它将利用下一层提供的服务,并对上一层提供服务。当引入新技术或增加新功能时,则可把由通信功能扩充、变更所带来的影响限制在有关的层内,而不必改动全部协议。

如图 15-18 所示,OSI 的七个层次分别为:物理层、数据链路层、网络层、传输层、会话层、表示层和应用层。通常,物理层、数据链路层和网络层功能称为低层功能,即通信传送功能。传输层、会话层、表示层和应用层功能称为高层功能,即通信处理功能。

现场总线中运用较多的物理层、数据链路层和应用层的功能简介如下:

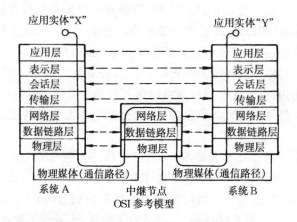

图 15-18　ISO/OSI 参考模型

1. 物理层协议

物理层协议是网络中的最底层协议,它为互连的物理设备提供了物理接口,完成物理连接和传输通路的建立,为通过物理连接的数据链路实体之间提供透明的位流传输。物理层规定了接口的机械特性(连接器的形状、尺寸、连接器的引脚数量及其排列情况)、电器特性(线路上电平的高低、阻抗及阻抗匹配、传输速率及距离限制)、功能特性(信号线的功能分配和定义)及规程特性(各信号线的工作规则和时序)。

上一节讨论的 RS—232C 标准就是物理层接口协议。常用的物理层接口协议还有:RS—422,RS—485 等。

2. 数据链路层协议

数据链路层协议用来处理有物理连接的站点间的通信工作,它的主要功能有:数据链路的建立和拆除、信息传输、传输差错控制及异常情况处理。

发送方数据链路层的具体工作是接收来自高层的数据,并将其加工成帧,然后经物理通道将帧发送给接收方,如图 15-19 所示。帧包含头、尾、控制信息、数据、校验和等部分,校验和、头、尾部分一般由发送设备的硬件实现,数据链路层不必考虑其实现方法。当帧到达接收站时,首先检查校验和。若校验和错,则向接收计算机发出校验和错的中断信息;若校验和正确,确认无传输错误,则向接收计算机发送帧正确到达信息,接受方的数据链路层应检查帧中的控制信息,确认无误后,才能将数据送往高层。

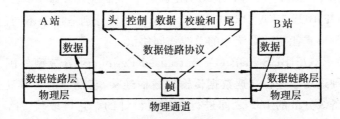

图 15-19　数据链路协议工作图

3. 应用层协议

应用层是 OSI 模型的最高层,用来实现系统应用管理进程和用户应用进程。系统应用管理进程用以管理系统资源,如优化分配系统资源和控制资源的使用等。用户应用进程由用户的要求决定。通常的应用有数据库访问、分布计算和分布处理等。通用的应用程序有电子邮件、事务处理、文件传输协议和作业操作协议等。

现场总线是面对工业现场的底层控制网络,针对大量的传感器、控制器、执行器等,一般信息量不大,信息传输的任务相对比较简单,但实时性、快速性的要求较高。为了低成本和高速度,减少一些层间的复杂操作和转化,现场总线采用的通信模型大都在 OSI 模型的基础上进行了不同程度的简化。典型的现场总线协议模型采用了 OSI 模型中的三个典型层:物理层、数据链路层和应用层,省去了中间的 3~6 层。或根据现场总线的特点增设了一个其它功能层(如用户层或现场总线访问子层等)。

目前各类现场总线产品有上百种之多,这里仅选最具影响的三种予以简单介绍。

15.5.3　PROFIBUS 总线

PROFIBUS 是(Process Fieldbus)的简称。它是一种国际化的、开放的、不依赖于设备生产厂商的现场总线标准,由十三家工业企业及五家研究所历时两年多完成的。20 世纪 90 年代初被定为德国国家标准(DIN19245),1998 年又成为欧洲标准(EN50170)。

PROFIBUS 协议将网络站点分为主站和从站。主站间以传递令牌的方式轮流掌握总线控制权,主站与从站间的数据通信由主站决定,当主站得到总线的控制权(令牌)时,没有外界请求也可以主动发送信息。从站为外围设备,他们没有总线控制权,仅对接收到的信息给以确认或当主站发出请求时向它发出信息。

根据 EN50170 标准,PROFIBUS 具有三种形式,即 PROFIBUS—DP,PROFIBUS—PA,PROFIBUS—FMS,它们分别适用于不同的领域,但这三种形式使用的是统一的总线访问协议。

(1) PROFIBUS—DP (Decentralized Periphery 分散型外围设备)。这是一种适用于进行高速数据传输的通信连接,它是专门为自动化系统与在设备级分散的 I/O 之间进行通信而设计的。它可取代 24V 或 0～20mA 测量值的传输,并具有非常短的响应时间和极高的抗干扰性能。

(2) PROFIBUS—PA(Process Automation 过程自动化)。这是一种适用于过程自动化的形式,它可以使传感器和执行器接在一根共用的总线上,根据 IEC1158—2 国际标准,PROFIBUS—PA 采用双线进行总线供电和数据通信。由于应用了本质安全传输技术,因此,PROFIBUS—PA 可以方便地运用于许多对安全性要求较高的场合。

(3) PROFIBUS—FMS(Fieldbus Message Speciflcation 现场总线报文规范)。这是一种工业通信层次结构,用来解决车间级的通信任务,功能强大的 FMS(现场总线报文规范),向用户提供了广阔的应用范围和更大的灵活性,同时 PROFIBUS—FMS 还具有更加强大的数据通信功能。

PROFIBUS 协议遵循 ISO/OSI 模型,其通信模型由三层构成:物理层、数据链路层和应用层,其结构如图 15－20 所示。其中 PROFIBUS—

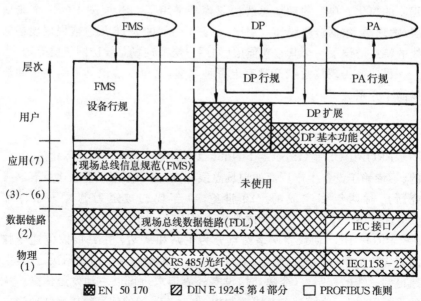

图 15－20 PROFIBUS 协议结构

DP 使用了第 1 层、第 2 层和用户接口,第 3 层到第 7 层未加定义,这种结构确保数据传输的快速性,用户接口规定了用户、系统以及不同设备可调用的应用功能,并提供了 RS485 传输技术和光纤传输技术。PROFIBUS—PA 采用扩展的"PROFIBUS—DP"协议,并采用了描述现场设备行为的 PA 行规,使用分段式耦合器,可以方便地将 PROFIBUS—PA 设备集成到 PROFIBUS—DP 网络中。PROFIBUS— FMS 使用了 ISO/OSI 模型的第 1 层、第 2 层和第 7 层,应用层包括现场总线报文规范(FMS)和底层接口(LLI),第 2 层(FDL)可完成总线存取控制和数据的可靠传输,它还为 PROFIBUS—FMS 提供 RS485 和光纤传输技术。

　　当 PROFIBUS—DP 和 PROFIBUS—FMS 使用 RS485 传输技术时,传输介质为双绞线,带转发器最多可接 127 个站点,波特率 9.6kb/s ～12Mb/s 。在电磁干扰很大的环境下应用 PROFIBUS 系统时可使用光纤以增加传输的距离。许多厂商提供专用的总线插头可进行 RS485 信号和光纤信号的转换。PROFIBUS—PA 使用 IEC1158—2 传输方式,其通信速率为 31.25kbps ,最大距离 1.9km ,每一段上可连接的仪表台数≤32(决定于所接入总线仪表设备的耗电量和应用的最大总线电流),可采用 DP/PA 耦合器使 RS485 信号和 IEC1158—2 信号适配。图 15－21 为 PROFIBUS 现场总线的连接结构图。

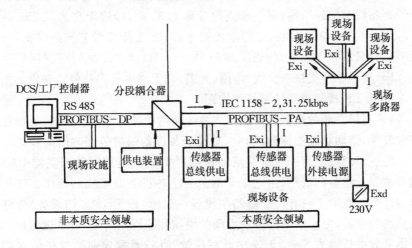

图 15－21　PROFIBUS 现场总线典型结构图

15.5.4　基金会现场总线(FF)

　　基金会现场总线是由现场总线基金会(Fieldbus Foundation)组织开发的。它是为适应自动化系统,特别是过程自动化系统在功能、环境与技术上的需要而设计的。得到了世界上主要自动控制设备供应商的广泛支持，在北美、亚太、欧洲等地区具有较强的影响。其通信模型由四层构成，采用了 ISO/OSI 参考模型的物理层、数据链路层和应用层并增加了一层——用户层（如图 15-22 所示）。

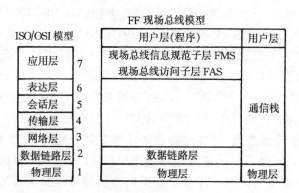

图 15-22　FF 现场总线模型与 OSI

FF 现场总线的物理层遵循 IEC1158—2 和 ISA—S50.02 中有关物理层的标准，定义了两种速率的总线，波特率为 31.25kbps 的称为 H1（低速）标准。波特率为 1Mbps 和 2.5Mbps 的称为 H2 标准。H1 支持总线型和树型拓扑结构，每段节点数最多为 32 个，传输距离为 0.2km～1.9km，可采用总线供电，支持本质安全。H2 支持总线型拓扑结构，每段节点数最多为 124 个，传输距离为 750m。H1 和 H2 之间通过网桥互连。FF 现场总线支持双绞线、电缆、光缆、和无线电等多种传输介质。图 15-23 为 FF 现场总线的拓扑结构图。

FF 现场总线的数据链路层完成总线通信中的链路活动调度，数据的接收发送，活动状态的探测、响应，总线上各设备间的链路时间同步等工作。每一段总线上有一个链路活动调度器 LAS。链路活动调度器 LAS 拥有总线上设备的清单，由它来掌握总线上各设备对总线的操作。任何时刻每个总线段上只有一个链路主设备（有能力成为 LAS 的设备）为链路活动调度器，由它调度网络站点间的周期和非周期通信。FF 现场总线提供的数据传输方式有：无连接数据传输、发行数据定向连接传输和请求/响应数据定向连接传输。

FF 现场总线的应用层分为现场总线访问子层 FAS 和现场总线信息规范子层 FMS。FAS 的基本功能是确定数据访问的关系模型和规范，FAS 提供三种虚拟通信关系：客户/服务器虚拟通信关系、报告分发虚拟

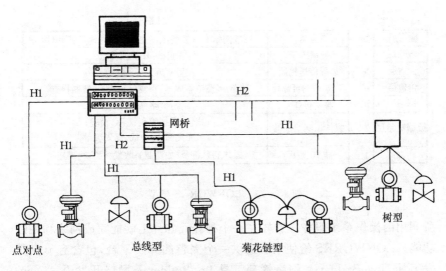

图 15－23　FF 现场总线的拓扑结构图

通信关系和发布/预定接收型虚拟通信关系。现场总线信息规范子层
FMS 规定了访问应用进程的报文格式及服务。

　　FF 现场总线的用户层规定了标准的功能模块、对象字典和设备描
述,供用户组成所需要的应用程序,并实现网络管理和系统管理。用户
层规定了 29 个标准的功能模块,其中 10 个为基本功能块,另 19 个是为
先进控制规定的标准附加功能块。

15.5.5　LONWORKS 总线

　　LONWORKS 总线是美国 Echelon 公司于 1991 年推出的技术和产
品,为新一代的智能化低成本现场测控产品。主要应用于工业自动化、机
械设备控制等领域,是当前最为流行的现场总线之一。

　　LONWORKS 采用 LONTALK 通信协议,该协议遵循 ISO/OSI 参
考模型,它提供了 OSI 所定义的全部 7 层服务,使其具有很强的网络功
能,被誉为通用控制网络,这在所有现场总线中是独一无二的。其各层的
作用及所提供的服务如图 15－24 所示。

　　LONWORKS 技术的核心是 Neuron(神经元)芯片。它内含 3 个 8
位 CPU,一个 CPU 为介质访问控制处理器,处理 LONTALK 协议的第
一层和第二层。一个 CPU 为网络处理器,实现 LONTALK 的第 3 层到
第 6 层的功能。另一个 CPU 为应用处理器,执行用户的程序及用户程序

模型分层		作用	服务
应用层	7	网络应用程序	标准网络变量类型;组态性能;文件传送;网络服务
表达层	6	数据表示	网络变量;外部帧传送
会话层	5	远程传送控制	请求/响应;确认
传输层	4	端-端传输可靠性	单路/多路应答服务;重复信息服务;复制检查
网络层	3	报文传递	单路/多路寻址;路径
数据链路层	2	媒体访问与成帧	成帧;数据编码;CRC 校验; 冲突回避/仲裁;优先级
物理层	1	电气连接	媒体特殊细节(如调制);收发种类;物理连接

图 15 - 24   LONWORKS 模型

所调用的操作系统服务。这样在一个神经元芯片上就能完成网络和控制功能。LONWORKS 给使用者提供一个完整的开发平台,包含有节点开发工具 NodeBuilder 和网络管理工具 LonBuilder 及网络开发语言 Neuron C 等。

LONWORKS 的物理层采用 RS485 通信标准,总线可以根据不同的现场环境选择不同的收发器和介质,传输介质可以是:电源线、双绞线、同轴电缆、光缆、无线电和红外线。使用双绞线时的最高传输速率为 1.25Mbit/s ,最大传输距离为 1.2km。LONWORKS 可以构成总线型、星型、环型和混合型等典型的网络结构,能实现网络拓扑结构的自由组合,可以通过网关实现不同现场总线的互联。图 15 - 25 为采用 LONWORKS 现场总线构成的工业现场网络。

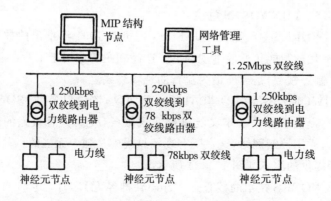

图 15 - 25   LONWORKS 现场总线网络

综上所述,各类现场总线都有各自的特点,鉴于现场总线的国际统一标准尚未出台,那么,在选用现场总线产品时,应根据自己的要求和实际情况(如:规模的大小、环境条件、传输信号情况及现场设备情况等),结合各种现场总线的特色来合理选择产品。

15.6　数据采集接口

一个微型计算机数据采集系统如图 15-26 所示,它的输入信号分为模拟信号和数字信号两类。模拟信号是由模拟类的传感器输出的信号经放大调理后得到的,数字信号则是由数字类传感器输出的数字信号或开关信号得到的。

本节主要讨论两方面的内容:①数据采集的输入缓冲电路。②可编程的输入输出电路。

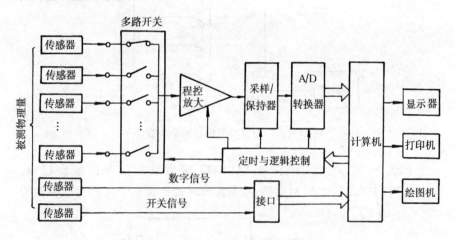

图 15-26　微型计算机数据采集系统框图

15.6.1　数字信号的采集

由于数据采集接口是直接挂在计算机总线上的,所以要求该接口保证只有在计算机读取其信号时接口与总线接通,而其它时间接口都必须与总线断开,以确保计算机能正常工作。输入接口一般采用三态缓冲器或带有锁存器的三态缓冲器。图 15-27 所示是采用三态缓冲器 74LS244 的输入接口电路。当片选信号为高电平时,三态缓冲器为高阻状态,总线与接口相当于断开。当片选信号为低电平时,三态缓冲器将输入数据送给总线。

计算机通过输出接口把命令和一些经过处理后的信息送给外部设

备。由于计算机的写周期非常短,信息出现在总线上的时间一般只有几百个毫微秒。因此输出接口必须采用数据锁存器,使计算机输出的数据保存足够长的时间以满足外部设备的取用。一般锁存器具有很高的输入阻抗,所以不必再考虑其与总线的隔离。

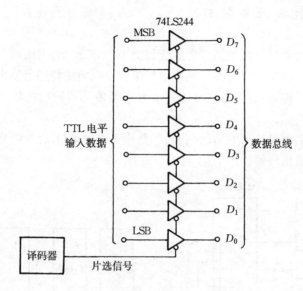

图 15 - 27   用缓冲器构成的输入接口

图 15 - 28 是采用锁存器 74LS373 作为数字信号的输出接口。74LS373 内部是八个 D 触发器,触发器的时钟连接在一起作为锁存器的

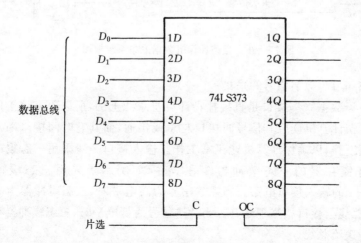

图 15 - 28   用锁存器构成的输出接口

片选信号。当片选信号为高电平时,计算机输出的数字通过总线写入锁存器。当片选信号为低电平时,锁存器保持原来的数据不变。

可编程的并行输入输出接口芯片,是微机接口中最常用的芯片,它们的特点是硬件连接简单,接口功能强,使用灵活。

图 15 - 29 是 Intel 公司生产的 8255A 可编程并行输入输出接口芯片的内部结构图。它由三部分组成:

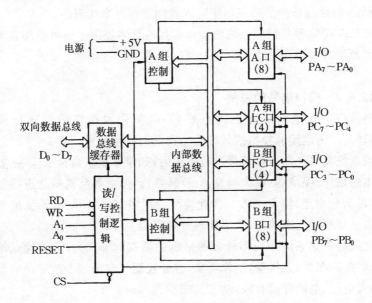

图 15 - 29　8255A 内部结构框图

1. 与微机接口部分

通过数据缓冲器与数据总线相连,缓冲器是一个 8 位双向三态缓冲器。所有的输入输出数据以及对 8255 发出的控制字和从 8255 读入的状态信息,都是通过这个缓冲器传送的。$\overline{RD}$(读)、$\overline{WR}$(写)、$\overline{CS}$(片选)及 RESET 为系统控制信号线。

2. 与外设的接口部分

这一部分共有三个 8 位的端口:A 口、B 口和 C 口,其中 C 口又可分为 C 口上半部和 C 口下半部。A,B 和 C 三个端口的工作模式可通过程序来选择,分别是模式 0、模式 1 和模式 2。

模式 0:为基本的输入输出工作模式。这种方式不需要选通信号。任何一个端口都可以通过编程设定为输入或输出端口,作为输入端口时都有三态缓冲器功能,作为输出端口时,都有数据锁存器功能。

模式 1:为应答式输入输出工作模式。A 口和 B 口作为 8 位输入或输出端口,C 口作为 A 口和 B 口输入输出的应答信号。

模式 2:为应答式双向输入输出工作模式。此时 A 口作为双向输入输出端口,C 口中的 5 位作为相应的应答信号,余下的 B 口和 C 口仍可处于模式 0 工作方式。

3. 逻辑控制部分

8255 的编程选择是将控制字写入控制寄存器来实现的。

8255A 可编程并行输入输出接口芯片的具体使用方法可参阅有关微机原理及接口方面的书籍。

15.6.2　模拟信号的采集

将模拟信号送给计算机进行处理,必须先对模拟信号进行模数(A/D)转换,将连续的模拟信号转换为离散的数字信号。

当系统要对多路模拟信号进行采集时,如果不要求高速采样,一般选用公用的采样/保持器、放大器及 A/D 转换器等,对各路模拟量进行分时采集,以简化电路,降低成本。为此需要使用多路模拟开关,轮流把各路模拟信号与测量通道接通,从而实现分时采集。

在数据采集系统中应用较多的是集成模拟电子开关,它的优点是体积小,切换速率快,无抖动,工作可靠,容易控制。它的缺点是导通电阻较大,输入电压、电流容量有限,动态范围小。

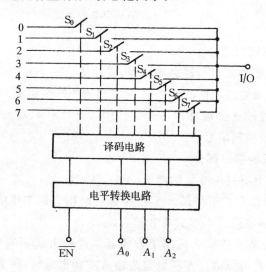

图 15-30　八选一模拟开关结构示意图

　　集成模拟开关的工作原理可由图 15 - 30 所示的模拟开关结构示意图来说明,输入 $S_0 \sim S_7$ 共八个模拟信号,输出 S_m 一个模拟通道。通道是否接通,哪一个通道接通由片选信号 $\overline{EN}$ 和通道地址 A_0,A_1 和 A_2,来决定。当片选信号为"1"时禁止所有的 8 个通道接通。当片选信号为"0"时,由 $A_0 \sim A_2$ 的状态决定哪一个通道接通。信号 $\overline{EN}$ 和 A_0,A_1,A_2,可由计算机通过接口电路给出,所以多路模拟开关什么时间闭合,哪一个通道的开关闭合,完全可以由计算机的程序控制。

　　在不同的数据采集系统中,放大器的选择是不同的。在简单的系统中放大器就是一个起缓冲作用的电压跟随器。在较为高档的系统中可以选用程控放大器,它的放大倍数可由计算机通过接口输出的一组数码控制。这样采集系统就可以根据各通道模拟量的大小而选择不同的放大倍数,即便是对同一模拟通道在其信号强或弱时也可以选用不同放大倍数,即实现自动换档。

　　采样/保持器是用来保证 A/D 转换器在将模拟量转换成数字量的过程中其输入信号保持不变,以得到较高的转换精度。

　　A/D 转换器是模拟信号采集系统的核心部件,A/D 转换器的性能在很大程度上决定着数据采集系统的性能,描述 A/D 转换器的两个最重要的指标,一个是 A/D 转换器的位数,一个是 A/D 转换器的转换时间或转换速率。这两个指标也直接决定着数据采集系统的分辨率和最高采样频率。

　　很多 A/D 转换器的数字信号输出端本身就具有三态缓冲器(如 ADC 0809,AD574 等)。它们可以直接和计算机的数据总线相连。在设计接口时主要考虑控制线的连接。如果选用的 A/D 转换器不具备三态输出缓冲器(如 ADC1210)则其数据线不能直接连到数据总线上,必须外加三态缓冲器。

15.6.3　地址译码电路

　　在计算机系统中,许多存储器、接口都挂在总线上,但在任一时刻只能有一个存储器或接口通过总线输出数据,或者只能有一个或几个单元读入数据,否则就会造成混乱。某一个接口能否把它的数据送到数据总线上或从数据总线上读数,就看它与数据总线相连的三态缓冲器或锁存器是否接收到片选信号,而此片选信号是否出现则是由计算机的程序决定的。当计算机执行从某一个接口"读数据"这样一条指令时,首先把这个接口的地址放到地址总线上,并使读控制线($\overline{RD}$)变为低电平,各接口的译码电路会对地址线上的地址进行译码,只有地址号与地址总线上的被选地址一致的那个接口被选中,于是该接口上的数字信号就送到数据总线上供计算机读取。同样计算机向接口"写数据"也有类似的过程。可见译码电路是接口电路的一个重要组成部分。

一个计算机系统可用于 I/O 接口的地址是很多的,而一块接口板或一个数据采集系统只用到几个至几十个地址,例如 PC 机的 XT 总线中,地址线 $A_0 \sim A_9$ 用于对 I/O 端口寻址,寻址范围达 1K,而一块数据采集板只用 8 个接口地址(用 $A_0 \sim A_2$ 译码得到 8 个地址),在这种情况下地址译码可分两部分进行。

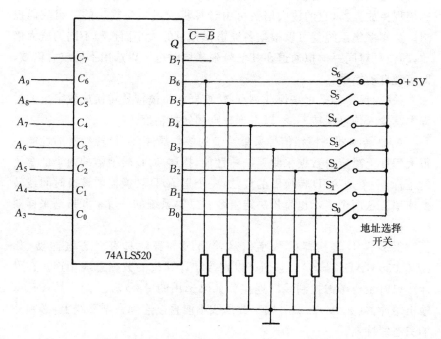

图 15 - 31　用数值比较器构成的高位译码电路

对高位地址 $A_3 \sim A_9$ 可采用数值比较器进行译码,图 15 - 31 所示电路为采用数值比较器 74ALS520 构成的译码电路,数值比较器的功能是当它的两组输入完全相等时输出为低电平,否则输出为高电平。在这个具体电路中只有当 $A_3 \sim A_9$ 这 7 个二进制数码与地址开关 $S_0 \sim S_6$ 所设置的 7 个对应的数都相等时 Q 才会输出低电平。如果在设置接口地址时,将地址选择开关中的 S_6,S_5 和 S_1 接通,其它开关断开,那么只有当 A_4,A_8 和 A_9 为"1"而 A_3,A_5,A_6,A_5 和 A_7 为"0"时为低电平,即只有地址为 1100010×××时,Q 才为低电平。

　　低位地址采用集成地址译码器来进行译码,例如选用 3－8 译码器 74LS138 作为译码电路如图 15－32 所示。

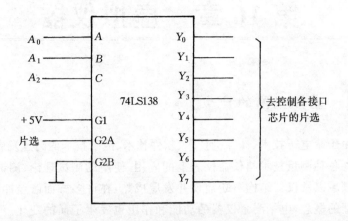

A_0 —— A

A_1 —— B

A_2 —— C

74LS138

+5V —— G1

片选 —— G2A

G2B

Y_0

Y_1

Y_2

Y_3

Y_4

Y_5

Y_6

Y_7

去控制各接口 芯片的片选

图 15－32　74LS138 译码电路

　　当片选信号为高电平时,芯片未被选中,所有 8 个输出端都为高电平。当片选信号为低电平时,A_0,A_1 和 A_2 三位二进制数共有 8 个状态,每种状态都对应某一个输出端为低电平而其它输出端为高电平,当片选信号采用前面数值比较译码电路的输出信号 Q 时,则只有当地址为 310H～317H 时,输出 Y_0～Y_7 才会一一对应地变为低电平。

　　将最终的译码结果 Y_0,Y_1…再和计算机的读、写信号相"或"作为输入接口三态缓冲器的片选,或输出接口锁存器的片选,就能保证计算机与各接口数据交换的正常进行。

第16章 虚拟仪器

16.1 虚拟仪器的产生

由于微电子技术、计算机技术、软件技术、网络技术的高速发展,以及它们在各种测量技术与仪器仪表上的应用,使新的测试理论、测试方法、测试领域以及仪器结构不断涌现并发展成熟,在许多方面已经冲破了传统仪器的概念,电子测量仪器的功能和作用也发生了质的变化。另外在高速发展的信息社会,要在有限的时空上实现大量的信息交换,必然带来信息密度的急剧增大,要求电子系统对信息的处理速度越来越快,功能越来越强,这使得系统结构日趋复杂。对体积、耗电和价格的要求促使系统及 IC 的集成密度越来越高。同时激烈的市场竞争又要求产品的价格不断下降,研制生产周期缩短。目前的测试技术在如下几方面受到挑战。

① 要求测试仪器不仅能作参量测量,而且要求测量数据能被其它系统所共享。

② 微处理器和 DSP(数字信号处理器)技术的飞速发展以及它们价格的不断降低,改变了传统仪器就是电子线路设计的概念,而代之以所谓仪器软件化的概念。

③ 仪器的人机界面所含的信息显示和人机交互的便易性,要求传统的仪器反映的信息量增加。

④把计算机的运算能力和数据交换能力"出借"给测试仪器,即利用计算机的已有硬件,再配接适量的接口部件,构造测量系统。

⑤ 计算机不仅可以完成测试仪器的一些功能,在需要增加某种测试功能时,只需增加少量的模块化功能硬件即可。

可见,一方面电子技术的迅速发展从客观上要求测试仪器向自动化及柔性化发展;另一方面,计算机硬件技术的发展也给测试仪器向自动化发展提供了可能。在这种背景下,自 1986 年美国国家仪器公司(NI)提出虚拟仪器(VI)(Virtual Instrument)概念以来,这种集计算机技术、通信技术和测量技术于一体的模块化仪器便在世界范围内得到了认同与应用,逐步形成了仪器仪表技术发展的一种趋势。

所谓虚拟仪器(VI)是指具有虚拟仪器面板的个人计算机,它由通用计算机、模块化功能硬件和控制专用软件组成。在虚拟仪器系统中,运用计算机灵活强大的软件代替传统的某些部件,用人的智力资源代替许多物质资源,其本质上是利用 PC 机强大的运算能力、图形环境和在线帮助功能,建立具有良好人机交互性能的虚拟仪器面板,完成对仪器的控制、数据分析与显示,通过一组软件和硬件,实现完全由用户自己定义、适合不同应用环境和对象的各种功能。形成既有普通仪器的基本功能,又有一般仪器所没有的特殊功能的高档低价的新型仪器。在虚拟仪器系统中,硬件仅仅是解决信号的输入和输出问题的方法和软件赖以生存、运行的物理环境,软件才是整个仪器的核心,藉以实现硬件的管理和仪器功能。使用者只要通过调整或修改仪器的软件,便可方便地改变或增减仪器系统的功能与规模,甚至仪器的性质,完全打破了传统仪器由厂家定义,用户无法改变的模式。给用户一个充分发挥自己的才能和想象力的空间。

虚拟仪器的出现是仪器发展史上的一场革命,代表着仪器发展的最新方向和潮流,是信息技术的一个重要领域,对科学技术的发展和工业生产将产生不可估量的影响。经过十几年的发展,不仅虚拟仪器技术本身的内涵不断丰富,外延不断扩展,目前已发展成具有 GPIB、PC - DAQ、VXI 和 PXI 四种标准体系结构的开放技术。可广泛应用于电子测量、振动分析、声学分析、故障诊断、航天航空、军事工程、电力工程、机械工程、建筑工程、铁路交通、地质勘探、生物医疗、教学及科研等诸多方面。

16.2　虚拟仪器的结构及特点

16.2.1　虚拟仪器的结构

如果将仪器功能划分为一些通用模块,那么任何一台仪器,按最基本的形式可分解为以下三个主要模块:

① 输入——进行信号调理并将输入模拟信号转换成数字形式以便处理。

② 输出——将量化的数据转换成模拟信号并进行必要的信号调理。

③数据处理——通常,一个微处理器或一台数字信号处理器(DSP)可使仪器按要求完成一定功能。

将具有一种或多种功能的通用模块组建起来,就能构成任何一种仪器。虚拟仪器就是利用通用的仪器硬件平台,调用不同的测试软件构成不同功能的仪器。例如:一台频谱分析仪包括一个输入部分和一个数据处理部分;一台任意波形发生器包括输出部分和一个数据处理部分。如图 16 - 1 所示。

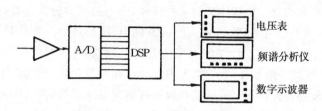

图 16 - 1   虚拟仪器实例

16.2.2   虚拟仪器的特点

虚拟仪器与传统仪器相比有以下几个特点:

传统仪器	虚拟仪器
功能由仪器厂商定义	功能由用户自己定义
与其它仪器设备的连接十分有限	面向应用的系统结构,可方便地与网络、外设及其它连接
图形界面小,人工读数,信息量小	展开全汉化图形界面,计算机读数及分析处理
数据无法编辑	数据可编辑、存储、打印
硬件是关键部分	软件是关键部分
价格昂贵	价格低廉(是传统仪器的五分之一至十分之一)
系统封闭,功能固定,扩展性低	基于计算机技术开放的功能模块可构成多种仪器
技术更新慢 (周期为 5～10 年)	技术更新快(周期为 1～2 年)
开发和维护费用高	基于软件体系的结构,大大节省开发维护费用

16.2.3   虚拟仪器技术优势

虚拟仪器技术就是用户自定义的基于 PC 技术的测试和测量解决方案,其性能的优势在于:性能高,扩展性强,开发时间少以及出色的集成。

1. 性能高

虚拟仪器是在 PC 技术的基础上发展起来的,它完全"继承"了以现成即用的 PC 技术为主导的最新商业技术的优点,包括功能超卓的处理器和文件 I/O,使您在数据导入磁盘的同时就能实时地进行复杂的分析。随着数据传输到硬驱功能的不断加强,以及与 PC 总线的结合,高速数据记录已经较少依赖于大容量的本地内存。

虚拟仪器技术的另一突出优势就是不断提高的网络带宽。因特网和越来越快的计算机网络使得数据分享进入了一个全新的阶段,将因特网和软硬件产品相结合,就能够轻松地与地球另一端的同事共享测量结果。

2. 扩展性强

软硬件工具使得用户得益于软件的灵活性,只需更新计算机或测量硬件,就能以最少的硬件投资和极少的、甚至无需软件上的升级即可改进整个系统。在利用最新科技的时候,可以把他们集成到现有的测量设备,最终以较少的成本加速产品上市的时间。

3. 开发时间少

在驱动和应用两个层面上,高效的软件构架能与计算机、仪器、仪表和通信方面的最新技术结合在一起。同时还提供了灵活和强大的功能,使用户轻松地配置、创建、部署、维护和修改高性能、低成本的测量和控制解决方案。

4. 集　成

虚拟仪器技术从本质上说是一个集成的软硬件概念。随着产品在功能上不断地趋于复杂,用户通常需要集成多个测量设备来满足完整的测试需求,但并不是轻易可以完成的。虚拟仪器软件平台为所有的 I/O 设备提供了标准的接口,例如数据采集、视觉、运动和分布式 I/O 等等,帮助用户轻松地将多个测量设备集成到单个系统,减少了任务的复杂性。该结构可以使开发者们快速创建测试系统,并随着要求的改变轻松地完成对系统的修改。这一集成式的构架带来的好处,使得用户可以更高效地设计和测试高质量的产品,并将它们更快、更具竞争性地投入市场。

16.3　虚拟仪器的分类

虚拟仪器的发展随着微机的发展和采用总线方式的不同,可分为五种类型。

16.3.1　PC 总线–插卡式虚拟仪器

这种方式借助于插入计算机的板卡（数据采集卡、图像采集等）与专用的软件，如 LabVIEW、LabWindows/CVI 或通用编程工具 VisulC＋＋和 Visual Basic 等相结合，完成测试任务。它充分利用计算机的总线、机箱、电源及软件的便利，但它的关键取决于 A/D 转换技术。这种仪器的缺点是 PC 机机箱内部的噪声电平较高、电源功率不足，并且存在插槽数目不多，插槽尺寸较小，机箱内无屏蔽。PC 总线–插卡式虚拟仪器曾有 ISA 和 PCI 总线两大品种，但目前 ISA 总线的虚拟仪器已经基本淘汰，而 PCI 总线的虚拟仪器广为应用。

16.3.2　并行口式虚拟仪器

最新开发的一系列可连接到计算机并行口的测试装置，它们把硬件集成在一个采集盒里或一个探头上，软件装在计算机上，通常可以完成各种虚拟仪器的功能。典型的有 COINV 的 INV306 和 美国 LINK 公司的 DSO－21XX 系列数字示波器。它们最大的好处是可以与便携式计算机相连，方便野外作业。又可与台式 PC 机相连，实现台式和便携式两用，特别适合于研发部门和各种教学实验室应用。

16.3.3　GPIB 总线方式的虚拟仪器

GPIB 技术是 IEEE488 标准的虚拟仪器早期的发展阶段。它的出现使电子测量由独立的单台手工操作向大规模自动测试系统发展，典型的 GPIB 系统由一台 PC 机、一块 GPIB 接口和若干台 GPIB 形式的仪器通过 GPIB 电缆连接而成。GPIB 技术可用计算机实现对仪器的操作和控制，替代传统的人工操作方式；可以很方便地把多台仪器组合起来，形成自动测量系统。GPIB 测量系统的结构和命令简单，主要应用于台式仪器，适合于精确度要求高，但不要求对计算机高速传输状况时应用。

16.3.4　VXI 总线方式虚拟仪器

VXI 总线是一种高速计算机总线 VME 总线在 VI 领域的扩展，它具有稳定的电源，强有力的冷却能力和严格的 RFI/EMI 屏蔽。由于它的标准开放、结构紧凑、数据吞吐能力强、定时和同步精确、模块可重复利用、众多仪器厂家支持的优点，很快得到广泛的应用。经过十多年的发展，VXI 系统的组建和使用越来越方便，尤其是组建大、中规模自动测量系统以及对速度、精度要求高的场合，并有其他仪器无法比拟的优势。然而，组建 VXI 总线要求有机箱、零槽管理器及嵌入式控制器，造价比较高。

16.3.5　PXI 总线方式的虚拟仪器

PXI 总线方式是在 PCI 总线内核技术上增加了成熟的技术规范和要求形成的,增加了多板同步触发总线的参考时钟。用于精确定时的星形触发总线,以适用于相邻模块的高速通信的局部总线。PXI 有高度可扩展性,具有 8 个扩展槽,通过使用 PCI－PCI 桥接器,可扩展到 256 个扩展槽。对于多机箱系统,现在则可利用 MXI 接口进行连接,将 PCI 总线扩展到 200m 远。而台式 PCI 系统只有 3～4 个扩展槽。把台式 PC 的性能价格比和 PCI 总线面向仪器领域的扩展优势结合起来,将形成未来主流的虚拟仪器平台。

16.4　虚拟仪器的系统组成

虚拟仪器的系统组成如图 16－2 所示。它包括计算机、虚拟仪器软件、硬件接口或测控仪器。硬件接口包括数据采集卡、IEEE488 接口(GPIB)卡、串、并口、插卡仪器、VXI 控制器、以及其它接口卡。

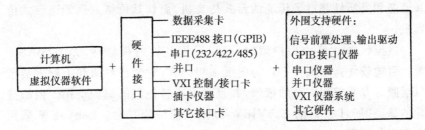

图 16－2　虚拟仪器系统组成

虚拟仪器最常用的接口形式是数据采集卡,它具有灵活、成本低的特点,其功能是将现场数据采集到计算机,或将计算机数据输出给受控对象。用数据采集卡配以计算机平台和虚拟仪器软件,便可构造出数字存储万用表、信号发生器、示波器、动态信号分析仪等各种测量和控制仪器。

许多中高档仪器配有串口/并口、GPIB(IEEE488)通信口。串口 RS232 只能作单台仪器与计算机的连接,且计算机控制性能差。GPIB 是仪器系统互连总线规范,速度可达 1MB/s。通过 GPIB 接口卡、串口/并口实现仪器与计算机互连,仪器间的相互通信,从而组成由多台仪器构成的自动测试系统。应用虚拟仪器技术加入更多的数据分析处理,可灵活扩展仪器功能,充分发挥现有仪器的潜力。比如将一台 HP54501A 示波器波形输给计算机后,对数据进行谱分析或数字滤波,便扩展为实时谱分析仪或动态信号处理器。用户可以充分利用仪器通信口,避免了仪器不必要的购置,节省了开支。

虚拟仪器最引人注目的应用是 VXI 自动测试仪器系统。VXI 仪器系统是将若干仪器模块插入具有 VXI 总线的机箱内,仪器模块没有操作和显示面板,仪器系统必须由计算机来控制和显示。VXI 将仪器和仪器、仪器和计算机更紧密地联系在一起,综合了数据采集卡和台式仪器的优点,代表着今后仪器系统的发展方向,VXI 的开放结构,即插即用(VXIplug&plug)、虚拟仪器软件体系(VISA)等规范使得用户在组建 VXI 系统时可以不必局限于一家厂商的产品,允许根据自己的要求自由选购各仪器厂商的特长仪器模块,从而达到系统最优化。VXI 的优点还包括便于组建自动测试系统,系统升级容易,数据传输率高,空间体积小而紧凑,尤其适于象星载、车载、机载、生产线、计量等大规模自动检测系统,因此,VXI 在军工和大工厂得到广泛运用。

插卡仪器指带计算机总线接口的专用插卡,例如数据信号处理板(DSP)、网卡、传真卡和传真软件构成的"虚拟传真机"早已被广泛应用,其性能和灵活性超过了传统的台式传真机,而且其价格远远低于台式传真机。

虚拟仪器软件由用户编制,可以采用各种编程软件,如 C,BASIC 等。目前较优秀的编程平台为图形编程语言,它使得科研和工程人员可以摆脱对专业编程人员的依赖,并且大大减轻他们的编程负担。值的推荐的是美国 NI 公司的 LabVIEW 虚拟仪器编程平台。LabVIEW 采用全图形化编程,使得每个对语句编程不熟的工程人员都可以快速"画"出仪器面板,"画"出自己的程序。LabVIEW 在国外用得很广,世界上有 40 多个主要大厂,包括 HP,Tektronix,Fluke,Philips 等,为他们的 550 多种仪器提供了 LabVIEW 驱动程序。这样,这些仪器就可以在 LabVIEW 平台下直接工作,进一步减轻了科研和工程人员的工作量。

16.4.1 GPIB 总线

GPIB 技术可以说是虚拟仪器技术发展的第一阶段。GPIB 犹如一座金桥,把可编程仪器与计算机紧密地联系起来,从此电子测量由独立的手工操作的单台仪器向组成大规模自动测试系统的方向迈进。

先进的测试仪器大都带有 GPIB 接口,提供仪器的远控(remote)功能。GPIB 总线在本书第 15 章已有介绍,它是仪器自动测试系统的标准总线。为实现 PC 机对具有 GPIB 接口的仪器的控制,可以设计 PC 总线上的 GPIB 控制卡,PC 机作为控者,而被控仪器作为听者或讲者。虚拟仪器对 GPIB 总线上的仪器的控制就是采用这种方式。典型的配置方案由一台运行虚拟仪器软件的 PC 机,一块 GPIB 接口卡和若干台 GPIB 仪器,通过标准 GPIB 电缆连接而成。在标准情况下,一块 GPIB 接口板卡可带多达 14 台的仪器,电缆长度可达 20m。利用 GPIB 扩展技术,一个 GPIB 自动测试测量系统的规模无论是仪器数量还是距离都可以进一步扩展。利用虚拟仪器技术,可以用计算机实现对仪器操作的控制,替代传统的人工操作方式,排除人为因素造成的测量误差。同时,由于可以预先编制好测量工序,实现自动测试,提高测试效率。另一方面,当仪器装置与虚拟仪器结合后,仪器本身的功能也得到扩展。因为仪器是同计算机连接在一起的,仪器测量的数据结果送到计算机里,可进一步对数据作各种不同的分析处理算法,就相当于增加了仪器的功能。

　　GPIB 的局限性是最高数据传输速率为每秒 1 兆字节。在进行高速数字化以及数字输入和输出时,或有大量数据必须从仪器传到计算机进行专门处理时,这一数据传输速率是不够的。VXI 总线可以很好地解决这一问题。

16.4.2　VXI 总线

　　VXI 总线是 VMEbus Extension for Instrumentation 的缩写,它是一种高速计算机总线——VME 总线在仪器领域的扩展。VME 总线插件主要用作计算机专用插件。但基于仪器的 VME 总线存在的最致命的弱点是除了 VME 总线标准本身外,缺乏其它配套标准。另外数字通信设计的电气环境,噪声太大,不能用于精密的模拟量测量,以及高速通信所用的程序必须用寄存器读写来完成也是其两大缺点。VXI 总线是由 HP 等五家公司于 1987 年成立的 VXI 总线联盟提出。联盟成员积累了大量单卡仪器系统的经验,保持了单卡仪器系统的优点,提高测试吞吐量、缩小仪器体积、降低成本等。并把 IEEE488 和 VME 总线看作是两种对仪器来说最流行的标准,吸取它们的精华,添加上更多的特点,形成一种新的标准即 VXI 总线标准。由于它的标准开放,结构紧凑,具有数据吞吐能力强,定时和同步精确,模块可重复利用,众多仪器厂商支持等优点,很快得到广泛的应用。在近十年时间内,随着 VXI 总线规范的不断完善和发展,VXI 系统联盟的不懈努力,VXI 系统的组建和使用越来越方便,其应用面也越来越广,尤其是在组建大规模自动测试系统,以及对速度、精度要求较高的场合,有着其它仪器系统无法比拟的优势。

1. VXI 硬件结构

VXI 是一套硬件非常规范的系统,它规定了设备的尺寸、结构、电气指标等重要参数,同时也规定了设备间的一些低层的通信协议。

VXI 硬件结构如图 16-3 所示。一个 VXI 系统包括主机架和联接外部设备的缆线等外设以及相应的软件。主机架上集成了 0 槽(slot 0)控制接口和 VXI 设备,共有最多 13 个插槽 (slot),最左端是 0 槽。0 槽是一个特殊的插槽,必须接专用的 slot 0 设备,该插槽发送的信号包括时钟、中断以及负责整个系统的背板管理。0 槽控制器可以内置于主机架中,也可以通过接口联接到远端的计算机上。一般 VXI 设备可占据一个或多个插槽。框架和 VXI 设备的尺寸是由 VXI 标准所规范的,分为 A,B,C,D 四种,尺寸依次减小。

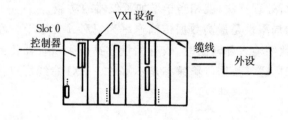

图 16-3   VXI 硬件结构

VXI 使用与 VME 总线相同的地址和数据信号格式传递信息,但VXI 增加了设备时钟和同步信号流(streamline)总线。系统的总线包括MODID(Module Indentification)模块确认总线,TTL 和 ECL 触发总线和一个 10MHz 时钟,用于传输模拟信号的 Analog Sum 总线,还有局部总线用于槽间数据传递,以节约系统的带宽。

每一个 VXI 设备由 VXI 系统用一个 64 字节的地址唯一确定。VXI设备包括基于寄存器(Register based)和基于消息(Message based)两类。对于基于寄存器的设备,VXI 采用低级的二进制信号来传递信息。对于基于消息的设备,VXI 定义了一套类似于 IEEE488 协议的 WSP(Word Serial Protocol)协议,用于规范这类设备的通信。

VXI 设备间的联接方式可采用基于 VXI 的内制 CPU 方式、GPIB 到VXI 转换的方式和 MXI 方式三类,可以保证 VXI 支持网络操作。因而VXI 设备可以和各类计算机平台联接成一个实时分布系统。

2. VXI 总线的特点

VXI 总线联盟要解决:高速通信、易于组合。同时还定义一个明确的环境,使不同仪器制造商的产品能够很好的在一起工作。在 VXI 总线标准中采用了 IEEE - 488 的"基于消息的器件"(Message - Based Device),它们很容易组成系统,并易于用 ASCII 字符在高层次上进行通信。VXI 总线规范把"基于寄存器的器件"(Register - Based Devices)定义为与 VME 总线器件相类似的器件。它可以实现高速数据通信。

总线联盟定义所有 VXI 总线主机架必须标明它们能提供多大的功率和冷却能力。而所有 VXI 总线模块必须标明它们需要多大的功率和冷却能力。此外,模块之间所允许的传导和辐射干扰大小也有严格的限制。这些参数可使用户很方便地配置一个应用系统。

VXI 总线系统必须完成两个特殊的功能。第一是 0 槽功能,用于背面板的管理。另一功能是资源管理。当 VXI 总线系统接通电源或复位时,该程序将各种模块配置处于正常工作状态。即用户可从一个已知的起始点出发建立用户应用测试系统软件。一旦开始正常运行,资源管理程序不再参与 VXI 总线系统的工作。VXI 总线标准能提高测试系统速度和灵活性,也可以降低产品的"寿命周期"成本。

(1)具有开放的标准。VXI 总线是一种真正的开放标准。到目前为止,由 200 多家不同的仪器制造商接受 VXI 的标准,已有几百部单卡式仪器投放市场。这一多供货商环境保证用户在 VXI 总线产品方面的投资会长久得到保护。由于 VXI 总线是一种开放标准,用户可以方便地利用这个标准化体系结构的所有优点设计自己专用的模块。另外,背面板引出线和通信、功率和冷却能力、电气干扰极限等也作了明确的规定。总之,VXI 总线技术规范对用户是完全开放的,保证用户在尽可能短的时间内设计出自己的专用系统。

(2)具有高速传输能力。VXI 总线背面板的理论数据传输速率最高可达 40Mbit/s。由于 VXI 总线是在 VME 总线基础上产生的,可在共享存储器体系结构内与背面板上的多个微处理器通信,同时有多级优先权管理的中断处理能力,提高了测试系统数据吞吐量。

例如在 VXI 总线机箱内安装有一个嵌入式计算机模板和多个智能式仪器模块。该嵌入式计算机可通过 VXI 总线中的数据总线将一大批读数从数字化仪器传输到计算机的存储器中,同时另一个仪器如计数器可通过数据总线每隔几毫秒向控制器发送一个数据。第二个智能仪器可能正在监视几个通道的电压,并在内部完成超限检测。如果某一通道出现超限,该仪器以高于其它仪器的优先级请求使用数据总线,及时向计算机发送故障数据,使其立即采取措施。多种具有不同优先级的仪器通过优先级处理线路能高效利用数据总线,这样就提高了整体系统的吞吐量和响应速度。

3. VXIplug&play

标准的重要作用是为了保证仪器间的通用性。一般的标准甚至包括 VXI 标准都只解决了仪器的硬件规范问题,即它只在仪器通信管理和驱动程序上取得了一致,而在系统层面的兼容上未达到共识。这显然不利于 VXI 产品的发展,因为软件不能很好的兼容,妨碍了由不同厂家的不同模块构成的测量系统。1993 年 9 月成立的 VXIplug&play 联盟所制定的 VXIplug&play 标准,在 VXI 的基础上规范了软件和整个虚拟仪器体系,从而确保了不同 VXI 系统间的通用性。

VXIplug&play 标准由一系列 VPP－X 规范组成,它们分别规定 VXI 系统的不同层次。VXIplug&play 标准将典型的 VXI 系统的软件分为四个层次。如图 16 - 4 所示,最底层是 I/O 层,这一层的 I/O 软件驱动程序用于 VXI 控制器、VXI 设备之间的通信。第二层是设备驱动层,规范的设备驱动层使开发者

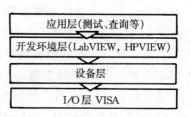

图 16 - 4   VXI 系统的软件层次

不必了解设备的细节而能开发通用的程序。第三层是应用开发环境层,用来开发应用的 VXI 设备。最高一层是用户层,实现虚拟仪器的功能,如仪器测试、设备控制等应用过程。VXIplug&play 标准强调了 VXI 系统的框架,各级应用软件及接口,以保证虚拟仪器系统的通用与高效。

VXI 是吸收以往的工业总线标准的长处而发展的一套高性能的硬件总线标准,而 VXIplug&play 则将操作系统、应用软件与 VXI 硬件结合起来,标准化了整个 VXI 系统。

VXIplug&play 极大地提高了虚拟仪器的可实现性,使仪器开发更轻松,仪器的实现更灵活。构造一个典型的 VXI 的仪器系统,首先要明确实现的目标,然后细化物理参数,选择合适的 VXI 设备模块。在应用开发环境上,设计高端的应用实现软件,最后将系统集成。VXIplug&play 对整个系统开发过程均制定了标准。

VXIplug&play 标准从系统解决了由于缺乏标准而出现的许多问题,使开发者能够开发出符合通用标准的仪器,最终使用户自行开发的仪

器难度大大降低。

16.4.3　PXI 总线

1997 年 9 月 1 日,NI 公司发布了一种全新的开放性、模块化仪器总线规范,即 PXI。PXI 是 PCI 在仪器领域的扩展(PCI Extensions for Instrumentation)。它将 CompactPCI 规范定义的 PCI 总线技术发展成适合于试验、测量与数据采集场合应用的机械、电气和软件规范,从而产生了新的虚拟仪器体系结构。PXI 将台式 PC 的性价比优势与 PCI 总线面向仪器领域的扩展完美地结合起来,形成一种高性价比的虚拟仪器测试平台。

PXI 这种新型模块化仪器系统是在 PCI 总线内核技术上增加了成熟的技术规范和要求形成的。它通过增加用于多板同步的触发总线和参考时钟,用于进行精确定时的星形触发总线,以及用于相邻模块间高速通信的局部总线来满足试验和测量用户的要求。PXI 规范在 CompactPCI 机械规范中增加了环境测试和主动冷却要求,以保证多厂商产品的互操作性和系统的易集成性。PXI 将 Microsoft Windows NT 和 Microsoft Windows95 定义为其标准软件框架,并要求所有的仪器模块都必须带有按 VISA 规范编写的 WIN32 设备驱动程序,使 PXI 成为一种系统规范,保证系统的易于集成与使用,从而进一步降低最终用户的开发费用。

1. PXI 总线体系结构

PXI 总线体系结构涵盖了三大方面的内容:机械规范、电气规范和软件规范。PXI 总线体系结构详细的总线规范描述如图 16-5 所示。

2. PXI 机械规范及其特性

由 CompactPCI 规范引入的 Eurocard 坚固封装形式和高性能的 IEC 连接器被应用于 PXI 所定义的机械规范,使 PXI 系统更适于在工业环境下使用,而且也更易于进行系统集成。

(1) 与 CompactPCI 共享的 PCI 机械特性。

PCI 提供了两条与 CompactPCI 标准兼容的途径:

- 高性能 IEC 连接器
- Eurocard 机械封装与模块尺寸

(2) 新增加的电气封装规范。

(3) 与 CompactPCI 的互操作性。

3. PXI 规范的电气性能

许多仪器应用场合需要提供 ISA 总线、PCI 总线或 CompactPCI 背

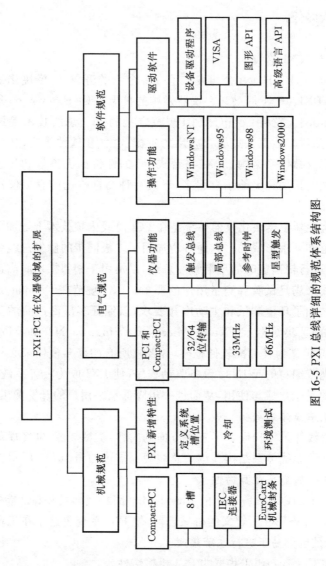

图 16 - 5   PXI 总线详细的规范体系结构图

板总线所没有的系统定时能力，PXI 总线通过增加专门的系统参考时钟、触发总线、星型触发线和模块间的局部总线来满足高精度定时、同步与数据通信要求。PXI 不仅在保持 PCI 总线所有的优点的前提下增加了这些仪器特性，而且可以比台式 PCI 计算机多提供三个仪器插槽，使单个 PXI 总线机箱的仪器模块插槽总数达到 7 个。

PXI 总线与 VXI 总线面向仪器领域的扩展性能比较参见表 16 - 1。

表 16 - 1　PXI 总线与 VXI 总线面向仪器领域的扩展性能比较

	参考时钟	触发线	星形总线	局部总线	连接器标准
VXI	10MHzECL	8TTL&2ECL	仅 D 尺寸系统	12 线	DIN41612
PXI	10MHzTTL	8TTL	每槽一根	13 线	IEC - 1076

4. 软件规范

像其它总线标准体系一样,PXI 定义了保证多厂商产品互操作性的仪器级(即硬件)接口标准。与其它规范不同的是 PXI 在电气要求的基础上还增加了相应的软件要求,以进一步简化系统集成。这些软件要求形成了 PXI 的系统级(即软件)接口标准。

16.5　虚拟仪器软件开发平台

给定计算机的计算能力和必须的仪器硬件后,构造和使用虚拟仪器的关键就是应用软件。应用软件主要有几个目的:

- 与仪器硬件的高级接口;
- 虚拟仪器的用户界面;
- 集成的开发环境;
- 仪器数据库。

软件在现代自动化测试系统构成与开发费用中所占比例越来越大,测试软件编程对测试工程师和科学家编程能力的要求也越来越高,带来的负担也越来越重。研究开发适合广大测试工程师和科学家使用的测试软件开发工具,让他们节省花费在繁琐的程序编码与调试中的时间和精力,提高测试软件生成与维护效益,一直是测试领域人们关心的技术问题。世界上出现了多种虚拟仪器开发平台,但在开发、推广图形化编程技术方面,主要用美国国家仪器(NI)公司的虚拟仪器开发平台 LabVIEW (Laboratory Virtual Instrument Engineering Workbench)以及 LabWindow/CVI 交互式 C 语言开发平台。

16.5.1　LabVIEW 软件开发平台

它是一种基于图形开发、调试和运行程序的集成化环境,实现了真正的虚拟仪器概念。它作为目前国际上唯一的编译型图形化编程语言,把复杂、繁琐、费时的语言编程简化成用菜单或图标提示的方法选择功能

（图形），并用线条把各种功能（图形）联接起来的简单图形编程方式。在这个平台上，各种领域的专业工程师和科学家们通过定义和连接代表各种功能模块的图标，方便迅速地建立高水平应用程序。它面向科学家、工程技术人员，而不是编程专家。

1. LabVIEW 的基本功能

• LabVIEW 使用可视化技术建立人机界面。针对测试和过程控制领域，提供了大量的仪器面板中的控制对象，如表头、旋钮、图表等。用户还可以通过控制编辑器将现有的控制对象修改成适合自己工作领域的控制对象。

• LabVIEW 使用图标表示功能模块，把繁杂、费时的语言编程简化成用菜单或图标提示的方法选择功能（图形），并用线条把各种功能（图形）连接起来的简单图形编程方式。图标间的连线表示在各功能模块间传递的数据，使用为大多数工程师和科学家所熟悉的数据流程图式的语言书写程序源代码。这样使得编程过程与思维过程非常近似。

• LabVIEW 中的程序查错不需要先编译，只要存在语法错误，鼠标一按完成程序自动查错，可以快速地查出错误的类型、原因以及错误的准确位置。这个特性在程序较大的情况下尤其让人感到方便。

• LabVIEW 提供程序调试功能，用户可以在源代码中设置断点，单步执行源代码，在源代码中的数据流连线上设置探针，在程序运行过程中观察数据流的变化。在数据流程图中以较慢的速度运行程序，根据连线上显示的数据值检查程序运行的逻辑状态。

• LabVIEW 继承了传统的编程语言中的结构化和模块化编程的优点，这对于建立复杂应用和代码的可重用性来说是至关重要的。

• LabVIEW 采用编译方式运行 32 位应用程序，这就解决了其它解释方式运行程序的图形化编程平台运行程序速度慢的问题。

• LabVIEW 支持多种系统平台。在 Macintosh Power Macintosh HP－UX, SunSPARC, Windows3x, Windows95 和 Windows NT。在这些系统平台上都可以提供相应版本的 LabVIEW。并且在任何一个平台上开发的 LabVIEW 应用程序可移植到其它平台上。

• LabVIEW 提供动态连接库（DLL）接口和属性节点（CIN）来使用户有能力在 LabVIEW 平台上使用其它软件编译的模块，因此，LabVIEW 是一个开放式的开发平台。用户能够在该平台上使用其它软件开发平台生成的模块。

• LabVIEW 提供了大量的函数库供用户直接调用。从基本的数学函数、字符串处理函数、数组运算函数和文件 I/O 函数,到高级数字信号处理系统和数值分析函数。从底层的 VXI 仪器、数据采集和总线接口硬件的驱动程序,到世界各大仪器厂商的 GPIB 仪器的驱动程序,LabVIEW 都有现成的模块帮助用户方便迅速组建自己的系统。

• 同传统的编程语言相比,LabVIEW 图形编程方式可以节省大约 80%的程序开发时间,但其运行速度却几乎不受影响。

2. LabVIEW 软件的基本结构

LabVIEW 基本程序单位是一个 VI(Virtual Instrument)。对于简单的测试任务,可以由一个 VI 完成;而复杂的测试应用可以通过 VI 之间的层次调用结构完成。高层功能的 VI 可调用一个或多个低层特殊功能的 VI,各层 VI 之间的关系如图 16-6 所示。可见 LabVIEW 中的 VI 相当于常规语言中的程序模块,通过它实现了软件重用。

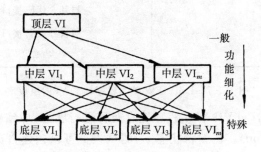

图 16-6 VI 之间的层次调用结构

面板是用户进行测试时的主要输入输出界面,用户通过 Controls 菜单在面板上选择控制及显示机制,从而完成被测试设置及结果显示,其中控制包括各种类型的输入:如数字输入、布尔输入、字符串输入等,显示包括各种类型的输出,如图形、表格等。各个 VI 的建立、存取、关闭等管理操作也均由面板上的命令菜单完成。

LabVIEW 中每一个 VI 均由面板(Front Panel)和框图(Block Diagram)这两部分组成,如图 16-7。

框图是测试人员根据测试方案及测试步骤,进行测试编程的界面。用户可以通过 Function 选项选择不同的图形化程序模块,组成相应的测试逻辑。这里的 Function 选项不仅包含了一般语言的基本要素,如算术及逻辑函数、数组及串操作等,而且还包括了大量与文件输入/输出、数据采集、GPIB 及串口控制有关的专用程序模块。

面板（Front Panel）	框图（Block Diagram）
通过 Controls 定义输入输出	通过 Functions 完成图形编程
数字型	程序结构与常量
布尔型	算术与逻辑函数
串与表	三角与对数函数
选择列表	比较函数
数组与结构	类型转换函数
图	串操作
路径与文件表示符	数组操作
等等	文件操作
	对话框操作
	与其它代码接口
	与仪器设备接口
	等等

图 16-7　LabVIEW 基本程序单位 VI 的组成

　　一般而言，LabVIEW 编程环境有两种运行状态，即编辑状态（Edit）和执行状态（Run）。在编辑状态下，测试人员可以创建自己的 VI，并对其面板和框图进行编辑、修改。在执行状态下测试人员可以动态调试程序、观察数据流程，并运行 VI 进行测试。这样，LabVIEW 就为测试的开发及执行提供了统一的平台环境。

3. LabVIEW 新版本

　　目前，LabVIEW 从 1986 年 1.0 版本发展到 2003 年 5 月推出的 LabVIEW7.0Express 版本以及 2004 年的 7.1 最新版本。与 Lab-VIEW6.X 相比较，LabVIEW7.0Express 的工作环境主要包括启动界面、树形控制结构、前面板、程序流程图，以及与前面板和程序流程图相关的控制模板和功能模板。新版本为用户提供了一个更强大且灵活易变的开发环境，突出体现了使用 LabVIEW7.0Express 编程的快捷性与方便性，使用户可以更快捷地开发应用程序，高效地完成测试、测量、设计与控制系统的研发，又一次将程序开发效率提高到一个新的水平。

　　新版本增加了 Express VI（快速 VI）和 Template VI（模板 VI）、DAQ Assistant 和 Instrument I/O Assistant、前面板对象图标、自动连线、反馈节点、Flat Sequence 结构等。此外还进行了 50 项左右的改进，

包括对话框、控制与函数模板、自动工具选择、报告的打印及生成等。

LabVIEW7.0Express 的最主要的特性是其快捷性,而快捷性最主要的体现是在程序窗口中的功能模板中新增加了 40 多个强大的 Express VI,这些快捷 VI 专为常见测试与测量应用而创建,它将常用的测量功能集成于一些简单易用、交互式的 VI 中。用户在程序开发过程中,只需在流程图中简单地调用一个快捷 VI,然后单击鼠标,即可使用属性页面,对诸如数据采集、分析或显示等快捷 VI 进行配置,实现应用程序的快速开发与设计,极大地提高了程序开发效率,这些 VI 功能从数据分析到文档输入/输出,不尽相同。

在 LabVIEW7.0Express 中,数据采集与仪器 I/O 助理是一种新的 VI 程序,它为用户的配置、调试与测量编程任务提供一步一步的向导,并且还可以自动生成代码,允许用户进行一些基本的自定义修改。使用新的 DAQ(s 数据采集)助理,用户无需编程即可快速配置数据采集系统,使它包含自定义的定时、比例缩放、触发或其它更多功能。利用新的 I/O 助手,可直接与 GPIB、USB、以太网、串口、PXI 及 VXI 仪器通信。使用这一交互式向导可为仪器控制系统创建原型,执行快速测量,甚至开发简单的仪器驱动程序。

在此基础上,2004 年 5 月 4 日新推出 LabVIEW7.1 版本,它将 Express 技术扩展到了各种自动化测量设备上,因此它为所有的 LabVIEW 用户简化了开发过程,无论他们用的是何种硬件平台。利用 LabVIEW7.1,均为高性能的模块化仪器、实时数据采集和手持式设备等各种硬件平台开发更先进的自动化测量技术。工程师们可以使用 5 种全新的数字化仪器、信号发生器和高速数字 I/O 的 Express VI,只需轻点几下鼠标,即可完成配置复杂的测量系统,并采集数据。LabVIEW7.1 中经过重新设计的 NI－DAQmx 测量软件第一次出现在实时应用系统中,它将单闭环 PID 应用的性能提高了 30%,并简化了硬件控制时循环的执行。此外,全新的 LabVIEW7.1PDA 模块还提供更多的数据采集功能,包括更快速的多通道采集、模拟和数字触发。

LabVIEW7.1 还为实时系统执行的底层控制和显示带来了高级的执行定时和图形化调试功能。全新的定时循环是 LabVIEW 中一个经改进的循环,用户可以设定精确的代码定时、协调多个对时间要求严格的测量任务,并定义不同优先级的循环,以创建多采样的应用程序。为了进一步优化应用系统的性能,用户还可以使用全新的 LabVIEW 执行跟踪工具包,配合 LabVIEW Real－Time 模块,快速诊断诸如内存分配和紊乱状况等抖动根源。

除了加快现有平台上的实时应用系统的开发,LabVIEW7.1 的问世还将 LabVIEW Real-Time 的应用扩展到了标准台式计算机上,用户无需在台式机上安装大量 I/O 硬件,即可建立一个模拟的实时系统。

全新的 LabVIEW7.1 FPGA 模块改进了嵌入式 FPGA 应用效率和功能,它具有单周期循环的特性,可使得在 40MHz 全局时钟的一个周期内完成多个功能。这一新特性使用户可以使用 LabVIEW 开发 FPGA 代码,其执行速度可以和手写编码的 VHDL 一样。同时,通过一个新的 HDL 接口节点,用户还能重复使用 LabVIEW FPGA 应用中出现的 VHDL 代码。此外,还推出了 3 款全新的 FPGA 运载硬件,其中包括用于创建高性能自定义机器视觉应用的紧凑型视觉系统。

所有这些增加和改进的功能使原本就非常强大的 LabVIEW 变得更加完美,大大缩短了开发应用程序的时间,降低了开发成本。

16.5.2 LabWindows/CVI 软件开发平台

LabWindows/CVI 是美国 NI 公司开发的交互式语言开发平台。LabWindows/CVI 将功能强大、使用灵活的 C 语言基础平台与数据采集分析和显示的测控专业工具有机地结合起来,提供了丰富的库函数,包括数据采集、仪器控制、网络通信、用户界面设计等,可以使程序员跳过枯燥繁琐的底层程序设计,而直接进行程序界面和流程设计。作为交互式的集成开发环境,LabWindows/CVI 是熟悉 C 语言的开发设计人员编写检测、数据采集、监控程序的理想工具。

使用 LabWindows/CVI 可以完成如下工作。

• 交互式的程序开发。

• 具有功能强大的函数库,用来创建数据采集和仪器控制的应用程序。

• 充分利用完备的软件工具进行数据采集、分析和显示。

• 利用向导开发 IVI 仪器驱动程序和创建 ActiveX 服务器。

为其他程序开发 C 目标模块、动态连接库(DLL)、C 语言库。

在 LabWindows/CVI 开发环境中可以利用其提供的库函数来实现程序设计、编辑、编译、连接和标准 C 语言程序调试。在该开发环境中可以用 LabWindows/CVI 丰富的函数库来编写程序,此外每个函数都有一个叫做函数面板(Function Panel)的交互式操作界面,在函数面板中可以执行该函数并可以生成调用该函数的代码,也可通过右击面板或控件获得有关函数、参数、函数类和函数库的帮助。

　　LabWindows/CVI 的特点为基于 ANSI C,不用学复杂的 C++ 即可实现 Windows95/NT/3.1 下的编程;同标准 C/C++ 兼容,可实现 32 位用户库、目标模块、DLL 的相互调用;可直接生成 32 位 DLL,生成的 DLL 也可被 LabVIEW 直接调用;提供各种灵巧方便的界面生成、编程、调试工具,使得编程、调试轻松自如;提供丰富的数值分析、数字信号处理函数库;提供 GPIB、VXI、RS232、数据采集板卡及网络连接功能;可免费获得数百种源码级 GPIB、VXI、RS232 仪器驱动程序。

　　最新版本的 LabWindows/CVI6.0 又具有了以下主要特点:

　　① 用户可以在用户界面编辑器中创建 ActiveX 控件,并在 LabWindows/CVI 的程序中对它进行控制。

　　② 用户可以用 LabWindows/CVI6.0 中的向导创建或者编辑 ActiveX 服务器。

　　③ 用户界面库中包含了一系列新的 3D 控件。另外,对以前版本原有的控件和菜单也进行了修改,使其更加接近标准的 Windows 控件。

　　④ LabWindows/CVI6.0 支持多字节的应用。另外,现在的标准 C 库和仪器驱动程序的工具箱包含了用户可以调用的函数和宏,用户可以用它们实现包含多字节字符的语句。在源程序中书写中文不会像以前的版本那样出现乱码。

　　⑤ 源代码浏览器列出了程序中所有的文件、函数、变量、数据类型和宏。用户可以用这个浏览器了解到程序的一个部分如何与另一个部分相互作用。

　　⑥ 用户可以用图形数组浏览窗口作为调试工具,以图形方式观察生成的一维或二维数组。

　　⑦ 在 LabWindows/CVI6.0 中,用户可以将多个工程分组到一个工作台。所有关于工程的外来设置都受工作台的保护。使用工作台,使得在同一源代码设置下的多个开发人员更容易共享 LabWindows/CVI 工程。

16.6　虚拟仪器技术的应用

16.6.1　工程应用现状

　　虚拟仪器技术的优势在于可由用户定义自己的专用仪器系统,且功能灵活,很容易构建,所以应用面极为广泛。尤其在科研、开发、检测、计量、测控等领域已有很多成功的应用。

使用 LabVIEW 开发的一些比较成功的典型测试系统,我们可以从表 16-2 中得到一些启发。

表 16-2　基于 LabVIEW 的典型虚拟仪器测试系统

领　域	典　型　测　试　系　统
工业自动化	1. 机械运行状态监控、多任务控制和温湿度测试系统 2. 基于 LabVIEW 的模糊控制位置纠偏系统
通信	1. 移动电话的在线检测系统和通信信道测试中生成虚拟动力线路 2. SDH/PDH 远程测试系统
汽车工业	1. 油泵支架成品性能综合检测系统及发动机测试台等各类实验台 2. 大众宝来 A4 轿车雨刮电机测试系统 3. 车灯配光检测系统
船　泊	分布式实时在线船舶仿真系统
纺　织	1. 服装面料的质量测定 2. 纱线动态张力检测系统
光　学	红外热成像组件分析系统
航空航天	1. 卫星功能测试系统 2. 航天机载附件的 ATE 测试系统
电　力	1. 核电站数字地震检测系统 2. 变压器通用测试系统
石　油	原油管道泄漏检测系统
生物医学	1. 心电与脑电数据采集系统 2. 医药产品的标签检测
材　料	纳米材料动态测量交流 B-H 曲线测试仪
机　电	1. 压缩机性能测试系统 2. 高炉鼓风机组状态检测系统 3. 基于 LabVIEW RT 的实时高速控制系统
环　境	大气腐蚀检测与检测系统
电　子	1. 印刷电路板自动测试系统和晶体生长精密温度控制系统 2. 多功能静动态参数测试系统

16.6.2　基于 LabVIEW 的应用实例

1. 汽车发动机检测系统

利用虚拟仪器技术构建的汽车发动机检测系统,用于汽车发动机的出厂检测。主要检测发动机的功率特性、负荷特性等。如图 16-7 所示。

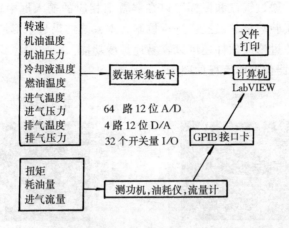

图 16-7　利用虚拟仪器技术构建的汽车发动机检测系统

以前采用 DOS 下的 C 语言开发程序,经过很多年的工作,开发出来的检测系统的功能、操作界面、使用的方便程度都不尽如人意。采用了虚拟仪器技术,利用虚拟仪器开发平台 LabVIEW 以后,把整个系统移植到 LabVIEW 下,大大增强了功能、控制性能、扩展性能,操作界面也更美观。移植后的系统检测时间大大减少,检测控制也更方便。一台发动机检测完后,最终还能打印出完整的测试报告。

2. 温湿度测控系统

系统的测控环境是一个 $60 \times 50 \times 40$(立方厘米)的封闭玻璃箱。系统由软件和硬件两大部分组成:硬件部分将温湿度信号转换成电信号,并进行调理和 A/D 转换,将数据传入计算机,同时按照仪器功能软件的指令对温湿度进行控制,它由温湿度传感器、调理电路、DAQ 卡(数据采集卡)、控制电路、风扇、电吹风、加湿器组成。其中风扇用来排气,可以降低实验环境的温湿度,超声波加湿器用来增加实验环境的湿度,电吹风用于提高实验环境的温度。

软件部分负责将从 DAQ 卡输入的数据进行处理,使其变换成相应的温湿度值,然后在显示器上显示相应的图线,并存入硬盘,同时接收用户输入的温湿度设定值,生成控制信号。

　　控制电路从 DAQ 卡的数字输出端口接收控制信号,然后控制继电器的动作,使电吹风、风扇和加湿器工作在相应的状态下。

　　整个系统完成后,可以在显示器屏幕上显示温度、湿度和未经软件处理的温湿度电压四条曲线及相应的数值,并将温湿度值自动存入一个电子表格文件,通过键盘和鼠标可以在屏幕上相应的输入框中输入温湿度设定值,对实验环境的温湿度进行控制。本系统结果显示形象直观,操作方便,并且通过修改软件还可以容易地扩展功能。

　　虚拟仪器仪器前面板如图 16-8 所示。

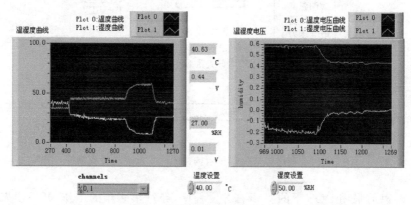

图 16-8　温湿度测控系统前面板

　　流程图是整个软件模块的核心部分,它从 DAQ 卡指定的通道中读取数据,在对数据进行相应的处理后将其存储并在前面板上显示,同时生成控制信号送入输出通道。

　　设计的系统流程框图如图 16-9 所示。

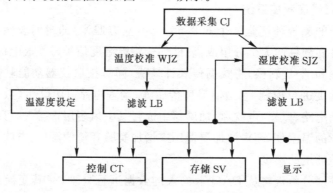

图 16-9　系统流程框图

　　根据系统流程框图设计完成的系统流程图如图 16 - 10 所示。整个系统的实现由几个功能模块分别创建虚拟仪器(VI),然后将它们作为子VI,在总的系统 VI 中调用它们组成完整的系统。

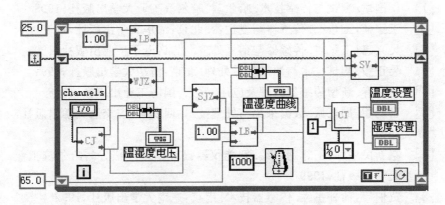

图 16 - 10　系统流程图

　　这是《非电量电测技术》课程中应用于实践教学的一个实际例子,还有待于进一步完善。但虚拟仪器在该课程中的成功应用以及其不可替代的优势为课程的实践教学提供了更广泛的应用前景。

主要参考文献

[1]   侯国章.测试与传感技术.哈尔滨:哈尔滨工业大学出版社,1998
[2]   王家桢,王俊杰.传感器与变送器.北京:清华大学出版社,1996
[3]   吴兴惠,王彩君.传感器与信号处理.北京:电子工业出版社,1998
[4]   吴正毅.测试技术与测试信号处理.北京:清华大学出版社,1991
[5]   刘迎春.新型传感器原理及应用.北京:国防工业出版社,1998
[6]   马明建,周长城.数据采集与处理技术.西安:西安交通大学出版社,1998
[7]   赵新民主编,王祁副主编.智能仪器设计基础.哈尔滨:哈尔滨工业大学出版社,1999
[8]   贾伯年,俞朴主编.传感器技术.南京:东南大学出版社,1992
[9]   雷肇棣.光纤通信基础.成都:电子科技大学出版社,1997
[10]   袁祥辉.固体图像传感器及其应用.重庆:重庆大学出版社,1992
[11]   阳宪惠.现场总线技术及其应用.北京:清华大学出版社,1999
[12]   刘君华.智能传感器系统.西安:西安电子科技大学出版社,1999
[13]   黄贤武,郑筱霞.传感器原理与应用.成都:电子科技大学出版社,1995
[14]   费业泰.误差理论与数据处理.第 3 版.北京:机械工业出版社,1995
[15]   方佩敏.新编传感器原理、应用、电路详解.北京:电子工业出版社,1994
[16]   王光铨,毛军红.机械工程测量系统原理与装置.北京:机械工业出版社,1998
[17]   卢文祥,杜润生.机械工程测试·信息·信号分析.武汉:华中理工大学出版社,1990
[18]   林德杰,林均淳,许锦标,曾宪云.电气测试技术.北京:机械工业出版社,1995
[19]   安毓英,曾小东.光学传感与测量.北京:电子工业出版社,1995
[20]   陈裕泉,李光.现代传感器技术.杭州:浙江大学出版社,1995
[21]   李标荣,张绪礼.电子传感器.北京:国防工业出版社,1993
[22]   常健生.检测与转换技术.北京:机械工业出版社,1980
[23]   唐昌鹤,唐省吾.气、湿敏器件及其应用.科学出版社,1988

[24] M. J. Usher and D. A. Keating. Sensors and Tranducers. Second Edition. London：MACMILLAN PRESS LTD，1996

[25] 陈敏键.虚拟仪器软面板设计.自动化与仪器仪表,1999(5):28～30

[26] 王红茹.虚拟仪器——仪器发展的新时代.国外电子测量技术, 1998(1):48

[27] 代俊光,陈光禹.基于 VXI 总线的高速多通道数据采集虚拟仪器系统,国外电子测量技术,1999(1):13～14

[28] 林正盛.虚拟仪器技术及其应用.电子技术应用,1997(3):24～26

[29] 刘阳.虚拟仪器的现状及发展趋势.电子技术应用,1996(4):4～5

[30] 刘立,陈淑珍.虚拟仪器系统与 VXI,VXIplug & play. 国外电子测量技术,1999(2):28～29

[31] 刘昱,王立福.仪器仪表测试平台的研究——LabVIEW 图形编程的应用.电子技术应用,1996(1):22～24

[32] 孙肖子等.测试集成和虚拟仪器——一种新的仪器设计思想和实践.电子技术应用,1996(1):31～32

[33] 耿长福.VXI 总线发展与现状.电子技术应用,1996(6):54～55

[34] 应怀樵.卡泰仪器与虚拟仪器技术的现状与发展趋势.国外电子测量技术,2000(2):2～4

[35] 魏智.集成温度传感器的典型应用.仪表技术与传感器,2000(2):42～45

[36] 刘彭义,李莹,白春河.集成温度传感器 AD590 的应用.传感器世界,1999.11:31～33

[37] 皮户禄.国外传感器技术的现状与发展(Ⅱ).传感器世界,1999 (1):7～14

[38] 陈庆官,薛武.高精度数字式单线温度传感器 DS1820 的使用.传感器技术,1998(4):39～43

[39] 王力,利小玫.湿敏元件及其发展.传感技术与传感器:1987.1:24～27

[40] 张齐彦等.吸收式烟尘浊度连续监测仪.电测与仪表,1986.5:20～22

[41] 任应昌.性能优异的汽车霍尔点火器.半导体敏感器件,1984.1:47～49

[42] 刘 .单片真有效值转换器.集成电路应用,1988.1:30～33

［43］ Khan A. A. and Gupta R. S. A Linear Tbermister Based Temperature-to-Frequency Converter Using a Delay Network. IEEE Trans. Vol. IM-34, No. (1), March 1985：85～86

［44］ Johnson C. D. and Richeh H. A. Highly Accurate Resistance Deviation to Frequency Converter with Programmable Sensitivity and Resolution. IEEE Trans, Vol, IM-35, No. 2, June 1986, 178～181

［45］ 杨全胜,胡友彬. 现代微机原理与接口技术. 北京:电子工业出版社,2003

［46］ 杨乐平,李海涛等. 虚拟仪器概论.北京:电子工业出版社,2003 年

［47］ 周求湛,钱志鸿等. 虚拟仪器与 LabVIEW 7 Express 程序设计.北京:航空航天大学出版社,2004

［48］ NI 上海分公司.选择虚拟仪器技术的理由/为什么选择虚拟仪器技术.国外电子测量技术,2004 年第 2 期

［49］ NI 上海分公司. NI LabVIEW7.1 问与答. 国外电子测量技术,2004 年第 3 期

［50］ NI. LabVIEW7.1 进一步扩展 Express 技术在自动化测量和 Real-Time(实时)系统的应用.国外电子测量技术,2004 年第 3 期

［51］ 张毅刚,乔立岩等. 虚拟仪器软件开发环境 LabWindows/CVI6.0 编程指南.北京:机械工业出版社,2002